U0270178

国家出版基金项目
NATIONAL PUBLICATION FOUNDATION

大飞机出版工程

总主编　顾诵芬

运输类飞机合格审定飞行试验指南

Flight Test Guide for Certification of Transport Category Airplanes

修忠信　由立岩　等　编译

上海交通大学出版社
SHANGHAI JIAO TONG UNIVERSITY PRESS

内容提要

  《运输类飞机合格审定飞行试验指南》一书，根据FAA最新颁发的咨询通告 AC25-7C *Flight Test Guide for Certification of Transport Category Airplanes* 编译而成，包含了FAA数十年来在运输类飞机合格审定飞行试验方面所积累的丰富经验和行之有效的飞行试验技术与方法，反映了这一领域的最新信息和技术水平，是一份具有极高使用价值的指导性文件。

  本书可供从事运输类飞机设计研究、飞行试验、合格审定的技术人员和飞行人员使用；可供运输类飞机发动机和机载设备供应商使用；也可供从事其他类型航空器设计研究和飞行试验的人员使用。本书还可供各大专院校航空器设计、制造、适航、发动机和机载设备等相关专业的广大师生教学参考使用。

图书在版编目(CIP)数据

运输类飞机合格审定飞行试验指南/修忠信等编译.
—上海：上海交通大学出版社，2013
（大飞机出版工程）
ISBN 978-7-313-10654-4

Ⅰ.①运…　Ⅱ.①修…　Ⅲ.①运输机-飞行试验-指南
Ⅳ.①V217-62

中国版本图书馆 CIP 数据核字(2013)第 307859 号

运输类飞机合格审定飞行试验指南

编　　译：修忠信　由立岩等				
出版发行：上海交通大学出版社		地　　址：上海市番禺路 951 号		
邮政编码：200030		电　　话：021-64071208		
出 版 人：韩建民				
印　　制：浙江云广印业有限公司		经　　销：全国新华书店		
开　　本：787mm×1092mm　1/16		印　　张：21.75		
字　　数：430 千字				
版　　次：2013 年 12 月第 1 版		印　　次：2013 年 12 月第 1 次印刷		
书　　号：ISBN 978-7-313-10654-4/V				
定　　价：98.00 元				

版权所有　侵权必究
告读者：如发现本书有印装质量问题请与印刷厂质量科联系
联系电话：0573-86577317

大飞机出版工程

丛书编委会

总主编

顾诵芬（中国航空工业集团公司科技委副主任、两院院士）

副总主编

金壮龙（中国商用飞机有限责任公司董事长）

马德秀（上海交通大学党委书记、教授）

编　委（按姓氏笔画排序）

王礼恒（中国航天科技集团公司科技委主任、院士）

王宗光（上海交通大学原党委书记、教授）

刘　洪（上海交通大学航空航天学院教授）

许金泉（上海交通大学船舶海洋与建筑工程学院工程力学系主任、教授）

杨育中（中国航空工业集团公司原副总经理、研究员）

吴光辉（中国商用飞机有限责任公司副总经理、总设计师、研究员）

汪　海（上海交通大学航空航天学院副院长、研究员）

沈元康（国家民航总局原副局长、研究员）

陈　刚（上海交通大学副校长、教授）

陈迎春（中国商用飞机有限责任公司常务副总设计师、研究员）

林忠钦（上海交通大学副校长、院士）

金兴明（上海市经济与信息化委副主任、研究员）

金德琨（中国航空工业集团公司科技委委员、研究员）

崔德刚（中国航空工业集团公司科技委委员、研究员）

敬忠良（上海交通大学航空航天学院常务副院长、教授）

傅　山（上海交通大学航空航天学院研究员）

适航系列编委会

名誉主编

沈元康（中国民用航空局原副局长）

顾 问

张红鹰（中国民用航空局总工程师）

罗荣怀（中国商用飞机有限责任公司副总经理）

吴光辉（中国商用飞机有限责任公司副总经理）

王 中（中国民用航空局原适航司司长）

主 编

赵越让（中国商用飞机有限责任公司适航管理部部长）

副主编

沈小明（中国民用航空局上海航空器适航审定中心主任）

编 委

吴兴世（中国商用飞机有限责任公司研究员）

白 杰（中国民航大学副校长、教授）

姜丽萍（中国商飞上海飞机制造有限公司总工程师）

马小骏（中国商飞上海飞机客户服务有限公司副总经理）

曾海军（中航商用飞机发动机公司副总经理）

欧旭坡（中国民用航空局上海航空器适航审定中心副主任）

黎先平（中国商用飞机有限责任公司型号副总设计师）

修忠信（中国商用飞机有限责任公司型号副总设计师）

褚静华（中国商用飞机有限责任公司总部项目适航处处长）

郝 莲（中国商用飞机有限责任公司适航工程中心主任）

丘 弢（中国民用航空局西北地区管理局适航审定处处长）

成 伟（中国民用航空局东北地区管理局适航审定处副处长）

路 遥（中国民航科学技术研究院航空器适航研究所所长）

钱仲焱（中国商用飞机有限责任公司适航工程中心副主任）

傅 山（上海交通大学航空航天学院研究员）

余红旭（中国商用飞机有限责任公司总装制造中心适航管理部部长）

序　一

　　发展国产大型客机是党中央、国务院在 21 世纪作出的具有重要战略意义的决策。"民机发展,适航先行",是民用航空事业的基本理念。适航是国产大型客机获得商业成功、走向国际市场的法定前提和重要保证。

　　众所周知,第二次世界大战结束后,世界航空工业的两个超级大国——美国和苏联,分别成功制造了大型飞机波音 707 飞机和图-154 飞机,并投入民用航空运输领域。经过数十年的市场选择,最后的结果值得我们深思。目前,世界大型民机市场几乎完全由美国波音和欧洲空客两大航空巨头垄断,而辉煌一时的苏联民用运输机在市场上所占的份额不足 0.5%。造成这种结果的最重要因素,就是它的飞机安全性没有完全保证;同时,其保障安全性的适航体系也没有完全建立和全面实施。

　　美国高度重视适航体系的建立和发展。早在 1926 年商务部就成立了航空司,并颁发第 7 号航空通报,对飞行员、航图、导航和适航标准进行管理。1934 年,航空司更名为航空局。从 1934 年到 1958 年相继制定并颁发了民用航空规章(CAR)如 CAR04(飞机适航要求)、CAM04(要求和解释材料)、CAR03(小飞机)、CAR06(旋翼机)、CAR04a-1(TSO)、CAR7(运输类旋翼飞机)等。

　　1958 年,航空局更名为联邦航空局(FAA),被赋予制定和监督实施美国航空规章(FAR)的职责。FAA 归属交通运输部,但局长由总统直接任命。

　　波音 707 飞机于 1958 年获得 FAA 型号合格证,获得了适航批准。在美国严格的审定标准和审定程序下,该飞机具有良好的安全性和市场表现,先后共交付 1010 架,被誉为商用民航客机的典范。美国的适航体系和概念也得到了世界上绝大多数国家的认可。

　　苏联图-154 飞机却命运多舛。该飞机于 1966 年开始设计,苏联当时没有构成体系的民用飞机适航标准和主要参考强度规范等。虽然苏联民用飞机和直升机适航标准联合委员会于 1967 年制订了《苏联民用飞机适航标准》,该标准涵盖了运输类飞机、直升机、发动机和螺旋桨等各种航空产品,但适航要求不够详细和完善。1972年,图-154获得苏联民用航空部运送乘客许可并投入运行。该飞机虽然生产了900余架,但却发生了56次重大事故,最终没能在国际主流民机市场获得认可。

欧洲空中客车公司在国际民机市场的崛起,从另一个侧面说明了强有力的适航管理能力是大型客机成功的关键因素之一。欧洲为了在国际民机市场上和美国分庭抗礼,于1990年成立联合航空局(JAA),大力加强适航审定体系和适航管理能力建设,为空中客车公司后来居上进而在国际大型民机市场与波音公司平分秋色,起到了支撑和保障作用。

纵观欧美和苏联的运输类飞机发展历程可以发现,民机型号的发展不仅需要先进的航空工业基础,更重要的是要有国际认可的安全性——适航性。

当前,在国家政策指引下,中国航空业呈现跨越式发展。ARJ21-700新支线飞机、215直升机、MA600螺旋桨飞机、Y12F轻型多用途飞机、N5B农用飞机、H0300水陆两栖飞机、L7初级教练机、28F直升机、Y8F-600飞机等型号陆续开展研制工作。2009年12月16日,大型客机C919基本总体技术方案经过评审并获得通过,转入初步设计阶段;2010年向中国民航局提交大型客机取证申请,预计大型客机争取在2014年首飞,2016年交付客户使用。

面对正在开展的支线飞机和大型客机适航审定工作,我国的适航管理面临着新的严峻的挑战,突出表现为两个主要矛盾:一是国际审定技术快速发展与我国适航审定能力相对滞后的矛盾,尽管我们采用"影子审查"的中美两国政府合作方式来弥补;二是国内民用航空工业的快速发展与有限的适航符合性基础能力的矛盾。

现实迫切需要引入、借鉴国外的优秀出版物和数据资料,同时总结、巩固我国30年的实践经验和科研成果,编著一套以"民用飞机适航"为主题的丛书,这对于促进我国适航管理技术的发展和加快适航紧缺人才的培养,具有十分重要的现实意义和深远的历史意义。

与适航事业结缘近30年,并见证了中国适航发展变迁,我怀着继续为中国适航管理竭尽绵薄之力的愿望,欣然接受了上海交通大学出版社的邀请,担任"民用飞机适航"丛书的名誉主编。出版社同时邀请了中国民用航空局张红鹰总工程师、中商飞吴光辉总设计师和原民航局适航司副司长赵越让等适航专家撰写专著、精选书目,承担翻译、审校等工作,以确保这套丛书具有高品质和重大的社会价值,为我国的大飞机研制以及适航技术的发展提供参考和智力支持。

这套丛书主要涵盖了适航理念与原则、机载软件适航、试飞、安全可靠性、金属材料与非金属材料等专业方向,知识领域覆盖我国国产大飞机适航的关键技术,内容既包括适航领域专家们最先进的理论方法和技术成果,也包括来自工艺部门进行适航符合性验证的理论和实践成果。

该套图书得到国家出版基金资助,体现了国家对"大型飞机项目"以及"民用飞机适航出版工程"的高度重视。这套丛书承担着记录与弘扬科技成就、积累和传播科技知识的使命,凝结了国内外民机适航领域专业人士的智慧和成果,具有较强的系统性、完整性、实用性和技术前瞻性,既可作为实际工作指导用书,也可作为相关专业人员的学习参考用书。期望这套丛书能够有益于民用航空领域里适航人才的培养,有益于国内适航法规的完善、有益于国内适航技术的发展,有益于大飞机的成功研制。同时吸引更多的读者重视适航、关心适航、支持适航,为国产大型客机的商业成功做出贡献。

最后,我们衷心感谢中商飞、上海交通大学出版社和参与编写、编译、审校的专家们以及热心于适航教育的有识之士做出的各种努力。

由于国内外专家们的背景、经历和实践等差异,有些观点和认识不尽相同,但本着"仁者见仁,智者见智","百花齐放,百家争鸣"的精神,给读者以研究、思考的广阔空间,也诸多裨益。当然,不同认识必将在未来的实践检验中得到统一和认可。这也是我们出版界伟大的社会责任。我们期望的事业也就蓬勃发展了。大家努力吧!

2013 年 4 月 20 日

序　二

2012 年 7 月 8 日,国务院出台了《国务院关于促进民航业发展的若干意见》。其中明确提出"积极支持国产民机制造",包括加强适航的审定和航空器的适航评审能力建设,健全适航审定组织体系,积极为大飞机战略服务,积极拓展中美、中欧等双边适航范围,提高适航审定国际合作水平。2013 年 1 月 14 日,国务院办公厅以国办函[2013]4 号文件下发了《促进民航业发展重点工作分工方案的通知》,要求有关部门认真贯彻落实《国务院关于促进民航业发展的若干意见》精神,将涉及本部门的工作进行分解和细化,并抓紧制订出具体落实措施。由此可见,适航和适航审定能力建设已上升为国家民航强国战略、国产大飞机战略的有效组成部分。

适航是民用飞机进入市场的门槛,代表了公众对民用飞机安全的认可,也是民用飞机设计的固有属性。尽管相比国外,我国的适航管理起步较晚,1987 年国务院才颁布《中华人民共和国民用航空器的适航管理条例》,但是我们一开始在适航标准的选用上就坚持高标准并确定了与欧美国家接轨的道路,几十年国际民用飞机的发展和经验已充分证明我国适航管理道路的正确性和必要性,对于国家的大飞机战略,我们仍将坚持和选择这样的道路,只有这样,才能确保我国从民航大国走向民航强国,形成有国际竞争力的民用飞机产业。

飞机已经诞生 110 年了,国外先进的民机发展历史也有七八十年,我国民机发展历史较短,目前还无真正意义上按 25 部适航标准要求取得型号合格证的产品出现,但可喜的是从中央到企业,从民航到工业界,业界领导和专家将适航及适航能力的突破作为国产民用飞机产业发展的基础和前提,达成了共识。专家、学者、工程师和适航工作者全面探索和开辟了符合中国国情的适航成功道路的研究及实践,并直接应用到 C919 等型号研制中。我很高兴地看到上海交通大学出版社面向大飞机项目的适航技术提高和专业适航人才的培养,适时推出"民用飞机适航出版工程"系列丛书,引入、借鉴国外的优秀出版物,总结并探索我国民机发展适航技术的实践经验及工程实践道路,直接呼应了国家重大任务,应对了民机产业发展,这无疑具有十分重要的现实意义和深远的历史意义。

张红鹰

2013 年 7 月 20 日

总　序

　　国务院在 2007 年 2 月底批准了大型飞机研制重大科技专项正式立项,得到全国上下各方面的关注。"大型飞机"工程项目作为创新型国家的标志工程重新燃起我们国家和人民共同承载着"航空报国梦"的巨大热情。对于所有从事航空事业的工作者,这是历史赋予的使命和挑战。

　　1903 年 12 月 17 日,美国莱特兄弟制作的世界第一架有动力、可操纵、比重大于空气的载人飞行器试飞成功,标志着人类飞行的梦想变成了现实。飞机作为 20 世纪最重大的科技成果之一,是人类科技创新能力与工业化生产形式相结合的产物,也是现代科学技术的集大成者。军事和民生对飞机的需求促进了飞机迅速而不间断的发展和应用,体现了当代科学技术的最新成果;而航空领域的持续探索和不断创新,为诸多学科的发展和相关技术的突破提供了强劲动力。航空工业已经成为知识密集、技术密集、高附加值、低消耗的产业。

　　从大型飞机工程项目开始论证到确定为《国家中长期科学和技术发展规划纲要》的十六个重大专项之一,直至立项通过,不仅使全国上下重视起我国自主航空事业,而且使我们的人民、政府理解了我国航空事业半个世纪发展的艰辛和成绩。大型飞机重大专项正式立项和启动使我们的民用航空进入新纪元。经过 50 多年的风雨历程,当今中国的航空工业已经步入了科学、理性的发展轨道。大型客机项目其产业链长、辐射面宽、对国家综合实力带动性强,在国民经济发展和科学技术进步中发挥着重要作用,我国的航空工业迎来了新的发展机遇。

　　大型飞机的研制承载着中国几代航空人的梦想,在 2016 年造出与波音 B737 和空客 A320 改进型一样先进的"国产大飞机"已经成为每个航空人心中奋斗的目标。然而,大型飞机覆盖了机械、电子、材料、冶金、仪器仪表、化工等几乎所有工业门类,集成了数学、空气动力学、材料学、人机工程学、自动控制学等多种学科,是一个复杂的科技创新系统。为了迎接新形势下理论、技术和工程等方面的严峻挑战,迫切需要引入、借鉴国外的优秀出版物和数据资料,总结、巩固我们的经验和成果,编著一套以"大飞机"为主题的丛书,借以推动服务"大型飞机"作为推动服务整个航空科学的切入点,同时对于促进我国航空事业的发展和加快航空紧缺人才的培养,具有十分重要的现实意义和深远的历史意义。

2008 年 5 月,中国商用飞机有限公司成立之初,上海交通大学出版社就开始酝酿"大飞机出版工程",这是一项非常适合"大飞机"研制工作时宜的事业。新中国第一位飞机设计宗师——徐舜寿同志在领导我们研制中国第一架喷气式歼击教练机——歼教 1 时,亲自撰写了《飞机性能捷算法》,及时编译了第一部《英汉航空工程名词字典》,翻译出版了《飞机构造学》、《飞机强度学》,从理论上保证了我们飞机研制工作。我本人作为航空事业发展 50 年的见证人,欣然接受了上海交通大学出版社的邀请担任该丛书的主编,希望为我国的"大型飞机"研制发展出一份力。出版社同时也邀请了王礼恒院士、金德琨研究员、吴光辉总设计师、陈迎春副总设计师等航空领域专家撰写专著、精选书目,承担翻译、审校等工作,以确保这套"大飞机"丛书具有高品质和重大的社会价值,为我国的大飞机研制以及学科发展提供参考和智力支持。

编著这套丛书,一是总结整理 50 多年来航空科学技术的重要成果及宝贵经验;二是优化航空专业技术教材体系,为飞机设计技术人员培养提供一套系统、全面的教科书,满足人才培养对教材的迫切需求;三是为大飞机研制提供有力的技术保障;四是将许多专家、教授、学者广博的学识见解和丰富的实践经验总结继承下来,旨在从系统性、完整性和实用性角度出发,把丰富的实践经验进一步理论化、科学化,形成具有我国特色的"大飞机"理论与实践相结合的知识体系。

"大飞机"丛书主要涵盖了总体气动、航空发动机、结构强度、航电、制造等专业方向,知识领域覆盖我国国产大飞机的关键技术。图书类别分为译著、专著、教材、工具书等几个模块;其内容既包括领域内专家们最先进的理论方法和技术成果,也包括来自飞机设计第一线的理论和实践成果。如:2009 年出版的荷兰原福克飞机公司总师撰写的 *Aerodynamic Design of Transport Aircraft*(《运输类飞机的空气动力设计》),由美国堪萨斯大学 2008 年出版的 *Aircraft Propulsion*(《飞机推进》)等国外最新科技的结晶;国内《民用飞机总体设计》等总体阐述之作和《涡量动力学》、《民用飞机气动设计》等专业细分的著作;也有《民机设计 1000 问》、《英汉航空双向词典》等工具类图书。

该套图书得到国家出版基金资助,体现了国家对"大型飞机项目"以及"大飞机出版工程"这套丛书的高度重视。这套丛书承担着记载与弘扬科技成就、积累和传播科技知识的使命,凝结了国内外航空领域专业人士的智慧和成果,具有较强的系统性、完整性、实用性和技术前瞻性,既可作为实际工作指导用书,亦可作为相关专业人员的学习参考用书。期望这套丛书能够有益于航空领域里人才的培养,有益于航空工业的发展,有益于大飞机的成功研制。同时,希望能为大飞机工程吸引更多的读者来关心航空、支持航空和热爱航空,并投身于中国航空事业做出一点贡献。

2009 年 12 月 15 日

本 书 序

航空科学技术的先驱，飞机设计师、制造工程师和试飞员，德国人O·李林达尔(Otto Lilienthal)曾说过一句名言："设计航空器没什么，把它造出来也没有什么，但试飞却没那么简单。"这句话很好地诠释了飞行试验在航空器研发过程中的重要性。

飞行试验是通过真实飞行的方式，获取飞机在真实使用环境下功能和性能数据的手段。飞行试验是技术和管理水平高、投入高、风险高和周期长的一项复杂系统工程。飞行试验一方面是通过所取得的数据对设计进行全面的符合性评价，对是否达到预期的设计目标进行最严格、最真实和最全面的验证，同时也为改进和完善提供依据。

民机飞行试验更重要的是验证飞机是否满足适航规章的要求，是飞机获得型号合格证(TC)和投入运营必经的重要阶段。

试飞在整个型号研制中占有很大的权重，并直接影响飞机的交付节点和商业成功，是主制造商不可分割的责任，也是一个企业和国家民机产业核心竞争力的重要体现。

现代民用飞机大多采用电传操纵、综合航电和先进动力装置，系统高度综合化和复杂化。加之适航条款内容多，涉及的专业面广、要求高，使得条款验证难度越来越大，对设计人员、试飞工程师、试飞员、试飞管理者和审查员提出了更高的要求。如何准确地理解适航条款的含义，更好地验证对适航条款的符合性，尽快取得型号合格证，是试飞工作者面临的巨大挑战。

美国联邦航空局(FAA)颁布的咨询通告AC25-7《运输类飞机合格审定飞行试验指南》自1986首次发布以来经历了数次修订，AC25-7C于2012年10月16日正式发布。这份指南为民机试飞提供了一套经过检验的成熟的试飞方法，一直是民用运输类飞机符合性验证试飞的重要指导性文件,ARJ21-700飞机试飞中所用到的试飞方法很大一部分都来源于该指南。

当前,ARJ21-700飞机试飞已经取得突破性进展,C919飞机的试飞准备工作也在紧张地进行。AC25-7已经在ARJ21-700飞机的试飞中普遍采用,对试飞工作的推进起了具体的指导作用。将其编译成中文既是两个型号试飞工作的现实需要,也是中国民机试飞技术和管理尽快与西方标准体系接轨的需要。

本书编译者均为ARJ21-700飞机试飞一线的设计人员和试飞工程师,在编译过程中得到了局方试飞员和试飞工程师的大力支持。他们在工作之余利用自己在ARJ21-700飞机试飞中积累的宝贵经验,在力求尊重原文的原则下完成了AC25-7C的编译。阅读书稿欣喜地发现,经过了ARJ21-700和C919两大型号的实践锻炼,中国民机这支年轻队伍在民机试飞领域已经取得了长足的进步,对民机试飞规律已经有了比较清晰的认识。

本书的出版将对ARJ21-700新支线飞机和C919大型客机及后续型号的试飞取证工作起到现实的指导作用,同时也会对提升我国民机试飞取证的能力和水平以及尽快构建具有中国特色的民机试飞体系起到重要的作用。

最后,祝愿中国的大飞机早日翱翔蓝天,祝愿中国人早日圆梦大飞机。

罗荣怀

2013年8月

上海

前　　言

　　飞行试验是通过在真实飞行环境中实现对飞机设计验证、体现飞行安全的试验手段,其核心技术体现在对试飞技术、试飞方法的工程设计和实现当中。世界航空领域经过近百年的探索和发展,对飞行安全的重视程度越来越高,而对试飞技术和试飞方法领域的研究,是确保飞机具有足够安全性的重要途径。美国联邦航空局(FAA)和欧洲航空安全局(EASA)对此极为重视,颁发了一系列有关飞行试验的指导和指令性文件,对运输类飞机的飞行试验以及整个运输类飞机产业的发展都起到了极大的促进作用。为了吸收国外的先进飞行试验技术,加快我国运输类飞机的发展,我们从 FAA 所颁发的有关运输类飞机飞行试验方法和技术的众多公开资料中,精选了这份咨询通告 AC25 - 7C,编译并出版,定名为《运输类飞机合格审定飞行试验指南》。

　　本书编译自 FAA 颁发的咨询通告 AC25 - 7C *Flight Test Guide for Certification of Transport Category Airplanes*(运输类飞机合格审定飞行试验指南)。由于 FAA 颁发的美国联邦航空条例 FAR 25 *Airworthiness Standards: Transport Category Airplane*(运输类飞机适航标准)的很多条款近年来相继有重大更改,因此 AC25 - 7 也相应作了多次更改。我们编译的 AC25 - 7C 版是 FAA 于 2012 年 10 月 16 日颁发的,对先前的 AC25 - 7B 版作了全面的修订,以纳入最新近的 FAR25 修正案,是目前已颁发的最新版本,反映了这一领域的最新信息和技术水平。

　　全书共分 8 章,239 个条目,并附有 7 个附录,含有大量的插图和表格,内容覆盖了 FAR25 中需要通过飞行试验演示验证条款符合性(符合性方法 6,即 MOC6)的绝大部分条款。尽管 FAA 所颁发的 AC(咨询通告)属于非强制执行的文件,但是这份 AC 包含了 FAA 数十年来在运输类飞机合格审定飞行试验方面所积累的丰富经验以及行之有效的飞行试验技术和方法,内容详实、可靠,是一份不可多得的、具有极高使用价值的指导性文件。本书的出版将有效地提升我国航空工业界运输类飞机合格审定飞行试验的技术水平和能力,将有助于促进我国运输类飞机产业的迅速发展。

为体现原文件的风格,在编译过程中,我们保留了原文的成文体系和书写层次,依次为章;节;条;a, b, …;(1), (2), …;(a), (b), …;$\underline{1}$, $\underline{2}$, …;(aa), (bb), …;($\underline{i}$), ($\underline{ii}$), …

本书由修忠信和由立岩主持编译,各章节编译人员的分工如下:第1, 2, 3章由戴维、张大伟、唐骞、张任远、朱卫东和刘鹏负责;第4章由米毅和李楠负责;第5章由王涛负责;第6章由马菲、王岩乐、刘超强和李楠负责;第7章和附录4由陈明太负责;第8章和附录1, 2由郭超负责;附录3由王岩乐负责;附录5, 6, 7由王勇负责。

全书最后由修忠信负责统校和审定。

本书在编译过程中,得到了中国民航上海航空器适航审定中心主任沈小明、性能操稳室主任揭裕文等专家的大力支持与悉心指导;上海交通大学出版社钱方针博士和上海飞机设计研究院郭强博士为本书的出版给予了大力帮助。在此,对他们的支持、帮助和辛勤劳动表示衷心感谢。

本书可供从事运输类飞机设计和研究的广大技术人员,从事运输类飞机飞行试验的广大试验和飞行人员以及从事运输类飞机合格审定的人员在工作中参照使用;也可供运输类飞机发动机和机载设备供应商在产品设计和试验中参考使用。本书所含技术内容可供从事其他类型航空器设计研究和飞行试验的人员借鉴使用;本书也可供各大专院校航空器设计、制造、适航、发动机和机载设备等相关专业的广大师生教学参考使用。

本书的编译结合了译者在运输类飞机合格审定飞行试验方面的心得,在编译过程中力求做到严谨准确、通俗易懂,但由于水平有限,书中存在的不妥之处,敬请读者批评指正。

目　　录

引　言

1. 目的

a. 本咨询通告(AC)为运输类飞机飞行试验评定提供了更新后的指导材料。这些指导材料为演示验证对联邦法规汇编第 14 集(14CFR)第 25 部相关条款的符合性提供了一种可接受的方法。本 AC 所阐述的方法和程序是由运输类飞机多年的飞行试验发展而来,因而代表当前的合格审定工作方法。本 AC 属于非强制性的,也不构成某一条例。本 AC 阐明用于演示验证对于适用条款符合性的可接受方法,但并不是唯一的方法。FAA 会考虑申请人可能选择的其他演示验证符合性的方法。如果我们所了解的情况使我们确信遵循本 AC 不见得能得出对适用条款的符合性,我们则不会拘泥于本 AC 款项的约束,但我们可能会要求补充其他的证明材料或进行设计更改,作为判定符合性的依据。本咨询材料对现有条例的各项要求,不构成任何更改、补充、批准更改或偏离许可。

b. 本 AC 所用首字母缩写词和缩略语词汇表,见附录 1。

2. 适用性

所提供的这些方法和程序可用于所有运输类飞机飞行试验合格审定活动期间的合格审定批准。这些指导材料并不构成条例,也无强制效力。本 AC 所给出的程序是表明符合 25 部适用条款的一种可接受的方法。应该对申请人提议的任何替代方法给予足够的考虑。鼓励申请人利用他们的技术创造能力和智慧,以形成表明符合 25 部要求的更有效和成本更低的符合性方法。由于这些方法和程序仅是一种可接受的符合方法[①],应根据本 AC 所提供方法的用意,为逐个情况提供指导。由于可能出现对本 AC 所阐述方法和程序的偏离,FAA 审查人员将会就他们认为的主要偏离与运输机中心的运输标准处(ANM－110)协调。但是,如果按他们的判断认为偏离不大,就可能不必与 ANM－110 进行协商。

3. 撤销

撤销 2011 年 12 月 7 日颁布的 AC25－7B 第 1 次更改版《运输类飞机合格审定

---

① 原文为 means of compliance,简称 MOC,共分为 0～9 种方法。——译注

飞行试验指南》。

4. 背景

a. 自 1986 年 4 月 9 日颁布 AC25 - 7 以来，AC25 - 7 已成为用以表明符合 25 部 B 分部有关飞机性能和操纵特性诸条款的飞行试验方法和程序的主要指导材料来源。已对 AC25 - 7 做过多次修订，以反映 25 部规章要求方面的更改、指南和政策方面的更改，以及技术进步。

b. 第一次修订，AC25 - 7A 对原始版 AC 进行更新，以纳入适用于 25 部所有条款（不只是 B 分部）的政策和指导材料。有关 B 分部以外条款的指导材料替代了 8110.8 指令中所含的规定，在 AC25 - 7A 颁发时，撤消了该指令。

c. 对 AC25 - 7A 的第 1 次更改，针对 25 部 92 号和 98 号修正案相关条款更改，增加了可接受的符合性方法。

d. AC25 - 7B，针对 25 部 108 号、109 号和 115 号修正案相关条款更改，增加可接受的符合性方法，并对于标高大于飞行试验所飞高度的机场，修订了起飞和着陆数据外推的指导材料。取消了有关结冰条件下飞行的符合性方法，因为这些材料已纳入 AC25 - 25。

e. 对 AC25 - 7B 的第 1 次更改，是针对 25 - 135 修正案有关条款的更改，增加可接受的符合性方法。

f. 本次的修订，即 AC25 - 7C，是一次全面的修订，旨在减小与欧洲航空安全局《飞行试验指南》的差异，针对 25 部 107 号、109 号、113 号、115 号、119 号和 123 号修正案相关条款更改，提供可接受的符合性方法，以响应 FAA 与国家交通运输安全局（NTSB）的各项安全性建议，并反映 FAA 与业界现时的工作实践和政策。

5. 相关出版物

审查人员应该熟悉 FAA 指令 8110.4C《型号合格审定》和 FAA 指令 8100.5A《飞机合格审定服务部的任务、责任、关系和工作大纲》。在本 AC 中，引用了对型号合格审定和补充型号合格审定各方面具有指导作用的其他 FAA 咨询通告。

第1章 总 则

1. 适用范围——§25.1［备用］

2. 特殊追溯性要求——§25.2［备用］

第2章 飞 行

第1节 总 则

3. 证明符合性的若干规定——§25.21

a. 说明

试图为运输类飞机的飞行试验评定提供必要的指导材料,而又不产生繁琐的文件,本 AC 假定一种常规的运输类飞机构型。通常,常规飞机构型是指机翼与机身区分明显但连接在一起,后置式水平安定面和垂直安定面都与机身连接,既可由涡轮喷气/涡轮风扇发动机提供推进力(但不会由于涡喷和(或)涡扇发动机的工作而导致升力有任何显著的增大),也可由发动机驱动的螺旋桨提供推进力。应根据针对常规飞机构型而给出的指导材料的意图,评定并确定非常规飞机构型(例如,吹气襟翼)对符合性方法的影响。

(1) §25.21(a)——证明符合性的若干规定

(a) 表明符合飞行要求以便取得适航证或型号合格证的责任在于申请人。申请人应自行承担经费和相关风险,按 FAA 的要求进行正式飞行试验,以演示验证对适用要求的符合性。在合格审定过程中,申请人应使飞机以及为获得和处理所需数据而必需的所有人员和设备都处于可供使用状态。

(b) 如果飞机的飞行特性或所要求的飞行数据受飞机重量和(或)重心(c. g.)的影响,则必须按§25.21(a),针对最临界重量和重心位置提交符合性数据。除非申请人表明,沿某一根或数根轴的容许重心位移(例如燃油横向不平衡)对符合适航性要求的影响可以忽略不计,否则申请人必须以最临界重心来证实符合性。

(c) 3a(3)(b)1 和 3 中所规定的总重和重心的允差为试验允差,并非意味着容许以低于临界条件来表明符合性。

(d) §21.35(a)(3)要求试验飞机应符合其型号设计规范。

1 这意味着与待进行的具体试验相关的试验飞机必须与其型号设计规范相一致。

2 必须清楚地表明对该规范的任何偏离都不会影响将要进行的具体试验的结

果。例如,如果在进行性能和飞行品质试验时没有在机翼表面安装 §25.810(c)所要求的防滑撤离层,申请人必须表明,它的存在对所测得的飞机性能和飞行特性无任何影响。

(e) §21.35(b)(2)要求申请人完成 FAA 认为必需的足够次数的飞行试验,以确定对飞机、飞机部件和机上设备可靠和正常的功能是否存在合理的保证。本 AC 附录 2 为表明符合此要求提供了指导材料。

(f) 使用模拟替代飞行试验的可接受性。

很难制订适用于所有情况的使用模拟替代飞行试验的指导材料,但是可使用下列通用原则作为指导材料来确定使用模拟替代飞行试验的可接受性:

1 一般而言,飞行试验演示验证是表明符合性的首选方法。

2 在某些情况下,模拟可以成为一种替代飞行演示验证的可接受方法,诸如下列情况:

(aa) 即使采取了降低风险的措施,飞行演示验证仍具有太大的风险(例如,在安全高度模仿起飞和(或)着陆);

(bb) 所规定的环境条件或飞机状态太难以达到,诸如下列事例:

(i) 涉及大侧风下失效情况的系统安全性分析验证;

(ii) 为湿滑跑道运行制订侧风指导;

(iii) 涉及最小允许重量的条件,但由于所规定测试设备的重量而无法达到该最小允许重量。如果如此,可使用模拟数据来补充在最小实际试验重量下所获得的飞行试验数据。

(cc) 用模拟来合理扩大飞行试验大纲;或

(dd) 使用模拟来演示验证一批驾驶员之间的重复性,或演示验证对规定场景的驾驭能力。

3 模拟准则。如果同意利用模拟来确认符合性,在表明对性能要求和操纵品质要求的符合性时使用是可接受的,该模拟应当是:

(aa) 具有适合于相关任务的类型和仿真度。例如:是否需要运动或有外部视景,或是否要工程模拟器的保真度或可定制性?

(bb) 针对需关注的条件,采用飞行试验数据进行适当确认。

(i) 这并不意味着必须是严格的需关注条件下的飞行试验数据,因为使用模拟的缘由也许就是因为在需关注条件下取得飞行试验数据太难或有风险。

(ii) 模拟器与飞行的相关性的证实程度应与符合性程度相当(即越接近不符合的情况,对模拟的仿真度要求就越高)。

(cc) 模拟的实施方式应与需关注的情况和条件相适应。

(i) 如果闭环响应特性是重要的,则应由驾驶员直接操纵进行驾驶。

(ii) 对于有驾驶员操纵的模拟,其操纵器件和(或)显示器及提示信息应真实地与实际飞机上可用的相等效(除非经确认不这样做会更偏保守)。

（2）§25.21（c）——证明符合性的若干规定（高度对飞行特性的影响）

（a）对于任何受高度影响的飞行品质，包括操纵性、稳定性、配平和失速特性，必须按经批准运行的最不利高度条件进行调查研究。

（b）在试飞大纲中，应考虑随高度变化而发生的空气动力操纵系统的任何变化（例如，操纵面最大行程或者自动缝翼，在某一特定高度以上会受马赫数抑制）。

（3）§25.21（d）——符合性证明规定（飞行试验允差）

（a）为虑及精确试验值的变化范围，飞行试验过程中必须维持可接受的允差。给出这些允差的目的在于容许某些变量的飞行试验值相对其目标值有稍许的变化。并非意味着可以不按临界条件来制订符合性试验计划，也不可将其视为容许的测量误差。

（b）凡允许有允差的参数其变化将对试验结果造成影响时，应将试验结果修正到该参数在经批准工作包线范围内的最临界值。如果此类修正不可能或不切实际，则平均试验条件应确保所测得的特性代表实际临界值。

1 重量限制。下面所示的图3-1给出业已证实对特定飞行试验是可接受的重量允差。很多飞行试验需要处于或接近于该飞机形态的最大使用重量下进行，尤其是，用于制订飞机飞行手册（AFM）性能信息的那些试验。如同上面（a）所述，给出这些试验允差的目的在于许可飞行试验值有所变化，并非例行安排以小于临界重量状态进行试验或允许以小于临界重量状态来表明符合性。此外，如果有必要使重量保持在可接受的重量允差范围内，可以用这些允差协助确定何时该中断连续试验状态，以便给飞机加油。

飞行试验状态	重量允差限制	
	±5%	±10%
失速速度	×	
失速特性		×
所有其他飞行特性		×
爬升性能	×	
起飞航迹	×	
着陆刹车距离	×	
着陆空中距离	×	
起飞距离和速度	×	
加速-停止距离	×	
最大能量中断起飞	×	
最小离地速度		×
最小操纵速度	×	

注：−5%的允差限制意指对于某项具体试验的重量可以少于其试验目标值至多5%；
　　+5%的允差限制意指对于某项具体试验的重量可以大于其试验目标值至多5%。

图3-1 重量允差限制值

（aa）使用已按执行某一飞行试验项目而配置的飞机,想要在其处于最小容许重量下进行试验,可能是困难的或是不可能的。如果不能获得最小重量（在规定允差限制范围内）并且在试验重量下所得结果不能明确推断出飞机处于最轻重量时的符合性,则应当在生产型飞机（或能够获得最轻重量的其他飞机）上进行该试验。如果进行安全试验所需用的仪表和设备不能安装于生产型飞机构型上,或者此类仪表的重量仍然使飞机达不到最轻重量,考虑用模拟器来扩展在实际可行的最轻试验重量下所得到的结果（见 3a（1）（f））。

（bb）对于涉及增加最大容许总重的后续飞机的合格审定项目,已将图 3-1 的试验重量限制作为对初始试验数据进行外推的限制,以尽量减少补充试验。以这种方式使用试验重量允差限制时,初始试验数据必须取自针对相同飞机型号的气动力相似机型而建立的经合格审定的现有数据库。应将允差限制用于进行初始试验时所用的最大重量,而不是用于经合格审定的最大重量。

（cc）等效重量外推限制值。对于后续飞机的合格审定项目,凡想要根据经审定的已有性能参数（重量作为其独立项之一）来增加最大使用重量,应当检查这些参数是否等效符合图 3-1 中的重量允差限制。作为一个示例,将飞机着陆襟翼的位置减小到在相同型号的相似机型飞机上经批准的某个位置,相对于初始合格审定的着陆襟翼,在任一给定重量下,将导致着陆速度和刹车能量增大。所以应当按减小后的着陆襟翼位置,计算在审定的最大着陆重量下的刹车能量。该刹车能量应当计及与减小襟翼设定位置有关的着陆速度增大和气动阻力减小。然后再确定:按初始着陆襟翼位置,多大的等效总重能够得到该刹车能量（有关如何计算的示例,见图 3-2）。如果最终得到的等效总重相对经审定最大着陆重量的超过值未达到图 3-1 规定的 5% 重量外推限制,则该减小襟翼位置后的合格审定,对缩减的飞行试验大纲（例如限于失速速度验证、操纵特性以及定性的着陆演示验证）有效。技术标准规定（TSO）C135a（《运输类飞机的机轮及机轮与刹车组件》,2009 年 7 月 1 日）的准则,还可能给出进一步的限制要求。

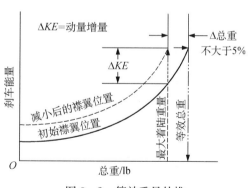

图 3-2 等效重量外推

<u>2</u> 风速限制。对于获取有效的起飞和着陆飞行试验数据而言,10 kn（任何方向）或 $0.11V_{SR1}$（两者中取较低值）的风速限制被认为是最大可接受值。在跑道风速大于 5 kn 条件下获取的起飞和着陆性能数据,有可能缺乏一致性因而是不可靠的,因为在这一风速量级下,风况很可能是不稳定的。但是,也不必要舍弃在 5 kn 至 10 kn 风速下获得的这些性能数据。可对比在较低风速条件下得到的数据,核查其有效性。应在机翼平均空气动力弦（MAC）所在高度（按飞机处于地面静止姿态时确

定)上测量风速。当在机翼 MAC 高度处测量试验风速时，应考虑将地面以上 6 ft[①] 高度作为最低测量高度，以避免因地面干扰而可能引起的测量误差。

 3 重心限制。整个重心范围±7%的试验允差旨在允许飞行中重心移动，仅当试验数据散布于限制重心的两侧，或可满意地将试验数据从试验重心调整到限制重心时，这个允差才是可接受的。如果在重心限制之内的某一试验条件下，对于某项要求的符合性处于边缘状态，则应当在该重心限制下重复进行此项试验。

 4 空速限制。通常，以误差在 3% 或 3 kn（取两者中之大值）范围内的所希望的试验速度进行的试验，都被认为是可接受的。

 5 推力（或功率）限制。应在给定温度和高度限制值的发动机上以容许的最大推力（或功率）进行诸如最小操纵速度之类的推力或功率临界试验。然后，允许进一步计算修正量，使数据外推，以便可覆盖整个使用包线。应将这些推力（或功率）修正量限制在试验日推力（或功率）的 5%，除非进行更详细的分析。

（c）规定这些允差的目的并非允许以超出型号设计批准的数据值进行飞行。如果要进行这样的飞行时，应有针对这些飞行情况的足够的结构验证材料可供使用。但是，始终要在受控条件下和飞行机组对此情况有充分认识的前提下进行这些飞行。这些飞行的示例如下：

 1 以超出最大起飞重量的重量进行起飞，为的是以最大起飞重量到达试验区域。

 2 在实施起飞试验的飞行路线中，以大于最大着陆重量的重量进行着陆。

 3 为获得超出初始型号设计所确认范围的数据以便于未来批准而进行的飞行。

（d）图 3-3 中的表格示出通常容许进行修正的一些情况，对飞行试验数据进行任何修正，都应采用经 FAA 同意的方法。

飞行试验状态	可修正的参数					
	重量	重心	空速	高度	功率（或推力）	风况
空速校准	×	—	—	—	—	—
失速速度	×	×	—	—	×	—
爬升性能	×	×	×	×	×	—
着陆性能	×	×	—	×	×	×
起飞性能	×	×	—	×	×	×
加速-停止性能	×	×	—	—	×	×
最小操纵速度						
最小离地速度	×	×	×	—	×	—
抖振边界	×	×	—	×	—	—

图 3-3 通常可作修正的试验参数

---

① 1 ft（英尺）= 3.048×10^{-1} m。——译注

（e）应该对飞行试验项目中所用的所有仪表设备进行正确校准，并为 FAA 试验团队所接受。

（4）§25.21（f）——证明符合性的若干规定（风的测量和修正）

在一个高度上测得的风速与在另一高度上测得的相应风速之间的关系，可从如下方程得到：

$$V_{W2} = V_{W1}(H_2/H_1)^{1/7}$$

式中：H——距跑道表面的高度；

V_{W2}——在 H_2 高度上的风速；

V_{W1}——在 H_1 高度上的风速。

下面以曲线形式描述此方程。在此关系曲线中，不应使用小于 5 ft 的 H 值。

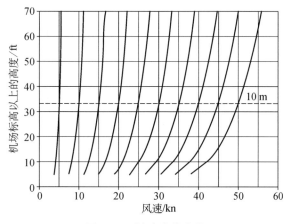

图 3-4 风速廓线变化

（5）风速廓线变化对试验数据的影响

应以可确定风对试验数据影响的方式，获取飞机的性能数据。应将试验风速从试验表面高度之上的记录高度修正到飞机机翼平均气动弦高度。如果未测量风速廓线的变化，可使用上述（4）给出的公式计算此变化。下面的示例是处理风速廓线变化数据的方法。也已确认其他一些方法是可接受的。

示例：试验数据

已知：

- 飞机处于地面时平均空气动力弦距地面的高度   8.0 ft
- 风速测量点高度   6.0 ft
- 测得的风速   4.8 kn

结果：

- 飞机距着陆表面 50 ft 高度处的试验风速

$$4.8 \times [(50+8)/6]^{1/7} = 6.6 \text{ kn}$$

- 飞机距起飞表面 35 ft 高度处的试验风速

$$4.8 \times [(35+8)/6]^{1/7} = 6.4 \, \text{kn}$$

- 飞机处于地面时的试验风速

$$4.8 \times (8/6)^{1/7} = 5.0 \, \text{kn}$$

（6）风速廓线变化用于 AFM 数据扩展

将数据扩展到 AFM 状态时，结果应包括飞机机翼平均气动弦所在高度上的有效风速，其对应于距起飞表面 10 m 高度（32.81 ft）上测得的风速，并按 §25.105(d)(1) 的风速系数进行修正。

示例：AFM 试验数据

已知：

- 飞机处于地面时平均气动弦距地面的高度　　　　8.0 ft
- 10 m 高度上报告的逆风风速　　　　40.0 kn
- §25.105(d)(1) 的风速系数　　　　0.5

结果：

- 飞机距着陆表面 50 ft 高度处的经系数修正后的风速

$$(0.5) \times (40) \times [(50+8)/32.81]^{1/7} = 21.7 \, \text{kn}$$

- 飞机距起飞表面 35 ft 高度处的经系数修正后的风速

$$(0.5) \times (40) \times [(35+8)/32.81]^{1/7} = 20.8 \, \text{kn}$$

- 飞机处于地面时经系数修正后的风速

$$(0.5) \times (40) \times (8/32.81)^{1/7} = 16.3 \, \text{kn}$$

（7）因风速廓线变化连同由于飞机动态性能造成的速度变化一起所引起的飞机空速变化

在试验数据处理并将这些数据扩展到 AFM 的情况时，仅用地面速度的变化即可表示由于作用在飞机上的力其动态效应而引起的速度增大或减小。可将地面上这些速度变化归一化为速度增量或速度比值。将风速廓线变化而引起的空速变化与这些速度变化相叠加。

示例：根据地速确定真空速——起飞试验数据

已知：

- 离地点处的地速，V_{LOF}　　　　139 kn
- 距起飞表面 35 ft 高度处的地速　　　　140.6 kn
- 由于飞机动态特性造成的速度变化　　　　1.6 kn
- 离地点处的试验逆风风速　　　　5.0 kn
- 飞机距起飞表面 35 ft 高度处的试验逆风风速　　　　6.4 kn

结果：

- 离地点处的真空速，V_{LOF} $139.0 + 5.0 = 144.0$ kn
- 距起飞面 35 ft 高度的真空速 $140.6 + 6.4 = 147.0$ kn

示例：根据 35 ft 高度处的真空速确定抬前轮速度——AFM 数据

已知：

- 离地点处用系数修正后的逆风风速   16.3 kn
- 飞机距起飞表面 35 ft 高度用系数修正后的逆风风速   20.8 kn
- 地速变化，$(V_{35} - V_{LOF})$ 1.6 kn
- 地速变化，$(V_{LOF} - V_R)$ 0.5 kn
- 35 ft 高度上要求的真空速   150.0 kn

结果：

- 35 ft 高度上要求的地速 $150 - 20.8 = 129.2$ kn
- 离地点处的地速 $129.2 - 1.6 = 127.6$ kn
- 离地点处的真空速 $127.6 + 16.3 = 143.9$ kn
- 抬前轮点处的地速 $127.6 - 0.5 = 127.1$ kn
- 抬前轮点处的真空速（用于 AFM 速度及距离） $127.1 + 16.3 = 143.4$ kn

示例：着陆——AFM 数据

已知：

- 距着陆表面 50 ft 高度处用系数修正后的逆风风速   21.7 kn
- 着陆表面处用系数修正后逆风风速   16.3 kn
- 自 50 ft 高度至接地点的地速变化 $(V_{50} - V_{TD})$ 4.0 kn
- 50 ft 高度上要求的真空速   130.0 kn

结果：

- 50 ft 高度上的地速 $130 - 21.7 = 108.3$ kn
- 接地处的地速 $108.3 - 4.0 = 104.3$ kn
- 接地处的真实空速 $104.3 + 16.3 = 120.6$ kn

（8）起飞着陆数据对于机场标高海拔高度的扩展

（a）这些指导方法适用于在进行起飞和着陆性能试验所飞高度之上或之下的高度上，扩展 AFM 起飞和着陆数据。

（b）历来，对起飞性能的外推都设置了某些限制。在过去，当采用经过验证的测试和数据处理方法时，通常可将起飞数据外推到试验机场标高以上 6 000 ft 以及以下 3 000 ft。对于超出这些限制值的外推，每增加 1 000 ft 外推高度，要付出增加 2% 起飞距离的代价。倘若已计及较高的真空速对着陆距离的影响，对于着陆数据的外推，通常就不再采用这些限制值。

（c）此后，在飞机和推进系统（即涡轮发动机和螺旋桨，按适用而定）性能建模和在确认这些模型用于确定高（和低）高度起飞和着陆性能的精确度方面，都已经取得相当丰富的经验。这些经验已表明,外推的可靠度主要是推进系统性能模型精确度及其与飞机阻力模型综合后的精确度之函数。飞机的基本飞机空气动力学特性并不随高度或者环境温度的改变而出现显著变化,并且通过飞机性能建模惯常做法,也可很容易地考虑任何这样的影响。

(d) 因此,使用经充分定义和验证的推进系统装机性能特性,可将在一个机场标高下获得的起飞和着陆性能数据,外推到使用包线范围内更高或更低高度上,而无需采取其他的性能保守处置。但是应当注意,在确定和确认推进系统性能特性时所使用的推进系统数据外推值,通常限于比按相关功率(或推力)设定值评定推进系统参数时所用最大高度高出 3000 ft(有关制订和验证推进系统装机性能特性的可接受方法的更多信息,参见本 AC 第 9 条)。

(e) 注意,在 8000 ft 以上机场上运行的合格审定试验,还应包括按本 AC 中 87b(3)对客舱增压系统进行功能试验。应考虑对机场高度的任何敏感性和与机场高度的相关性,诸如:发动机和 APU 起动、旅客氧气、自动驾驶仪、自动着陆、自动油门系统功率(或推力)设定和(或)使用。

(9) 顺风起飞和着陆

(a) 10 kn 或 10 kn 以下风速

可批准在不大于 10 kn 报告顺风风速下运行时的性能、操纵性和发动机工作特性,而无需进行特定风速下的附加飞行试验。

(b) 风速大于 10 kn

1　性能。

在大于 10 kn 的顺风风速下测得的起飞距离、中断起飞距离和着陆距离,对用于确定飞机性能而言,被认为是不可靠的。通常,沿整个跑道长度上,或在执行试验机动所需要的整个时间段内,这种量值的风况不会充分一致。§25.105(d)(1)和§25.125(f)所要求的 150% 顺风运行系数,是为了在使用基于名义静风下飞行试验的 AFM 数据时,为直至 15 kn 顺风风速下的运行提供一种令人满意的安全水平。

注:如果希望得到对大于 10 kn 顺风风速下着陆的批准,§25.479(水平着陆情况)的设计要求还规定,需要对接地速度增大后的影响进行调查研究。

2　操纵特性。

用于演示操纵品质的试验顺风速度,应等于经 150% 系数修正后的推荐顺风限制值。采用 150% 系数的目的在于为运行时风的可变性(包括风的数据的时效性,根据测量和报告方法得出的数据平均值,以及在较高风速下风的极大可变性)提供足够的安全裕度。因此,等于 150% 推荐顺风限制值的试验风速,应是经平均或经光滑处理的风速,并非峰值风速。应在重心后限,采用等于经 150% 系数修正后的推荐顺风限制值的平均顺风试验风速,按下列状态评定飞机操纵特性:

(aa) 起飞。应按轻重量和最大经批准起飞襟翼偏度,对全发工作和单发不工作两种情况(即模拟临界发动机在发动机失效速度 V_{EF} 下失效)的起飞进行评定。

(bb) 着陆。按轻重量和最大经批准着陆襟翼偏度进行进近和着陆。

(cc) 确定地速的增加对起落架振动或摆振、飞行指引仪或自动驾驶仪表着陆系统(ILS)进近以及近地警告系统(TAWS)下沉率模式等方面的影响。

(dd) 如果为了计及顺风风速的增大而增加发动机慢车功率或推力,则应确保在下滑道上方的偏离是可改出的。

3 重量限制。

与§25.105(d)(1)和§25.125(f)的要求一致,应使用刹车能量及轮胎速度(凡适用时,采用经150%系数修正后的限制顺风风速予以计算)确定最大起飞重量和最大快速转弯(调头)重量。

4 发动机工作特性。

应在经150%系数修正后的限制顺风风速下演示验证满意的发动机工作特性。演示验证应包括:

(aa) 零地速运行。

(bb) 用于 AFM 性能这一节的起飞功率或推力设定程序(通常在80 kn 左右完成),包括手动和自动设定(自动油门)两种。

(cc) 反推力运行。

5 飞机飞行手册。

AFM 应包含一项说明:对顺风风速大于10 kn 的限制,反映飞机通过适航性评定的能力,并不对在顺风风速超过10 kn 下的运行构成批准。

b. 程序

(1) 本 AC 的以下各条将讨论与性能相关的飞行试验程序[①]:

10. 起飞和起飞速度

11. 加速-停止距离

12. 起飞航迹

13. 起飞距离和起飞滑跑距离

14. 起飞飞行航迹

15. 爬升:总则

16. 着陆爬升

17. 爬升:单发不工作

18. 航路飞行航迹

19. 着陆

(2) 关于多个襟翼位置或附加襟翼位置的性能数据。

如果寻求针对尚无试验数据可供使用的襟翼位置设定值给予性能数据批准,可利用在其他增升装置处于某个不变形态时由不少于4个襟翼设定位置所获得的飞

---

① 以下各条目的内容见后面正文相应各节。——译注

行数据,通过内插来获取这些数据。如果襟翼设定位置间隔不大,并且先前获得的数据具有足够的置信度(即曲线形状已知,并且其本身适合于准确的内插),从 3 个襟翼设定位置取得数据,也是可接受的。

(3) 非正常形态下的飞行特性[见§25.671(c)]。

(a) 就本 AC 而言,非正常形态是指由任何单项失效或任何未表明是不可能的失效组合而造成的一种运行形态。

(b) 可通过试验或分析来确定关于非正常形态下的飞行特性,以确保飞机能够继续安全飞行和着陆。如果必需,应在与此形态相关的高度、重量、重心和发动机功率或推力的临界状态下,并以该形态下失速警告出现后 1 s 所达到的速度(见本 AC 中 29e(2)(h))和该形态下最大使用空速之间的最临界空速,进行飞行试验。

4. 载荷分布限制——§25.23[备用]

5. 重量限制和重心限制——§25.25 和§25.27[备用]

6. 空重和相应的重心——§25.29[备用]

7. 可卸配重——§25.31

a. 说明
无。

b. 程序

凡必须达到某个特定的重量和重心位置时,可在飞行试验过程中携带配重。对于可能对飞机飞行品质有显著影响的情况,应考虑配重的垂直位置和水平位置。应考虑支撑结构的强度,以确保在具体试验过程中不会由于预期的载荷而引起损坏。按§21.35(a)的要求,在利用机上这些结构进行飞行试验之前,申请人必须表明这些结构符合 25 部中适用的结构要求。

8. 螺旋桨转速和桨距限制——§25.33

a. 说明
无。

b. 程序

试验飞机的转速表和空速指示系统应在最近 6 个月内经过校准。在满足该前提条件的同时,应完成下列事项:

(1) 确定螺旋桨转速和桨距设定值在飞机、发动机和螺旋桨合格审定限制范围内按飞行试验大纲进行所有试验的过程中都是安全和令人满意的。这包括制订涡轮螺旋桨飞机上的可接受的低桨距(飞行慢车)桨叶角,并验证在 V_{MO}/M_{MO} 下螺旋桨形态对防止螺旋桨超速是令人满意的。

（2）确定螺旋桨转速和桨距设定值在为满足性能要求而进行的所有试验过程中是安全和令人满意的。

（3）在螺旋桨调速器工作同时使螺旋桨操纵器件处于每分钟最高转速（r/min）位置，确定在起飞和以最佳爬升率爬升过程中，最大起飞功率设定值都未超过每台发动机的额定起飞转速（r/min）。

（4）借助机械方法使螺旋桨调速器不工作，确定无风静态最大功率转速。按§ 25.33（c）的规定，螺旋桨调速器在低桨距止动位工作时，发动机转速不得超过最大允许起飞转速的 103％，或经批准最大超速的 99％。对于涡桨发动机，发动机转速不得超过发动机和螺旋桨型号设计所容许的最大发动机转速。注明哪些系统被禁用以及如何被禁用。如果试验之日未能获得最大起飞功率扭矩或海平面标准条件，则采用可接受的方法按这些条件对数据进行修正。风速为 5kn 及 5kn 以下时，则认为属于无风状态。静态转速应是在来自左面和来自右面的正侧风条件下所获得转速的平均值。

（5）如果上面确定的结果都令人满意，则测定低桨距止动位设定值和高桨距止动位设定值。可能已从螺旋桨制造商处获取了这些数据，如果从制造商交付该螺旋桨后，未对这些桨距止动位作过改动，则可予以使用。如果通过测量取得这些数据，则应记录桨叶站位，并将这些桨叶角列入型号合格证数据单。

第 2 节 性 能

9. 总则—— § 25.101

a. 说明——推进系统特性

§ 25.101（c）规定，飞机"性能必须对应于在具体周围大气条件、具体飞行状态和（本条（b）款规定的相对湿度）①下的可用推进力。"推进系统［即涡轮发动机和螺旋桨（视适用情况而定）］安装后性能特性基本上是发动机功率设定值、空速、螺旋桨效率（凡适用时）、高度和环境温度的函数。应确定其中每一变量的影响，以制订用于飞机性能计算的可用推力。

b. 程序

（1）目的在于建立一个覆盖经批准飞行包线的推进系统性能模型。此外应表明推进系统性能模型与飞机性能模型的组合，经由起飞性能试验数据、爬升性能试验以及用于确定飞机阻力的试验所确认。通过下列试验和分析，可确立推进系统装

---

① 括号内文字为 § 25.101（c）中的内容，本 AC 在引用时省略。——译注

机性能特性:

(a) 稳态发动机功率(或推力)设定值与功率(或推力)试验之间的关系。应为发动机配备足够的仪表,以便可确定推力(或功率)。应采集数据,包括螺旋桨装机后的拉力,如果适用,覆盖寻求批准的功率或推力设定值、高度、温度以及空速的整个范围,为的是确认此模型。尽管不可能权威地列出或预知对确定推力(或功率)输出可能认为是合适的所有仪器的型号,在过去合格审定项目中所使用的两种测量方法示例是:①发动机测压耙,随发动机在地面测试室内校准;②风扇转速,随发动机在地面测试室内校准,并使用飞行试验平台来确认这些校准数据。在任何情况下,申请人都应证实用于确定推力(或功率)输出的仪表设备是合适的。

(b) 直减率①的起飞测试,用以表征功率或推力设定值、转子转速、螺旋桨效应(即扭矩、RPM 和桨叶角)或燃气温度的特性,作为时间、热状态或空速(按适用而选定)的函数。这些试验应包括起飞推力自动控制系统(ATTCS)的使用,如果适用,应覆盖寻求批准的整个功率或推力设定值范围。

1 凡适用时,可征得发动机和螺旋桨制造商的同意,通过超运转(即以大于相应状态正常功率设定值进行运行),采集更高高度的功率或推力设定值数据。当考虑在涡轮螺旋桨推进系统安装上使用超运转以模拟更高高度和环境温度范围条件时,应基于对发动机和螺旋桨控制系统和飞机性能以及结构的考虑,对达到相称模拟的能力进行评估。发动机(齿轮箱)扭矩、转子转速或燃气温度限制值,包括禁用或限用超限值的防护装置,可能会有碍于实现为达到寻求批准的最大机场高度上的性能而需要的超运转量。可将超运转视为达到用于模拟更高高度和环境温度范围的相应桨叶角而增大扭矩、降低螺旋桨转速,或两者组合。对外推的考虑,将取决于申请人对涡轮螺旋桨推进系统模拟试验条件正确性的证实。

2 应通过在寻求起飞批准的最大机场高度上的起飞演示验证,确认直减率特性。作为选择,如果使用超运转(参见上面的条款1)来模拟寻求起飞批准的最大机场高度上的推力设定参数,则可在比最大机场高度最多低 3 000 ft 的某个机场上,执行直减率特性的起飞演示验证。

(c) 功率(或推力)计算证实。应使用推进系统的数学模型或其他合适的方法,计算装机推力,凡必要时可以进行调节,以匹配测得的推进系统装机后空中性能特性。推进系统数学模型应在寻求批准的功率或推力设定值、空速、高度和温度的整个范围,定义功率或推力与其设定参数之间的关系。对于涡轮喷气式飞机,应通过地面试验来证实推进系统数学模型,试验时,通过经校准的测压元件或等效装置直接测得推力。对于涡轮螺旋桨飞机,应借助经校准的功率计或等效装置来证实发动机的功率测量,发动机喷气推力应借助可接受的发动机模型予以制订,而螺旋桨的拉力和功率特性应借助风洞试验或等效方法来予以证实。

---

① 原文为"lapse rate",意即直减率或递减率。——译注

(d) 环境温度的影响。上述 9b(1)(a)中的飞行试验,通常在很宽的环境温度范围内提供数据。也可从相同型号或系列号的发动机的其他飞行试验或地面试验,获取补充数据。目的在于确认推进系统模型精确地反映了在寻求批准的整个环境温度范围(使用包线)内温度的影响。由于通常可使用任一无因次变量(如 θ 指数或热动力循环模型),使推力(或功率)数据与温度的关系归一化,通常不必要获取整个环境温度范围内的数据。只要满足下列条件,则不需要进行补充试验:

<u>1</u>　数据表明,可准确预测功率(或推力)和限制参数与环境温度的关系特性。

<u>2</u>　基于试验数据的分析表明,该推进系统将以额定功率或推力工作而不会超过推进系统限制值。

(2) 将推进系统性能数据从试验所用最高机场高度向上外推 3 000 ft(但不超过寻求批准的最大起飞机场高度)是可接受的,条件是所推荐的外推程序得到支持数据证实,其中包括飞行试验数据和推进系统运行数据(如发动机和螺旋桨操纵,超限值,防喘振装置预定时序)。对于外推的考虑,取决于申请人对推进系统其临界运行模式的确定、了解以及证实。这里所说的了解,包括确定并量化推进系统安装和环境条件变化对这些模式所产生的影响。

10. 起飞和起飞速度——§ 25. 105 和 § 25. 107

a. 说明

§ 25. 105 规定了在按照 25 部的要求确定起飞速度、加速-停止距离、起飞航迹、起飞距离和起飞滑跑距离时,必须考虑的条件。§ 25. 107 规定的起飞试验的主要目的在于:确定由申请人在使用限制内选定的所有重量、高度和温度条件下的飞机所有起飞形态的起飞速度。

b. 程序

(1) § 25. 105(c)(1)要求按平整、硬道面的干和(或)湿跑道来确定起飞性能数据。本 AC 第 11 条阐明了确定 § 25. 109 所要求的加速-停止距离的方法,第 13 条阐明了确定 § 25. 113 所要求的起飞距离和起飞滑跑距离的方法。

(2) 按照 § 25. 101(f),应使用申请人为服役运行而制订的程序,完成用于确定加速-停止距离、起飞飞行航迹和起飞距离的试验。按照 § 25. 101(h),必须能够由中等技能机组,使用安全可靠的方法或装置,并计及在服役中执行程序时可合理预期的任何时间滞后容差,效果一致地执行这些程序。在这些要求中,都禁止使用特殊的驾驶技术(诸如大于运行服役中将会出现的操纵力输入或俯仰速率)来产生不实际的起飞距离。这些要求的目的在于制订能代表运行服役中可合理预期达到的起飞性能。

(3) 应该对所有潜在的空速误差源给予注意,而对于驾驶舱内电子仪表对空速数据采用电子滤波的那些飞机,应予以特别的关注。此种滤波,将导致空速指示时的时间滞后,可能成为向飞行机组提供空速指示时的重大系统性误差源。在正常起飞加速时,飞机将以高出驾驶舱仪表所指示的速度运行,这将导致起飞距离大于 AFM 中所提供的值,对于在接近所指示的 V_1 速度下中止起飞的情况,尤为如此。对于因电子滤波、气源系统滞后或其他原因引起的任何时间滞后所造成的影响,在提供 AFM 速度和距离时,应予以适当处理。有关空速滞后问题,尤其是关于驾驶舱内装有电子仪表的飞机其空速滞后问题,以及空速指示系统的校准程序($\S 25.1323$(b)),将在本 AC 第 177 条中予以进一步说明。

(4) $\S 25.107$(a)(1)——发动机失效速度(V_{EF})

发动机失效速度(V_{EF})定义为假设临界发动机发生失效时的校准空速,并且必须由申请人选定。V_{EF} 不得小于地面最小操纵速度(V_{MCG})。

(5) $\S 25.107$(a)(2)——V_1

V_1 不得小于 V_{EF} 加上在 V_{EF} 和驾驶员判明发动机失效之后采取措施瞬间之间的时间间隔内,临界发动机不工作时的飞机速度增量。这一瞬间以加速-停止试验中驾驶员作动第一个减速装置(诸如刹车、油门、扰流板等)的时间来标示。申请人可选择作动各减速装置的顺序。有关中止起飞(RTO)过渡程序和相关时间延滞的更全面的说明,参见本 AC 第 11 条,涉及 $\S 25.109$。

(6) $\S 25.107$(b)——最小起飞安全速度(V_{2min})

(a) V_{2min},以校准空速表示,不得小于:

<u>1</u> 1.1 倍于 $\S 25.149$ 所定义的 V_{MC}。

<u>2</u> $1.13V_{SR}$,对于双发或 3 发涡桨和活塞式发动机飞机,以及不具有措施(即附面层控制、吹气襟翼等)使单发不工作时有动力失速速度得到显著降低的所有涡轮喷气飞机。用于确定 V_{2min} 的 V_{SR} 值是相应起飞形态下起落架收上时的失速速度(带固定式起落架或起落架放下时放飞的那些飞机除外)。

(b) 对于 3 发以上的涡桨和活塞发动机飞机,以及有合适措施(通过使用诸如附面层控制、吹气襟翼等)使有动力失速速度得到显著降低的涡轮喷气飞机,V_{2min} 可以减小至 $1.08V_{SR}$。

(c) 对于螺旋桨飞机,基于飞机所装发动机数目给出两个不同的裕度,两者之间的差异是因为有动力时通常会显著降低失速速度。在双发螺旋桨飞机上,一台发动机失效至少抵消了这类速度降低效果的一半。因此,规定系数方面的差异是为丧失一台发动机后所得到的有动力状态下实际失速速度提供大致相同的裕度,而与所安装的发动机数量(需一台以上)无关。与螺旋桨飞机不同,涡轮喷气和涡轮风扇飞机在有动力失速速度与无动力失速速度之间未表现出任何明显的不同。这是因为此类飞机无螺旋桨。在螺旋桨飞机上,施加动力时,螺旋桨常常诱导出螺旋桨滑流,导致机翼维持其升力所需速度低于无动力失速速度。申请人对所规定的两种速度的选择,将影响在制订起飞航迹时所要求试验的性质。

(7) $\S 25.107$(c)——起飞安全速度(V_2)

V_2 为一台发动机在 V_{EF} 速度下失效之后以所制定的抬前轮速度(V_R)到达离起飞表面 35 ft 高度之时或之前飞机所达到的校准空速。从离地点开始,起飞表面以与跑道相同的坡度继续延伸至起飞距离的终点。在起飞速度演示验证过程中,应使 V_2 持续到 35 ft 以上某个足以确保稳定飞行状态的高度。V_2 不能低于 V_{2min}。此外,V_2 不能小于 §25.107(f) 所定义的离地速度 V_{LOF}。按照 §25.107(c),V_2 以校准空速表示并且不得小于 V_R 加上在达到距飞表面 35 ft 高度之前所获得的速度增量,同时 V_2 不应小于能提供 25.143(h) 条规定的机动能力的速度。§25.111(c)(2) 规定,飞机在达到起飞表面 35 ft 高度之前必须达到 V_2 并且保持某个不小于 V_2 的速度,直至飞机处于距起飞表面 400 ft 高度。这些要求首先见于在特殊联邦航空条例 SR-422《当前设计的以涡轮发动机为动力的运输类飞机(SR-422A)》的 4T.114(b)(4) 和 (c)(3) 及 4T.116(e) 中。规章更改所涉及的问题是:按照先前的要求,即飞机在地面或接近地面的高度上达到 V_2,则在离地后会超越 V_2。因此,规定此最新要求的意图在于:允许在离地后加速到 V_2,但不允许通过在地面低阻力条件下达到某个大于 V_2 的速度并通过使用剩余的动能达到 35 ft 高度这种做法,来缩短为达到距起飞表面 35 ft 高度而需要的场长。

(a) 在涡轮喷气发动机飞机的情况下,业已借助猛收油门收集了大部分单发不工作数据时,应至少通过 V_{EF} 速度下有限次数的断油操作,证实 V_2 以及 V_2 与 V_R 的关系。对于衍生型项目,如果不涉及可能影响推力衰减特性的某项更改,则不必要进行断油演示验证。

(b) 对于螺旋桨飞机,为了确保在一次发动机突然失效期间临界发动机的螺旋桨处于其应在的位置时获得起飞速度和距离,使用断油操作可能更为重要。使用断油操作来实施试验的次数,取决于所得到与猛收油门数据的相关性以及对数据分析法充分模拟发动机突然失效影响的证实。

(8) §25.107(d)——最小离地速度(V_{MU})

(a) §25.107(d) 规定,"V_{MU} 速度必须由申请人选定。"申请人既可确定最小可能 V_{MU} 速度,也可选定一个支持飞机起飞性能目标值的较高速度。不管申请人如何选定 V_{MU} 速度,都必须表明对 §25.107(d),(e)(1)(iv),(e)(3) 和 (e)(4) 的符合性,以表明所选定的 V_{MU} 速度能够使飞机安全离地和继续起飞。

(b) 申请人应以全发工作和单发不工作状态进行最小离地速度(V_{MU})试验,由此表明对 §25.107(d) 的符合性。在进行这些试验期间,起飞应持续,直至飞机脱离地面效应。离地后,也不应减小飞机的俯仰姿态。

(c) 演示验证最低 V_{MU} 速度的 V_{MU} 试验,是一种最高性能飞行试验机动,可能在非常接近相应于最大升力系数的迎角下发生离地。此外,即使在机动过程中可完全保持俯仰姿态不变,环境条件和飞离地面效应也可能引起迎角变化。以低于正常失速警告速度的某个速度离地是允许的,前提是不发生比轻微抖振更严重的情况。

<u>1</u> 对飞行试验团队而言,重要的是,对于可能呈现特定危害并应予以计及的某个电子飞行操纵系统,应了解控制率以及起飞过程中控制率之间的任何转换(例如,基于机轮承重的那些转换)。

<u>2</u> V_{MU} 试验过程中,可抑制人工失速警告系统(如振杆器)的启用,但是这样做需要驾驶员极其谨慎,并取决于他们对飞机失速特性有全面的了解,包括有地面效应或无地面效应的情况。

<u>3</u> 如果飞机装有推杆器、迎角限制器,或其他会影响试验实施的系统,触发这些系统作动的迎角设定值可由申请人选择,并可不同于名义值。作为选择,为了试验的执行可抑制系统的启用或延迟其作动,直至达到安全高度。但是,对于配备推杆器并且未设计成在起飞过程中被抑制的那些飞机,则需要对 V_{MU} 试验演示验证进行评估,并且仅当迎角指示装置设置在制造允差范围内的最小角度而推杆器并未作动才算有效。

(d) 作为对于进行单发不工作 V_{MU} 试验的替代,申请人可进行全发工作的 V_{MU} 试验,前提是模拟或计及将会与一次实际单发不工作 V_{MU} 试验有关的所有相关因素。为了计及所有相关因素,可能有必要用分析的方法调整最终得到的 V_{MU} 试验值。需计及的因素至少应包括下面所列:

<u>1</u> 单发不工作范围的推重比。

<u>2</u> 操纵性(可能与单发不工作自由气流试验有关,诸如 V_{MCA} 等)。

<u>3</u> 因使用横向和航向操纵系统而引起的阻力增加。

<u>4</u> 因使用横向操纵的装置(诸如机翼扰流板)而引起的升力减小。

<u>5</u> 任何其他系统或装置的使用对操纵、阻力或升力带来的不利影响。

(e) 仅对全发工作和单发不工作时的临界推重比进行测试,才可使所必需的 V_{MU} 试验次数减至最少,前提是将在这些临界状态下确定的 V_{MU} 速度用于与全发工作和单发不工作形态相对应的推重比范围。按 V_{MU} 速度修正推力,使得飞机以正常的程序规定速度并以相应的形态达到其单发不工作时限制爬升梯度,由此制订临界推重比。

(f) 25 - 42 号修正案(1978 年 3 月 1 日生效),对条款 §25.107(d) 和 §25.107(e)(1)(iv) 作了修订,为的是允许以相应于单发不工作状态的推重比进行全发工作试验,由此确定单发不工作时的 V_{MU}。经修订后的 §25.107(d) 规定,必须按有待合格审定的推重比范围来选择 V_{MU},而不是像先前所要求的,按全发工作状态和单发不工作状态来选择。在确定与单发不工作状态相应的全发工作推重比时,除了工作发动机台数的影响外,还应考虑两种形态之间配平和操纵阻力的差异。按 V_{MU} 速度修正推力,使得飞机以正常的程序规定速度并以相应的形态达到其单发不工作时限制爬升梯度,由此制订需要合格审定的最小推重比。

(g) 为进行 V_{MU} 试验,视需要抬前轮以达到 V_{MU} 姿态。在进行 V_{MU} 演示验证期间,在正常配平设定值之外再增加一些的抬机头配平是可接受的。如果需要采取增加抬前轮配平,下面(h)①中的补充考虑应适用。V_{MU} 为飞机重量完全由空气动力升力和发动机推力所支持时的速度。在带有翻转小车式主起落架的飞机上,可能需要

---

① 原文误为(g)。——译注

作某些判断。以往的试飞项目中,业已认定由起落架载荷和机轮速度来确定离地点是可接受的。飞机离地后,应飞行脱离地面效应。在起飞和尔后的爬升过程中,飞机应是完全可操纵的。

(h) 俯仰操纵权限受限飞机的 V_{MU} 试验。

1　对于俯仰操纵权限受限的某些飞机,也许不可能在前重心和正常配平条件下使飞机抬头到离地姿态,要不然飞机达到所要求姿态后就能够以最小速度实施干净离地。这种情况只可能在部分起飞重量范围内和某些形态下发生。虽然一般都是因为在低推重比下俯仰操纵面不能提供足够的俯仰力矩使飞机抬头到所想要的俯仰姿态,但对于推力线处于高位的飞机(如:后置发动机高置于机身上),在高推重比之下也会发生同样的现象。当清楚地表明俯仰操纵授权受限属于此情况时,可修改 V_{MU} 试验条件,以允许以重心前限的后部和(或)使用比正常情况更大的飞机抬头配平进行试验。应将由这一程序确定的 V_{MU} 数据,修正为代表合适重心前限的那些数值。可假设 V_{MU} 随重心的变化与自由大气失速速度随重心的变化相类似。尽管由这些修正后的 V_{MU} 数据可形成程序规定的起飞速度,仍然要求补充试验(见下面的2),以检查放宽后的 V_{MU} 准则并没有忽略在俯仰操纵权限受限飞机抬前轮时可能引起的操作变化问题。

2　在下列保证试验中,飞机应当演示验证安全离地特性。

(aa) 应在临界重心前限和正常配平条件下演示验证最小离地速度。对于大重量下具有后移前重心的那些飞机,应考虑两种重量和重心状态。应在最大结构重量或最大海平面爬升限制重量以及与之相关的前重心条件下,进行大重量试验。应在最大相关重量下进行全前重心试验。作为替代,可按单一重量进行试验,前提是要提供分析,确认与俯仰姿态受限的离地能力有关的临界重量和重心组合。

(bb) 这些保证试验应在对于获得能提供最小离地速度的俯仰姿态为最关键的推重比下进行。

(i) 对于受低推重比条件所限的飞机,应针对所模拟的单发不工作(对称减小推力)和全发工作这两种情况,以最小推重比进行试验。

(ii) 对于受高推重比条件所限的飞机,应针对所模拟的单发不工作(对称减小推力)和全发工作这两种情况,以飞机使用包线内的最高推重比进行试验。

(cc) 一种可接受的试验技术是在飞机加速时保持驾驶杆处于最大抬头位。当达到制订最小离地速度的俯仰姿态时,可调整俯仰操纵,以防止过分抬前轮,但是在飞机飞离地面和脱离地面效应时,应保持此离地姿态。

(dd) 如果试验证明是成功的,并且离地速度比正常的程序规定离地速度至少小 5 kn,则所得到的离地速度是可接受的。

(ee) 这一比程序规定离地速度至少低 5 kn 的裕度,为可能进一步限制升降舵权限的操纵变化(诸如失配平、重心误差等)提供了某些处置余地。相对于 §25.107(e)(1)(iv)所规定的那些速度,由本项试验引起的最小离地速度 V_{MU} 裕度的减小,被认为是可接受的,因为减小了俯仰操纵权限受限飞机因过量抬前轮而进入高阻力状态的概率。

(i) 几何外形受限飞机的 V_{MU} 试验。

1 对于受几何外形限制的飞机(即可能的最小 V_{MU} 速度受到机尾碰擦跑道所限),§25.107(e)(1)(iv)(B)允许 V_{MU} 相对 V_{LOF} 的速度裕度,对于全发工作和单发不工作情况,分别降低至108%和104%,经演示验证的 V_{MU} 应是可靠的并是可复现的。

2 在试验条件下属于几何受限的飞机应该是在其整个起飞工作包线内都是几何受限的。如果情况并非如此,则不应将此飞机视为几何受限的飞机,减小 V_{MU} 相对 V_{LOF} 的速度裕度,也就不适用。

3 用于演示验证符合 §25.107(d) 和 §25.107(e)(1)(iv) 有关在几何受限条件下安全离地和飞离要求的一种可接受方法是,针对全发工作状态在最小推重比条件下表明:

(aa) 在96%~100%实际离地速度的速度范围内,飞机的后下表面应当碰擦跑道。由于试验的动态性质,应认识到在这整个速度范围不可能一直擦地,因此有必要进行一些调整。业已确认,飞机在该速度范围内有大约50%时间擦到跑道是可接受的。

(bb) 离地点之后至距起飞表面35 ft 高度,飞机的俯仰姿态不应下降到低于离地点的姿态,飞机速度增大也不应当超过10%。

(cc) 自起飞始点至距起飞表面 35 ft 高度之间的水平距离,不应当超过按 §25.113(a)(2)确定但尚未经115%系数修正之距离的105%。

(j) 完成试验的飞机其加长型的 V_{MU}。

1 由一种型号的某一机型飞机的飞行试验所获得的 V_{MU} 速度,可用来为该飞机的几何外形受限加长型生成 V_{MU} 速度。如短机身飞机已满足 §25.107(e)(1)(iv)(B)所允许的以及在 10b(8)(i)1 中所讨论的关于几何受限飞机的速度裕度准则,即 V_{LOF} 不得小于 104%V_{MU} 或 108%V_{MU}[①],则应当对其加长衍生型进行 10b(8)(i)3 所述的飞行试验。否则,应在其加长衍生型上执行 10b(8)(j)2(bb)规定的试验。

2 由于对尾部擦地问题随着飞机的加长而增多,因此由较短机身原型飞机的 V_{MU} 程序规定值推导出加长衍生型飞机相应值时,除了正常起飞试验外,还应完成下列事宜:

(aa) 应按加长型飞机的减小后的跑道俯仰姿态能力和修改后的重心范围,对经试验的较短机身飞机的 V_{MU} 进行修正,由此确定加长衍生型飞机的最小离地速度 V_{MU}。作为选择,对于未采用这种方式确定的加长型飞机的 V_{MU} 速度,应通过飞行试验或合理分析予以证实。对于单发不工作和全发工作的起飞状态,加长型飞机的程序规定抬前轮速度 V_R 导致的所需离地速度裕度,应至少大于 §25.107(e)(1)(iv) 所要求的经修正的 V_{MU}。

---

① 此处按 §25.107(e)(1)(iv)(B)的原文译出,本 AC 的原文为"104/108 percent V_{MU}/V_{LOF}"。——译注

（bb）针对每一起飞襟翼偏度，在重心前限和重心后限以及整个推重比范围内，应完成下列起飞试验。应以至多是偶尔发生的轻微（即非损伤性的）尾部擦地方式，完成下面（i）和（ii）所述的试验。

（i）10b(9)(c)2 规定的全发工作过早抬前轮试验，包括快速抬前轮和过度抬前轮两种情况，作为独立试验条件。

（ii）10b(9)(b)规定的单发不工作过早抬前轮试验。

（iii）全发工作，中等抬前轮速率（即大于正常速率）起飞试验，使用程序规定 V_R 和离地后正常俯仰姿态。在此条件下不应发生机尾擦地。

（9）§ 25. 107（e）——抬前轮速度（V_R）

（a）抬前轮速度 V_R，以校准空速表示，必须由申请人选定。为了符合§ 25. 107（e）的要求，V_R 有若干必须遵循的约束：

1　V_R 不得小于 V_1，但在某些情况下可等于 V_1。

2　V_R 不得小于 105％空中最小操纵速度 V_{MCA}。

3　V_R 必须能够使飞机在到达距起飞表面 35 ft 高度之时或之前达到 V_2。

4　V_R 必须能够在每种条件集合（诸如重量、高度、温度和形态）下以最大可行速率抬前轮时使飞机离地，此速度不应小于 110％全发工作状态 V_{MU}（除非受几何限制），并且不应小于 105％按相应于单发不工作状态推重比确定的 V_{MU}（除非受几何限制）。

（b）过早抬前轮，单发不工作试验。

1　在表明对§ 25. 107（e）（3）的符合性时，有必要提供在相关飞行试验期间与在 35 ft 高度上达到的空速有关的某些指导材料。由于这一要求仅规定了过早抬前轮（V_R-5 kn），这就理解为驾驶员操作技术仍然与通常用于单发不工作状态的相同。基于上述考虑，很显然，在 35 ft 高度点上所达到的空速可略低于程序规定的正常 V_2 速度。但是，应将允许的 V_2 速度减小值，限制在下面所述的合理量值。

2　这些试验准则适用于所有尚未获批准的、新的基本型飞机。它们也适用于先前已获批准而尔后需要执行试验时的那些飞机。但是，对于认为此准则较先前所用准则更为严格的那些飞机，应考虑允许在试验准则方面有某些放宽。

3　在进行§ 25. 107（e）（3）所要求的飞行试验时，试飞员应采用与试验飞机程序规定起飞速度相关的正常和(或)自然抬前轮技术。飞机尾部或尾撬故意擦地被认为是不可接受的。因无意的过度抬前轮引起的非损伤性碰擦是可以接受的，条件是立即改出到正常单发不工作起飞俯仰姿态。此外，在该试验过程中，在 35 ft 高度点所达到的空速不得小于程序规定 V_2 值减去 5 kn。不应将这些速度极限值当做或用做 V_2 试验速度的目标值，相反，旨在提供一个以低于程序规定 V_2 值放飞的可接受速度范围。

4　在这一试验中，在 V_R 试验速度之前，可使发动机转速降低，充分完成发动机失效模拟，除非这样会使该速度小于 V_{MCG}，在此情况下应以 V_{MCG} 为限。可以用分析方法来调整正常的单发不工作起飞距离，以补偿过早减功率或推力的影响。此外，在 35 ft 高度点所达到的空速略低于 V_2-5 kn 限制值的那些试验中，允许用分析方法来调整试验距离以计及速度过分降低,而不必重新进行试验。

(c) 全发工作试验。

1 §25.107(e)(4)规定,当遇到服役中的合理预期变数(诸如过早和过度抬前轮,以及失配平状态)时,程序规定的起飞距离不得有"明显增加"。已将此要求理解为需要在下面的条件下进行全发工作起飞试验:

(aa) 低于程序规定的抬前轮速度;

(bb) 失配平情况,但是按程序规定的 V_R 速度抬前轮。

注:将起飞距离"明显增加"的表述理解为超过程序规定起飞距离 1% 的任何量值。因此,为了呈现于 AFM,试验所产生的起飞场长不应超过按 25 部适用要求计算所得的 101%。

2 对于全发工作和在尽实际可能接近海平面标准大气条件下最大起飞重量限制值的某个重量下的过早抬前轮状态,应通过试验表明,当飞机在小于程序规定 V_R 的某个速度下抬前轮时,将不会引起程序规定 AFM 场长有"明显增加"。对于这些试验,应以程序规定 V_R 速度减去 7% 或程序规定 V_R 速度减去 10 kn 的那个速度(取其中导致较大抬前轮速度的那个值)使飞机抬前轮。试验应按如下方式进行:①快速抬前轮到正常起飞姿态;②以正常抬前轮速率离地后比正常姿态过度抬前轮 2°。对于使用过度抬前轮的试验,引起的俯仰姿态增量应一直保持到飞机脱离地面效应。在这一演示验证过程中,尾部擦地是可接受的,只要它们是轻微的,并且不会导致不安全状态。

3 对于全发工作和在尽实际可能接近海平面标准大气条件下所允许的最大重量下的合理预期失配平状态,应表明在程序规定 V_R 速度下以正常方法开始抬前轮时,程序规定的 AFM 起飞距离应无"明显增加"。失配平的量值,包括计及起飞形态警告系统装配调整允差,应是不会导致起飞形态警告的最大失配平。如果分析表明,失配平状态不会呈现不安全的飞行特性,也不会导致程序规定 AFM 场长有"明显增加",则以分析替代实际试验是可接收的。

4 §25.107(e)(4)还规定,服役中对所制定飞机起飞操作程序的可合理预期偏差,不得造成不安全的飞行特性。例如:对于一架装载后获得前重心位置的飞机,按后重心装载失配平,由于过大的操纵力,或缺乏主俯仰操纵权限,也许不可能以正常运行速度抬前轮。这可能导致完成抬前轮时出现过度滞后。这样的情况应认为是一种不安全的飞行特性。同样,对于装载后获得后重心位置的飞机,按前重心装载失配平,也许不可能容易地遏制自动抬头的倾向。这样的抬前轮,如果足够突然和足够快速,可能导致失速。应由试飞员在全发工作起飞试验之后对此做出定性评估。

(aa) 试飞员应确认,飞机装载后获得重心前限位置而安定面按飞机低头方向失配平等,不存在不安全特性。失配平的量值应是不会引起形态警告的最大失配平量(包括计及起飞警告系统的允差),应按飞机重量和环境条件以程序规定的抬前轮速度开始抬前轮。不安全特性包括为获得飞机正常响应而需要驾驶员施加过大操纵力,或以过长时间达到有感觉的抬前轮。

（bb）试飞员应当确认，飞机装载后获得重心后限位置而安定面按飞机抬头方向失配平时，不存在不安全特性。失配平的量值应当是不会引起形态警告的最大失配平量（包括计及起飞警告系统的允差）。应按飞机重量和环境条件以程序规定的抬前轮速度开始抬前轮。不安全特性包括：不能用正常操纵输入制止的突然自行抬前轮倾向，或在达到程序规定抬前轮速度之前或在抬前轮和初始爬升过程中，必须要有过大的俯仰操纵力才能维持飞机的正常俯仰姿态。

（cc）对上面（aa）和（bb）所述的试验，应针对在考虑的失配平位置，在飞机重量、机翼襟翼位置和发动机功率或推力的最临界组合情况下，对飞行特性予以评估。

（d）起飞速度试验过程中的失速警告。假定如果执勤驾驶员出了一件导致出现失速警告的起飞速度差错，合适的响应应是强势改出至安全飞行状态，而不是试图复现 AFM 起飞飞行航迹。因此，在起飞速度试验过程中，任何失速警告装置的动作或出现机体抖振，都是不可接受的。

（e）起飞速度试验过程中的杆力。按 §25.143（a）（1）和（b），起飞飞行试验过程中开始抬前轮和继续起飞的杆力必须符合 §25.143（d）规定的操纵力限制。这包括 10b（9）（c）4（aa）和（bb）所述的为表明符合 §25.107（e）（4）要求的失配平起飞试验，此试验被认为是 §25.143（b）规定的可能运行情况的代表。杆力应是使用制造商所制订的供营运服役使用的起飞程序而产生的并符合 §25.101（h）规定的那些力。

（10）§25.107（f）——离地速度（V_{LOF}）。

（a）离地速度 V_{LOF} 定义为飞机初始离地（即不接触跑道）时的校准空速。这样，可将离地速度与轮胎限制速度进行比较。V_{LOF} 与 V_{MU} 的不同之处在于，V_{MU} 是某个给定形态下可能的最小 V_{LOF} 速度，并取决于起落架设计。V_{MU} 离地是以这样一个速度点来表征，即达到该点时，飞机全部重量都由飞机的升力和推力予以支撑，而不再有任何一部分重量由起落架给予支撑。例如，达到 V_{MU} 速度之后，尽管升力大于重力的优势使飞机渐渐离地，但轮架翻转作动器仍可能迫使前轮或后轮组与跑道接触。

（b）离地时的最大地速，考虑整个起飞使用包线并按 §25.105（d）（1）的规定并计及 50% 逆风和 150% 顺风，不得超过按 §25.733（a）或（c）制订的轮胎速度额定值。

11. 加速-停止距离——§25.109

a. 说明

（1）加速-停止距离是从初始松刹车时刻飞机上的某个参考点至飞机完全停住后同一参考点的水平距离。

（2）本节阐述为按 §25.1583（h）（参考 §25.1533）要求确定在 FAA AFM 中公布的加速-停止距离所必需的试验验证和数据扩展方法。25-92 号修正案对 25 部加速-停止准则的某些方面进行了修订，并增补了有关受刹车装置磨损及湿跑道影响的飞机刹停能力的新要求。现将 25-92 号修正案对加速-停止距离要求的更改列举如下（与加速-停止距离使用有关的其他资料，见联邦法典条例第 121 部和 135 部）。

(a) 增加了§25.101(i),要求在飞机所有机轮刹车组件处于其允许磨损范围内的完全磨损极限下确定加速-停止距离。

(b) 修订了§25.105(c)(1),要求除了硬道面干跑道外,还要求确定硬道面湿跑道的起飞数据。根据申请人的选择,也可针对带有沟槽的道面或多孔摩擦道面的湿跑道,确定起飞数据。

(c) 修订§25.107(a)(2),删除V_1定义中的"起飞决断速度"引述。V_1是驾驶员已做出中止起飞决断并开始第一个制动飞机动作时的速度。

(d) 修订了§25.109,增补了确定湿跑道加速-停止距离的要求。此外,先前按25-42号修正案导入的有关扩展AFM以包括在超过V_1之后使用处于起飞功率或推力的发动机继续加速2s的要求,由等于以V_1滑跑2s后的距离增量所替代。此外,对§25.109(a)的正文做了修改,明确规定加速-停止距离必须计及中止起飞机动过程中所达到的最大速度,凡适用时,包括高于V_1的速度。

(e) 增加§25.109(f),在确定湿跑道加速-停止距离时允许计及使用反推力带来的性能收益[①](以§25.109(e)要求为前提条件),并明确拒绝将反推力带来的性能收益用于确定干跑道加速-停止距离。

(f) 增加§25.109(i),要求在各个机轮刹车组件上以不大于刹车允许磨损范围10%的刹车磨损剩余量进行最大刹车动能加速-停止试验。

(g) 增加§25.735(h),以要求在按适用的技术标准规定(TSO)以刹车允许磨损范围内的完全磨损极限为基础进行鉴定试验过程中,使用最大中止起飞刹车能量吸收容量额定值。

注:已通过25-107号修正案对§25.735进行了最新修订,将中止起飞动能额定要求移至§25.735(f)。

(h) 修订了§25.1533(a)(3),增补了将跑道表面的状况(干或湿)作为制订最小起飞距离时所必须考虑的一个变量。还修订了§25.1533(a)(3),允许使用在有沟槽或多孔摩擦道面(PFC)湿跑道上制订的起飞距离作为附加使用限制,但是对这些起飞距离的批准使用限于按FAA可接受的方式进行设计、建造和保养的跑道。

b. 适用的25部条款为§25.109及下列条款:

§25.101(f)	飞机形态和程序
§25.101(h)	驾驶员动作时间滞后容许值
§25.101(i)	磨损刹车的刹停性能
§25.105	起飞形态和环境与跑道条件
§25.107(a)(1)&(2)	V_1和V_{EF}速度定义
§25.735	刹车和刹车系统
§25.1301	功能和安装

---

① 收益的原文为credit。——译注

§25.1309	设备、系统和安装
§25.1533	补充使用限制-最大起飞重量和最短起飞距离
§25.1583(h)	飞机飞行手册-使用限制
§25.1587	飞机飞行手册-性能数据资料

c. 程序

下列各条款为完成加速-停止飞行试验和扩展最终数据用于确定 AFM 性能信息数据提供了指导材料。

（1）加速-停止试验

下列指导材料适用于有或无螺旋桨的涡轮发动机飞机。有关飞行试验的指导材料仅适用于干跑道加速-停止距离。关于将数据扩展用于确定 AFM 距离的指导材料，如无另外说明，则同时适用于干跑道和湿跑道。有关确定湿跑道加速-停止距离的更多的指导材料，详见 11c(4)。

（a）为了制订一个距离用于代表在 V_1 或低于 V_1 的速度下采取第一个制动飞机动作中止起飞时所需的距离，应按申请人规定的每种飞机形态，进行足够数量的试验（有关各种中间形态，参见本 AC 第 3 条）。

（b）为便于飞行机组完成中止起飞操作程序，11c(3)所列出的指导材料说明如何按§25.101(h)(3)要求纳入任何时间延迟容差。

（c）§25.101(i)规定，必须在飞机所有机轮刹车组件处于其容许磨损范围内的完全磨损极限下确定加速-停止距离。完全磨损极限定义为从飞机上拆下刹车作大修之前所容许的最大磨损量。应以轴向线性尺寸来定义容许的磨损量，通常通过测量磨损指示销的伸出长度来确定其值。

_1_　最大刹车动能演示验证，是唯一一种必须以特定的刹车磨损状态进行的加速-停止试验，这一验证必须按§25.109(i)的规定，所用刹车的磨损剩余量，不超过刹车磨损允许范围的 10%（见本 AC 的 11c(2)(c)）。其余的加速-停止试验可在刹车处于任意磨损状态下进行，只要使用飞机与测功器试验的适当组合来确定与完全磨损刹车相应的加速-停止距离即可。例如，可使用测功器试验来确定自飞机试验中所用磨损状态至刹车完全磨损状态，刹车性能是否降低，然后针对这一差异通过分析来调节飞机的试验数据，而无需进行补充的飞机试验。

_2_　可使用装机磨损或机械方式磨损（即机械加工或测功器磨损）的刹车。如果使用机械方式磨损的刹车，应表明可预期其能提供与装机磨损的刹车相类似的结果。可在试验刹车或某个合适等效刹车的服役经验之基础上进行这一比较，当服役数据不可用时，则可以以测功器磨损试验数据为基础。

（d）§25.109(f)(1)不承认在确定干跑道加速-停止距离时使用反推力作为减速措施而带来的性能收益。该条款适用于涡轮发动机的反推力和螺旋桨发动机的负拉力（但不适用于螺旋桨发动机的地面慢车功率设定所引起的任何阻力）。对湿跑道加速-停止距离，允许计入来自反推力（负拉力）的可用附加减速度带来的性能收益,只要表明反推力系统是安全可靠的,能给出可复现的结果,并且不需要特殊的技能来操纵飞机(关于在湿跑道上使用反推力获得加速-停止性能收益的指导材料,参见 11c(4)(e))。

(e) 应在整个重量、速度和刹车能量(AFM 中将为之提供起飞数据)范围内提供均匀分布试验条件的重量与速度组合条件下,进行加速-停止试验。可以用一个机场标高来模拟不同机场标高的影响,只要采用的刹车速度与将要由刹车吸收的飞机能量范围相关。AFM 中的极限刹车能量值不应超过在这些试验中演示验证的最大值,或已获批准刹车的最大使用值(有关演示验证最大刹车能量吸收能力的试验和分析的更多指导信息,参见 11c(2))。

(f) 加速-停止试验所用的各个速度 V_1,不需要精确对应于各种试验条件下的 AFM 值,因为为了在整个能量范围和重量包线内开展调查研究,可能有必要增加或减少 AFM 的速度 V_1。

(g) 共计应进行至少 6 次加速-停止飞行试验。除非有足够的数据可供具体飞机型号使用,以表明刹车性能如何随重量、动能、升力、阻力、地速、扭矩限制等变化,否则在声称对于多种空气动力学形态采用同一摩擦系数时,应该对每一形态至少进行两次试验。应在平整硬质干道面上进行这些试验。

(h) 对于防滑系统不工作、前轮刹车或规定的主轮刹车不工作、自动刹车系统等情况的遣派能力批准,通常应进行上面(g)所阐述的全套试验。对于"相当或更好"的演示验证,如果确定增量很小,或如果试验期间使用足够保守的做法,较少的试验次数是可接受的。

(i) 无论是地面设备或是机载仪表,都应包含用来确定水平距离随时间变化的措施。

(j) 应当确定相对试验跑道的风速和航向,并修正到与平均空气动力弦大致高度相符的某个高度(见本 AC 第 3 条)。

(k) 应按如下形态进行加速-停止试验:

<u>1</u> 凡需要时,重量自大至小。

<u>2</u> 最临界重心位置。

<u>3</u> 机翼襟翼处于各种起飞位置。

<u>4</u> 轮胎压力:滑行前和冷胎,设定到与寻求批准的起飞重量相应的最高值。

<u>5</u> 发动机慢车功率或推力:对于地面上使用,设定为所推荐的上限,或对于数据分析时使用,可计及最大地面慢车功率或推力的影响。对最大刹车能量试验和易熔塞不熔毁试验,不得用数据分析来代替最大地面慢车功率或推力。

(l) 发动机功率或推力应与中止起飞的每一时段相称,并且应包括对失效发动机或收油门发动机所引起的功率或推力衰减率(即转速下降)的考虑。

<u>1</u> 涡轮喷气飞机。

就 AFM 计算而言,临界发动机加速-停止数据的确定可基于失效发动机减速

至某一风车转速状态。

注：如果由于飞机合格审定基础而不考虑全发工作时的加速-停止距离，单发不工作 AFM 加速-停止距离的确定应基于临界发动机失效于最大地面慢车功率或推力，而不是风车状态。

2 来自在工作发动机（一台或多台）的功率或推力，应与猛收油门到最大地面慢车功率或推力位置时的一致。为了确定全发工作时干跑道上的加速-停止 AFM 距离，制动部分距离的确定应按 11c(1)(k)5 所述，基于所有发动机产生最大地面慢车功率或推力（在发动机转速降低之后）。进行加速-停止试验时，可同步或相继收油门至慢车功率或推力，前提是调节数据以计及驾驶员的反应时间，以及任何控制器、系统或刹车的差异（例如与发动机失效于风车状态有关的电气或液压和（或）机械系统的瞬变，导致刹车效率降低）。应针对最大地面慢车功率或推力与试验过程中达到的慢车功率级或推力级两者之间的任何差异，用分析方法修正试验数据。有关反推力为湿跑道加速-停止距离带来性能改善的准则，参见 11c(4)(e)。

3 涡轮螺旋桨飞机。

对单发不工作时的加速-停止距离，临界发动机螺旋桨应处于发动机失效和油门杆收到慢车位时其通常应处的位置。对于干跑道单发不工作时的加速-停止距离，可使用工作发动机螺旋桨的高阻力地面慢车位置［由导致总拉力（即零空速下螺旋桨拉力加上喷气推力）不小于零值的桨距设定值所确定］，条件是在湿跑道上有足够的方向控制能力可供使用，并且相关的使用程序符合 §25.101(f) 和(h)条的规定。湿跑道上的操纵性可使用 11c(4)(e)6 中可用的指导材料以相应的功率级进行演示验证，或者如果对于确定湿跑道加速-停止距离，已批准计及使用反推力而带来的性能收益，也可认定在地面慢车功率下有足够的操纵能力可供使用。对于干跑道上全发工作时的加速-停止距离，所有的发动机都可使用高阻力地面慢车螺旋桨位置（以 §25.101(f) 和(h)为条件）。有关反推力为湿跑道加速-停止距离带来性能收益的准则，参见 11c(4)(e)(m)应确定系统瞬态效应（例如发动机转速降低，刹车压力急剧上升等），并在计算 AFM 加速-停止距离时适当计及（参见 11c(3)(i)）。

（2）最大刹车能量试验

下面各条阐明条例要求以及用于进行加速-停止试验以演示验证机轮刹车最大能量吸收能力的可接受试验方法。

(a) 应以不小于最大起飞重量进行最大刹车能量加速-停止的演示验证，并且事前应以全发工作最大地面慢车功率或推力滑行至少 3 mi[①]，包括使用正常刹车的 3 次完整刹停。在最大刹车能量刹停之后，不必再演示验证飞机的滑行能力。

(b) §25.735(f)(2)要求确定每一机轮、轮胎和刹车组件的最大动能加速-停止吸收能力。还要求测功器试验，以表明机轮、刹车和轮胎组件在规定的刹车磨损整

———————————

① 1 mi(英里) = 1.609 km。——译注

个范围内能够吸收不小于此量级的动能。因此,作为在 AFM 性能一节中的表述,受最大刹车能量限制的起飞重量和速度的计算,应基于刹车的最临界磨损范围。

(c) §25.109(i)要求,以飞机每一机轮-刹车组件上不大于刹车允许磨损范围 10％的刹车磨损剩余量,进行最大刹车动能加速-停止距离的飞行试验演示验证。规定 10％的刹车磨损状态容差旨在便于试验的后勤保障并提高试验安全性,并不是允许用尚未达到完全磨损的刹车来确定加速-停止距离。如果在试验开始时刹车尚未达到完全磨损状态,凡必要时,应该对加速-停止距离进行修正,以代表完全磨损刹车的刹停能力。

(d) 允许飞机遣派的最大飞机刹车能量,不应超过能维持满意的刹停后状态的那个值,或不超过适用的 TSO 文件所规定的数值(或某个可接受的等效值),取其中的较小值。将满意的刹停后状态定义为着火局限于轮胎、机轮和刹车的一种状态,在旅客和机组人员撤离期间,火势不会蔓延而吞噬飞机的其余部分。对于刹停后的 5 min 时间段,不需要采取灭火措施,也不需要采取人工冷却。

(e) 对演示验证最大中止起飞刹车能量而言,多次着陆并非是一种可接受的方法。尽管以往曾允许,但服役经验表明,用于预测将会在滑行和加速过程中出现的刹车和轮胎温升的方法(如 11c(2)(a)的规定),并不能精确计及相关的能量增量。

(3) 加速-停止时间滞后

§25.101(h)要求留出执行程序时的时间滞后容差。25 - 42 号修正案(1978 年 3 月 1 日生效)对适航性标准进行了修订,阐明了将这些时间滞后容差用于加速-停止过渡时段的方法并使其标准化。25 - 42 号修正案还增加了临界发动机失效速度 V_{EF},并阐明了 V_1 与 V_{EF} 的相关性含义。25 - 42 号修正案的前言中规定,"确定 V_1 速度的方法是在 V_{EF} 速度(假定临界发动机失效时的速度)上增加自临界发动机失效时刻至驾驶员判明发动机失效并作出反应时刻的时间间隔内在临界发动机不工作状态下的速度增量,而驾驶员的反应以加速-停止试验中驾驶员采取第一个减速措施的开始时间为标志"。因此可以看出,V_1 不仅意味着决断过程终结时的速度,而且其还包含了驾驶员采取第一个制动飞机动作所用时间(有关加速-停止时间滞后的历来演变的进一步讨论,参见本 AC 附录 3)。要求时间滞后容差的目的在于使驾驶员在实际操作中有足够的时间(和距离)来完成刹停飞机的程序。此时间滞后并不意味着在飞机通过 V_1 时还允许有额外时间用于做出制动决断。由于典型的运输类飞机需要驾驶员完成 3 个动作(即刹车—油门—扰流板)才能达到最终刹停形态,25 - 42号修正案在 §25.109 中规定 2 s 时间段,以计及作动第二和第三种减速装置的时间滞后。25 - 92 号修正案(1998 年 3 月 20 日生效)重新定义并重新解释 2 s 滞后时间的应用,即表示为与以 V_1 速度滑跑 2 s 等效的距离增量。在确定这一距离时,不能考虑关于系统瞬变影响(例如发动机转速下降、刹车压力骤升等)带来的收益。下面各条款就如何表明符合 25 - 92 号修正案的加速-停止距离要求,提供了与滞后时间解释及其应用相关的指导信息。

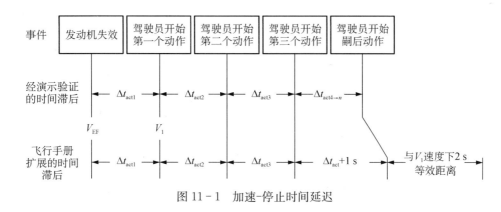

图 11-1 加速-停止时间延迟

（a）图 11-1 按上面所述呈现出对于符合 §25.101(h) 而言认为是可接受的加速-停止时间滞后的图解说明。

（b）V_{EF} 为校准空速，由申请人选定，假设临界发动机在该速度下失效。V_1 与 V_{EF} 的相关性由 §25.107 定义。

（c）Δt_{act1} = 经演示验证的从发动机失效到驾驶员开始采取第一个制动动作之间的时间间隔。将这个时间间隔定义为从临界发动机失效时刻开始，到驾驶员判明发动机失效并做出反应的时刻为止，以加速-停止试验时驾驶员采取第一个制动措施的开始时间为标志。应由申请人的和 FAA 的试飞员进行的足够次数的演示验证，以确保这一时间增量具有代表性并可复现。在试验期间，驾驶员的脚应放在方向舵脚蹬上，而不踩刹车。就 AFM 数据扩展而言，为了提供一个在服役中能统一实施的公认的时间增量，这一时间增量应等于经演示验证的时间或 1 s，取两者中之大值。如果飞机上装有发动机失效警告灯，公认时间应包括发动机转速下降到警告灯点亮时刻所必需的时间增量，加上自灯"亮"到驾驶员采取第一个制动飞机动作的那段时间增量。

（d）Δt_{act2} = 经演示验证的驾驶员为制动飞机而开始采取第一个动作和第二个动作之间的时间间隔。

（e）Δt_{act3} = 经演示验证的驾驶员为制动飞机而开始采取第二个动作和第三个动作之间的时间间隔。

（f）$\Delta t_{act4 \to n}$ = 驾驶员采取使飞机停住的第 3 个制动动作和第 4 个制动动作（以及后续的任何一次）之间的验证时间间隔。对于 AFM 数据扩展，应在驾驶员采取第 3 个制动动作和第 4 个制动动作（以及后续的任何一次）之间的演示验证时间间隔上再增加 1 s 反应滞后时间，以计及服役中的各种变数。如果需要指令另一名飞行机组人员开始制动飞机的动作，则应为每个动作增加 2 s 而不是 1 s 的滞后时间。如果已批准使用自动减速装置为 AFM 数据扩展带来性能收益，则可使用合格审定试验期间确定的既定系统作动时间，无需采用本条款所要求的附加时间滞后。

（g）申请人可选择驾驶员各次动作的顺序，但必须按 §25.101(f) 的规定，与所制订的用于服役运行的操作顺序相匹配。即使在试验期间有时达不到所规定的顺序,也不得降低试验要求,应进行足够次数的试验来制定可接受的 Δt_{act} 值。

(h) §25.109(a)(1)(iv)以及(a)(2)(iii)条分别要求单发不工作和全发工作的加速-停止距离,以包括相当于在 V_1 下滑跑 2 s 的距离增量(尽管§25.109 的"干跑道"准则中明确规定等效于以 V_1 滑跑 2 s 的距离增量要求,但它也适用于§25.109(b)所涉及的"湿跑道"加速-停止距离)。这一距离增量以附图形式示于图 11-1 右侧,表示为"飞行手册扩展时间滞后",并示于图 11-2 速度随距离变化曲线中。这 2 s 时间段仅是作为一种计算所需距离增量的方法提出,并不将其视为加速-停止过渡程序的一部分。因此,在这 2 s 时间段内,不能从驾驶员动作,或发动机和系统瞬态响应(如发动机转速下降)取得性能收益。同样,对于装有自动系统(例如自动扰流板系统)的那些飞机,尽管系统可减少为获得全制动形态而必需的驾驶员动作次数,也不可减少这 2 s 时间段。

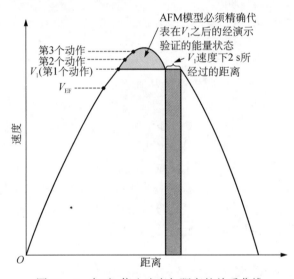

图 11-2　加速-停止速度与距离的关系曲线

(i) §25.109(a)(1)(ii)规定,尽管飞机及其系统在制动形态下趋于稳定,仍必须将引起飞机超过 V_1 的任何剩余加速度纳入加速-停止距离。应计及这段时间内系统瞬态的影响,诸如发动机转速下降,刹车压力上升,扰流板作动时间等。相关的区域示于图 11-2 速度与距离的变化关系曲线的顶部。

(j) 全发工作加速-停止距离。

对于§25.109(a)(2)所规定的全发工作加速-停止距离,应在飞机已加速到 V_1 后,采用 11c(3)(d)～(f)中经演示验证的时间间隔以及相关的时间滞后值。

(k) 在 AFM 性能这一节中说明用于确定加速-停止距离的程序。

(4) 湿跑道加速-停止距离

为表明符合§25.109(b)～(d)所述有关确定适用于湿跑道上加速-停止距离的要求,提出以下指导材料。通常确定湿跑道上加速-停止距离所用方法与确定干跑道上加速-停止距离所用方法类似。所反映出的唯一差异在于湿跑道上减小了由机轮刹车所产生的制动力以及允许计入使用反推力作为补充减速措施而带来性能收益的规定。用于确定平整湿跑道上机轮刹车刹停能力降低的一般方法如下：首先，根据 §25.109(c)(1) 所提供的关系式，确定湿跑道上轮胎对地面的最大刹车摩擦系数与地速的关系。然后考虑防滑系统的效率，调节该摩擦系数（关于防滑效率的定义，参见本 AC 的 11c(4)(b)，有关如何确定湿跑道防滑效率的指导材料，见 11c(4)(b)2 和3）；接着，按 §25.109(b)(2)(ii) 规定，确定最终的刹车力，并在批准用于起飞的最不利重心位置下，针对已刹住机轮与未刹住机轮之间法向载荷分布的影响，调节此刹车力（有关法向载荷分布的讨论，见 11c(4)(c)）。如果有必要，按 §25.109(b)(2)(i) 的规定进行进一步的调节，以确保湿跑道上机轮刹车所产生的最终制动力绝不会超过（即整个刹停过程中）用于确定干跑道加速-停止距离（按 §25.109(a)）的机轮刹车制动力。无论是干跑道刹车扭矩限制，或者是干跑道摩擦力（即防滑）限制，都不得超过。确定湿跑道机轮刹车制动力的其他方法也可接受，只要该制动力不超过刚才由上述方法所确定的力。

(a) 轮胎对地面的最大刹车摩擦系数

§25.109(c)(1) 规定的数值源自工程科学数据组织（ESDU）71026《在飞机型号中摩擦力减速力——第二部：刹车力的估算》(1981 年 8 月)中所含的数据。ESDU71026 中的数据是由来自许多不同数据源的数据汇编而成，包括国家航空航天局、英国航空工业部以及其他方面。ESDU71026 包含了不同充气压力下光滑轮胎和有花纹轮胎的湿跑道刹车系数随速度的变化曲线。针对不同道面粗糙度的跑道，包括有沟槽和多孔摩擦道面跑道而给出这些数据。在提供的数据中还包括了相对每一条曲线的偏离带，以反映下列方面的变化：从胎面潮湿到不同积水深度，在规定花纹等级内的道面花纹、轮胎特性以及经验方法。在确定 §25.109(c)(1) 所列方程规定的湿跑道刹车系数与速度关系标准曲线时，应考虑以下变量的影响：轮胎压力、轮胎花纹深度、道面花纹，以及跑道积水深度。

1　轮胎压力。

较低的轮胎压力有助于改进飞机在湿跑道上的制动能力。§25.109(c)(1) 中针对若干种轮胎压力提供的独立曲线（方程），计及轮胎压力的影响。按规章所述，用于确定轮胎对地面的最大刹车摩擦系数的轮胎压力，必须是批准使用的最大轮胎压力。对于未列出的轮胎压力，可用线性插值求得。

2　轮胎花纹深度。

轮胎底面凹槽的可排水程度对湿跑道上的制动能力有显著的影响。§25.109(c)(1) 中规定的刹车系数与速度关系的标准曲线基于 2mm 轮胎花纹深度。此花纹深度与飞机和轮胎制造商以及轮胎翻修商所报告的轮胎拆卸和翻新的做法一致。关于飞行试验确定湿跑道上使用着陆距离时所使用的轮胎花纹深度，也与 AC121.195(d)-1A 所提供的 FAA 指导材料一致。尽管未禁止使用花纹深度为 0 的轮胎，一架飞机上所有轮胎都磨损到同样的程度,则是不大可能的。

　　<u>3</u>　道面纹理。

　　ESDU71026 将跑道分为 5 类。分别用字母"A"到"E"来表示这些类型,"A"类表示最平坦的跑道,"C"类表示纹理最深的无沟槽跑道,"D"类和"E"类表示有沟槽和其他多孔道面。B① 类表示非常平坦跑道(平均纹理深度小于 0.004 in②),但不常用做运输类飞机的跑道。大多数无沟槽跑道属于 C 类。§ 25.109(c)(1)中所示出的曲线表示道面纹理介于 B 类和 C 类之间。

　　<u>4</u>　跑道积水的深度。

　　显然,积水越深,刹车能力下降越严重。§ 25.109(c)(1)中规定的曲线反映的跑道是湿透的,但没有明显的积水区域。

　　(b) 防滑系统效率

　　§ 25.109(c)(2)要求调整 § 25.109(c)(1)中所确定的轮胎对地面最大刹车系数,以考虑防滑系统的效率。将防滑系统效率定义为,防滑系统获得轮胎与跑道表面之间最大可用摩擦力的相对能力。既可以用百分比表示,亦可用基于该百分比的系数(例如 85% 或 0.85)表示。申请人既可使用 § 25.109(c)(2)规定的防滑效率值中之一种,也可使用通过湿跑道飞行试验得出的效率值。不管使用哪种方法,§ 25.109(c)(2)规定,必须进行适当程度的飞行试验,由此证实防滑系统的工作方式与所用效率值一致,并且该系统已针对湿跑道上的运行进行了适当调准。

　　<u>1</u>　防滑系统分类

　　(aa) § 25.109(c)(2)所规定的效率值是飞机所装防滑系统类型的函数。规章中列出 3 种广为使用的系统类型:通-断型、准调制型和全调制型。这些分级反映了技术进展水平和干跑道和湿跑道上不同的性能能力。防滑系统类型分级和赋予的效率值依据汽车工程师学会(SAE)航空航天信息报告(AIR)1739 所含信息数据,文件的标题是《关于防滑系统信息数据》。

　　(bb) 通-断型系统是 3 种类型的防滑系统中最简单的。对于这些系统,施加满量程刹车压力(按驾驶员指令)直至探测到机轮锁住,然后释放刹车压力,以使机轮重新转动,当系统探测到机轮正在重新加速到同步速度(即地速),再次施加满量程刹车压力。在整个制动过程,重复此种施加满刹车压力/完全释放刹车压力的循环(或直至所施加的压力使机轮停止打滑)。

　　(cc) 准调制系统试图按机轮速度的函数连续地调制刹车压力。通常,当机轮减速率超过预先选定值时,释放刹车压力。在与打滑深度相应的一段时间之后,再次先以较低的压力水平施加刹车压力。然后渐渐增加刹车压力,直至探测到再一次刚开始打滑状态。通常,这些系统为消除打滑状态而采取的纠正措施是基于预编程顺序,而不是基于机轮速度随时间的变化关系。

---

① 原文误为"A"。——译注

② 1 in(英寸)=2.54 cm。——译注

（dd）全调制系统是准调制系统的进一步改进。这两种类型防滑系统的主要区别在于打滑控制逻辑的执行。在打滑期间,纠正措施基于探测到的机轮速度信号,而不是基于预编程响应。尤其是,压力减少或再次施加的量值是基于机轮进入或改出打滑的速率。

（ee）除了按上面所述的差异来检查控制系统外,应使用湿跑道制动过程中防滑系统响应特性随时间变化的关系,以协助确认防滑系统的类型。比较湿跑道制动和干跑道制动之间的响应特性,可能也是有帮助的。

（ff）图 11-3 给出一个典型的通-断型系统在干跑道和湿跑道上响应特性的示例。通常,通-断型系统呈现一种循环特性,即施加刹车压力直至探测到打滑,随后完全释放刹车压力,允许机轮重新转动。然后,再次施加满量程压力（按驾驶员指令）,再次开始循环。机轮速度迹线显示了打滑的深度和频度（机轮速度迹线上的凹槽）,并且平均机轮速度明显低于同步速度（由机轮速度迹线的平顶部分表示）。应注意,与干跑道相比,在湿跑道上的打滑更深、更频繁。对于图 11-3 所示的特定示例,接近干跑道制动的末端,刹车变得受扭矩限制,不会产生足够的扭矩而引起进一步的打滑。

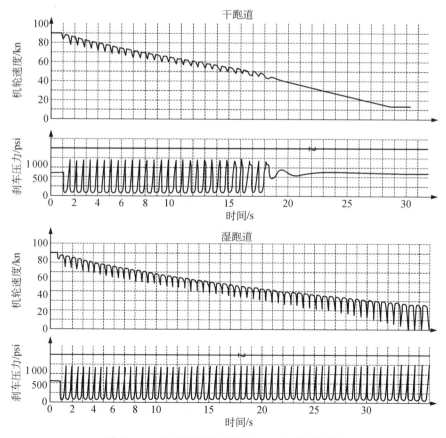

图 11-3　防滑系统响应特性——通-断型系统

（gg）准调制系统的刹车效率可随跑道易打滑程度和特定控制系统的设计而有很大的不同。在干跑道上，这些系统通常都工作良好。但是在湿跑道上，其性能高度地依赖于特定系统的设计和调准。图 11 - 4 给出此类系统响应特性的一个示例。无论在干跑道或在湿跑道上，刹车压力都释放到控制机轮打滑所必需的程度。当机轮恢复到同步速度时，刹车压力快速增加到预先确定的压力级，然后渐渐地升高到满量程刹车压力。在干跑道上，与接通-断开型系统相比，这种形式的响应降低了机轮打滑的深度和频度。但在湿跑道上，在低于出现刹车压力逐渐上升的那点压力时，即出现打滑。因此，如图 11 - 4 所示，在湿跑道上该特定系统的工作非常类似于一个接通-断开型系统。

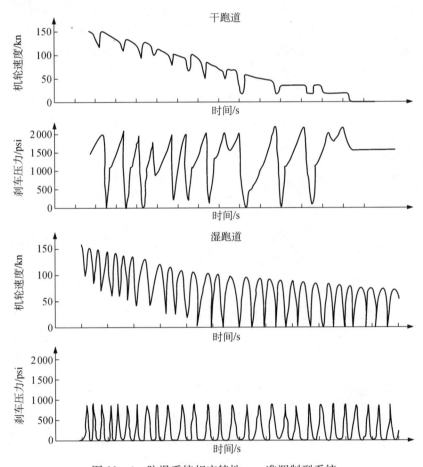

图 11 - 4　防滑系统相应特性——准调制型系统

（hh）在正确调准时，全调制系统的特性在于刹车压力围绕某个适当的高平均值有非常微小波动。这些系统能够对形成的打滑做出快速响应，并能够调制刹车压力，以降低打滑的频度和深度。结果，平均机轮速度与同步机轮速度保持更加接近。图 11 - 5 给出全调制系统在干跑道和湿跑道上响应特性的图解示例。

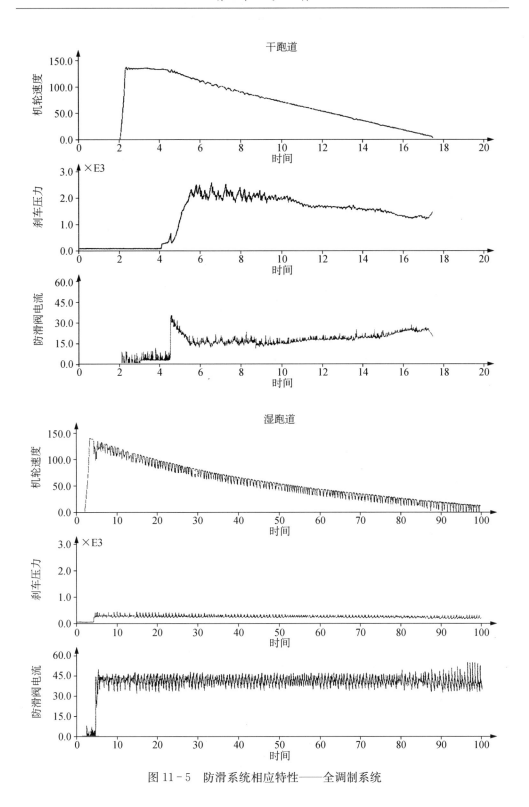

图 11-5 防滑系统相应特性——全调制系统

<u>2</u>　使用§25.109(c)(2)规定防滑效率值时防滑系统工作的演示验证

(aa) 如果申请人选择使用§25.109(c)(2)规定的防滑效率值之一,仍然必须按§25.109(c)(2)的规定进行有限次数的飞行试验,以演示验证防滑系统在湿跑道上的工作。应使用这一试验来证实,此防滑系统的工作方式与申请人申报的防滑系统类型相一致,并证实对于防滑系统在湿跑道上的使用已做了正确调谐。

(bb) 应在平整(即无沟槽和非多孔摩擦道面)的湿跑道上,采用相应的速度和能量,进行最少一次完整刹停,或等效的分段刹停,以覆盖防滑系统的临界工作模态。由于试验的目的在于观察防滑系统的工作(即循环),此试验通常将在大大低于最大刹车能量的条件下进行。

(cc) 用于刹车试验的跑道段应是完全湿透的(即不只是打湿),但未被淹没。跑道试验段的潮湿程度应足以引起多次防滑动作循环,但不应引起滑胎。

(dd) 在滑行前及冷轮胎时,应将轮胎压力设定为与请求批准的起飞重量相应的最高值。

(ee) 轮胎和刹车不应是新的,但不需要处于完全磨损状态。它们应处于被认为是能代表典型服役使用情况的状态。

(ff) 应获得足够的数据,以确定该系统的工作方式是否与申请人申报的防滑系统类型相一致,提供飞行试验演示验证过程中向防滑阀上游施加满刹车压力的证据,以确定防滑阀是否按预期方式在工作,并表明已对防滑系统在湿跑道上的应用进行了正确调谐。通常,应画出下列参数随时间变化的曲线:

(i) 一组代表性机轮的速度。

(ii) 每个刹车的液压压力(即防滑阀下游的液压压力或至每一防滑阀的电输入);

(iii) 每一刹车计量阀处的液压压力(即防滑阀上游压力)。

(gg) 应由试飞员对防滑系统的响应特性以及飞机的操纵性进行定性评定。尤其是应通过试飞员的观察证实:

(i) 防滑松刹既不过深也不过长;

(ii) 起落架无异常动态特性;

(iii) 飞机航迹基本为直线,即使跑道上的接缝、水坑以及积水区位置或范围可能分布不匀也如此。

<u>3</u>　具体湿跑道防滑系统效率的确定

(aa) 如果申请人选择由飞行试验演示验证来获得防滑系统刹车效率,应进行充分的飞行试验,并配备合适的仪器设备,以确保所获得数值的置信度。采用全调制数字防滑系统,92%的防滑效率(即0.92系数)应属于在湿跑道上通常能达到的最高效率。

(bb) 应在湿跑道上采用相应的速度和能量进行至少3次完整刹停或等效的分段刹停。以覆盖防滑系统临界工作模式。作为选择,如果可通过实验室模拟数据预测防滑系统在湿跑道上的工作和效率并可通过飞行试验演示验证予以确认,则较少次数的刹停试验也是可接受的。在这种情况下,应当按提供 6 次独立防滑效率计算而必需的次数,以适当的速度和能量在湿跑道上进行完整刹停或等效的分段刹停,以覆盖防滑系统的临界工作模式。可针对每一独立受控的机轮或一组机轮的每一次刹停,进行一次独立的防滑系统效率计算。

(cc) 由于试验的目的在于确定防滑系统的效率,所以通常会以大大低于最大刹车能量状态的能量来进行这些试验。应覆盖足够大的速度范围,以便调查研究防滑效率随速度的任何变化。

(dd) 试验应在平坦(即无沟槽和非多孔摩擦道面)的跑道上进行。如果申请人选择按§25.109(d)(2)的规定针对带沟槽和多孔摩擦道面(PFC)的跑道来确定加速-停止距离,试验也应在带沟槽或多孔摩擦道面的跑道上进行,以确定适用于这些道面的防滑效率值。其他用于确定带沟槽和 PFC 跑道防滑效率值的方法,也是可接受的,诸如使用先前针对平坦跑道所确定的防滑效率值,只要表明此值也代表带沟槽和 PFC 跑道或对于这些跑道而言是偏保守的。

(ee) 用于刹车试验的跑道段应完全湿透(即不只是打湿),但未被淹没。跑道试验段的潮湿程度应足以引起多次防滑动作循环,但不应引起滑胎。

(ff) 在滑行前及冷轮胎时,应将轮胎压力设定为与请求批准的起飞重量相应的最高值。

(gg) 轮胎和刹车不应是新的,但不需要处于完全磨损状态。它们应处于被认为是能代表典型服役使用情况的状态。

(hh) 应由试飞员对防滑系统响应特性以及飞机的操纵性进行定性评定。尤其是应通过试飞员的观察证实:

(ⅰ) 起落架无异常动态特性;

(ⅱ) 飞机航迹基本为直线,即使跑道上的接缝、水坑以及积水区位置或范围分布不匀也如此。

4 两种可接受的方法阐述如下,将它们称为扭矩法和机轮滑动法,用于由湿跑道刹停试验来确定湿跑道防滑效率。其他方法也可接受,只要可表明它们会给出等效的结果。试验仪器以及数据采集应与所用方法一致。

(aa) 扭矩法

(ⅰ) 采用扭矩法时,将实际湿跑道刹停过程中刹车所吸收的能量,与在整个制动距离上对连接瞬时刹车力曲线峰值所定义的曲线进行积分而确定的能量进行比较,由此确定防滑系统的效率(见图 11-6)。在实际湿跑道刹停过程中刹车所吸收的能量,可通过在整个制动距离上对瞬时刹车力曲线进行积分来确定。

(ⅱ) 使用由 11c(4)(b)(3)的湿跑道刹停试验得到的数据,可按下列关系式计算出瞬时刹车力:

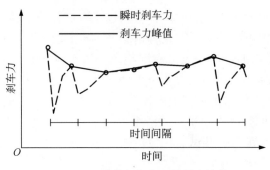

图 11-6　瞬时刹车力和刹车力峰值

$$F_{\mathrm{b}} = \frac{(T_{\mathrm{b}} + \alpha I)}{R_{\mathrm{tire}}}$$

式中：

F_{b}——刹车力；

T_{b}——刹车扭矩；

α——机轮加速度；

I——机轮和轮胎惯性矩；

R_{tire}——轮胎半径。

（iii）对于无法直接测量刹车扭矩的那些刹车安装，如果存在合适的关联性，可由其他参数（例如刹车压力）来确定扭矩。由机轮速度的一阶导数可获得机轮加速度。用于机轮速度和扭矩数据的仪器记录速率及数据分析技术应与防滑响应特性很好地匹配，以避免将仪表系统噪声和其他虚假信号导入数据。

（iv）由于在计算刹车力时使用了机轮速度的导数，为得到良好的结果，机轮速度数据平滑通常是必要的。应仔细设计平滑算法，因为它会影响最终的效率计算。通常不应对刹车扭矩或刹车力数据进行滤波或平滑。如要进行调节，则应以保守的方式来进行（即形成一较低的效率值），并且不应歪曲实际飞机和（或）系统的动态特性。

（v）应在整个刹停距离上对瞬时刹车力和峰值刹车力进行积分。用于确定湿跑道加速-停止距离的防滑效率值是瞬时刹车力积分与峰值刹车力积分之比值：

$$防滑效率 = \frac{\int 瞬时刹车力 \, \mathrm{d}s}{\int 峰值刹车力 \, \mathrm{d}s}$$

式中：s——刹停距离。

（vi）刹停距离定义为在特定的湿跑道上进行刹停演示验证过程中所经过的距离，从达到满刹车形态起至出现防滑循环的最低速度为止（即刹车尚未处于扭矩受限状态），但该速度不需要小于 10 kn。也应调查研究防滑效率随速度的任何变化，这可通过确定总刹停距离各段上的效率来实现。如果发现明显变化,应将这一变化反映到用于确定加速-停止距离的刹车力上(通过使用某个可变效率值或使用某个偏保守的单一值)。

(bb) 机轮滑动法

(i) 施加刹车时,轮胎相对于跑道表面开始滑动(即相对于飞机的地速,机轮速度减慢)。当轮胎滑动量增大时,刹车力也增大,直至达到最佳滑动,如果滑动量继续增加超过最佳滑动值,刹车力将减小。

(ii) 使用机轮滑动法,将湿跑道刹停过程中所测得的实际机轮滑动量与最佳滑动量进行比较,由此确定防滑效率。由于制动过程中机轮滑动量变化很大,必须获得足够的机轮速度和地速数据,以确定整个刹停长度范围内的实际机轮滑动量和最佳机轮滑移量两者的变化。业已发现,为了产生可接受的保真度,机轮速度和地速两者的采样率至少为每秒采样 16 次。

(iii) 应由如图 11-7 所示的关系曲线,为每一机轮速度和地面速度数据点确定瞬时防滑效率值:

$$
\text{对于} \quad WSR < OPS \quad 效率 = 1.5\left(\frac{WSR}{OPS}\right) - 0.5\left(\frac{WSR}{OPS}\right)^3
$$

$$
WSR = OPS \quad 效率 = 1.0
$$

$$
WSR > OPS \quad 效率 = 0.5\left(1 + \frac{(1 - WSR)}{(1 - OPS)}\right)
$$

式中:WSR—— 机轮滑动比 $= 1 - \left(\dfrac{机轮速度}{地面速度}\right)$;

OPS——最佳滑动比。

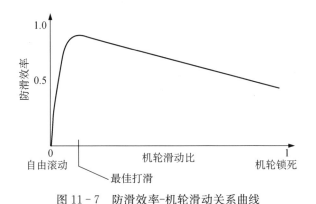

图 11-7 防滑效率-机轮滑动关系曲线

(iv) 如要确定总防滑效率值,以便在计算湿跑道加速-停止距离时使用,应使瞬时防滑效率对距离进行积分,然后再除以总的刹停距离:

$$
防滑效率 = \frac{\int 瞬时防滑效率 \, \mathrm{d}s}{s}
$$

式中：s——制动距离。

（ⅴ）刹停距离定义为在特定的湿跑道上进行刹停演示验证期间所经过的距离，从达到满刹车形态起至出现防滑循环的最低速度为止（即刹车尚未处于扭矩受限状态），但该速度不需要小于 10 kn。也应调查研究防滑效率随速度的任何变化，这可通过确定总刹停距离各段上的效率来实现。如果发现明显变化，应将这一变化反映到用于确定加速-停止距离的刹车力上（通过使用某个可变效率值或使用某个偏保守的单一值）。

（ⅵ）申请人应提供用于确定防滑效率值的最佳机轮打滑值的证据。确定最佳打滑值的一个可以接受的方法是：将湿跑道刹停试验过程中所获得的刹车力随时间变化的曲线与机轮打滑数据进行比较。对于无法直接测量刹车力的那些刹车安装，如果存在合适的关联性，可由其他参数（例如刹车压力）来确定刹车力。对于刹车压力减小之后机轮滑动继续增加的那些打滑情况，最佳打滑值为与刹车力峰值相对应的滑动值。有关示例见图 11-8，注意在刹停期间实际机轮打滑值和最佳机轮打滑值两者可能有所变化。

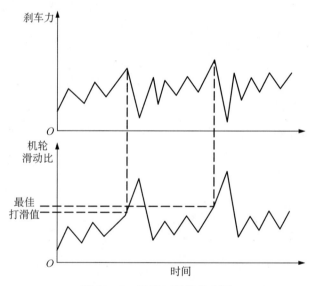

图 11-8　最佳打滑值的验证

5　对于防滑系统不工作时的遣派（如果经批准），湿跑道加速-停止距离的确定应基于不大于 § 25.109(c)(2) 针对接通-断开型防滑系统所容许的效率。应按照 11c(4)(b)(2) 的要求，通过飞行试验来演示验证这种运行形式的安全性。

（c）已刹住机轮与未刹住机轮之间法向载荷的分布

除要求考虑防滑系统的效率外，§ 25.109(b)(2)(ⅱ) 还要求，在批准用于起飞的最不利重心位置处，针对已刹住机轮与未刹住机轮之间法向载荷分布的影响来调节刹车力。由刹车引起的制动力等于刹车系数乘以每一已刹住机轮上的法向载荷（即重量)。由未刹住机轮(例如无刹车的前轮)支持的那部分飞机重量,对刹车所产生的制动力无贡献。按照§25.21(a),必须在批准用于起飞的最不利重心位置下计及这一影响,并考虑制动时的动态特性所致的载荷的重新分配。最不利的重心位置是导致已刹住机轮上最小载荷的位置。

(d) 带沟槽和多孔摩擦道面(PFC)的跑道

设计、建造及保养都得当的带沟槽和多孔摩擦道面的跑道,可明显改善在湿跑道上的刹车能力。§25.109(d)提供一项偏保守的性能水平收益,以反映这方面性能的改善,并对设置和保养此种道面提供一种鼓励。

<u>1</u> 按照§25.105(c)和§25.109(d)的要求,申请人可有选择地确定适用于带沟槽和PFC湿跑道的加速-停止距离。除了平整跑道的加速-停止距离数据外,还应将这些湿跑道数据纳入AFM。§25.109(d)将用于确定带沟槽和PFC跑道上加速-停止距离的刹车系数定义为用于确定干跑道加速-停止距离的刹车系数的70%,或一条基于ESDU71026数据的曲线,并且所使用的推算方式与用于平整跑道的相一致。不论哪种方法,都不得超过在干跑道上所确定的刹车扭矩限制值。

<u>2</u> 对于有沟槽和多孔摩擦道面的跑道,在干跑道刹车系数上施加单一折算系数的方法是可接受的,这是因为在这些类型的跑道上,刹车系数随速度的变化非常小。在平整的湿跑道上,刹车系数随速度的变化明显,因此不适宜对干跑道的刹车系数施加某个单一折算系数。

<u>3</u> 如果申请人在确定带沟槽和(或)PFC湿跑道加速-停止距离时所选用的方式与用于平整跑道的方式相一致,§25.109(d)(2)为这些申请人提供了适合于带沟槽和PFC跑道的轮胎对地的最大刹车系数。必须针对防滑系统效率来调节这一轮胎对地的最大刹车系数,所用方法是:使用§25.109(c)(2)规定的适合于装机防滑系统类型的那个值,或使用由申请人制订的某个比效率。由于防滑系统性能取决于跑道表面特性,已经按平整道面最佳性能予以调谐的系统,在带沟槽或PFC跑道上未必会达到同样水平的防滑效率,反之亦然。因此,如果申请人选择制订了用于带沟槽或PFC跑道的某个比效率,则除了在平整跑道进行防滑效率试验外,还应在具有这种道面的湿跑道上进行此试验。除飞行试验之外的其他方法也是可接受的,诸如使用先前对平整湿跑道所确定的效率,只要表明对于带沟槽和PFC跑道而言,该效率有代表性或偏于保守。按照§25.109(b)(2)(ii),必须针对已刹住机轮和未刹住机轮之间法向载荷分布的影响,调节带沟槽和(或)PFC湿跑道的最终刹车力。这项调整与确定平整湿跑道上的刹车力时所用方法相似,但是刹车的动态特性应相应于在带沟槽和PFC湿跑道上所达到的刹车力。由于在带沟槽和PFC湿跑道上刹车力有所增加,预期对于前轮能够增加卸载,而对主起落架的卸载则会相应减小。

<u>4</u> 按照§25.1533(a)(3)和§25.1583(h)的要求,可制订带沟槽和PFC湿跑道

加速-停止距离作为使用限制,并呈现在 AFM 上,但是批准使用这类数据则仅限于设计、建造和保养的方式为 FAA 局方所接受的那些跑道。想要使用带沟槽或 PFC 跑道加速-停止距离的飞机营运人,需要对于寻求得到这种性能收益的每条跑道,确定其设计、建造和保养状态都是可接受的。AC150/5320 – 12C《机场防滑铺砌道面的测量、建造和保养》,为带沟槽和 PFC 表面提供了与可接受的设计、构造和维护的做法有关的指导。

(e) 反推力带来的性能收益

按照§25.109(f)的要求,在确定干跑道的加速-停止距离时不得使用反推力。但是,对于湿跑道的加速-停止距离,§25.109(f)容许计入由反推力提供的制动力所带来性能收益,条件是满足§25.109(e)的要求。此外,§25.101(f)要求,由申请人提供的与反推力使用相关的操作程序必须符合§25.101(h)的要求。下面的准则为演示验证符合这些要求,提供了可接受的方法:

<u>1</u> 应制订中止起飞时使用反推力的程序并进行演示验证。这些程序应包括驾驶员为完成下列任务而所必须执行的所有操作动作:获得所推荐的反推力水平,保持航向操纵和安全的发动机工作特性,以及使反推力装置返回到慢车或收起位置(按适用而定)。这些程序不必与在着陆刹停过程中所推荐使用的程序相同,但是不得导致额外的危险(例如引起发动机熄火或出现任何不利的发动机工作特性),也不得明显地增加飞行机组的工作负荷或培训需求。

<u>2</u> 应演示验证在中止起飞过程中使用反推力装置是符合§25.939 关于发动机工作特性要求的。为保持安全的发动机工作特性,此反推力程序可以规定一个使反推力返回到慢车的速度。

<u>3</u> 应通过飞行试验演示验证为获得所推荐的反推力水平而必需的操作时序。用于确定加速-停止距离的时序,应反映与打开反推力装置所需时间相关的最临界的情况。例如在某些飞机上,如果一台外侧发动机失效,则外侧反推力装置都被锁定。这种安全措施可避免驾驶员在外侧发动机施加不对称的反推力,但是这也可能延迟驾驶员选择可工作的反推力装置施加反推力。此外,如果选择使用反推力是驾驶员采取的使飞机刹停的第 4 个或后续各次的措施(例如排在施加人工刹车,降低推力或功率,以及打开扰流板之后),应在已演示验证的选用反推力时间上再增加 1s 滞后时间(见图 11 – 1)。

<u>4</u> 应计及受影响的飞机系统对驾驶员操纵输入的响应时间。例如应计及系统工作的滞后,诸如反推力装置的联锁装置(用以防止驾驶员在反推力装置打开之前施加反推力)。也应包括瞬态响应特性的影响,诸如反推力发动机的加速。

<u>5</u> 为了使具有中等技能的驾驶员在典型的服役条件下总能获得所推荐的反推力水平,应提供具有触觉反馈措施(例如卡槽或止动挡块)的油门手柄位置。如果不具备此种触觉反馈措施,就应采用偏保守的反推力水平。

<u>6</u> 申请人应演示验证,无需特殊驾驶技能,就能在来自最不利方向的 10 kn

侧风条件下保持湿跑道上的航向操纵。就演示验证而言,可在干跑道上使用自由转向的前轮来模拟湿跑道。在演示验证过程中,应使用对称刹车,并应考虑全发工作和临界发动机不工作两种情况的反推力。不得为保持航向操纵而调制刹车和反推力装置。为保持航向操纵性,反推力程序可以规定一个使反推力返回到慢车的速度。

7 将对 § 25.901(b)(2),§ 25.901(c),§ 25.1309(b) 及 § 25.1309(c)的符合性作为提供符合 § 25.101(h)(2) 和 § 25.109(e)(1) 规定的"安全性和可靠性"要求的依据,应是可以接受。

8 为确定在 AFM 中给出的湿跑道加速-停止距离数据而使用的反推力装置数量,应反映中止起飞过程中还在运行的发动机数量以及任何适用系统的设计特点。全发工作的加速-停止距离应基于所有反推力装置均工作。单发不工作的加速-停止距离应基于临界发动机失效。例如,如果一台外侧发动机失效时外侧反推力装置全部锁定,那么单发不工作的加速-停止距离只能包括来自内侧发动机反推力装置的反推力。

9 对于发动机失效情况,应假定其反推力装置不打开(即在失效发动机上,无反推力装置铲形折流板展开而产生的反推力和阻力所带来的性能收益)。

10 关于单台或多台反推力装置不工作飞机的遣派批准,应在 AFM 或 MMEL (主最低设备清单)中给出有关的性能信息。

11 应通过飞行试验来演示验证在每一或者申请人选择的某一最临界起飞形态下由反推力装置提供的有效制动力(确定反推力制动力的一种方法是:将用或不用反推力时不用刹车的滑跑距离进行比较)。为了证实加速-停止距离,并确保不会忽略不利组合的影响,不管采用何种方法来演示验证由反推力提供的有效制动力,应使用确定 AFM 湿跑道加速-停止距离时所依据的所有制动措施进行飞行试验验证。这些演示验证可在干跑道上进行。

12 对于涡桨飞机,上述条款1~11给出的准则通常仍然适用。另外,当一台发动机失效和油门杆收到慢车位时,不工作发动机的螺旋桨应处于通常应在的位置。可在其余(各台)发动机上选择反向拉力。除非采用单一动作不触及止动或锁定挡块就能将油门杆从起飞设定位置收回从而完成这一选择,否则就评估滞后时间而言,应将此动作看做是驾驶员的附加动作。如果这一附加动作是驾驶员采取的第4个或后续各次的制动飞机动作,应在经演示验证的选用反向拉力时间之上再增加1s滞后时间。

12. 起飞航迹—— § 25.111

a. 25.111(a)

(1)说明

制订 § 25.111 的起飞航迹要求和 § 25.115 所要求的对该起飞航迹的折算,以便能够在 AFM 中提供性能数据,用于评估起飞飞行航迹下的垂直越障。

（2）程序

应将§25.111 中的高度基准理解为几何高度。§25.111(a)规定,实际起飞航迹(由此推算出净起飞飞行航迹)延伸到下列两个高度中的较高者:飞机距起飞表面 1500 ft 高度,或完成向航路形态过度并达到最终起飞速度(V_{FTO})的那个高度。

b.　§25.111(a)(1)——起飞航迹功率或推力状态

（1）说明

按§25.111(d)的规定,必须通过连续演示验证起飞或分段综合来确定起飞航迹。如果采用分段法来确定,应按§25.111(d)(4)的规定,必须通过连续演示验证起飞来表明所制订的起飞航迹是偏保守的。

（2）程序

（a）为确保预计的起飞航迹是代表实际性能的,使用由§25.101(c)所要求的功率或推力来构成此航迹。这样,在某种程度上要求功率或推力以假定沿航迹存在的特定外界大气条件为基础。应将 1962《美国标准大气》第 1 部所规定的外界温度标准直减率用于确定爬升期间与每一压力高度相关的功率或推力。

（b）按照§25.111(c)(4),直至距起飞表面 400 ft 高度,功率或推力必须代表沿航迹的可用功率或推力,此航迹是根据按 AFM 程序进行初始地面滑跑期间所确立的油门杆设定位置而产生的。这一最终的功率或推力可能小于由额定空中设定值程序所确定的可用值。

（c）应进行足够次数的起飞,至少达到用 V_2 爬升时由程序规定的距起飞表面的高度,以确定固定功率或推力杆设定值的功率或推力直减率。可使用分析来计及各种用途的发动机引气(例如防冰、空调等)和电气、气源和机械需求的功率提取。在有些飞机上,功率或推力增长特性是:将小于全额定功率或推力的值用做 AFM 起飞功率限制值和性能。这是为了防止爬升到距起飞表面 400 ft 高度的过程中超出发动机限制。

（d）起飞和爬升过程中,在固定的功率或推力杆设定值下,发动机功率或推力随速度和高度的直减率,可能会受到起飞压力高度的影响。

（e）在按静止状态下设定起飞功率(推力)时,如遇侧风或顺风风况,大多数涡轮发动机都会对此敏感而可能会出现失速或喘振。为了防止出现此类问题,制订一个滑跑起飞功率或推力设定程序是可以接受的,条件是 AFM 起飞场长和起飞功率或推力设定值曲线图以此程序为基础。业已接受以前的演示验证和分析,即表明在从静止状态起飞与滑跑起飞之间在起飞距离方面的差异可忽略。典型的试验程序如下:

<u>1</u>　在跑道上停稳以后,为所有发动机设定一个中间功率或推力(具体的推力或功率设定值由申请人选定)。

2 松刹车,前推功率(或推力)杆。

3 在达到 60～80 kn 之前,尽快设定目标功率(或推力)设定值。

4 完成功率(或推力)设定之后,爬升到机场标高以上 1500 ft 高度并达到航路形态,整个过程中不应有不利的发动机工作特性。应当进行多次试验来确定,对于在 AFM 中程序规定的起飞运行高度范围内所进行的起飞,是否存在任何发动机工作问题。

(f) 如果申请人希望用不同的程序,则应该经过评定,如确认是可接受的,应将此程序反映在 AFM 中。

c. §25.111(a)(2)——发动机失效

(1) 说明

(a) 由于条款不可能指定实际上会出现何种类型的发动机失效,可以假定出现本条款所规定的发动机失效是灾难性的。这样的失效将引起发动机功率或推力立即下降,同时相关的性能在发动机失效的那一时刻从全发运行状态下降到单发不工作状态。

(b) 尽管这一理由有点保守,还是有依据来假设已失效发动机的功率或推力不会立即衰减。与活塞式发动机不同,喷气发动机因风扇锁死而不引起发动机与飞机分离是极不可能的。发动机或风扇的分离,或者风扇的碎裂,将会从发动机不工作性能中扣除重量和(或)冲压阻力,为直接推力损失提供了补偿。

(c) 鉴于这些考虑,有可能接受使用失效发动机在 V_{EF} 时减速的瞬时功率或推力。数据处理和扩展时所用的推力随时间变化的关系,应由试验结果予以证实。

(d) 就螺旋桨飞机而言,还应该对发动机失效时已失效发动机的螺旋桨所处位置给予考虑。这些飞机通常都装有自动系统,当发动机失效时该系统便驱动螺旋桨到某个低阻力位置。与上面所述的涡轮喷气发动机转速下降相比,这种情况下的功率损失将更显突然。

(2) 程序

(a) 对于涡轮喷气飞机,如果在确定 AFM 单飞不工作-起飞性能时使用了发动机失效期间由瞬时推力带来的性能收益,应使用实际的切断供油,完成足够次数的试验,对比发动机慢车油门,确定推力衰减。对于不涉及新型或改型发动机(即一种将会影响推力衰减特性的改型)的衍生项目,如果推力衰减特性已得到充分证实,则不必切断供油。

(b) 对于螺旋桨飞机,为了确保在临界发动机突然失效而其螺旋桨处于应处位置的情况下获得起飞速度和距离,采用切断供油的方法可能更为重要。如果确实如此,需要采用断油方法进行试验的次数,取决于所得到慢车油门数据的相关性,以及对数据分析法建模足以反映发动机突然失效影响的证实。

d. §25.111(a)(3)——飞机加速

(1) 说明

无。

（2）程序

无。

e. §25.111(b)——飞机抬前轮和起落架收起

（1）说明

抬前轮速度V_R是指在加速到V_2的过程中驾驶员开始动作使前起落架离地时的速度。因此，按照§25.111(a)和(b)确定起飞航迹时，应假设在速度达到V_R之前驾驶员不会开始做抬前轮使前起落架离地的动作。

（2）程序

在演示验证起飞距离期间，离地和开始收起落架之间的时间不得小于建立正爬升率指示值所必需的时间再加1 s。就飞行手册扩展而言，可离地和开始收起落架之间经演示验证的平均时间滞后量进行假设，此值不得小于3 s。

f. §25.111(c)(1)——起飞航迹斜率

（1）说明

（a）为表明符合§25.111(c)(1)所要求的正斜率，根据§25.115(c)，确定一个水平段作为起飞飞行航迹的一部分，被认为是可以接受的。

（b）净起飞飞行航迹是用于确定飞机符合适用运行规章关于越障飞行高度的飞行航迹。§25.115(b)规定，为确定净飞行航迹（包括平飞加速段），所要求的爬升梯度减扣量适用于整个飞行航迹。§25.115(c)允许飞机在加速过程中保持水平净飞行航迹，而不是将平飞航迹减去§25.115(b)要求的量值，但加速度减少量应等效于§25.115(b)所要求的梯度减小量。采用此方法，在净起飞航迹的平飞段，用高度减小量与增加加速距离进行了交换。

（2）程序

AFM净起飞剖面中的平飞加速段应从沿起飞航迹的实际飞机高度达到AFM规定加速高度（不计§25.115(b)规定的梯度减扣量）时的水平距离开始。

g. §25.111(c)(1)——起飞航迹速度

（1）说明

（a）预期飞机以恒定指示空速飞到距起飞表面至少400 ft高度。该速度必须满足§25.107(b)和(c)对V_2所规定的限制。

（b）不应将§25.111(c)(2)的具体措辞理解为是暗示在400 ft以上高度可以将空速减小到V_2以下，恰恰相反是可以开始加速。

（2）程序

（a）对于具有在低压力高度上会降低失速速度优点的那些飞机，确定V_2时序时，不应采用在起飞表面压力高度上获得的失速速度乘以系数。这样的程序将会导致爬升过程中失速速度裕度减小，这与§25.107(b)的用意相反。

（b）对于上述(a)中提及的那些飞机，除了§25.107(b)和(c)的要求外，V_2还受距起飞表面1500 ft高度处失速速度的限制。在计算失速速度比时，可以考虑由于燃油消耗而引起的重量沿起飞航迹的减少,前提是已很好地确定两者的关系。但是,已有许多申请人在10000～15000 ft高度上测定失速速度,对于较低的起飞机场压力高度,所提供失速裕度是偏于保守的。

h. §25.111(c)(3)——规定的爬升梯度

(1)说明

无。

(2)程序

无。

i. §25.111(c)(4)——形态变化

(1)说明

(a)此项要求的目的在于,在制订单发不工作起飞航迹时,仅允许使用那些常规的机组操纵动作。只能在起飞滑跑过程的初期调节功率(推力)杆,然后使其保持不动,直至达到距起飞表面至少400 ft高度。

(b)模拟研究和事故调查已表明,当起飞过程中一台发动机失效导致驾驶舱工作负荷加重时,即便机组人员知道工作发动机是按减功率或推力状态设定并知道规避地形需要增大功率(或推力),他们也不可能加大工作发动机的功率或推力。此类同样的发现适用于螺旋桨人工顺桨。不过可以收起起落架,因为一旦观测到正的爬升梯度,便可按常规完成这一动作。同样,自动顺桨也是规章专门容许的。有关螺旋桨自动顺桨带来性能收益的指导材料可见下面12i(2)"程序"。

(c)虽然在距起飞表面400 ft以下高度,不容许通过驾驶员动作来增加功率或推力而获得性能收益,但容许通过自动增大功率来获取性能收益。§25.904对自动起飞推力控制系统作了规定,25部的附录I中,对相关的性能要求作了阐述。

(2)程序

(a)螺旋桨桨距设定值通常对最小操纵速度和飞机阻力有重要影响。倘若某台发动机和其螺旋桨自动顺桨系统在依据该系统工作而确定的某个起飞速度下发生组合失效,这些影响的量级将使得飞机有可能不能继续安全飞行。对于这种情况,§25.1309(b)(1)规定此类组合失效的概率应是极不可能的(数量级为10^{-9}/fh)。

(b)在确定上面12i(2)(a)的发动机和螺旋桨自动减阻系统的组合失效概率时,应证实发动机的失效率。不管在役发动机失效概率如何,应表明螺旋桨自动减阻系统的失效概率不大于10^{-4}/fh。

(c)螺旋桨自动顺桨系统应设计成:此系统在失效发动机上作动以后,在工作发动机上自动不能启用。螺旋桨自动减阻系统在失效发动机上启用以后,应表明其在工作发动机上的非预期启用概率为极不可能(数量级为10^{-9}/fh)。

(d)如果在确定起飞距离时计及螺旋桨自动顺桨系统工作带来的性能收益,在确定加速停止距离时,也必须认定失效发动机的螺旋桨处于减阻力位置。

(e) AFM 中限制这一节应要求飞行机组对螺旋桨自动顺桨系统进行功能检查。在对此系统可靠性进行评定时,应该对飞行机组功能检查和地面维修检查的必须执行频度予以考虑。

(f) 应向飞行机组提供明确的通告,指示下列情况:

<u>1</u> 螺旋桨自动减阻系统处于"预位(ARMED)"。

<u>2</u> 螺旋桨自动顺桨系统存在故障。

j. § 25.111(d)——起飞航迹构成

(1) 说明

不应将本条款的含义理解为起飞航迹完全由连续演示验证或完全由分段构成。为了利用地面效应的优点,典型 AFM 起飞航迹采用从 V_{LOF} 到起落架收上那点的一条连续起飞航迹,覆盖整个推重比范围。从起落架收上点开始,按 § 25.111(d)(2),将自由空气性能分段相加。这种研究方法可得到一条起落架放下时的 AFM 飞行航迹,其斜率要比起落架收上时的陡。

(2) 程序

AFM 应包含为达到本项性能而必需的程序。

k. § 25.111(d)(1)——起飞航迹分段定义

(1) 说明

无。

(2) 程序

无。

l. § 25.111(d)(2)——起飞航迹分段情况

(1) 说明

此主题条款阐明"在每一分段内,飞机的重量、形态、功率或推力设定值必须自始至终保持不变,而且必须相应于各分段内占主流的最临界状态。"此目的在于:为简化分析,使性能以分段内最临界点处及时可用值为基础,而不是基于各个变量(如重量、近似的推力设定值等)逐个取其最临界值,然后通过组合而得出该分段的性能。

(2) 程序

应当采用下列方法之一来获取各起飞航迹分段内的性能:

(a) 按上面(l)所说明的临界性能水平;

(b) 分段内的平均性能;或

(c) 分段内的实际性能变化。

m. § 25.111(d)(3)——分段起飞航迹的地面效应

(1) 说明

此要求并不意味着整个飞行航迹一定要以无地面效应的性能为基础,仅仅是为数据处理的方便才将连续的起飞演示验证分成了若干段。例如,如果将从 V_{EF} 到 V_R

的单发不工作加速航迹分成功率或推力衰减段和风车阻力段,则从 35 ft 高度到起落架收上点的爬升就不一定需要基于无地面效应的性能(还可参见本 AC 的 12j(1)中的§25.111(d)说明)。

(2)程序

无。

n. §25.111(d)(4)——分段起飞航迹检查

(1)说明

无。

(2)程序

如果从松刹车到脱离地面效应的起飞航迹构成,包含了已分成若干段的任何一段(例如全发工作的飞机加速段和单发不工作的飞机加速段),应通过连续演示验证起飞对该航迹进行校验。为了保证分段起飞航迹的有效性,应采用 AFM 制订的起飞程序和速度,并在整个推重比范围内,进行足够次数的连续演示验证起飞。应将连续起飞数据与按 AFM 数据程序所计算出的起飞数据(但采用的是试验发动机功率(或推力)和试验速度)进行比较。

o. §25.111(e)——具有助推火箭发动机的飞行航迹

〔备用〕

13. 起飞距离和起飞滑跑距离——§25.113

a. 干跑道上的起飞距离——§25.113(a)

(1)干跑道上的起飞距离为下面(a)或(b)中所述的两种距离中的较大者。下面所示的距离是从开始松刹车时主起落架上的某一点至起飞中该飞机最低部位距跑道表面 35 ft 高度时飞机上同一点的水平测量距离。

(a)在临界发动机于 V_{EF} 出现失效情况下到达 35 ft 高度时所测得的距离,如图 13-1 所示。

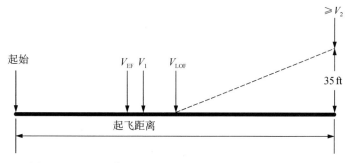

图 13-1　干跑道上的起飞距离(临界发动机在 V_{EF} 失效)

(b)在全发工作情况下到达距起飞表面 35 ft 高度所测得的水平距离乘以 115%,如图 13-2 所示。制订全发工作的起飞距离时,§25.113(a)(2)规定,"用与

§25.111(起飞航迹)一致的程序确定"此距离。对这一表述的解释则是，全发工作的起飞距离应符合：

1 基于飞机在达到距起飞表面 35 ft 高度之前达到 V_2；

2 与在距起飞表面 400 ft 高度上完成向定常初始爬升速度平稳过渡相一致。

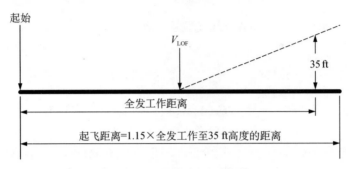

图 13-2 起飞距离(全发工作)

(2) 按§25.101(f)，起飞距离必须基于为服役运行而制订的程序。

b. 湿跑道上的起飞距离——§25.113(b)

(1) 湿跑道上的起飞距离是以下距离中的大者：按本 AC 中 13a(1)(a)和(b)确定的干跑道(使用干跑道上的 V_1 速度)上起飞距离，或下面(2)中所述的使用折算越障高度(和湿跑道上的 V_1 速度)确定的在湿跑道上的距离。

(2) 湿跑道上的起飞距离定义为自松刹车点至飞机最低部位达到距起飞表面 15 ft 高度那一点时主起落架经过的水平距离。按照§25.113(b)(2)，飞机必须以在距起飞表面 35 ft 高度之前达到 V_2 的方式，达到距起飞表面 15 ft 高度，如图 13-3 所示。

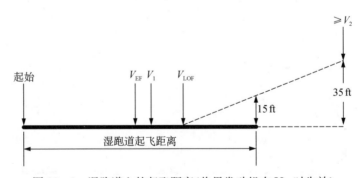

图 13-3 湿跑道上的起飞距离(临界发动机在 V_{EF} 时失效)

c. 起飞滑跑距离——§25.113(c)

(1) 起飞滑跑距离的概念由 SR-422A 引入，容许起飞距离的腾空部分获得飞越净空道上空的性能收益(有关净空道的定义见 13c(3))。起飞滑跑距离是起飞距离的一部分，按照适用的运行规章，起飞距离必须出现在跑道上或在跑道上空。如果没有净空道,起飞滑跑距离等于起飞距离。如果设置净空道,起飞滑跑距离就是以下(a)或(b)所述距离中的较长者。应按针对§25.113(a)的13a(1)所述,测量这些距离。当使用净空道来确定起飞滑跑距离时,不能大于从 V_{LOF} 至 V_{35} 在净空道上空可能飞过的空中距离的一半。

(a) 起飞滑跑距离[1]是自起飞滑跑起始点至下列两点之间中点的距离:飞机离地点和一台临界发动机在 V_{EF} 失效后达到距起飞表面35 ft 高度的那个点,如图13－4所示。对于湿跑道起飞,起飞滑跑距离等于起飞距离(即湿跑道起飞不容许从净空道获得好处)。

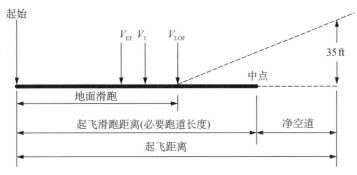

图13－4 起飞滑跑距离(临界发动机在 V_{EF} 失效)

(b) 全发工作起飞滑跑距离是自起飞滑行起始点至下列两点之间中点的距离乘以115%:飞机离地点,和在全发工作下达到距起飞表面35 ft 高度的那个点,如图13－5所示。在确定全发工作的起飞滑跑距离时,§25.113(c)(2)规定,"用与§25.111(起飞航迹)一致的程序确定"此距离。对这一表述的解释则是,全发工作的起飞距离应符合:

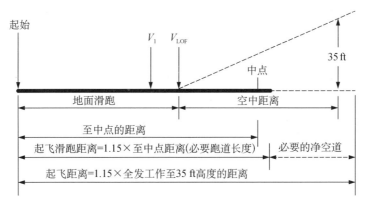

图13－5 起飞滑跑距离(全发工作)

---

[1] 此处原文将"takeoff run(起飞滑跑距离)"误为"takeoff runway(起飞跑道)"。——译注

　　<u>1</u>　基于飞机在到达距起飞表面 35 ft 高度之前达到 V_2；

　　<u>2</u>　与在距起飞表面 400 ft 高度上完成向定常初始爬升速度平稳过渡相一致。

　　(2) 可能存在这样一些情况，即在单发不工作状态(13c(1)(a))下，起飞滑跑距离可能长一些，而在全发工作状态(13c(1)(b))下，起飞距离会长一些，反之亦然。因此，要始终考虑这两种状态。

　　(3) 14CFR 第 1 部将净空道定义为：自跑道末端起以不大于 1.25% 的坡度向上延伸的平面，其上方无障碍物或任何突起地形。就确定起飞距离和起飞滑跑长度而言，可将净空道视为起飞道面以与跑道相同的坡度向前延伸的部分，并应相对该表面来测量 35 ft 高度。

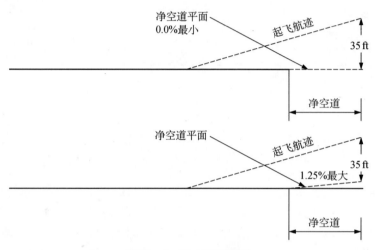

图 13 - 6　净空道剖面图

14. 起飞飞行航迹——§ 25.115

a. 起飞飞行航迹——§ 25.115(a)

(1) 说明

　　起飞飞行航迹是从起飞距离末端距起飞表面 35 ft 高度那点开始。当飞机的实际高度为距起飞表面 1500 ft 高度，或已达到航路形态和末端起飞速度的那个高度，起飞飞行航迹便告结束(有关更多的讨论，请参见本 AC 第 12 条)。§ 25.115(a) 规定，起飞"应当考虑从距起飞平面 35 ft 高度的那个点开始"，但已经确认，对于湿跑道的情况，飞机的实际高度仅应是 15 ft。这样的表述允许将 § 25.115 为干跑道确定的同一条起飞飞行航迹，也用于湿跑道起飞。对于从湿跑道起飞，实际飞机高度应比 § 25.115 为干跑道确定的起飞飞行航迹低 20 ft。因此，与从干跑道起飞相比，从湿跑道起飞后飞机在垂直方向与障碍物的距离近了 20 ft。

(2) 程序

　　程序如图 14 - 1 所示。

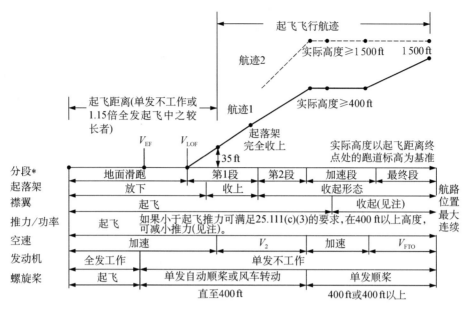

图 14 - 1　起飞分段和术语

注 1:起飞最末段通常从飞机处于航路形态和最大连续功率或推力状态时开始,但是,当表明对
　　§ 25.121(c)符合性时,在起飞航迹结束之前,不要求保持这些条件。不得超过起飞功率
　　或推力时限。

注 2:航迹 1 所表示的飞行航迹基于第二段爬升部分之后,至少在 400 ft 改平加速和收襟翼。航
　　迹 2 所表示的是在延长第二段之后起飞飞行航迹的上限。依据越障的需要,第二段可以
　　延长到距起飞表面 1500 ft 高度以上。

b. 净起飞飞行航迹——§ 25.115(b)和(c)

(1) 说明

(a) 净起飞飞行航迹是实际飞行航迹扣除下述的爬升梯度:对于双发飞机为
0.8%,对 3 发飞机为 0.9%,对 4 发飞机为 1.0%。

(b) 对于平飞加速段,可将所确定的这些梯度减少量用做对加速度的当量减小
量,以代替净飞行航迹中的梯度减小(有关更多的讨论,请参见本 AC 第 12 条)。

(2) 程序

如图 14 - 2 所示。

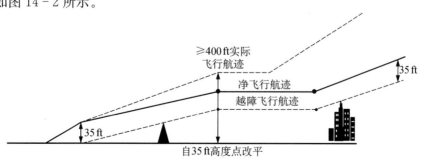

图 14 - 2　净起飞飞行航迹

15. 爬升：总则——§25.117

a. 说明

本条款规定，必须在为飞机制订的使用限制范围内的每一重量、高度和环境温度下，以每一形态下的最不利重心位置，表明对§25.119和§25.121规定的爬升要求的符合性。在表明对于这些爬升要求的符合性时，应考虑飞机以推荐的定常指示（或校准）爬升速度进行爬升期间，飞机真空速改变的影响。

b. 程序

无。

16. 着陆爬升：全发工作——§25.119

a. 说明

§25.119规定，发动机设定在其功率或推力操纵器件从最小空中慢车位开始移动到复飞功率或推力设定位之后8s的可用功率或推力。下列给定的程序用于确定这一最大推力或功率，以便表明对§25.119所规定爬升要求的符合性。

b. 程序

(1) 如果适用，应按飞机维护手册的规定，将发动机调整到慢车调整公差带的低端。对于带电子式燃油控制器的发动机而言，对于慢车燃油流量时序中的任何变化所带来的影响通常都可忽略不计（但对于任何这样的标称，都应予以充分证实）。

(2) 在最不利的试验高度（不超过寻求合格审定的最大机场标高再加1500 ft）上，并在正常使用时预期最不利的发动机引气形态下，按全发对称功率或推力、起落架放下、襟翼处于着陆位置的形态，以V_{REF}速度使飞机稳定水平飞行。将试验发动机的油门收到飞行慢车位，并按下面的规定确定试验发动机达到稳定转速所需时间，同时其余发动机以不大于最大连续推力（MCT）的功率或推力使飞机保持平飞或可得到的最小下降率。当所有转子完成初始快速减速时，即认为发动机飞行慢车转速达到稳定。这个过程通常为8～20 s。这可在驾驶舱里根据转速表不再迅速转动的那一时刻来确定。有些飞机，可能希望根据转速随时间变化的曲线来确定减速时间。

(3) 对于临界引气和功率提取形态，按全发对称功率、起落架放下、襟翼着陆位置的形态，以V_{REF}速度，模拟估算的最小爬升限制着陆重量，在选定的试验高度之上足够高的高度上，使飞机稳定水平飞行，以使收油门（到飞行慢车位）下降到试验高度的时间等于由上面(2)所确定的相应的发动机转速稳定时间。收油门到飞行慢车位，并以V_{REF}速度下降至接近试验高度。耗用相应的时间之后，快速将功率（或推力）杆推到复飞功率或推力设定位。可先将功率（或推力）杆推到前止动位，然后回收到复飞功率或推力设定位。根据申请人的选择，可进行低于临界引气形态的补充试验。

(4) 按上面(3)所述,功率(或推力)杆从最小飞行慢车位开始移动之后 8s 的可用功率或推力,是针对按上述(3)进行试验的每一引气和功率提取组合,用于表明符合 § 25.119(a) 和 SR - 422B 第 4T.119(a)(见附录 4)着陆爬升要求的最大许用值。除非针对每一种特定的引气和功率抽取水平规定了 AFM 性能数据,否则 AFM 性能数据应基于在最临界功率抽取水平下所获得的功率或推力。

(5) 对于配备了在进近及复飞时将会使用自动油门的那些飞机,应确定使用自动油门来设定复飞功率或推力所产生的影响。一种做法是完成 16b(3) 所给出的试验程序,但应使飞机在下列条件下稳定:在 -3° 进近航迹上,名义功率抽取水平,为此状态下最低功率或推力的重量。然后使用自动油门将功率或推力增大到复飞功率或推力设定值。用于表明对 § 25.119(a) 符合性的功率或推力应是下列之中的较小值:

(a) 用自动油门选择复飞功率或推力之后 8s 可用的功率或推力;或

(b) 按 16b(4) 确定的功率或推力。

17. 爬升:单发不工作—— § 25.121

a. 说明

§ 25.121 为起飞的第一、第二和最终阶段以及进近,规定了单发不工作的爬升梯度能力要求。

b. 程序

(1) 确定单发不工作爬升性能的两种方法如下:

(a) 以 AFM 性能所依据的若干推重比状态,进行正反航向爬升。以机翼名义水平姿态完成这些爬升飞行。应尽可能多地配平操纵力,但是对于起落架放下状态下的起飞爬升,应保持起飞配平设定,以代表运行时的实际的阻力水平。如果采用惯性修正(或其他等效措施)来计及风梯度,则只需进行单一航向爬升。

(b) 获取阻力曲线和单发不工作的偏航阻力数据,以便扩展 AFM 爬升性能,以机翼名义水平姿态获取这些数据。进行正反航向的校验爬升,以验证预测的爬升性能。可保持机翼接近水平姿态,完成此类校验爬升飞行。如果采用惯性修正(或其他等效措施)来计及风梯度,则只需进行单一航向爬升。

(2) 如果机翼水平且方向舵全偏不能保持定常航向,应在全偏方向舵的同时,向工作发动机一侧施加不大于 2°~3° 的小坡度角,以保持定常航向。除非着陆灯随发动机失效而自动收起,否则应在着陆灯放下情况下进行如下试验:" § 25.121(a) 起飞;起落架放下"," § 25.121(b) 起飞;起落架收上"和" § 25.121(d) 进近"。

(3) 可按 § 25.121(a) 要求,在起落架及起落架舱门都处在稳定的完全放下位置进行起落架放下的爬升性能试验。然而,起落架放下爬升临界形态被认为是相对当地气流呈最大迎风面积的形态。这通常没有重量作用在起落架上(支柱完全伸出,轮架倾斜)且所有起落架舱门打开。由于起飞航迹将通过连续起飞测量来确定,或者如果采用分段法构成的起飞航迹,将通过连续起飞来校验[参见§25.111(d)],因此由起落架舱门"关闭"的爬升数据引起的任何非保守结果应很容易被发现,应对此予以修正。而且,§25.111(d)(3)中关于起飞航迹数据应以无地面效应影响的飞机性能为基础的要求,为起落架放下的爬升性能增加了某些偏保守的度量。尽管在实际起飞过程中,飞机可能从V_{LOF}加速到V_2,但是根据规章规定,表明对于§25.121(a)符合性时所用的爬升梯度是根据V_{LOF}而确定的。

(4) 如果装有诸如可调节进气门之类的装置,用以在起飞、爬升和航路飞行期间控制动力装置的冷却气源,则应将它们设定在能使动力装置主要部件、发动机工作液等的温度保持在规定的限制内的那一位置。飞机爬升性能中应包括这些程序的影响。这些规定适用于所有环境温度,直至想要获取批准的最高使用温度极限(参见§25.1043)。

(5) §25.121(a)(1)和(b)(1)的后一部分规定"除非随后沿飞行航迹还有更临界的动力装置工作状态",其目的在于涵盖类似于湿态发动机[①]耗尽其储水量并恢复为干态发动机[②]运行的那些情况。这并不试图覆盖在大于起落架开始收上高度后正常的功率或推力随高度直减率。

(6) §25.121(d)条规定,进近形态下的基准失速速度不得超过相关着陆形态下基准失速速度的110%。规定此失速速度比要求,是为了确保在复飞中襟翼收上期间维持选定进近形态的失速速度具有足够的裕度。用于在复飞时襟翼收上期间提供足够的使用速度裕度的另一种替代方法是,增大着陆形态下的V_{REF},以便提供等同的使用速度裕度。更确切地说,可增大V_{REF},以使得进近形态下的基准失速速度不超过$V_{REF}/1.23$的110%。应将等效安全性水平结论文件用来证明此替代方法的使用与直接符合§25.121(d)要求之间的关系。为了保持等效的安全性,V_{REF}的增量不得过大(例如大于5 kn),最大可能地降低由于着陆距离增长,刹车能量需求更高以及V_{REF}和V_{FE}之间裕度减小对安全性带来的影响。

(7) §25.121(d)允许使用关于正常着陆程序而确定的爬升速度,但不能超过$1.4V_{SR}$。§25.101(g)规定,必须制订与§25.121(d)规定条件有关的中断进近与复飞执行程序。因此,表明对§25.121(d)最小爬升梯度要求符合性时所用的速度和襟翼形态,应当与AFM使用程序中规定用于复飞的速度和襟翼形态相一致。为演示验证推荐程序的可接受性,申请人实施的复飞演示验证应当包括一种受WAT(重量、高度、温度)所限的推力状态或模拟受WAT所限的推力状态。按照§25.101(h),所制订的程序必须符合如下要求:

(a) 能够由中等技能的机组在服役中效果一致地执行。

(b) 使用安全可靠的方法或装置。

(c) 包括在服役中执行程序时可合理预期的任何时间延迟的容许值。

---

① 指带喷水加力系统的发动机。——译注
② 指不带喷水加力系统或喷水加力系统不工作的发动机。——译注

(8) 按政策备忘录 PS - ANM100 - 1995 - 00058《运输类飞机复飞功率或推力设定(1995 年 8 月 15 日)》的说明,FAA 政策规定,只能使用一种功率/推力设定程序来表明对于§25.119 和§25.121(d)的符合性。

(a) 这一政策基于机组工作负荷问题,详见"自动起飞推力控制系统(ATTCS)"最终规章(25 - 62 号修正案)前言中的讨论。

(b) 该前言阐明:"目前的条例排除了将高于着陆爬升(§25.119)的推力用于进近爬升(§25.121(d)),使得在进近、着陆或复飞运行中的某个临界点发生单发失效的情况下,要求飞行机组执行监控和从多种空中推力设定中进行选择的工作负荷过大。"

(c) 如果进近爬升的功率或推力设定值高于着陆爬升的功率或推力设定值,如要在已开始全发工作复飞以后发生单发失效的情况下获得 AFM 性能,则会需要推油门。FAA 认为在高工作负荷环境条件下需要人工重新设定发动机的功率或推力设定值,是不可接受的。

(d) 业已确认,单发失效后能自动将功率或推力重新设定到较高值的系统(如用于复飞的自动起飞推力控制系统)是可接受的,前提是对于单发失效(进近爬升)和全发工作(着陆爬升)情况,有单一的复飞功率或推力设定程序。

18. 航路飞行航迹——§25.123

a. 说明

本指导材料旨在用于表明对于§25.123 的符合性。

b. 程序

(1) 应在 AFM 中呈现足够的航路爬升性能数据,以便可以在飞机使用限制范围内所有总重、高度和周围温度下,按§25.123(b)和(c)来确定净爬升梯度和净飞行航迹。应针对直至全发工作升限的各个高度给出这一航路爬升性能数据,以便在航路发动机失效的情况下,计算飞机飘降数据。

(2) 燃油消耗计量。可使用由飞机制造商的试验数据得出的燃油流量来计及由于燃油逐渐消耗而引起的飞机重量沿飞行航迹变化的影响。如果没有测定的燃油流量数据可供使用,可使用一个偏保守的燃油流量率,其值不大于发动机规范中最大连续推力(MCT)下的燃油流量的 80%。

(3) 应向飞行机组提供航路飞行航迹数据所依据的程序和飞行状态。如果空中放油可供使用并已列入飞行机组程序,则可将空中放油带来的性能收益用于达到 AFM 所呈现的性能能力。在计及沿飞行航迹存在的环境温度条件和风况时,应采用偏保守的分析。所有的性能应基于净飞行航迹和工作发动机处于 MCT。

19. 着陆——§25.125

a. 说明

(1) 着陆距离是从飞机主起落架距着陆表面(处理为通过接地点的某个水平

面)50 ft 高度那一点到使飞机着陆停住(对于着水,速度约 3 kn 即认为是停住)的某个点的水平距离。着陆距离的始点以主起落架为基准,因为这是飞机在高于着陆表面 50 ft 时的最低点。着陆距离的终点以前起落架为基准,因为这是飞机在接触着陆表面时的最前部分,不应延长而超出经合格审定的着陆距离。在本 AC 中,将着陆距离分为两段:从 50 ft 高度到接地点的空中距离和从接地点到飞机停住点的地面距离。后者又可再细分为过渡段和全制动段,条件则是申请人愿意采用此种分析方法。

(2) §25.125(a)(2)(i)和(ii)规定了 V_{REF} 的最小容许值。其目的在于提供足够的失速速度裕度,以便顾及在轻度湍流下进近时很可能出现的速度变化并提供足够的机动能力。如果着陆演示验证表明,需要更大的速度才可达到可接受的飞机操纵特性,则 AFM 中所呈现的着陆距离数据必须依据§25.125(b)(2)所规定的更大的参考着陆速度而确定。此外,如果由于风况以外的原因,程序推荐使用大于 V_{REF} 的进近速度时,则应当进行飞行试验确认在跑道入口处是否易于达到所推荐的 V_{REF} 速度。如果 V_{REF} 速度不易于达到,则 AFM 的着陆距离必须包括跑道入口处速度过大的影响。

(3) 如果适用,对于着陆飞行试验应将发动机设定在飞行慢车调整带的高端。对于装有电子式燃油调节器的发动机,对于慢车燃油流量时序中的任何变化所带来的影响通常都可忽略不计(但对于任何这样的主张,都应充分地予以证实)。

b. 确定空中距离的程序

在下面的(1),(2)和(3)分别阐明 3 种可接受的符合方法。

注:如果确定,由于未来运输类飞机设计的新颖或独特特点,使得下面(2)和(3)所阐述的有关进近角度和接地下沉率限制不再适用,可以制订新的准则。仅当确定可与现有性能标准和使用程序保持相等效的安全水平,这样的更改才是可接受的。

(1) 经验表明,以往合格审定中达到了对 25 部零风速空中段距离的一个上限,同样达到一个最小速度损失。这些都可用下面的公式近似求出:

$$空中距离(ft) = 1.55(V_{REF} - 80)^{1.35} + 800$$

式中: V_{REF} ——真空速(TAS),以 kn 计。

接地速度 $= V_{REF} - 3$ kn

申请人可选择使用这些关系式来确定着陆距离,而不再进行对空中段距离和速度损失的测量。如果申请人选择了使用这些关系式,则应通过试验或分析表明,他们所得到的空中段距离和接地速度是偏保守的。

(2) 如果申请人选择对空中段距离或时间进行测量,需要对希望合格审定的每一飞机形态,进行至少 6 次覆盖着陆重量范围的试验。这些试验应满足下述准则:

(a) 在达到距着陆表面以上 50 ft 高度之前,应保持目标为 −3°下滑道和指示空

速为 V_{REF} 的稳定进近,历时足够的时间,以模拟按此速度做连续进近。在这段时间内,在功率或推力设定值、俯仰姿态或下降率方面不应有明显变化。用于表明符合性的所有着陆平均下滑道坡度不应比一3°更陡。

(b) 在 50 ft 以下高度,不应使用纵向操纵器件来压低机头,除功率或推力减小之外,不应该有要求驾驶员采取动作的形态变化。

(c) 在接地时,下降率目标值不应超过 6 ft/s。虽然不可能精确达到这些目标值,但平均接地下降率不应超过 6 ft/s。

(3) 如果申请人进行足够次数的试验,以使参数分析法(或等效方法)以足够的置信度确立空中段距离(或时间)作为 50 ft 高度处下降率的函数与接地点之间的关系,则第 25 部的空中段距离可依据一3.5°的进近角和 8 ft/s 的接地下沉率来确定(有关这一分析法的示例参见本 AC 的 19h)。以这些进近角和接地下沉率的值为基础的参数分析方法,应仅用来确定 §121.195(b)或(c);§135.385(b),(c)或(f)所要求的运行安全余量或等效值将适用的着陆距离。

(a) 给定重量下,用这种方法确定的空中段距离或空中段时间不应小于以下面(b)中规定的进近角度和接地下沉率目标值进行演示验证时所得最低值的 90%,不应使用在进近角陡于一3.5°和接地下沉率大于 8 ft/s 情况下取得的试验数据来满足这一要求。

(b) 为了确定这些参数的关系,建议将试验目标值范围设定如下:进近角为一2.5°～一3.5°。接地下沉率为 2～6 ft/s。所有试验的目标速度均应该为 V_{REF}。

(c) 50 ft 高度以下,不应使用纵向操纵器件来压低机头,除功率或推力减小之外,不应该有要求驾驶员采取动作的形态变化。

(d) 如果申请人已形成一种可接受的分析方法,则应当为寻求合格审定的每一气动形态实施足够次数的试验,以便为最终的空中距离建立一个令人满意的置信度水平。分析中可以包括自动着陆,但不能构成超过半数的数据点。如果形态明显不是一个重要变量时,则可将所有数据均纳入单一参量分析。

(e) 如果申请人提出与参量分析法等效的任何其他方法,则此方法应基于一个按如下方式建立的数学模型,即采用与性能有关的变量(诸如功率或推力、姿态、迎角、载荷系数),充分再现从 50 ft 高度点到接地的飞行试验航迹和空速的变化。应通过足够次数的试验来确认此类数学模型,以建立一个令人满意的置信度水平,并通过对着陆空中距离的试验值与计算值的比较,证明此数学模型是合理的。

(f) 对于采用先前经合格审定的气动力形态的那些衍生型飞机,如有必要按大于 §25.21(d)外推限制所允许的重量进行新的试验来证实性能,则着陆重量每增加 5%,应针对每种形态,进行两次着陆(但所需着陆总次数,应不超过 6 次)。这些试验可与先前参数分析法的合格审定试验相结合,而不管先前的合格审定是否按此方法进行。如果提议一种新的气动形态,则应使用上面(d)中所述的指导。

(g) 计算 AFM 着陆距离时,可用 19b(3)所述的条件,确定自 50 ft 至接地的速度损失,以 V_{REF} 百分比表示。

(4) 不管选用何种方法来制订空中距离,当最终进近速度保持 $V_{REF}-5\,kn$ 下降到距跑道表面 $50\,ft$ 高度时,演示验证在改平机动中具有令人满意的飞行特性。

(a) 在 $50\,ft$ 高度以下,应在与正常"预定速度"着陆的相同高度上,使用纵向操纵器件开始改平,不应为便于改平而压低机头,也不应为此而增大功率或推力。

(b) 接地前,应使所有功率或推力杆处于其最小空中慢车位置。

(c) 应使用正常改平技术,以使接地速度比确定着陆距离时所用接地速度至少小 $5kn$,而接地时的下降速率不应大于 $6\,ft/s$。

(d) 应在整个重量范围(通常在最大着陆重量和接近最小着陆重量)实施这一演示验证,或在用分析或其他可接受方法确定的最临界重量重心组合下进行。

(e) 这些以 $V_{REF}-5\,kn$ 速度进行的着陆演示验证,应不要求使用大的操纵力或操纵面满偏度。

c. 确定过渡距离和制动距离的程序

(1) 过渡距离从初始接地点延伸至所有经批准的飞机减速装置都在工作的那一点。制动距离从过渡段结束延伸至飞机停住的那一点。按申请人的选择,可将两段距离相组合。

(2) 如果无足够的数据可供使用,应以主要着陆形态进行至少 6 次着陆。经验表明,如果针对该飞机机型有足够数据可用来考虑刹车性能随重量、升力、阻力、地速、扭矩限制等的变化,在表明多种形态的相关性时,有必要针对每种形态进行至少 2 次试验滑跑。

(3) 为了证实符合 §25.125(c)(2) 的规定而不会产生机轮刹车和轮胎过度磨损,应在整个着陆重量范围内,在同一组机轮、轮胎和刹车上进行至少 6 次连续的带测量的着陆试验。应以申请人寻求批准的正常使用刹车压力进行着陆试验。刹车可处于任何磨损状态,只要使用了可接受的方法来确定在刹车完全磨损状态下的着陆距离以便呈现于 AFM。应将主起落轮胎刹车压力设定为不小于寻求合格审定的与特定试验重量相对应的最大压力。纵向操纵器件和施加刹车程序应可按如下方式实现效果一致的操作,即允许飞机以受控速率低头,防止出现过大的前起落架接地速率,从而满足 §25.125(b)(4) 和(5)的要求。在合格审定着陆试验时前起落架接地速率不应大于 $8\,ft/s$。合格审定的惯常做法是在所有的主起落架机轮确实着地之前,不允许手动施加刹车。接地前可使自动刹车系统预位。

(4) 在 AFM 的性能这一节中,阐明适合于确定飞机着陆距离的飞机操作程序。

(5) 对于可从工作发动机得到一些减速收益的那些飞机,应使用 §25.125(g)的准则,制订在确定正常全发工作着陆制动距离时所使用的螺旋桨桨距位置。§25.125(g)规定,如果确定着陆距离时使用了某种依靠任一发动机运行而起作用的"装置"并且在此发动机不工作情况下着陆距离将"明显增加",则必须按该发动机不工作来确定着陆距离,除非补偿措施使得单发不工作时的着陆距离不大于全发工作时的着陆距离。关于术语"装置"、"明显增加"以及"补偿措施"的合适解释,在下面予以阐述。

（a）如果以正常使用地面慢车设定程序在正常全发工作着陆距离中的制动阶段螺旋桨在任何速度下均产生阻力,由该"装置"产生的可用以得到性能好处的最大阻力,是零空速下由提供不大于轻微负拉力的螺旋桨桨距位所产生的阻力。轻微负拉力是指不会引起处于轻重量不加刹车状态的飞机在水平面打转的拉力。如果正常工作地面慢车设定值在零空速产生较大的负推力,则应采用专用飞行试验油门杆限动块来限制螺旋桨桨叶角,由此确定全发工作刹停距离。

（b）应以一台发动机螺旋桨顺桨,而工作发动机在飞机接地后选用地面慢车,测定着陆距离。进行此试验时的飞机形态,包括地面慢车油门杆位置,应与确定全发工作着陆距离时所用的相同。可使用差动刹车来维持航向操纵。应在临界重量和（或）重心位置以及着陆速度下进行这项试验。螺旋桨和（或）发动机装配调整应处于最不利的允差容许值。如果最终距离不超过全发工作着陆距离的 2%,则着陆距离不属于"显著增加",因而不需要进一步试验,就可将全发工作地面慢车阻力带来的性能收益纳入经合格审定的着陆距离。

（c）如果上面（b）中所确定的距离比全发工作着陆距离大 2%,则应有某种"补偿措施",为的是从全发工作地面慢车阻力得到性能好处。如果演示验证表明,单发螺旋桨顺桨的最终着陆距离不大于针对全发工作地面慢车设定值而确定的着陆距离,则可将工作发动机的螺旋桨反桨拉力视为一种"补偿措施"。进行这一试验的飞机形态与确定全发工作着陆距离时所用的相同,但使用螺旋桨反桨拉力位置。前轮应能自由转向,如同 V_{MCG} 试验那样,以模拟湿跑道表面状态。可以使用差动刹车来维持航向操纵。必须形成着陆过程中使用螺旋桨反桨拉力的程序并予以演示验证。§25.101(f)规定的与使用螺旋桨反桨拉力有关的程序,必须满足§25.101(h)的要求。可将下面列出的准则用于导出与所推荐的着陆程序一致的螺旋桨反桨拉力水平,并提供演示验证符合这些要求的可接受的方法。本项试验应当在临界重量和（或）重心位置以及着陆速度下进行。螺旋桨和（或）发动机的装配调整应处于最不利的公差容许值。如果"补偿手段"不允许从全发工作地面慢车阻力得到性能好处,应至少按 3 种重量进行试验,以覆盖预期的使用着陆重量和速度范围。

1 按§25.101(f),必须形成在着陆过程中使用螺旋桨反桨拉力的程序并予以演示验证。这些程序应包括为执行下列任务而必需的所有驾驶员动作:获取推荐的螺旋桨反桨拉力水平、维持航向操纵、确保安全的发动机工作特性以及取消螺旋桨反桨拉力。

2 应当演示验证,着陆期间使用螺旋桨反桨拉力符合§25.939关于发动机工作特性的要求。螺旋桨反桨拉力程序可以规定一个取消螺旋桨反桨拉力的速度,为的是保持安全的发动机工作特性。

3 为获取推荐的螺旋桨反桨拉力水平而执行必需动作的时序,应当通过飞行试验予以演示验证。用于确定着陆距离的时序,应反映与获取选定的螺旋桨反桨拉力所需时间相关的最临界情况。

4 应计及受影响飞机系统对驾驶员输入的响应时间,举例而言,联锁和油门杆卡槽妨碍驾驶员立即选择螺旋桨反桨拉力,引起系统工作滞后。还应列入瞬态响应特性的影响,如螺旋桨反桨拉力发动机的加速。

5 为了使得中等技能的驾驶员能够在典型的服役条件下,效果一致地获取推荐的螺旋桨反桨拉力水平,应提供包含触觉反馈(如卡槽或挡块)的油门杆位置。如果未提供触觉反馈,应当假定偏保守的螺旋桨反桨拉力水平。

6 申请人应演示验证,无需特殊的技能就可维持湿跑道上航向操纵。螺旋桨反桨拉力程序可规定一个取消螺旋桨反桨拉力的速度,为的是保持安全的发动机工作特性。

7 凡具备对§25.101(h)(2)和§25.125(c)(3)的"安全性和可靠性"要求的符合性,符合于§25.901(b)(2),§25.901(c),§25.1309(b)和§25.1309(c)的要求应是接受的。

d. 仪表和数据

仪器应包括一种措施,以确定水平和垂直距离随时间变化曲线的方式来记录飞机相对于地面的下滑航迹和地面滑跑与时间的关系。还应记录可用于分析这些随时间变化曲线的相应数据。

e. 在无铺装跑道上着陆

用于评定无铺装跑道上着陆的指导材料,见本 AC 第 8 章。

f. 自动刹车系统

与评定自动刹车系统有关的指导材料,见本 AC 的 55c(6)。

g. AFM 着陆距离

(1) 按照§25.101(i),必须在飞机所有机轮刹车组件处于其容许磨损范围的完全磨损极限状态下,确定 AFM 着陆距离。在用于确定着陆距离的飞行试验过程中,刹车可处于任意磨损状态,只要利用飞机试验与测功器试验的适当组合来确定相应于完全磨损刹车的着陆距离。作为选择,可使用在加速-停止试验过程中所确定的刹车磨损与制动性能之间的关系,条件是其包含了在用于确定着陆距离的飞机飞行试验期间所达到的刹车磨损状态和能量。

(2) 在导出程序规定距离时,应假定下面所示的时间滞后。

(a) ①该段表示飞行试验中测得的自接地至驾驶员作动第一个减速装置的平均时间。对 AFM 数据扩展,使用比这长 1 s 的时间或试验时间。

(b) ②该段表示飞行试验中测得的自驾驶员作动第一个减速装置至其作动第二个减速装置的平均时间,对 AFM 数据扩展,使用比这长 1 s 的时间或试验时间。

(c) 重复第②步,直至驾驶员完成对所有减速装置的作动,并且飞机处于满刹车形态。

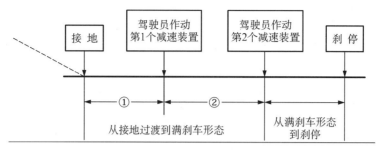

图 19-1 着陆时间延迟

（3）对于想要为 AFM 数据扩展而从中寻求性能收益的经批准自动减速装置（诸如自动刹车或自动减速板等），可以使用合格审定试验期间所确定的既定时间，而无需按前面相应航段要求再加 1 s 的最小延迟时间。

（4）利用与飞机重量或进近速度无关的固定空中时间，来扩展着陆距离中的空中段，已认为是可接受的。

（5）本 AC 第 3 节给出在评定风对着陆距离影响时所作假设的讨论。

h. 参数分析法数据处理

下面是将试验数据变换成数学模型的一种可接受方法，用于 19b(3)所述的空中距离参数分析法。

每一试验点的试验数据为：

R/S_{50}——距着陆表面 50 ft 高度处的下沉速率，ft/s；

R/S_{TD}——接地点的下沉速率，ft/s；

V_{50}——距着陆表面 50 ft 高度处的真空速，ft/s；

V_{TD}——接地点的真空速，ft/s；

t——50 ft 高度至接地的空中时间，s。

采用如下所述的多元线性回归分析，求解下面方程中的常数：

$$50/t = a + b(R/S_{50}) + c(R/S_{TD})$$

上面方程中要求求解的因变量的形式是 $50/t$，而不是 t，为的是保持所有变量具有相同的量纲。

使用所有试验点（1 至 n）的测试值，确定上述方程中的常数 a，b 和 c 如下，其中 n 等于试验点的数目，$R1$ 至 $R13$ 为回归系数：

$$R1 = \sum_1^n R/S_{50}$$

$$R2 = \sum_1^n (R/S_{50})^2$$

$$R3 = \sum_1^n R/S_{TD}$$

$$R4 = \sum_1^n (R/S_{TD})^2$$

$$R5 = \sum_1^n (R/S_{50})(R/S_{TD})$$

$$R6 = \sum_1^n (50/t)$$

$$R7 = \sum_1^n (R/S_{50})(50/t)$$

$$R8 = \sum_1^n (R/S_{TD})(50/t)$$

$$R9 = (n)(R2) - (R1)^2$$

$$T10 = (n)(R8) - (R3)(R6)$$

$$R11 = (n)(R5) - (R1)(R3)$$

$$R12 = (n)(R7) - (R1)(R6)$$

$$R13 = (n)(R4) - (R3)^2$$

$$c = ((R9)(R10) - (R11)(R12))/((R9)(R13) - (R11)^2)$$

$$b = ((R12) - (c)(R11))/R9$$

$$a = ((R6) - (b)(R1) - (c)(R3))/n$$

对于每个试验点，使用(V_{50}/V_{TD})值取代$(50/t)$，按 50 ft 与接地点之间的速度降 (V_{50}/V_{TD})，就可使用相同的回归系数关系，确定 a, b 和 c 这 3 个常数值。

常数值确定之后，使用上述关于$(50/t)$的方程，按$-3.5°$飞行航迹角和 $R/S_{TD} = 8$ ft/s 的目标条件，计算自 50 ft 至接地点的时间。使用由进近航迹和 V_{50} 计算而得的(R/S_{50})。然后再使用同一方程，但以(V_{50}/V_{TD})取代$(50/t)$，并使用按(V_{50}/V_{TD})确定的常数，来计算(V_{50}/V_{TD})。

确定 V_{TD} 以后（根据 V_{50}/V_{TD} 和 V_{50}），就可以按平均改平速度和空中时间来确定空中距离。

示例：

试验数据：

滑跑次数	R/S_{50}	R/S_{TD}	V_{50}	V_{TD}	t
1	13.4	6.1	219	214	5.6
2	10.9	1.8	223	218	8.5
3	7.9	5.8	209	201	7.4
4	8.3	2.3	213	206	9.6
5	9.8	4.1	218	212	7.5

结果：

$$50/t = 1.0432 + 0.3647(R/S_{50}) + 0.4917(R/S_{TD})$$

$$V_{50}/V_{TD} = 1.05508 - 0.003198(R/S_{50}) + 0.001684(R/S_{TD}) = 8.0$$

对于 $V_{50} = 220$ ft/s，飞行航迹 $= -3.5°$，$R/S_{TD} = 8.0$ ft/s 的情况，其结果为

$$R/S_{50} = 13.43\,\text{ft/s} \qquad V_{50}/V_{\text{TD}} = 1.025\,6$$
$$t = 5.063\,\text{s} \qquad 空中距离 = 1100\,\text{ft}$$

第 3 节 操纵性和机动性

20. 总则——§25.143

a. 说明

§25.143 的目的在于验证以一般驾驶技能可平稳地完成在使用包线范围内所进行的任何使用机动,而不会遇到失速警告或可能干扰正常机动的其他特征,且不会超过任何飞机结构限制。操纵力不应太大,以至于驾驶员不能安全地完成飞机机动;操纵力也不应太小,以使得需要特殊的技能来完成飞机机动才不致出现过应力和丧失操纵。飞机对于任何操纵输入的响应应是驾驶员可预料的。

(1) §25.143(d)所列之表给出的短期施加的俯仰和横滚最大操纵力,适用于仅短期需要此操纵力的机动飞行。凡驾驶员需要使用单手操纵其他操纵器件(诸如着陆拉平或复飞期间,或者功率或形态变化导致需要对操纵力变化进行配平)的机动飞行,单手最大操纵力将是适用的。在其他情况下(诸如起飞抬前轮,或航路飞行期间的机动),应采用双手最大操纵力。

(2) 应该对短时力和持久力作如下说明:

(a) 短时力是初始稳定的操纵力,这是由于在出现下列情况之后为维持预期飞行航迹而引起的:形态变化,从一种飞行状态正常过渡到另一种飞行状态,或失效后重新恢复操纵。假设驾驶员将会立即采取动作通过重新配平,或者改变飞机形态或飞行状态,以减少或消除此类操纵力,因此并不认为短时力会在任何大段时间内存在。短时力不包括在形态变化期间,飞行状态变化期间,或故障后恢复操纵期间可能出现的力的瞬时峰值。

(b) 持久力是由正常状态或失效状态所引起的且不易配平或消除的那些操纵力。

(3) 以 $V_{\text{MO}}/M_{\text{MO}}$[①] 和 $V_{\text{FC}}/M_{\text{FC}}$ 之间的速度进行操纵性和机动性试验以表明符合 §25.143 的要求,飞机应在 $V_{\text{MO}}/M_{\text{MO}}$ 配平。

(4) 现代机翼设计可能呈现最大升力能力随马赫数增加而显著减小的情况。马赫数影响的程度,取决于具体机翼的设计特征。对于马赫数影响大的机翼设计,在保持可接受失速裕度的同时可达到的最大坡度角会显著减小。因为马赫数影响可能会很显著,同时因为对不同的机翼设计可能有很大差异,对 V_{SR} 乘以一些系数可

---

① 按行业用法马赫数用 M 表示。——译注

能不足以确保在最小使用速度下具有足够的机动能力。为解决这个问题,通过 25 - 108 号修正案,增加了条款 § 25.143(h),规定了协调转弯的最小坡度角能力而不得出现失速警告和可能干扰正常机动的任何其他特性(包括电传飞行操纵系统或功率或推力自动增大系统的包线保护特征)。FAA 认为,这些包含最小坡度角的机动要求,结合其他坡度角能力,对于规定的飞行规则而言,足以为不同的使用因素提供安全裕度。这些使用因素包括潜在的环境条件(诸如湍流、突风)和对驾驶不精准(诸如偶然超限)的容许度。FAA 认为,通过包线保护特性自动施加功率或推力,是一种可能干扰正常机动的特性,因为它会导致速度增大和飞行航迹偏离,还可能由于非预期的功率或推力增大而潜在地增加机组人员工作负荷。

b. 一般试验要求

(1) 在飞行试验大纲的执行中,主要由驾驶员定性地确定对 § 25.143(a)~(g) 的符合性。应在从一种飞行状态变化为另一种飞行状态的过程中以及在机动飞行过程中,评定所要求的操纵力和飞机的响应。所要求的操纵力应适合于待评定的飞行状态。例如在着陆进近期间,操纵力应小,飞机应易于操纵,为的是以最小的工作负荷就能完成飞行航迹的调整。在巡航飞行中,操纵力和飞机响应应使得意外的操纵输入不会导致飞机超限或非预期的机动。应在加速飞行过程中评定纵向操纵力,以便在增加法向加速度时确保有正向驾驶杆力。达到限制载荷系数时,操纵力应该足够沉重,以防止意外移动而超过设计限制。如果未被 25 部其他条款所覆盖,应在任何飞行状态期间或认为是临界的任何形态下,调查研究发动机突然失效。应测量认为是过度的操纵力,以验证对 § 25.143(d) 规定的最大操纵力的符合性。应给出启用与此情况相适应的改出措施时的滞后容差。

(2) 由于 § 25.143(h) 涉及目标速度、坡度角和功率(或推力)最大值,所以演示验证符合性的所有飞行试验状态并不一定会产生等高度、受推力极限的转弯。在正剩余功率或推力情况下,在目标坡度角和速度下的爬升状态是可接受的。如果想要用替代方法,可将功率或推力减少到允许的最大允许值以下,以通过完全稳定的等高度转弯来表明符合性。使飞机稳定在协调转弯状态,保持功率(或推力)和速度,在恒定空速下增加坡度角,直至表明符合要求。对于负剩余功率或推力的情况(例如着陆形态情况),业已表明,以目标坡度角做等高度减速机动是合适的方法。使飞机以 V_{REF} 速度沿 3°下滑道作机翼水平下降,对配平及油门位置作标记。然后使飞机平飞加速至 V_{REF} +(10~20)kn。当飞机以目标坡度角横滚进入等高度减速转弯时,重新设定为原来的配平及油门状态。为了按需改变减速率,可将油门控制在慢车和所标记的位置之间。当飞机在转弯中减速通过 V_{REF},且未出现失速警告和可能干扰正常机动的其他特征,表明符合要求。

(3) 如果由人工失速警告系统提供失速警告,在评定对 § 25.143(h) 的机动能力要求的符合性时,应当考虑制造公差对失速警告系统的影响。有关更多信息,参见本 AC 的 29f(2)(f)。

c. 发动机失效后的操纵性

§25.143(b)(1)规定,飞机在临界发动机突然失效后是可操纵的。为了表明对该项要求的符合性,应在机翼水平直线飞行过程中出现发动机失效(通过切断燃油进行模拟)的情况下按下面(1)和(2)所述进行演示验证。为了考虑服役中启动改出措施时可能的滞后,在驾驶员判定发动机失效后 2s,不应采取措施来恢复操纵。改出措施不应以移动发动机、螺旋桨或配平三者的操纵器件为先决条件,并且不应产生过大的操纵力。此外,在改出期间如果坡度角超过 45°,则认为飞机已达到某个不可接受的姿态。可使用猛收油门到慢车的方法来进行这些试验,仅对确认为临界状态的那些试验,采用实际燃油切断进行重复试验。

(1) 在下列条件下,按每一起飞襟翼设定位置以初始全发爬升速度(即 $V_2+10\,kn$):

(a) 在临界发动机失效前,所有发动机以最大起飞功率或推力运行;

(b) 所有螺旋桨操纵器件(按适用而定)处于起飞位置;

(c) 起落架收上;

(d) 飞机在规定的初始飞行状态配平。

(2) 在下列条件,机翼襟翼在 $1.23V_{SR}$ 速度下收上:

(a) 在临界发动机失效前,所有发动机以最大连续功率或推力运行;

(b) 所有螺旋桨操纵器件(按适用而定)处于航线飞行位置;

(c) 起落架收上;

(d) 飞机在规定的初始飞行条件下配平。

d. 驾驶员诱发振荡(PIO)

(1) 说明

(a) §25.143(a)和(b)规定,在任何可能的使用条件下飞机必须可安全操纵和机动,而不需要特殊的驾驶技能,也不会有超过飞机限制载荷系数的危险。服役中的历史事件已经表明,在某些使用条件下,现代运输类飞机可能易受飞机-驾驶员耦合的影响,并且将会不满足此项规定的意图。

(b) 当一架飞机的响应与驾驶员操纵输入的相位差接近 180°时,即认为出现了典型的"驾驶员诱发振荡(PIO)"。但是,具有 180°相位关系的 PIO 事件并非是唯一的情况,此时,飞机可能表现出对于在正常使用飞行包线或限制飞行包线内的运行是不可接受的闭环(驾驶员在回路)特性。其他情况还包括飞机对驾驶员操纵输入的响应的不可预见性。这可能是因下列原因所致:操纵系统中的非线性、驾驶员未能通过飞机操纵器件感受到作动器速率或位置限制,或飞机在高空由于机动进入和退出 M 数抖振而引起的俯仰响应变化。人工配平和感觉系统,如果向控制器件提供太小的位移和太小的操纵力梯度,也可能导致严重的过操纵。在高空湍流动态环境下或断开自动驾驶仪引起的颠簸中,更易发生这类情况。这就在相对抖振起始边界只有极小 g 裕度或极小空速裕度以及空气动力阻尼非常低的情况下,将飞机交给了毫无防备的驾驶员掌控。这些特性,尽管本质上不是典型的 180°相位差 PIO,但也可能是危险的，应在飞机-驾驶员耦合趋势做更全面阐述后给予考虑。

（c）上面（b）中所述的一些 PIO 趋势特征，是 25 部已认识到的运输类飞机属性（例如低频短周期、长时间响应滞后）。25 部对其中的某些个别属性予以限制（例如每 g 杆力、重阻尼短周期），以确保具有满意的开环特性。但近几年的服役报告表明，某些使用包线条件，结合触发的事件，可能引起飞机-驾驶员耦合事件。已导致此类 PIO 的某些情况包括：燃油管理系统允许将使用范围扩展到重心后限或接近重心后限，在引起减小抖振起始边界裕度的重量和速度和高度组合条件下工作，并结合执行跟踪任务（诸如不超过速度限制值、由颠倾后的载荷系数引起的严重抖振，以及操纵面速率或位置限制）。

（d）这类服役经验已经表明，仅符合定量的开环（驾驶员在回路外）要求，并不保证飞机能达到所要求的飞行品质水平。因此，为了确保飞机达到§25.143（a）和（b）所要求的飞行品质，通过试飞员执行高增益（宽带宽）闭环任务来对飞机进行评定，以确定遇到不利的 PIO 趋势的可能性为最小。

（e）对于大部分情况，应在实际飞行中执行这些任务。但是，对于认为是太危险以至于不能在实际飞行中尝试的那些状态（即超出使用飞行包线的某些飞行状态，在严重大气湍流中飞行，带某些失效状态的飞行等），可使用运动基座高保真度模拟器来执行闭环评定任务，前提是可确认模拟器对于所关注的飞行状态是有效的。

（2）特殊考虑

（a）合格审定小组应当了解该飞行操纵系统和飞机的设计。

（b）申请人应说明该设计为何不易产生 PIO 问题，又如何通过研发飞行试验和合格审定飞行试验这两者来表明这一点。

（c）申请人应说明在研发飞行试验期间针对 PIO 问题做了哪些工作以及为解决 PIO 问题而要求做的任何设计更改。

（d）合格审定试飞大纲应经过裁剪使之适用于具体的飞机设计并适合于在飞机研制大纲和 PIO 分析评估中被认定属于临界的那些条件下评定飞机。

（e）FAA 试飞员也应在执行合格审定大纲过程中，在飞机和模拟器上，连续评定飞机的 PIO 趋势。此项评定应该包括：正常和故障这两种状态，所有的合格审定飞行试验点，这些飞行试验点之间的过渡以及从这些飞行试验点改出，以及正常的、侧风和纠偏着陆任务评定。

（f）由于按§25.143（a）和（b）进行的飞行品质评定基本上是定性的，特别是 PIO 敏感性评定，这里所讨论的高增益任务应至少由 3 名试飞员来完成。尽管使用其他驾驶员可对飞机操纵品质提供多方面的见解，但就演示验证对此要求的符合性而言，参与评定的驾驶员应是经培训的试飞员。

（3）程序（飞行试验）

（a）不推荐将针对实际达到的任务性能所作评定（例如飞行技术误差）用做一种证明符合性的方法。按本 AC 中 20d（6）所述，仅需要驾驶员的 PIO 特性能力等级。这些任务仅用来增加驾驶员的知识,这是其能够面对 PIO 趋势的先决条件。尽管不将任务性能用作对符合性的证明,也应记录和分析任务性能,以确保所有驾驶员都会努力达到相同的性能水平。

(b) 某一具体合格审定项目的任务应以已产生 PIO 事件的运行情况、飞行试验机动,或使用难点为基础。按特定飞机及其关注的具体领域(由上面所提及的经剪裁的飞行试验大纲来确定)决定某一具体项目的任务要求。其中包括高空颠倾机动、在高空自动驾驶仪断开时遇到湍流、单发不工作或全发工作情况下侧风和(或)杆舵交叉着陆,以及模拟飞机脱离仪表飞行气象条件(IMC)而偏离下滑道和(或)着陆航向信标波束而驾驶员采取快速对准修正的使用情况。试验应该在临界高度和重量和重心组合下或在接近此组合下进行。

(c) 这里所阐述的任务在执行任何给定的评定时都可能有用,并且已证明在以往的运行中是重要的。这并不意味着这些是唯一可使用或唯一可请求的任务,一切取决于待进行的逐项评定的范围和焦点。凡适用时,可发展和使用其他任务。例如,某些制造商在调查研究这些倾向时,已成功地使用了编队跟踪任务。对于所选定的所有任务,应使用累进法,并应小心地逼近所有的端点。捕获任务和精确跟踪任务有许多共同的特性,但是强调的是可能存在的任何 PIO 问题的明显不同方面。在某些情况下,依据各架飞机的特性,谨慎的做法是,首先接受捕获任务,然后进行精确跟踪任务,或粗略截获(捕获)与精确跟踪任务相组合(按适用而选定)。

(4) 捕获任务

(a) 与连续跟踪相反,捕获任务是针对粗略截获的数据进行操纵品质评定。如果必要的提示信息可供驾驶员使用,则可广泛进行各种捕获。可进行俯仰姿态捕获、坡度角捕获、航向捕获、飞行航迹角捕获、迎角捕获以及 g 捕获,以评定不同方面的飞机响应。这些捕获任务可使驾驶员得到飞机操纵品质的总体印象,但由于其未涉及闭环精确跟踪,其不能暴露出精确跟踪任务中可能出现的所有问题。不应将捕获任务用作唯一的评定任务。

(b) 对于俯仰捕获,使飞机配平达到规定飞行状态。驾驶员积极地捕获 5°俯仰姿态(或者 10°,如果飞机已经在 5°之上配平)。然后驾驶员在两个方向上以 5°增量间隔进行一系列的积极的俯仰捕获,然后在两个方向上以 10°增量间隔继续这一程序。具有较强能力的飞机能够以较大的俯仰偏移继续该程序。如果可能,在机动期间,每次机动的初始状态应使飞机保持规定的飞行状态,允差在 ±1000 ft 和 ±10 kn 范围内。但是,在高速状态下的大角度截获将不可避免地产生较大的速度和高度变化。在某一任务中,如果飞机过大地偏离规定的状态,在开始下一次机动之前,应使飞机重新配平到规定状态。

(c) 通常以略有差异的类似方式执行其他类型的捕获。由定 g 值转弯或使用 ±0.2g 和 ±0.5g 的拉起和推杆,完成 g 捕获。航向捕获仅可用于评定偏航操纵器件(通常以 5°或 5°以下增量间隔使航向发生小的变化)。

(d) 通常使用一侧至另一侧压坡度横滚来完成坡度角捕获。从 15°坡度角开始,驾驶员使飞机积极滚转而捕获相反的 15°坡度角(坡度角总变化量为 30°)。然后,驾驶员使飞机反向横滚并捕获原来方向上的 15°坡度角。应连续执行此程序数个循环。然后使用 30°坡度角重复此程序,再用 45°坡度角重复此程序。此种变化的目的在于由初始坡度角状态捕获机翼水平姿态。

(e) 凡合适时,可使用在下面(f)所示任务中所述的组合状态,在此任务中,严格跟踪目标 g 和坡度角,直至捕获目标俯仰姿态和航向。

(f) 业已认定,下面所列出的颠倾和(或)避撞机动,对于评定飞机在距抖振起始边界有小 g 裕度(一般为 $0.3g$)的条件下作高空飞行时的 PIO 敏感性是有效的。强调的是来自使用经验的巡航敏感性主流情况,但不应理解为不注重其他飞行阶段。

<u>1</u> 在远程巡航 M 数下进行平飞配平。在保持功率或推力设定的同时,使飞机略有爬升并减速。推机头向下,以 30°～40°坡度角和大约 10°低头姿态,形成下降转弯,或者凡适用时,加速到初始配平速度。在此初始配平空速下,开始 $1.5g$～$1.67g$(不超过遏制性抖振)拉起,并确立一个反方向转弯,到达切入配平飞机所处初始航线的航向。确立某个俯仰姿态,可使飞机以稳定爬升返回初始配平高度。在这一机动过程中,驾驶员可按需要使用油门,并且应在开始机动前,挑选将要使用的目标 g、坡度角、航向和俯仰姿态。应设定目标 g 和坡度角并严密跟踪,直至分别获得目标俯仰姿态和航向。应严密跟踪稳定的固定航向爬升,经历足够的时间,以允许驾驶员评定操纵品质,如果需要,甚至穿过初始配平高度和航向。驾驶员应在此任务的粗略捕获和精确跟踪这两个部分,对飞机进行定性地评定,同时依据 20d(6)中的准则,查找任何 PIO 趋势。

<u>2</u> 应按机头向下方向重复此机动,方法是从 10°机头下俯配平状态加速到 M_{MO},后按上面所述改出。

<u>3</u> 按上面所述进行平飞配平。开始 $1.5g$～$1.67g$(不超过遏制性抖振)拉起和大约 30°坡度角转弯。一旦设定目标 g,使飞机过渡到大约 $0.5g$ 下俯,并反向转弯,以确立切入初始航线的航向。按需要使用功率或推力,设定一个稳定的固定航向下降,以切入配平状态时所用的初始航向和高度。如果需要,驾驶员可以继续保持航向,并下降穿过初始状态,以允许更多的跟踪时间。尽力精确设定并跟踪坡度角,g,航向和俯仰姿态(按适用而选定)。驾驶员应在此任务的粗略截获和精确跟踪这两个部分,对飞机进行定性地评定,同时依据 20d(6),查找 PIO 趋势。

(5) 精密跟踪任务

(a) 可将这些任务用于评定在湍流大气条件下飞行时飞机的 PIO 敏感性。在此任务中,显示出一个跟踪目标,其指令俯仰和横滚变化,以便驾驶员随后进行评定。不管使用何种目视感示(例如平视显示器(HUD),飞行指引仪等),都应以未滤波、未平滑或无偏置方式呈现跟踪任务。俯仰和横滚指令应是阶梯波形和斜坡波形的组合。应将俯仰和横滚指令顺序设计成使飞机保持试验高度和试验空速,公差分别在±1000 ft 和±10 kn 范围内。指令顺序应足够长和足够复杂,以至于驾驶员不可能默记而预先执行指令。目的在于,陌生性有助于在完成任务时保持试飞员高自信,并排除试飞员不经意的补充动作。这种补充动作连同自信的降低,可能掩盖任何 PIO 倾向。

(b) 即使这些精确跟踪任务将对某一传统飞机在湍流中飞行时的 PIO 敏感性提供深入了解,在扩展的飞机型号上应另作考虑。例如,结构载荷减缓系统,使用与驾驶员所用相同的飞行操纵面,将限制驾驶员在湍流大气条件下的操纵权限。在这些速率或位置受限的情况下,与前面所讨论的相比,PIO 倾向将更为严重。因此,针对这些飞机型号,对于湍流大气条件下使用这些系统的运行,进行专门评定是有必要的。

(c) 对于单轴任务,业已发现,在不可能修改飞行指引仪以显示俯仰指令的事件中,按时间顺序而给出的音响指令提供充分的感示。

(d) 基于服役中遇到的 PIO 事件,高空跟踪任务(以大约 2~5s 不同的时间间隔出现的偏离配平状态高达大约±4°的俯仰偏差)对评定 PIO 敏感性是有效的。业已将这些任务用于飞机在对抖振发生有低 g 裕度的条件下的飞行。下面图 20-1 给出的随时间变化曲线,是 MIL—STD—1797A 中样本任务的图示表示法,其具有用于高空 PIO 评定所需要的属性。

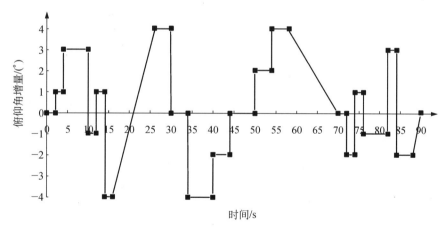

图 20-1　俯仰跟踪任务示例

(6) PIO 评定准则

(a) 应使用 FAA 操纵品质评级方法(HQRM)(有关 HQRM 的更多信息,参见附录 5)进行飞机 PIO 敏感性评定。任务的设计应针对可能存在的任何 PIO 趋势。图 20-2 包含与 PIO 特性有关的说明材料及其与 MIL 所列 PIO 评级的关系。

(b) 对于执行特定 PIO 任务过程中或执行整个合格审定飞行试验大纲的飞行试验过程中可能会遇到的飞机运动,图 20-2 给出 FAA 操纵品质(HQ)的评级说明。使用斜体字来强调此表中评定类别之间的主要差别。

FAA HQ 评定等级	PIO 特性说明	MIL - STD - 1797A PIO 评定等级
SAT	无驾驶员诱导的非预期运动的趋势	1
SAT	当驾驶员起动突然的机动或试图紧密控制时,有出现非预期运动(超限)的趋势。可借助驾驶员的技术,阻止或排除这些运动(只需要极小的驾驶员补充动作)	2
ADQ	当驾驶员起动突然的机动或试图紧密地控制时,易于诱导非预期运动(不可预见性,或操纵过度) 只有牺牲任务性能或通过驾驶员付出相当大注意力和努力,才可阻止或排除这些运动(只是需要很大的驾驶员补充动作)	3
CON	当驾驶员起动突然的机动或试图紧密地控制时,有形成振荡的趋势。不能获得足够的性能,驾驶员必须降低增益来改出(仅仅通过降低自信,驾驶员才能够改出)	4
UNSAT	当驾驶员起动突然的机动或试图紧密地控制时,有形成发散振荡的趋势。驾驶员必须通过松开或冻结操纵器件,使控制回路开环	5
UNSAT	扰动或驾驶员正常操纵可能引起发散振荡。驾驶员必须通过松开或冻结操纵器件,使控制回路开环	6

其中:SAT——满意的;ADQ——合适的;CON——可控制;UNSAT——不满意或不合格的。

图 20-2　PIO 评定准则以及与 MIL 标准的比较

(c) 有关 PIO 趋势可接受的 HQ 评级,示于附录 5 的图 9。如该附录中所述,最低 HQ 评级,从而是合格或不合格准则,都随飞行包线、所考虑的大气扰动以及失效状态而变化。作为示例,下面的图 20-3 示出某个跟踪任务的操纵品质矩阵,此时飞机处于后重心配平距抖振发生有 1.3g 裕度的飞行状态。

空速	M_{LRC}	M_{LRC}	M_{LRC}	M_{LRC}
载荷系数范围	0.8~1.3	−1.0~2.5	0.8~1.3	−1.0~2.5
抖振水平	开始发生	抑制性	开始发生	抑制性
湍流	轻度	轻度	轻度	轻度
失效	无	无	SAS 不大可能的失效	SAS 不大可能的失效
飞行包线	NFE	LFE	NEF	LFE
最低允许的 HQ 评级	SAT	ADQ	ADQ	CON

其中:SAT——满意的;ADQ——足够的;CON——可控的;NFE——正常飞行包线;LFE——限制飞行包线;SAS——稳系统;M_{LRC}——远程巡航 M 数。

图 20-3　用于 PIO 趋势的可接受 HQ 分级示例

(飞机处于后重心配平距抖振发生有 1.3g 裕度的飞行状态)

e. 机动特性——§ 25. 143(g)

(1) 总则

对于飞机机动时杆力不得超过的这一要求,可接受符合方法是演示验证,即以 0.5g 法向加速度增量(20000 ft 以上为 0.3g)以及直至 V_{FC}/M_{FC} 速度进行转弯时,平均杆力梯度不超过 120 lbf[①]/g。

(2) 解释材料

(a) § 25. 143(g)的目的是要保证在机动飞行中,不会超过飞机上任何关键部件的限制强度。对多数结构,可以假设其在机动飞行中承受的载荷正比于所加的载荷系数。但是,对于某些结构部分(如尾部和后机身),这样的假设不一定成立。尽管如此,如果进行结构研究检查,每当非常逼近设计正限制机动载荷系数时,把飞机的载荷系数作为超过任何关键部件限制强度可能性的充分标志是可以接受的。如果飞行试验显示,在以 50 lbf 杆力进行定常机动飞行时,有可能超过正设计限制机动载荷系数,应当在 50 lbf 杆力下按照预期载荷评定飞机的结构。如果有任何关键部件超过限制强度的情况,则认为飞机为过应力。就该项评定而言,将限制强度定义为是以下两者中的较小者:限制设计载荷包线加上可用安全余量,或静力极限试验强度除以 1.5。

(b) 达到限制强度的最小杆力。

<u>1</u> 为达到稳定机动或绕紧转弯时的限制强度而采用至少 50 lbf 的杆力,对于演示验证在不发生抑制性抖振的限制强度状态下合适的最小杆力,则认为是可接受的。如果在达到限制强度状态之前出现强烈抖振,限制强度状态下的略小杆力则是可接受的。在限制强度状态下小于 50 lbf 杆力的可接受性,将取决于抖振的强烈程度、警告裕度的宽裕程度(即强烈抖振和限制强度状态之间的载荷系数增量)以及杆力特性。在确定每个关键部件的限制强度状态时,应计及抖振载荷对总机动载荷的贡献。

<u>2</u> 这一最小杆力适用于飞机配平以大于最小速度(即可达到限制强度而又不发生失速的速度)的任何速度作直线飞行的航路形态。对于其他形态未规定最小杆力,但在这些情况下,§ 25. 143(g)的要求适用。

(c) 杆力特性。

<u>1</u> 在按 § 25. 251(e)确定的抖振起始边界范围内的所有点处,但不包括速度大于 V_{FC}/M_{FC} 的点,杆力应随载荷系数的增加而逐渐增加。杆力梯度随载荷系数的变化而出现的任何减小,不应如此之大或突然,以至于显著削弱驾驶员在飞机载荷系数和俯仰姿态范围内继续操纵飞机的能力。

<u>2</u> 超过抖振起始边界,在 20e(2)(c)(3)所限定的允许机动包线范围内,不应出现危险的杆力特性。单独使用纵向主纵向操纵器件,迅速使机头下俯,以至于恢复到初始配平状态,则应是可能的。经演示验证的杆力特性应符合下列要求:

---

① 1 lbf(磅力)=4.448 N。——译注

（aa）对于超过抖振起始边界直至 0.3g 法向加速度增量,凡能达到此情况时,杆力梯度的局部反逆是可接受的,只要任何上仰趋势是平缓的,并且是易于控制的。

（bb）对于超过抖振起始边界 0.3g 以上的法向加速度增量,凡能达到此情况时,更为明显的杆力梯度反逆是可接受的。将飞机的任何上仰趋势控制在允许的机动限制内,应是可能的,而无需向驾驶杆施加推杆力,并且无需使驾驶杆大幅度和快速地向前移动。

<u>3</u> 在表明满足 20e(2)(c)(1)和(2)要求的飞行试验中,应增大载荷系数,直至出现下述任一情况:

（aa）抖振水平已足以对载荷系数的任何进一步增加提供强而有效的抑制。或

（bb）进一步增加载荷系数需要大于 150lbf 的杆力(或在超出抖振起始边界时,大于 100lbf),或由于操纵系统的限制而使得继续增加载荷系数成为不可能。

（cc）或达到按 § 25.337(b)所确定的正限制机动载荷系数。

（d）负载荷系数。没有必要在整个规定条件范围内完成对负载荷系数下机动特性的详细飞行试验评定。通常,在涉及 1g～0g 法向加速度的正常飞行包线内对机动特性进行评定已足够。在所要求的涉及负载荷系数的其他飞行试验中,也应对杆力进行评定。凡这些评定揭示:杆力梯度异常低,或遭受明显变化,将需要在规定条件中的最严酷条件下,进行更详细的评定。这可通过计算来实现,只要其得到合适的飞行试验或风洞试验数据的支持。

f. 用于机动能力演示验证的推力或功率设定

推力或功率对机动能力的影响通常仅是推重比的函数。因此,对于受重量、高度、温度(WAT)所限推力或功率设定值的那些形态,使用在重量、高度、温度试验条件下与受 WAT 所限爬升梯度相一致的推力或功率设定值,通常是可接受的。但是,如果相对失速警告的机动裕度(或可能干扰正常机动的其他特性)随推力(或功率)的增大而减少,则在演示验证所要求的机动能力时,应考虑推力或功率以及推重比的临界状态。

21. 纵向操纵——§ 25. 145

a. 说明

（1）§ 25.145(a)要求飞机具有足够的纵向操纵能力,使飞机从失速或接近失速状态迅速机头下俯,恢复到原始配平速度。其目的在于,如果意外减速到失速点时,确保有足够的俯仰操纵能力作使飞机快速改出。尽管必须在无动力或最大连续推力或功率下满足此要求,但并未试图要求以大于 § 25.101(a)(2)规定的推力或功率进行失速演示验证。代之的是,执行最大连续功率或功率下的全失速,可演示验证在 1kn/s 减速过程中在失速警告过后至少 1s 时间结束减速时具有足够的静纵向稳定性和机头向下操纵裕度,由此评定符合性。机动过程中的静纵向稳定性和机动结束时依然有的低头操纵能力,必须足以确保符合该要求。

（2）§25.145（b）规定，在重新配平不可行时，应无需过分费力，便可改变襟翼位置、功率或推力，以及速度。目的在于：假定驾驶员认定必须至少将一只手专用于启用所需要的操作，确保改变其中任何一项都是可能的，而不受飞机主操纵器件压制。目的在于表明：施加或去除功率或推力，或者放下或收上机翼襟翼，都不会导致配平出现过大变化。襟翼操纵手柄上设置的卡挡位置，并不影响演示验证无需改变配平控制就可进行全襟翼放下和收上的要求。对§25.145（b）的符合性验证还要求，操纵力与速度的关系应做到，无需施加非常大的操纵力就可进行合理的速度改变。

（3）§25.145（c）包括主要与试图从着陆形态进行复飞机动相关的要求。如果将功率或推力操纵器件移到复飞设定位置，同时开始收上襟翼和缝翼，从着陆形态收起高升力装置不应导致飞机损失高度。与此项要求密切相关的设计特点是襟翼/缝翼收上速率，存在的任何襟翼卡挡，以及复飞功率或推力设定。复飞功率或推力设定应与验证对以下条款符合性时所用的相同：§25.121（d）和§25.119 的进近和着陆爬升性能要求；§25.145（b）（3），§25.145（b）（4），§25.145（b）（5），§25.149（f）和§25.149（g）的操纵性要求。操纵性要求可限制复飞功率或推力设定值。

（4）当襟翼操纵（选择）手柄上采用卡挡式定位时，§25.145（d）规定了演示验证对§25.145（c）符合性的要求。§25.145（d）还规定了卡挡定位的设计要求。襟翼操纵手柄卡挡的作用在于，防止驾驶员在无单独和明显移动感觉的情况下就移动襟翼操纵手柄通过卡挡所限定的位置，为此，可分段演示验证襟翼操纵手柄卡挡对这些要求的符合性。必须在下列区间中的任何位置上，进行收上高升力装置的演示验证：从襟翼最大着陆位置开始到第一卡挡位置、各卡挡之间位置，以及从最后一个卡挡位置到襟翼完全收上位置。

（a）如果设置了卡挡位置，则§25.145（d）规定，从最大着陆位置开始的第一卡挡位置是相应于复飞形态而定位的位置。如果存在多种复飞形态，在选择卡挡位置时，应考虑下列准则：

1 可用的复飞形态预期的相对使用频度。

2 高升力装置操纵手柄位置选择不正确所带来的影响。

3 驾驶员选错操纵手柄位置的可能性，考虑使用不同复飞位置的很可能情况。

4 卡挡协助驾驶员迅速而准确地选择正确的高升力装置位置的程度。

（b）不管任何卡挡的位置如何，从任何经批准的着陆位置开始复飞都不应导致飞机损失高度。因此，§25.145（d）规定，在演示验证对§25.145（c）要求的符合性时，将高升力装置从每一经批准着陆位置收上到与制订从该着陆位置复飞的程序时所用高升力装置形态相关的操纵手柄位置。只有在某个经批准的着陆位置和与之相关的复飞位置之间存在某个卡挡位置时，才有必要分段演示对此要求的符合性。如果存在多个相关的复飞位置，使用高升力装置处于最大收上位置的复飞形态来进行该试验应足以符合需要，除非存在更临界的情况。如果在任一着陆襟翼位置和与之相关的复飞位置之间，不存在卡挡位置，本 AC 中 21a（4）所讨论的演示验证，对于表明对§25.145(d)这一条款的符合性而言,应是充分的。

b. 程序

下列试验程序概述有关演示验证对§25.145符合性的一种可接受的方法。这些试验可在按§25.21(c)任意选定的高度上进行。凡适用时,在整个机动过程中应保持各发动机状态。

(1) 纵向操纵改出,§25.145(a)。

(a) 形态:

<u>1</u> 最大重量,或如果认为更临界时,取某个较轻的重量。

<u>2</u> 临界重心位置。

<u>3</u> 起落架放下。

<u>4</u> 机翼襟翼收上,以及放下至最大着陆位置。

<u>5</u> 发动机功率或推力处于慢车和最大连续状态。

(b) 试验程序:必须对每一种形态按§25.103(b)(6)规定的速度使飞机配平,然后应当在机翼水平姿态以1kn/s减速。对于慢车功率或推力下的试验,申请人必须演示验证在配平速度与失速速度之间的任何一个速度下,飞机都能够低头。通常,最临界点位于出现失速抖振时的失速点处。改出过程中的速度增加率应足以使飞机迅速返回到配平点。可使用从失速特性试验中取得的数据来评定在失速时的这一能力。对于以最大连续功率或推力下的试验,机动过程的持续时间不必超过失速警告发出后1s。但机动过程中的静纵向稳定性特性,以及在机动结束时依然有的低头操纵能力,必须确保一旦飞机减速到失速点,足以使其迅速改出,达到配平速度。

(2) 纵向操纵,襟翼放下,§25.145(b)(1)。

(a) 形态:

<u>1</u> 最大着陆重量,或如果认为更临界时,取某个较轻的重量。

<u>2</u> 临界重心位置。

<u>3</u> 机翼襟翼收上。

<u>4</u> 起落架放下。

<u>5</u> 发动机功率或推力处于飞行慢车状态。

(b) 试验程序:飞机必须在$1.3V_{SR}$速度下配平。必须尽可能快使襟翼放下到最大着陆位置,同时在整个机动过程中的每一瞬间,针对现有襟翼位置,使速度维持在大约$1.3V_{SR}$。在整个机动过程中,无需改变配平操纵,操纵力不得超过50lbf(一只手容易施加的最大短时操纵力)。

(3) 纵向操纵,襟翼收上,§25.145(b)(2)和(3)。

(a) 形态:

<u>1</u> 最大着陆重量,或如果认为更临界,取某个较轻的重量。

<u>2</u> 临界重心位置。

<u>3</u> 机翼襟翼放下到最大着陆位置。

4 起落架放下。

5 发动机功率或推力处于飞行慢车状态和复飞功率或推力设定值。

（b）试验程序：飞机在 $1.3V_{SR}$ 速度下配平，而襟翼必须收回到完全收上位置，同时在整个机动过程中的每一瞬间，针对现有襟翼位置，使速度维持在大约 $1.3V_{SR}$。在整个机动过程中，无需改变配平操纵，纵向操纵力不得超过 50 lbf。

（4）纵向操纵，施加功率或推力，§ 25.145(b)(4) 和 (5)。

（a）形态：

1 最大着陆重量，或如果认为更临界时，取某个较轻的重量。

2 临界重心位置。

3 机翼襟翼收上，以及放下到最大着陆位置。

4 起落架放下。

5 发动机功率或推力处于飞行慢车状态。

（b）试验程序。飞机必须在 $1.3V_{SR}$ 速度下配平。快速设定复飞功率（或推力），同时使速度维持在 $1.3V_{SR}$。整个机动过程中，无需改变配平操纵，纵向操纵力不得超过 50 lbf。

（5）纵向操纵，空速变化，§ 25.145(b)(6)。

（a）形态：

1 最大着陆重量，或如果认为更临界时，取某个较轻的重量。

2 最靠前的重心位置。

3 机翼襟翼放下到最大着陆位置。

4 起落架放下。

5 发动机慢车功率或推力处于飞行慢车状态。

（b）试验程序：飞机必须在 $1.3V_{SR}$ 速度下配平。然后应使速度减小到 V_{SW}，然后再增大到 $1.6V_{SR}$，或最大襟翼放下速度 V_{FE}，取两者中之较小值。纵向操纵力不得大于 50 lbf。可将按 § 25.175(d) 规定在前重心着陆形态下的静纵向稳定性试验中所取得的数据，用于表明对此要求的符合性。

（6）纵向操纵，襟翼收上并施加功率或推力，§ 25.145(c)。

（a）形态：

1 最大着陆重量与高度的各种临界组合。

2 临界重心位置。

3 机翼襟翼放下到最大着陆位置和卡挡位置，视适用情况而定。

4 起落架放下。

5 发动机功率或推力：对于螺旋桨飞机，为以 $1.08V_{SR}$ 水平飞行时的功率，或对于涡轮喷气式飞机，为以 $1.13V_{SR}$ 水平飞行的推力。

（b）试验程序。飞机以 $1.08V_{SR}$ 速度（对于螺旋桨飞机）和 $1.13V_{SR}$ 速度（对于涡轮喷气式飞机）稳定水平飞行，襟翼收到完全收上位置，或接近完全收上的卡挡位置,同时设定复飞功率或推力。使用与表明符合§25.121(d)的性能要求所使用的相同功率或推力,因为受到适用的操纵性要求限制。必须能够在机动过程中无需特殊的驾驶技能就可防止飞机损失高度。在机动过程中的任何时刻,允许进行配平。如果设置卡挡位置,应从最大着陆襟翼位置开始到第一卡挡位置、各卡挡之间的位置,以及从最后一个卡挡位置到完全收上位置,进行此试验。如果在任何着陆位置和与其相关的复飞位置之间存在一个卡挡,则也应从此着陆位置通过此卡挡到相关的复飞位置,进行此试验。如果存在多个与复飞位置相关的卡挡,应使用与襟翼最大收上位置相对应的复飞位置,进行此补充试验,除非其他位置更为临界。在整个试验过程中,使起落架一直处于放下位置。

(7) 纵向操纵,失配平起飞条件,§25.107(e)(4)和§25.143(a)(1)。见本 AC 中 10b(9)(c)<u>3</u> 和<u>4</u>。

22. 航向和横向操纵——§25.147

a. 说明

(1) §25.147(a)和(b)给出的飞机航向操纵准则,用于确定当一台或两台临界发动机不工作时,如果仅借助方向舵进行机动,保持机翼水平,是否可能出现诸如方向舵卡死或丧失航向操纵之类的危险特性。应具有能够向工作发动机一侧作一定程度偏航的能力。尽管受方向舵脚蹬力或偏度所限,也应能够向不工作的发动机一侧作直至15°的航向合理突变。规定此要求的目的在于,无需施加坡度角,飞机就能够按规定偏航。在实际的飞行试验演示验证中,坡度角有不可避免的微小变化是可接受的。

(2) §25.147(c)和(e)规定,临界发动机不工作时飞机是容易操纵的。§25.147(d)进一步规定,在单发不工作时很可能用到的速度下,横向操纵应足以提供对安全而言为必需的横滚率,而无需过大的操纵力和操纵行程。通常,在起飞形态下以V_2速度演示验证对此要求的符合性,因为此状态通常是最临界的。应按正常操作程序来考虑偏航增稳系统(SAS)的正常运行。§25.147(f)所规定的全发工作时的横滚响应对于起飞、进近、着陆和高速形态,都应是满意的。应该对可能影响横滚响应的任何允许形态予以评定。

b. 程序

下列试验程序为演示验证对§25.147的符合性提出了一种可接受的方法。

(1) 航向操纵——总则,§25.147(a)

(a)形态:

<u>1</u> 最大着陆重量。

<u>2</u> 最靠后的重心位置。

<u>3</u> 机翼襟翼放下到进近位置。

<u>4</u> 起落架收上。

<u>5</u> 接通或断开偏航 SAS,视适用情况而定。

<u>6</u> 工作发动机处于以 $1.3V_{SR}$ 平飞时所需功率或推力,但不大于最大连续功率或推力。

<u>7</u> 对操纵性最为临界的不工作发动机,如带螺旋桨(对于螺旋桨飞机),应顺桨。

(b) 试验程序。必须按 §25.21(c) 的要求,在最临界高度上平飞时使飞机配平。朝向不工作发动机一侧和相反一侧作直至 15°的航向变更(但不使用不大于 150lbf 的方向舵脚蹬力),使用横滚操纵器件使机翼保持近似水平飞行。在此机动过程中,飞机应是可操纵的且无任何危险的特性。对于配备方向舵助力操纵系统的飞机,如果助力操纵系统有可能不工作,应在无方向舵助力操纵时进行评估。

(2)航向操纵——4 台或更多发动机,§25.147(b)

(a) 形态:

<u>1</u> 最大着陆重量。

<u>2</u> 最靠前的重心位置。

<u>3</u> 机翼襟翼在最有利爬升位置(一般为收起状态)。

<u>4</u> 起落架收上。

<u>5</u> 接通或断开偏航 SAS,视适用情况而选定。

<u>6</u> 工作发动机处于以 $1.3V_{SR}$ 平飞时所需的功率或推力,但不大于最大连续功率或推力。

<u>7</u> 对操纵性最为临界的两台不工作发动机,螺旋桨(如果适用)应顺桨。

(b) 试验程序。本 AC 中 22b(1)(b) 所给出的程序可适用本试验。

(3)横向操纵——总则,§25.147(c)

(a) 形态:

<u>1</u> 最大起飞重量。

<u>2</u> 最靠后的重心位置。

<u>3</u> 机翼襟翼在最有利爬升位置。

<u>4</u> 起落架收上和放下。

<u>5</u> 接通或断开偏航 SAS,视适用情况而选定。

<u>6</u> 工作发动机处于最大连续功率或推力。

<u>7</u> 对操纵性最为临界的不工作发动机,如带螺旋桨(对于螺旋桨飞机),应顺桨。

(b) 试验程序:飞机在 $1.3V_{SR1}$ 配平,必须演示验证从以 $1.3V_{SR1}$ 稳定爬升中向不工作发动机一侧和相反一侧作 20°坡度角的转弯。不应要求超常的驾驶技能来完成平稳和可预计的转弯。

(4)横向操纵——横滚能力,§25.147(d)

(a) 形态:

<u>1</u> 最大起飞重量。

<u>2</u> 最靠后的重心位置。

<u>3</u> 机翼襟翼在最临界起飞位置。

<u>4</u> 起落架收上。

<u>5</u> 接通或断开偏航 SAS,视适用情况而选定。

<u>6</u> 工作发动机处于最大连续功率或推力。

<u>7</u> 对操纵性最为临界的不工作发动机,如带螺旋桨(对于螺旋桨飞机),应顺桨。

(b) 试验程序:飞机配平,或尽可能接近配平,以 V_2 速度做水平直线飞行,建立稳定的 30°坡度角转弯。演示验证飞机能在不大于 11 s 时间内滚转至另一方向的 30°坡度角。方向舵可用至使侧滑最小所必需的程度。按最不利的方向演示验证该机动。该机动可不受抑制,也就是,驾驶员不必施加控制输入来制止滚转,直至达到 30°坡度角之后。应注意防止在改出过程中出现过度侧滑和过大的坡度角。

(5) 横向操纵——4 发和 4 发以上,§ 25.147(e)

(a) 形态:

<u>1</u> 最大起飞重量。

<u>2</u> 最靠后的重心位置。

<u>3</u> 机翼襟翼在最不利的爬升位置。

<u>4</u> 起落架收上和放下。

<u>5</u> 接通或断开 SAS,视适用情况而选定。

<u>6</u> 工作发动机处于最大连续功率或推力。

<u>7</u> 对操纵性最为临界的不工作发动机,如带螺旋桨(对于螺旋桨飞机),应顺桨。

(b) 试验程序:本 AC 中 22b(3)(b)所给出的程序可适用本试验。

(6) 横向操纵——全发工作,§ 25.147(f)

(a) 形态:正常运行飞行包线范围内的所有形态。

(b) 试验程序:主要是应在整个试验大纲中进行的定性评定。应在整个飞行包线内(包括直至 V_{FC}/M_{FC} 的速度),调查研究横滚特性,以确保在所考虑的飞行条件下,具有安全所需的足够的横滚率峰值,而无需过大的操纵力或操纵行程。在出现服役中预期的侧滑过程中,横滚响应应提供足以从这些状态中改出的机动能力。应仔细评定进近和着陆形态,以确保足够的横向操纵来补偿很接近地面时遇到的突风和尾涡扰动。

23. 最小操纵速度——§ 25.149

a. 说明

(1) 总则

§ 25.149 规定了有关起飞爬升(V_{MC})、起飞滑跑(V_{MCG})以及进近和着陆(V_{MCL} 和 V_{MCL-2})过程中的最小操纵速度要求。§ 25.149(a),(b),(c)和(d)规定了有关 V_{MC}(通常称为 V_{MCA})的要求;§ 25.149(e)规定了有关 V_{MCG} 的要求;§ 25.149(f), (g)和(h)涉及 V_{MCL} 和 V_{MCL-2} 的要求。§25.149(a)阐明,"用于模拟临界发动机失效的方法,必须代表与服役中预期的操纵性相关的最临界的动力装置失效模式"。这就是说,不工作发动机的推力下降速率必须与服役中如果发动机突然不工作时出现的相一致。在针对 §25.149 条的 25-42 号修正案发布之前,条款曾规定方向舵操纵力不得超过 180lbf。采用 25-42 号修正案之后,将方向舵操纵力限制为150lbf。在本 AC 中第 10 条"起飞和起飞速度"和第 11 条"加速-刹止距离"中,讨论了 V_{BF}, V_1 和 V_{MCG} 之间的关系。

（2）V_{MCA} 涉及的安全性问题。

在单发不工作状态下飞行时,必须利用方向舵偏度和侧滑所产生的气动力来补偿不对称的偏航力矩。速度减小时,侧滑会以非线性关系方式增大。规定 V_{MCA} 要求的目的在于,保证飞机能在低至 V_{MCA} 的任何速度下,以最大不对称功率或推力保持安全操纵。

（3）重量对于 V_{MCA} 的影响。

为保持 §25.149(b)所要求的单发不工作下的直线飞行,必须用重量的横向分量(即 $W \cdot \sin$(坡度角))来平衡由侧滑和方向舵偏度所产生的横向气动力。因此,保持直线飞行所必需的坡度角就近似地与重量成反比。由于 §25.149(b)容许以不超过 5°的坡度角来确定 V_{MCA},这样就导致重量对于 V_{MCA} 的影响。重量越重,V_{MCA} 就越低,而演示验证的侧滑就越大。作为示例,对于一架较重的飞机,若以较轻重量下确定的 V_{MCA} 飞行时,会产生同样的侧滑,但坡度角较小(如果飞机重量增加 25%,则就是 4°而不是 5°)。

b. 程序

（1）总则

(a) 在开始最小操纵速度试验之前,申请人应证实哪台发动机失效将会引起最大不对称偏航力矩(即"临界"发动机)。通常的做法是,将飞机一台外侧发动机设定为最大功率或推力,而将相对一侧的外侧发动机设定为慢车推力,在机翼水平姿态下减速,直至需要方向舵全偏度。通过从左到右,交替进行施加发动机功率或推力或者断开发动机功率或推力,可将临界发动机定义为需要用最大的最小速度和方向舵全偏度来维持恒定航向的那台慢车发动机。

(b) 对于螺旋桨飞机,应通过使临界发动机不工作并使螺旋桨达到其自动就位的位置来确定 V_{MCA},V_{MCG} 和 V_{MCL}(以及 V_{MCL-2},按适用而定)。但是,对于某些发动机和(或)螺旋桨安装,由于某一失效模式的结果导致部分功率状态而不能启用螺旋桨自动减阻系统(例如自动顺桨系统),则可能产生更临界的阻力状态。举例而言,涡轮螺旋桨安装出现燃油控制装置失效,导致发动机进入飞行慢车状态,引起的不对称偏航阻力将大于单发不工作所产生的结果。在这种情况下,按 §25.149(a)的要求,必须以最临界失效模式进行最小操纵速度试验。对于 V_{MCA} 以螺旋桨减阻系统工作为基础的螺旋桨飞机,也应按临界发动机处于慢车状态来定义 V_{MCA},以解决借助临界发动机减速到慢车来模拟发动机失效的训练问题。如果慢车时的 V_{MCA} 比发动机失效而减阻系统工作时的 V_{MCA} 大 1 kn,应将发动机慢车时的 V_{MCA} 纳入 AFM 中正常程序这一节内作为提示信息,以便与前面提及的训练情况保持同样的安全性水平。

(c) V_{MCA},V_{MCG} 和 V_{MCL}(以及 V_{MCL-2},按适用而定)的 AFM 值应基于生产型发动机可合理预期的最大净功率或推力。这些速度不应以发动机规范所给出的功率或推力为基础,这是因为这一推力值代表发动机制造商担保的最小功率或推力,由此形成的最小操纵速度并不代表在使用中能达到的值。用于制定程序规定 AFM 最小操纵速度的最大功率或推力,应代表公差带的上限,但是可用分析代替试验来确定。

(d) 在确定 V_{MCA},V_{MCL} 和 V_{MCL-2} 时,应考虑经批准的最大横向燃油不平衡量对横向操纵有效性的不利影响。如果试验或分析表明可用的横向操纵是某个特定 V_{MC} 的决定性因素,则应予以特别关注。

(e) 对经批准设计的更改,必须按 §21.20 的规定评估任何气动力或推进系统的更改对于符合 §25.149 要求的影响。例如:涉及增大发动机推力的更改,必须专门评定较大推力对于最小操纵速度的影响,如果确认这些影响不可忽略,则必须计及此类影响。

(2)最小操纵速度——空中(V_{MCA})

(a) 在表明对于 V_{MCA} 要求的符合性时,应当满足下列两种状态(一般为了表明符合这两种状态,通常分别进行试验):

<u>1</u> 稳态(静态),以不超过 5°的坡度角保持恒定航向。

<u>2</u> 动态,可保持操纵而不会引起超过 20°的航向改变。

(b) 静态试验程序和所要求的数据。

<u>1</u> 如要确定 V_{MCA},使用 §25.149 中所规定的形态,除了通常在最小重量下确定 V_{MCA} 以使失速速度减至最小之外,还因为如果使用 5°坡度倾斜角,静态 V_{MCA} 随重量增加而减小。§25.149(c)关于 V_{MCA} 不超过 $1.13V_{SR}$ 的要求是以海平面最大起飞重量下的 V_{SR} 为基础。在临界发动机不工作的同时,将另一侧相应的发动机调节为最大起飞功率或推力,减小空速,直至使用全偏转方向舵刚刚可维持航向并且向工作发动机一侧倾斜的坡度倾斜角不超过 5°。对于双发以上的飞机,可将内侧发动机设定在协助形成所需不对称功率或推力水平或达到所需飞行航迹角(通常为水平飞行)而必需的任何功率或推力。

<u>2</u> 如果在试验日 V_{MCA} 的速度下可维持 AFM 使用限制一节所允许的最大不对称功率或推力,并且方向舵脚蹬力不超过 §25.149(d)规定的限制值,可将所得速度用作该飞机的单一 V_{MCA} 值。如果根据申请人的选择,V_{MCA} 的 AFM 值随压力高度和温度而变化,应将试验日的最小操纵速度及相应的功率或推力用于计算等效的偏航力矩系数(C_N)。然后可用此 C_N 值来计算作为起飞功率或推力函数的 V_{MCA},这样便可将 V_{MCA} 作为压力高度和温度的函数而制成程序规定表,以扩展起飞数据,并将其

呈现在 AFM 中(有关 V_{MCA} 修正的进一步讨论,参见附录 6)。

<u>3</u> 如果在飞行试验条件下不能形成最大允许起飞功率或推力,但已达到方向舵最大偏度,则可使用以 V_{MCA} 试验值得到的 C_N 来计算与海平面标准大气最大不对称功率或推力相对应的 V_{MCA} 值。应将使用此常数 C_N 方法的外推值限于试验日不对称功率或推力的 5%,并只有在试验日 V_{MCA} 下的方向舵脚蹬力不大于 § 25.149(d) 所规定限制值的 95% 时,才允许外推。对于超过 5% 功率或推力的外推,应使用所有适用的稳定性和操纵性条件,进行更严格的分析(有关 V_{MCA} 修正的进一步讨论,参见附录 6)。

<u>4</u> 如果因为失速抖振或过大的方向舵脚蹬力而不能达到 V_{MCA} 时,则应当进行参数调查研究,以确定 V_{MCA} 是否受到失速速度、最大方向舵偏度,或最大容许方向舵脚蹬力的限制(见附录 7)。

(c) 动态试验程序和所要求的数据。

<u>1</u> 完成静态 V_{MCA} 试验之后,应在一系列的减小空速下评定动态发动机不工作,以表明在低于静态 V_{MCA} 值的任何速度下的发动机突然失效,满足 § 25.149 条的要求。向所有外侧发动机施加经批准的最大功率或推力,在试验空速下保持稳定,然后切断临界发动机的供油,由此进行动态 V_{MCA} 试验。驾驶员必须能够在下列条件下以不超过 5° 的坡度角改出到直线飞行情况(定常航向):

(aa) 相对初始航向的偏离不超过 20°。

(bb) 在保持试验空速的同时,不减小工作发动机的功率或推力。

(cc) 不超过 § 25.149(d) 规定的方向舵脚蹬力限制。

<u>2</u> 按照 § 25.149(d),飞机不得呈现任何危险姿态,也不得要求特殊的驾驶技能、机敏或体力。试验期间所达到的最大坡度倾斜角也许超过 5° 坡度倾斜角,只要飞机特性符合这一定性要求。如果动态试验得到的 V_{MCA} 大于静态值,应将在同一高度上的静态 V_{MCA} 与动态 V_{MCA} 之间的增量,添加到海平面外插值。如果动态试验得到的 V_{MCA} 小于静态值,应将静态的 V_{MCA} 用于 AFM 数据扩展。

<u>3</u> 如果在最小可行的试验重量下静态 V_{MCA} 接近失速速度,或者如果推重比(T/W)导致超过 20° 的配平俯仰姿态,试图利用使发动机突然不工作的方法来准确确定一个 V_{MCA} 定量值是不可行的,因为需要快速低头机动的动态特性以及存在进入尾旋的潜在危险。此外,极度抬头姿态之后紧跟发动机不工作,也并非发动机起飞运行失效的典型。鉴于 § 25.107(e)(1)(ii) 要求 V_R 不得小于 $1.05V_{MCA}$,并且在离地之前还会有一些其他的速度增量,运输类飞机的腾空速度通常都不小于大约 $1.08V_{MCA}$。因此,对于这类具有高 T/W,或失速速度几近 V_{MCA} 的飞机,不再使用动态方法来确定 V_{MCA},较为合适的是,仅对可接受的操纵性,并以更具代表性的速度,评定动态发动机不工作。对于这些飞机,应当在 $1.08V_{SR}$ 或 $1.1V_{MCA}$(静态)的空速(取两者中之大值)下进行动态发动机不工作评定。在进入和改出该项机动期间,必须满足 § 25.149(d) 的所有要求。

<u>4</u> 对于 V_{MCA} 受方向舵偏度限制的飞机,若安装了加大功率或推力的发动机而没有改变飞机机体几何外形或尺寸,如果增大的功率或推力并未超先前演示验证动态 V_{MCA} 时曾用功率或推力的 10%,则可能不必要进行动态 V_{MCA} 飞行试验(见本 AC 附录6)。

(3) 最小操纵速度——地面(V_{MCG})—— § 25. 149(e)

(a) 必须演示验证,在起飞地面滑跑期间,当临界发动机在 V_{MCG} 速度下突然不工作时,如果继续起飞,飞机是安全可操纵的。在演示验证过程中,飞机相对发动机不工作前的地面投影轨迹的偏离不得超过 30 ft(在 25 - 42 号修正案之前为 25 ft)。应使用类似于 23b(l)所述的方法,在起飞地面滑跑过程中确定用于地面最小操纵速度试验的临界发动机。如果方向舵左、右偏度存在明显差异,由于在起飞滑跑时迎角接近于零,不对称螺旋桨桨盘载荷减小,可导致临界发动机在飞机上处于空中最小操纵速度试验所定位置的相对一侧。

(b) 可对临界发动机突然收油门减速至慢车进行验证试验,以确定飞机的不对称操纵特性,并提供进行 V_{MCG} 估算的需用数据。由于临界发动机收油门至慢车的发动机减速特性所致,该速度一般不能代表采用切断燃油方法而获得的 V_{MCG} 速度。因此,应使用断油方法来进行对 V_{MCG} 的合格审定试验。从足够高于 V_{MCG} 估算值的某个速度开始,采用寻求合格审定的最大起飞功率或推力水平,以不断减小的校准空速,进行若干次切断燃油,确定一个可使横向偏移小于或等于 30 ft 的最小空速。按零侧风条件确定 V_{MCG}。但是,在轻微侧风试验条件下确定的 V_{MCG} 值应相应于不利侧风条件,或按申请人选择,可以用反航向滑跑修正到零侧风值。

(c) 在确定 V_{MCG} 的过程中,应按如下判据,识别发动机的失效:

<u>1</u> 驾驶员感觉到飞机的航向跟踪特性有明显改变;或

<u>2</u> 驾驶员依据飞机外部景物看到飞机有航向偏离。

(d) 应仅使用方向舵完成飞机的航向操纵。所有其他操纵面,诸如副翼和扰流板,应仅用于修正飞机姿态方面的任何改变和维持机翼水平的状态。不应使用驾驶员对操纵器件的输入来补充方向舵的效率。还应注意在方向舵大偏度期间不得意外地施加刹车压力,因为这将导致试验数据无效。

(e) 应在 V_{MCG} 可能影响 AFM V_1 速度的范围内,以最临界重量,进行 V_{MCG} 试验。

(f) 应以后重心进行 V_{MCG} 试验,允许前轮自由摆转,以尽量减小前起落架的稳定作用。若前轮不能自由摆转,则可施加足够的升降舵抬前轮力,抬起前轮脱离跑道,进行试验。

(g) 不应在过大拱度(即交叉跑道坡度)的跑道上进行 V_{MCG} 试验,除非已确认此类拱度的影响是偏保守的。

(h) 对于在 25 - 42 号修正案颁发之前已确定合格审定基础的那些飞机,可针对湿跑道遣派,采用方向舵脚蹬进行前轮转向来演示验证 V_{MCG} 值。该试验应在实际的平整湿跑道(即无沟槽或 PFC 道面)上进行。试验应包括飞机在等于或接近于最

小 V_{EF} 时发生与最小 V_R 相关的发动机失效,以演示验证在抬前轮、离地和初始急剧爬升过程中的充分可操纵性。用这种方法获得的 V_{MCG} 值仅适用于湿跑道和干跑道,而不适用于结冰跑道。

(4) 进近和着陆期间的最小操纵速度(V_{MCL})——§ 25.149(f)

(a) 此条款旨在确保在全发工作进近和着陆期间一台发动机失效之后飞机是安全可操纵的。从操纵性的角度来看,最临界情况构成通常是飞机业已增大发动机功率或推力,从全发工作进近转为执行复飞,在此后出现一台发动机失效。§ 25.149(f)规定需确定的最小操纵速度,即允许驾驶员在此速度下以一般技能和体力在临界发动机不工作之后保持对飞机的操纵,并能以小于 5° 的坡度角使飞机维持直线飞行。§ 25.149(h)款规定,在 V_{MCL} 速度下有足够的横向操纵能力可供使用,从稳定直线飞行状态开始,在不大于 5s 的时间内,沿着启动一个转弯使不工作发动机一侧脱离下沉而必需的方向,使飞机横滚 20°。

(b) 使用最临界的全发工作进近和着陆形态,或根据申请人的选择,在每一全发工作进近和着陆形态下进行该项试验。23b(2)(b)和(c)针对 V_{MCA} 给出的程序,可用于确定 V_{MCL},所不同的是,襟翼和配平设定值应适合于进近和着陆形态,工作发动机的功率或推力应设定为复飞功率或推力设定值,并且必须演示验证对 § 25.149(f)和(h)中所有关于 V_{MCL} 要求的符合性。

(c) 按 § 25.149(f)(5)关于螺旋桨飞机的要求,假定发动机处于维持 3° 进近航迹角所必需的功率或推力时出现失效,发动机失效后其螺旋桨必须处于无需驾驶员操作自己便可达到的位置。

(d) 根据申请人的选择,可按照适用于进近开始之前已单发失效的进近和着陆的状态,确定单发不工作着陆的最小操纵速度 $V_{MCL(1out)}$。在此情况下,仅需考虑所推荐的在单发不工作的进近和着陆过程中使用的那些形态。如果适用,可使不工作发动机的螺旋桨自始至终顺桨。可将得到的 $V_{MCL(1out)}$ 值用于确定为单发不工作进近和着陆而推荐的程序和速度。

(5) 进近和着陆期间双发不工作的最小操纵速度 V_{MCL-2} —— § 25.149(g)

(a) 对于具有 3 发或 3 发以上的飞机,如果在以单发不工作状态开始进近期间出现第二台临界发动机失效,V_{MCL-2} 是在此后很可能引起的功率或推力变化过程中维持安全操纵的最小速度。

(b) 按 § 25.149(g)(5)关于螺旋桨飞机的要求,在进近开始时不工作发动机的螺旋桨可处于顺桨位置。更临界发动机的螺旋桨必须处于发动机失效后其自动达到的位置。

(c) 使用经批准的最临界的单发不工作进近或着陆形态(通常为最小襟翼偏度),或根据申请人的选择,使用每一经批准的单发不工作进近和着陆形态,进行该项试验。应进行如下的演示验证,以确定 V_{MCL-2}:

1 一台临界发动机不工作时,将工作发动机的功率或推力设定为维持 −3° 下滑道所需的设定值,再使第二台临界发动机不工作,并将其余工作发动机功率增大到复飞功率或推力设定值。使用23b(2)(b)和(c)所阐明的用于 V_{MCA} 的程序来确定 V_{MCL-2} 速度,所不同的是,襟翼和配平设定应适合于进近和着陆形态,应将工作发动机功率或推力设定为复飞功率或推力设定值,并且必须演示验证对 §25.149(g)和(h)中所有 V_{MCL-2} 要求的符合性。

　　2　一台临界发动机不工作时,将工作发动机的功率或推力设定为维持 $-3°$ 下滑道所需的设定值:

　　(aa)将空速设定为上面步骤 1[①] 所确定的值,坡度角为零,维持恒定航向,使用配平将操纵力减到零。如果全配平尚不足以使操纵力减小到零,则应使用全配平,再按需要加上操纵面偏度;

　　(bb)使第二台临界发动机不工作,并使其余工作发动机收油门,将可用功率或推力减到最小而不改变航向配平。如果能保持恒定航向而不超过 $5°$ 坡度角和 §25.149(h)规定的限制条件,按步骤 1[①] 确定的 V_{MCL-2} 是可接受的。

　　3　从稳定直线飞行状态开始,演示验证在 V_{MCL-2} 速度下足够的横向操纵能力可供使用,在不大于 5 s 的时间内,沿着启动一个转弯使不工作发动机一侧脱离下沉而必需的方向,使飞机横滚 $20°$。可从一侧压坡度通过机翼水平姿态横滚到另一侧,完成该机动飞行。

　　(d)根据申请人的选择,可按照适合于进近开始之前已两发已失效的进近和着陆状态,确定两发不工作着陆的最小操纵速度 $V_{MCL(2out)}$。在此情况下,仅需考虑在两发不工作的进近和着陆过程中推荐使用的那些形态。如果适用,可使不工作发动机的螺旋桨自始至终顺桨。在确定推荐用于两发不工作的进近和着陆程序和速度时,可将得到的 V_{MCL-2} 或 $V_{MCL-2(2out)}$ 值用作指南。

　　(6) 自动顺桨的影响

　　凡安装了自动顺桨装置或其他阻力限制系统,并将在进近功率设定值下工作,在确定发动机失效后螺旋桨所达到的位置时,可以假定此装置或系统工作。如果自动顺桨不可供使用,则应考虑发动机和螺旋桨操纵器件后续移动的影响,包括将失效发动机油门收到底,同时使工作的发动机保持复飞功率设定值。

第 4 节　配　　平

24. 配平——§25.161

a. 说明

应具有充分的配平能力,以在任何可估计的时间内稳定地保持任何可合理预期

---

① 原文误为(1)。——译注

的飞行状态。

b. 程序

（1）配平要求规定了飞机必须能够保持配平的速度范围和形态。

（2）应当考虑所有重量，自最小空中重量至最大起飞重量。对于无助力操纵的飞机，最小重量可能会更加临界，因为这导致最低空速。

第 5 节　稳　定　性

25. 总则——§25.171［备用］

26. 纵向静稳定性和纵向静稳定性的演示验证——§25.173 和§25.175

a. 说明

（1）§25.173——纵向静稳定性。

（a）通过演示验证§25.175 规定条件下的纵向静稳定性来确定对§25.173 总则要求的符合性。

（b）要求在于，用拉杆力来获得并维持低于配平速度的速度，用推杆力来获得和维持大于配平速度的速度。在可获得的任何速度下都不可能有反逆杆力，但低于定常不失速飞行的最小速度，或大于起落架或襟翼使用限制速度或 V_{FC}/M_{FC}（按试验形态，取适用者）的情况则除外。§25.175 规定了所要求的配平速度。

（c）从规定试验速度范围内的任一速度上缓慢释放操纵力时，对于§25.175 所规定的爬升、进近和着陆状态，空速必须回复到初始配平速度，允差在 10% 以内，对于§25.175 规定的巡航状态，空速必须回复到配平速度，允差在 7.5% 以内自由回复。

（d）对于每一种试验形态，在§25.175 规定的相应速度范围内，杆力-速度曲线的平均斜率不小于 1 lbf/6 kn。因此，画出每一条曲线后，从曲线与所要求的最大速度之交点起到配平点作一条直线。然后从曲线与所要求的最小速度之交点起到配平点作一条直线。这些直线的斜率必须至少为 1 lbf/6 kn。在此范围内，曲线的局部斜率必须保持稳定。

（2）§25.175 纵向静稳定性演示验证，具体定义了在演示验证对纵向静稳定性要求的符合性时将要使用的飞行状态、飞机形态、配平速度、试验速度范围和功率或推力设定值。

b. 程序

（1）稳定化方法

（a）为了演示验证纵向静稳定性，飞机应在条例的规定条件下在平稳空气中配平,后重心装载通常最为临界。在配平速度下稳定之后,轻轻施加拉杆力并使飞机以更低的速度稳定飞行。以一定增量间隔继续上述过程,直至达到定常不失速飞行的最小飞行速度,或与形态相应的最低速度,而速度增量大小则取决于需调查研究的速度分布范围。在每一组试验点上,应从配平速度起使用连续的拉杆力,以消除滞后效应。在所要求的速度范围的结束端,应逐渐释放驾驶杆力,以使飞机缓慢回复到配平速度和零杆力。依据操纵系统中摩擦力的大小,飞机稳定后的最终速度通常小于初始配平速度。这一新速度被称为自由回复速度,其必须满足§25.173的要求。

(b) 再从配平速度开始,飞机处于配平状态下,应按以上(a)所述的相同方式,逐渐施加推杆力再逐渐释放。

(c) 在实践中上述方法会产生若干问题。改变空速的一种影响是引起飞行高度变化,从而相应地改变 M 数以及发动机功率或推力输出。因此,对于整个机动过程,应采用一个限于 $\pm 3\,000\,\text{ft}$ 的合理小高度带。如果超出此高度带,则按需要改变发动机功率或推力设定值以及襟翼和起落架位置但不必改变配平设定值,使飞机回到初始配平高度。然后,在初始飞机形态下继续进行推杆或拉杆机动。每个方向上所进行的试验都要稍微超过所要求的速度限制值,确保所得到的数据至少能覆盖所要求的速度范围。在试验中还应注意,在每个数据点使力保持不变的同时,空速和瞬时垂直速度以某种周期性方式变化。这是由于长周期(起伏)振荡的缘故。在定义和评定各数据点时要小心,因为这一长周期振荡可能带来偏差。对每一个数据点的这些振荡速度取平均值,是消除这种影响的可接受方法。极平稳的大气改善了试验数据的质量。在某些飞机上,遇到的另一个问题是机翼燃油在油舱内和油舱之间的移动。随着俯仰角的变化,舱内燃油迅速移动。因此,应考虑在产生最大燃油移动的载油量下进行试验,这是因为燃油移动通常使飞机趋于不稳定。燃油在各油舱间较缓慢移动或从某个后部油箱消耗燃油,都可能影响所测得的稳定性,但是通常仅与获取数据点所要求的时间有关。在评定杆力与速度关系曲线的斜率之前,应从数据中消除这一试验所诱导的不稳定性。

(2) 加速-减速方法

(a) 在所希望的速度下配平,并注意功率或推力设定值。不改变俯仰配平,增加功率或推力,使飞机加速到所想要数据带的极端速度。按需要使用升降舵操纵,以保持大致恒定的高度。然后,不改变俯仰配平,快速地将功率或推力重新设定为初始功率或推力设定值,使飞机在某一恒定高度上减速,回到初始配平速度。在采用与初始配平数据点相同的功率和俯仰配平位置使飞机减速到配平速度期间,获取纵向静稳定性数据。

(b) 通过减功率或推力使飞机减速至数据带的最低速度,以类似方式获取低于配平速度的数据。按需要使用方向舵操纵,不改变俯仰配平,保持大致恒定高度。然后,不改变俯仰配平,快速将功率设定到初始功率设定值,记录在平飞加速回到初

始速度期间的数据。如果由于推力/阻力的关系,飞机难以回到配平状态,还可使用
±2000 ft 范围内的小的高度变化,引导飞机回到配平速度。如果可能,最好是水平
飞行。大约按每 10 kn 的速度变化量,获取一次速度数据和升降舵杆力数据。

(3) 应将所获得的纵向操纵力试验点绘成与空速的关系曲线,以表明在所试验
的整个空速范围内,纵向静稳定性具有正的稳定梯度,并且杆力与空速关系曲线没
有"局部"反逆杆力。在图上还应表明初始配平点和两个返回配平的点,以便评定返
回配平的特性(见图 26 - 1)。

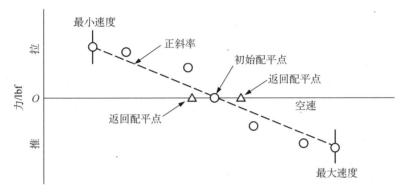

图 26 - 1　纵向静稳定性

(4) 图 26 - 2 给出了"局部反逆"的示例,曲线 A 和 C 表示在所要求的速度范围
内的局部梯度反逆。即使有理由能证明"平均梯度"满足 1 lbf/6 kn 的准则,这样的
梯度反逆将使得这些特性变为不可接受。曲线 B 表示一种梯度反逆情况,但只是超
出所要求的速度范围。此外,曲线 B 演示验证了一种情况:即使其满足平均梯度要
求,而局部梯度并未始终满足所要求的 1 lbf/6 kn 准则。

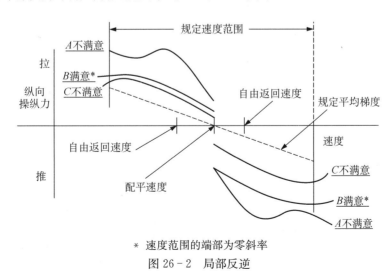

＊ 速度范围的端部为零斜率
图 26 - 2　局部反逆

27. 航向和横向静稳定性——§25.177

a. 说明

(1) 航向静稳定性

将正的航向静稳定性定义为方向舵松浮[1]时飞机改出侧滑的趋势。在 25-72 号修正案之前，§25.177(a)要求，对于任一起落架和襟翼位置以及对称功率或推力状态，在自 $1.13V_{SR1}$ 至 V_{FE}，V_{LE} 或 V_{FC}/M_{FC} 的速度（视飞机形态而选定）下，对正的航向静稳定性进行单独演示验证。

(2) 横向静稳定性

将正的横向静稳定性定义为副翼操纵器件松浮时从侧滑中抬起下沉一侧机翼的趋势。在 25-72 号修正案之前，§25.177(b)要求，单独演示验证横向静稳定性，以表明对于任一起落架和襟翼位置以及对称功率或推力状态下，在自 $1.13V_{SR1}$ 至 V_{FE}，V_{LE} 或 V_{MO}/M_{MO} 速度（视飞机形态而选定）下，横向静稳定性不为负值。在自 V_{MO}/M_{MO} 至 V_{FC}/M_{FC} 的速度下，§25.177(b)允许负值横向静稳定性，只要发散是：

(a) 逐步的；

(b) 驾驶员易于识别的；

(c) 驾驶员易于控制的。

(3) 定常直线侧滑

(a) §25.177(c)要求，在相应于飞机运行的整个侧滑角范围的定常直线侧滑飞行中，副翼和方向舵的操纵行程和操纵力应与侧滑角成正比。此外，此比例系数必须处在确认属于安全运行所必需的限制值之间。§25.177(c)还规定，所评定的侧滑角范围必须包括下列情况所引起的那些侧滑角中的较小者：①1/2 可用方向舵操纵输入[2]；②180lbf 方向舵脚蹬力。这意味着，若使用一半可用方向舵操纵输入所引起的力小于 180lbf，则必须以使用一半可用方向舵输入为基础来确定符合性；如果施加 180lbf 方向舵脚蹬力导致使用不足一半的可用方向舵操纵输入，则必须以施加 180lbf 方向舵脚蹬力为基础来确定符合性。对照 §25.177(a)，§25.177(c)要求，必须针对起落架和襟翼处于任何位置和对称功率或推力状态，在自 $1.13V_{SR1}$ 至 V_{FE}，V_{LE} 或 V_{FC}/M_{FC} 的速度（按适用而选定）下，满足这些定常直线侧滑准则。

(b) 经验表明，下列方程给出一种可接受方法，用于确定运输类飞机运行的相应侧滑角：

$$\beta = \arcsin(30/V)$$

式中：β——侧滑角，

---

[1] 松浮是驾驶员不对舵面操纵器件施加任何操纵力，允许相应的舵面在大气中自由浮动的一种操作方式。——译注

[2] 此条件为 FAR25 部 135 号修正案所规定的，原文是"one-half of the available rudder control input"。——译注

V——空速(KTAS)。

可以看出,随着空速增大,侧滑角相应减小,这一方程提供侧滑角与空速的函数关系。该方程基于 30kn 侧风下的理论侧滑值,但已表明偏保守地代表(即超过)在各种运输类飞机的最大侧风起飞和着陆以及最小静态和动态操纵速度试验中所达到的侧滑角。经验还表明,对于大多数运输类飞机,15°的最大侧滑角通常是适当的,即使上述方程也许给出更大的侧滑角也是如此。但是,对于具有进近速度较低或高侧风能力的飞机,将最大侧滑角限制在 15°也许并不适当。

(c) 如果经验证,较低的侧滑角值偏保守地覆盖了所有的侧风条件、发动机失效的情景以及在经批准使用包线内可能遇到侧滑的其他情况,则可以使用小于 27a(3)(b)提供的侧滑角。反之,凡试验证据表明较大侧滑角值将适合于运行的那些飞机,则应使用某个较大侧滑角值。

(d) 对于超出与下列结果中之较小者有关的侧滑角要求:①1/2 可用方向舵操纵输入;②180lbf 方向舵脚蹬力,就表明符合性而言,对于某些超出相应于方向舵可用全偏度行程的方向舵操纵输入,不需要予以考虑。

(4) 方向舵全偏度侧滑

(a) 对大于飞机正常运行适用的那些侧滑角,直至使用全方向舵操纵输入或施加 180lbf 方向舵脚蹬力所得到的侧滑角,§25.177(d)要求,方向舵脚蹬力不得反逆,如要增大侧滑角,必须增加方向舵偏度。这一大于正常侧滑角试验的目标是为了表明,在方向舵全偏度操纵输入或在最大预期驾驶员作用力下:①方向舵脚蹬力无反逆,②如要增大侧滑角,必须增加方向舵偏度,因此就演示验证了无方向舵锁死和垂尾失速,以及对于涉及大方向舵输入的机动,具有足够的航向稳定性。

(b) 应通过使用定常直线侧滑来表明对于这一要求的符合性。但是,如果在达到全方向舵操纵行程或 180lbf 方向舵脚蹬力之前,已达到全横向操纵输入时,则可以以非定常航向(即横滚和偏航)机动继续进行该项侧滑。应注意,防止在此类侧滑中可能发生的过大坡度角。

(c) §25.177(d)规定,必须在适合于全发工作时每一起落架和襟翼位置的使用速度和功率状态范围内,在所有经批准的起落架和襟翼位置上,满足 27a(4)(a)所列准则。适合于全发工作时每一起落架和襟翼位置的使用速度范围和功率状态范围,应与下列规定一致:

1 对于起飞形态,速度自 V_{2+xx}(批准用于全发工作初始爬升的空速)至 V_{EF} 或 V_{LE}(按适用而选定),以及起飞功率/推力;

2 对于襟翼收上形态,速度自 $1.23V_{SR}$ 至 V_{LE} 或 V_{MO}/M_{MO}(按适用而选定),功率自慢车至最大连续功率/推力;

3 对于进近形态,速度自 $1.23V_{SR}$ 至 V_{FE} 或 V_{LE}(按适用而选定),功率自慢车至复飞功率/推力;

4 对于着陆形态,速度自 $V_{REF}-5kn$ 至 V_{FE} 或 V_{LE}(按适用而选定),而在速度自

V_{REF}至V_{EF}/V_{LE}时功率为慢车至复飞功率或推力,速度在$V_{REF}-5\,kn$时,则为慢车功率(以覆盖着陆改平)。

b. 程序

试验条件应包括27a(1)～27a(4)所述的每一襟翼和起落架形态,以及相应于每一种形态的高度。

(1) 航向和横向静稳定性的基本试验

（a）航向静稳定性

为了检查飞机在所希望的形态下以配平速度稳定飞行时的航向静稳定性,使飞机分别朝两个方向缓慢偏航,同时借助副翼操纵保持机翼水平。当方向舵松浮时,飞机应具有恢复直线飞行的趋势。

（b）横向静稳定性

为了检查飞机在某个具体形态和配平速度下的横向静稳定性,以配平速度进行定常直线侧滑,借助方向舵保持飞机航向,用横滚操纵器件使飞机保持坡度。当方向舵位置保持不变而松浮横滚操纵器件时,下沉一侧机翼应有恢复水平的趋势。起始坡度角应适合于飞机型号,但建议不应小于$10°$,或是用一半方向舵偏度维持定常直线侧滑所必需的坡度角(取其中先出现者)。在进行这种评定时,不允许驾驶员进行回中横滚操纵。此项试验的目的在于评定飞机的短周期响应,因此,不必考虑长周期效应,诸如燃油展向流动所引起的那些。

(2) 定常直线侧滑

应沿每一方向进行定常直线侧滑来表明,副翼和方向舵的操纵行程和操纵力充分稳定地正比于侧滑角,并且比例系数经确认处于安全运行所必需的限制范围内。应逐步增大侧滑角来进行这些试验,直至达到适合于飞机运行的侧滑角(见27a(3)(b))或与1/2方向舵可用操纵输入(或受180lbf方向舵脚蹬力限制)有关的侧滑角,取两者中之大值。

（a）确定方向舵和副翼的操纵力时,应当在每一点上都松握操纵器件,以找出保持操纵面偏度所需的最小力。如果存在过大摩擦力时,得到的低操纵力将表示飞机不具备可接受的稳定性特性。

（b）作为对27b(1)所述的单独进行每一项定性试验的替代,申请人可使用已有记录的表明副翼和方向舵的操纵力和位置与侧滑(左和右)关系的定量数据,直至为表明符合§25.177(c)要求而进行的恒定航行侧滑试验中的适用限制。如果操纵力和位置与侧滑的关系表示了一种正二面角效应和正航向稳定性,则业已成功地演示验证了对于§25.177(a)和(b)的符合性。

(3) 方向舵全偏度侧滑

（a）方向舵锁死是指方向舵气动过补偿并且无驾驶员其他输入而达到全偏度或当驾驶员解除输入后无回复中立的趋势的一种状态。其标志是当侧滑角增大时方向舵操纵力反逆。进行方向舵全偏度侧滑是为了确定在超出与方向舵全偏度操纵输入(或受 180lbf 方向舵脚蹬力限制时)有关的侧滑角时的方向舵操纵力和偏度,以调查研究潜在的方向舵锁死和航向稳定性不足的问题。

(b) 为了检查正航向稳定性和不存在方向舵锁死现象,要以不断增加的侧滑角实施恒定航向的侧滑飞行,直至获得方向舵全偏度操纵输入或 180 lbf 方向舵脚蹬力。如果在达到方向舵操纵限制或 180lbf 方向舵脚蹬力之前,已经达到全横向操纵时,则以非定常航向侧滑机动方式对方向舵限制条件继续试验。

(4) 操纵限制

实施 § 25.177 所要求的飞行试验时,不应当超过经批准用于飞机的操纵限制。

(5) 飞行试验的安全性问题

制订和实施方向舵全偏度侧滑的规则时,应当考虑与飞行试验安全相关的事项,包括:

(a) 意外的失速。

(b) 侧滑对失速保护系统的影响。

(c) 推杆器的作动,包括侧滑对迎角传感器叶片的影响。

(d) 严重抖振。

(e) 超过襟翼载荷或其他结构限制。

(f) 极端的坡度角。

(g) 推进系统的状态(如螺旋桨应力、燃油和滑油的供油,以及进气道稳定性)。

(h) 改出的最低高度。

(i) 超出副翼限制引起的横滚率。

(j) 位置误差及其对电子或助力飞行操纵系统的影响,尤其是使用飞机的生产型空速系统时。

(k) 方向舵载荷,特别是在方向舵动态输入时可能产生的载荷。

28. 动稳定性——§ 25.181

a. 说明

(1) 本条所规定的动稳定性试验应在 $1.13V_{SR}$ 至 V_{FE},V_{LE} 或 V_{FC}/M_{FC}(视适用情况而选定)的整个速度范围进行。

(2) 纵向动稳定性。

(a) 短周期振荡是驾驶员用俯仰操纵器件从飞机配平状态扰动飞机后看到的首次振荡(非长周期振荡(起伏运动))。应注意,用于激励飞机运动的操纵行程不得太突然。

(b) 重阻尼系指在完成操纵输入之后大约两个振荡周期内,振荡幅值衰减到初始幅值的 1/10。

(c) 在操纵器件松浮和操纵器件位置固定这两种情况下,短周期振荡都必须受到重阻尼。

（3）横向-航向动稳定性。对横向-航向动稳定性的评定,应包括在与飞机形态相适应的速度范围内出现的任何横向-航向组合振荡（"荷兰滚"）。在操纵器件松浮时,该振荡必须受到确实的阻尼,而且必须借助正常使用主操纵器件就可加以控制,而无需特殊的驾驶技能。

b. 程序

（1）纵向动稳定性

（a）按如下方式完成纵向动稳定性试验:以获得来自飞机的短周期俯仰响应所必需的速率和角度,按抬头和低头两个方向,使纵向操纵器件快速移动或脉动。

（b）应按每一形态在足够多的试验点上检查纵向动稳定性,以确保在所有使用速度下的符合性。

（2）横向-航向动稳定性

（a）以一种将会激起横向-航向响应（"荷兰滚"）的速率和幅值作为方向舵双重输入,完成横向-航向动稳定性的典型试验。该操纵输入的相位应与飞机的振荡响应一致。

（b）应在所有状态和形态下检查横向-航向动稳定性。如果是临界的,应特别注重不利的机翼燃油装载情况。

（3）装有增稳系统（SAS）的飞机

在飞机要有 SAS 才可表明符合§25.181（a）或（b）要求的情况下,SAS 必须满足§25.671 和§25.672 的要求。此外:

（a）如果飞机仅配备一套 SAS（即无备份的系统）,按照§25.672 的要求,必须在寻求合格审定的要有 SAS 工作的整个正常使用飞行包线内,并在允许 SAS 不工作时可继续安全飞行和着陆的缩小范围的实际使用飞行包线内,表明对§25.181（a）或（b）（按适用而选定）动稳定性要求的符合性。

（b）如果飞机配备多套 SAS,在确定主 SAS 和任一备份 SAS 是否应该同时工作以表明对§25.181（a）或（b）动稳定性要求的符合性时,应考虑 SAS 失效所产生的影响。如果主 SAS 和备份 SAS 是非相似的,有关主 SAS 失效之后对使用包线的限制,应考虑备份 SAS 的工作能力（即操纵权限）。但是,根据申请人的选择,仍可在上述第 28b（3）（a）所述 SAS 不工作时已缩小范围的飞行包线内,演示验证对§25.181（a）或（b）的符合性。

（c）不管 SAS 冗余如何,在经批准的飞机使用飞行包线内的任一点上出现系统失效或故障,飞机应是安全可操纵的。因此,应演示验证在从工作的 SAS 向任一备份 SAS 转换过程中,以及从正常使用包线内的任一点向§25.672（c）中规定的缩小范围的实际使用包线转换过程中（按适用而选定）,飞机仍然是可操纵的。应演示验证飞机的操纵性满足 FAA HQRM 所规定的下列等级（有关 FAA HQRM 的说明见本 AC 附录5）。

<u>1</u> 在 SAS 工作时的正常使用飞行包线内,飞机操纵品质应是 FAA HQRS 所

定义的"满意"(SAT)。

<u>2</u>　在正常使用包线内的 SAS 失效点,在为获得能符合下面<u>3</u>的速度和形态而需要的短暂过渡期的过程中,飞机操纵品质应是 FAA HQRS 所定义的"可操纵"(CON)。

<u>3</u>　在从主 SAS 向备份 SAS 转换或从正常使用包线向缩小范围的实际使用包线转换(按适用而选定)的过程中,飞机操纵品质应是 FAA HQRS 所定义的"适当"(ADQ)。

<u>4</u>　在允许继续安全飞行和着陆的缩小范围的实际使用飞行包线内,飞机操纵品质应是 FAA HQRS 所定义的"满意"(SAT)。

第 6 节　失　　速

29. 失速试验

a. 适用的联邦法典条例(CFR)如下:

§ 25.21(c)　　　　证明符合性的若干规定

§ 25.103　　　　　失速速度

§ 25.143　　　　　操纵性和机动性(总则)

§ 25.201　　　　　失速演示

§ 25.203　　　　　失速特性

§ 25.207　　　　　失速警告

b. 说明

(1) 失速试验目的有 3 个:

(a) 定义参考失速速度,以及它们如何随飞机重量、高度和飞机形态变化。

(b) 演示验证飞机的操纵品质,足可使飞机从正常飞行可达到的最大迎角安全改出(失速特性)。

(c) 确认飞机有充分的失速前警告(气动的或人工的),使驾驶员有时间从任何可能的大迎角状态改出,而不会无意中使飞机失速

(2) 在进行此项试验的过程中,应使迎角至少增加到如下角度:通过固有飞行特性或者飞机失速时失速识别装置(例如推杆器)工作引起的特性,由飞机的行为给予驾驶员以清晰可辨的指示。

c. 失速演示——§ 25.201

(1) 当出现下列任一特性或特性组合,给驾驶员有关停止迎角任何继续增大的清晰可辨指示时,则认为飞机已完全失速,此时应使用正常驾驶技术开始改出。

(a) 俯仰操纵器件达到后止动位,并使飞机保持全后仰 2 s,或者直至俯仰姿态

不再增大,取其中后出现者。在转弯飞行失速的情况下,一旦俯仰操纵器件达到后止动位,同时伴随有不可立即控制的横滚运动,就可开始改出(只要此横滚运动符合§25.203(c)的要求)。

(b)非指令的,明显且易于辨认但不易于制止的机头下俯。这样的机头下俯可伴随有不能立即控制的横滚运动,只要此横滚运动符合§25.203(b)或(c)(按适用而选定)的要求。

(c)飞机表现出明确无误的固有空气动力警告,其幅度和剧烈程度能强而有效地阻止进一步减速。空气动力警告(即抖振)的遏制程度,应当比通常与失速警告有关的初始抖振要大得多。一个示例是,一架大型运输机在襟翼收上时呈现出"遏制性抖振",其特征是抖振强度使驾驶员无法判读驾驶舱仪表,并且要求驾驶员付出坚强的努力才可进一步增大一点迎角。

(d)提供上面所列特征之一的失速识别装置其作动点。本AC第228条给出指导性材料,用于指导演示验证对第25部规章中关于失速识别系统要求的符合性。

(2)应该意识到,认为飞机已失速的那个点,可能根据飞机形态(例如襟翼、起落架、重心和总重)而变化。在任何情况下,应针对所有可能的变量组合,增大迎角,直至出现上面所述的一项或多项特性。

d. 失速速度

(1) 背景

由于与性能和操纵品质有关的多项条款都规定了配平速度和其他变量,而它们是失速速度的函数,所以要求在试验大纲中及早完成失速速度试验,以使数据可供后面的试验使用。由于失速速度和其他临界性能参数之间的这种相互关系,使用精确的测量方法非常重要。大多数标准的飞机总静压系统对于确定失速速度而言是不可接受的。这些试验需要使用经严格校准的仪器,并且通常需要单独的供试验用的空速系统。

(2) 形态

(a)应针对寻求合格审定的在起飞、航路、进近和着陆形态中使用的空气动力形态,确定失速速度。

(b)有待使用的重心位置应是每一重量下导致最大失速速度的位置(大多数情况下为前重心位置)。

(c)应进行充分的试验来确定重量对失速速度的影响。也可考虑高度影响(压缩性、雷诺数),只要申请人试图求得这些参数变化带来的收益。如果未将失速速度定义为高度的函数,则应在最大经批准的起飞和着陆高度以上不小于1500 ft的名义高度上,进行所有的失速试验[参见29d(5)(g)]。

(3) 程序

(a)飞机应在比预期V_{SR}大13%～30%的速度下按松杆飞行配平,而发动机为慢车状态,飞机处于在确定失速速度时的形态。然后,仅使用纵向主操纵器件,使飞机减速,维持恒定的减速率(进入率),直至飞机失速,此处"失速"按 §25.201(d) 和本 AC 29c(1) 中的定义。在失速后,可按需要来利用发动机推力迅速改出失速。

(b) 按照重量、高度、重心和外部形态的每一种临界组合,应完成足够次数的失速演示验证(通常为 4～8 次)。其目的在于获得足够的数据来确定进入率不大于 1.0 kn/s 时的失速速度。在确定失速速度的机动期间,应当平缓操作飞行操纵器件以达到高品质的数据,而不是试图保持一个恒定的进入率,因为经验已表明,调整飞行操纵器件来保持恒定的进入率,会导致载荷系数波动并引起很大的数据分散。

(c) 失速速度试验期间,飞机的失速特性也必须满足 §25.203(a) 和(b) 的要求。

(d) 对于配备失速识别装置的飞机,如果作动此装置的迎角由于迎角率而产生偏差,有必要另作某些考虑。如 29d(5)(e) 所述,失速速度相对平均空速减速率实现归一化。但是,失速识别系统通常在某一特定的迎角下动作,而该迎角会随某个瞬时迎角速率而产生偏移。因此,在失速机动过程中,驾驶员在接近失速识别系统作动点所进行的纵向操纵,能提前或推迟此系统的作动,而对平均空速失速进入率[①]毫无影响。为了使失速速度相对失速进入率数据的离差减至最小,驾驶员应尝试保持稳定的迎角率或俯仰率(不必是某个固定空速减速率),直至失速识别系统作动。所得到的迎角数据随时间变化曲线应光滑而无不连续。对于每一襟翼位置设定值,空速减速率(按本 AC 中 29c(5)(e) 的定义)与所有相关试验点迎角率的综合曲线,将表明这一关系总体趋势。在制定失速速度时,不应采用任何不遵循该总体趋势的点。

(4) 推力对失速速度的影响

(a) 通常在油门杆慢车位置确定失速速度,但是,有必要通过试验或分析来证明,发动机慢车推力导致的失速速度,不应比零推力时所获得的失速速度有明显降低。在 25-108 号修正案之前,认为在失速时的负慢车推力使失速速度略有增加是可接受的,但并未要求申请人以慢车推力作为确定失速速度的基础。采用 25-108 号修正案后,失速速度以慢车推力为基础成为了一项要求,除非慢车推力引起失速速度显著减小。如果慢车推力引起失速速度显著减小,则失速速度不能以大于零的推力为基础。

(b) 为确定推力对失速速度有否明显影响,应在一个襟翼位置,以大致等于选定形态下按 $1.5V_{SR}$ 速度维持平飞所需推力设定值,至少进行 3 次失速。

(c) 然后可将这些数据外推到零推力状态,以确定慢车推力对失速速度的影响(见图 29-1)。如果慢车推力和零推力下失速速度之间的差值等于或小于 0.5 kn/s,则认为此影响不明显。

---

① 此处原文为"average stall entry airspeed rate"。——译注

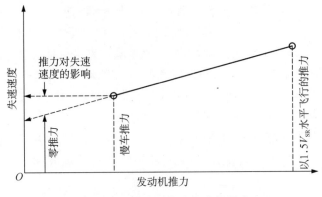

图 29-1　推力对失速速度的影响

（d）可用类似的方法评定涡轮螺旋桨飞机发动机功率对失速速度的影响。应在发动机慢车和螺旋桨在起飞位置状态下完成失速速度飞行试验。可以用发动机扭矩、发动机转速以及估算的螺旋桨效率来预计与这一形态有关的螺旋桨拉力。

（5）数据处理和表示

下面是如何将失速速度试验过程中所取得的数据换算为标准状态的示例。也可确认其他可接受的方法。

（a）记录整个失速过程中来自飞行试验空速系统的指示空速，并将这些值修正为当量空速。还记录垂直于飞行航迹的载荷系数。通常，将从足够数目的能够解算飞行航迹载荷系数的加速度计获得载荷系数数据。使用一个加速度计对准预期 1g 失速仰角，有可能获得可接受的数据。更合适的是，至少采用两个加速度计，一个对准机身纵轴线，另一个对准与此轴线成 90°的方向，同时还要有一种装置来确定飞行航迹与机身纵轴之间的夹角。

（b）用下面给出的方程计算飞机的升力系数（C_L），并画出其在整个失速机动期间相对时间的历程。

$$C_L = \frac{n_{zw}W}{qS} = \frac{295.37 n_{zw}W}{V_e^2 S}$$

式中：n_{zw}——垂直于飞行航迹的飞机载荷系数；

　　　W——飞机试验重量，lb；

　　　q——动压，lbf/ft^2；

　　　S——参考机翼面积，ft^2；

　　　V_e——当量空速，kn。

（c）将最大升力系数（$C_{L_{max}}$）定义为失速试验过程中达到的 C_L 最大值。凡 C_L 随时间变化曲线上呈现多个峰值，$C_{L_{max}}$ 通常对应其第一个最大值。但是，也可以将对应于所达到的最大 C_L 的峰值用作为 $C_{L_{max}}$，条件是它代表可用升力，也就是在遏制性抖振或其他失速识别指示（见§25.201（d））以后它不再出现。在垂直于飞行航迹的载荷系数随时间变化曲线上，在达到 $C_{L_{max}}$ 点的附近，通常也应存在明显的突变。为确定 $C_{L_{max}}$ 而进行的分析，应忽视所记录的载荷系数中的任何瞬时或动态增量，诸如由突然操纵输入而可能产生的情况，其并不反映飞机升力能力。在达到 $C_{L_{max}}$ 之前，应将垂直于飞行航迹的载荷系数保持为名义值 $1.0g$（见图 $29-2$）。

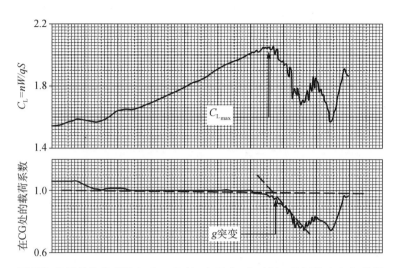

原图注：Y 轴是载荷系数和 C_L。X 轴（未示出）为时间。此图给出如何根据 C_L 和载荷系数随时间的变化确定 $C_{L_{max}}$。

图 $29-2$　$C_{L_{max}}$ 和载荷系数

　　(d) 如必要时，用下列方程按试验重心位置到目标重心位置和任何推力的影响来修正每一次失速得到的 $C_{L_{max}}$：

$$C_{L_{max}} = C_{L_{max}(\text{试验重心位置})}\left[1 + (MAC/l_t)(CG_{std} - CG_{test})\right] - \Delta C_{L_T}$$

式中：MAC——机翼平均气动弦长，in；

　　　　l_t——有效尾长，在机翼 $25\%MAC$ 和水平安定面 $25\%MAC$ 之间测得，in；

　　　　CG_{std}——引起最大基准失速速度值的 C. G. 位置（通常为相关重量的重心前限），$MAC/100\%$；

　　　　CG_{test}——实际试验重心位置，$MAC/100\%$；

　　　　ΔC_{L_T}——因发动机推力而引起的 C_L 变化量（如果慢车推力的影响大于失速速度的 $0.5\,\mathrm{kn}$ 时）。

　　(e) 对于每次失速试验，确定失速进入率，将失速速度与比失速速度大 10% 的空速之间连接直线的斜率定义为失速进入率。由于 $C_{L_{max}}$ 对失速进入率相对不敏感，因此不必要对失速进入率的影响进行严格调查研究。

　　(f) 为每一种获批准的形态，制定一条 $C_{L_{max}}$ 相对重量的关系曲线（见图 $29-3$）。

　　(g) 对于确定失速速度而言，飞行试验的安全问题通常是如何规定最低试验高

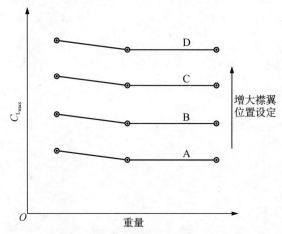

图 29 - 3 $C_{L_{max}}$ 与重量和襟翼位置设定值的关系曲线

度。所以应将测试数据拓展到较低的高度,从而拓展到较低的马赫数,以覆盖飞机使用包线。由于 $C_{L_{max}}$ 通常随马赫数的减小而增大,因此飞行试验数据的简单拓展可能导致 $C_{L_{max}}$ 外推值大于其试验值。对于 $C_{L_{max}}$ 与马赫数数据关系曲线的拓展,仅允许直至在经试验的 W/δ 范围内已演示验证过的最大 $C_{L_{max}}$,除非通过其他试验证实,后续的趋势是随着马赫数的减小,$C_{L_{max}}$ 更高。例如,在更后的重心位置或带动力情况下得到的数据,只要可计及重心和推力的影响,就可用于这个目的。从同一系列具有相同机翼的另一架飞机上得到的并表明同样的 $C_{L_{max}}$ 与马赫数关系的总体趋势(如重量较轻的变型机)的数据,只要表明是合适的。也可予以使用。

(h) 基准失速速度 V_{SR} 是由申请人定义的某个校准空速,V_{SR} 不小于 $1g$ 失速速度,其表达式如下:

$$V_{SR} \geqslant \frac{V_{C_{L_{max}}}}{\sqrt{n_{zw}}}$$

式中:$V_{C_{L_{max}}} = \sqrt{295.37 n_{zw} W/(C_{L_{max}} S)} + \Delta V_{C}$。如果失速机动受发出飞机立即低头指令的装置(例如推杆器)的限制,则 $C_{L_{max}}$ 不得小于此装置作动瞬间所具有的速度。

ΔV_{C}——可压缩性修正(即当量空速与校准空速之间的差值);

W——飞机重量,lb;

n_{zw}——垂直于飞行航迹的飞机载荷系数;

$C_{L_{max}}$——相应于选定重量的 $C_{L_{max}}$ 值(见图 29 - 4);

S——参考机翼面积,ft²。

(i) 针对每一个襟翼和起落架形态,画出基准失速速度与重量关系曲线(见图 29 - 4)。

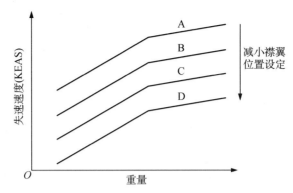

图 29-4 失速速度与重量和襟翼位置设定值的关系曲线

(j) 对于装有在选定迎角突然下推机头的装置(例如推杆器)的飞机,V_{SR} 不得小于该装置的作动速度加上 2kn 或 2%[§25.103(d)]。

(k) 对于装有在选定迎角突然下推机头的装置(例如推杆器)的飞机,在表明对 §25.103(d)的符合性时,不需按 1g 修正该装置的作动速度。要求按 1g 情况对此装置作动速度进行载荷系数修正,将不必要地提高 §25.103(d)要求的严格性。例如,这样将有可能使待评定的此装置作动速度高于 V_{SR}(或至少比未按 1g 情况进行修正而得到的更加接近 V_{SR})。试验程序应按本 AC 中 29d(3)(a)的规定,以确保不能够以非正常或者异常的驾驶员操纵输入来获得一个人为的低速度,使该装置首先作动。

e. 失速特性——§25.203

(1) 背景

为确保能够安全和迅速地从意外失速中改出,不应要求试飞员使用任何特殊的驾驶技能来成功地演示验证对 §25.203 的符合性,也不应要求试飞员采用超常技能或进行反复实践。在失速和改出期间,飞机的特性必须是使用正常预期的驾驶员反应就可容易地控制的。

(2) 形态

(a) 应在经批准用于正常运行的所有形态下,按机翼水平以及 30°坡度转弯时,按有动力和无动力①两种情况,调查研究失速特性。

(b) 失速特性的试验形态应包括针对所有襟翼位置打开的减速装置,除非强制规定在特定襟翼位置限制使用这些装置。"减速装置"包括用作减速板的扰流板以及批准在空中使用的反推力装置。减速装置打开时的失速演示验证通常应在无动力情况下进行,除非正常使用中很可能会出现这些减速装置在有动力情况下打开(例如在着陆进近期间已打开的扰流板)。

---

① 原文在多处以"power or thrust on"和"power-on"表示同一种状态,还以"power or thrust off"和"power-off"表示相对的同一状态,统一译为"有动力"和"无动力"。——译注

(c) 进行失速特性研究检查时,可能改变飞机失速状态的任何系统或装置都应处于其正常功能模式。除非飞机自动飞行操纵系统的设计使系统具有防止系统以超出失速警告迎角进行工作的力,否则应在飞机处于自动飞行操纵系统控制下出现失速时,评估失速特性以及失速警告的合适性。

(d) 应针对相应的形态,以飞行慢车进行无动力失速。对于螺旋桨飞机,应将螺旋桨调定到正常低桨距(高转速)位置。

(e) 对于有动力失速,应将功率或推力调定到为满足如下要求而需要的值:在最大着陆重量下,按襟翼处于进近位置并且起落架收上的形态,以 $1.5V_{SR}$ 速度维持平飞。这里所说的进近襟翼位置是用于表明对 §25.121(d) 要求符合性的最大襟翼偏度,该条款规定了一种形态,在此形态下基准失速速度不超过相关着陆形态基准失速速度的110%。

(f) 通常在重心后限进行失速特性试验,这是典型的最不利情况。但是,如果在前重心进行的失速速度试验表明,在前重心可能存在边缘的失速改出特性,应针对最临界装载,表明对 §25.203 的符合性。

(g) 按照 25.21(c) 的要求,必须在直至经批准的最大使用高度上演示验证失速,以确定是否存在对失速特性有任何不利的压缩性影响。应在起落架和襟翼收上以及最不利的重心位置进行这些试验。可按需要设定功率或推力,以维持大致的水平飞行以及 1 kn/s 减速率。倘若失速发生在靠近经批准的最大高度上,微小下降率是允许的。应在机翼水平失速期间和30°坡度角转弯时检查失速特性。

(h) 对于 AFM 程序中所涉及的异常空气动力形态,应在机翼水平和慢车功率或推力状态下,以 1 kn/s 减速率减速至失速警告后 1 s 所达到的速度,评定大迎角特性。如果无不利特性并有足够的操纵性,不必要使飞机失速。足够的操纵性系指:通过不反向使用飞行操作器件,产生和纠正俯仰、横滚和偏航,并且不存在由于空气动力气流分离而引起非指令的飞机运动。申请人还应演示验证以推荐的使用速度飞行时,飞机是可安全操纵的并可机动飞行。

(i) 还应在最大允许不对称燃油装载下演示验证失速特性。相关要求按 §25.203(a) 和(c)中的规定。

(3) 程序

(a) 应在相应的功率或推力设定值和飞机形态下,以大于基准失速速度13%~30%的速度使飞机配平做松杆飞行。然后,仅使用主纵向操纵器件建立并保持与 §25.201(c)(1)或 §25.201(c)(2)(按适用而选定)所规定的相一致的减速率(失速进入率),直至飞机失速。在整个失速和改出(直至迎角已减小到无失速警告的那个点)过程中,功率或推力和驾驶员可选择的配平应保持不变。

(b) 对于失速速度和失速特性试验,两者应采用相同的配平基准速度(例如, $1.23V_{SR}$)。对于所有失速试验,配平速度应以 AFM 所提供的失速速度为基础。

(c) 在逼近失速的过程中,随着速度从配平速度减小到失速警告开始速度,纵向操纵拉杆力应连续增加;在该速度以下,纵向操作力有些减小是可接受的,只要不突然或过量。

(d) §25.203(b)规定,对于机翼水平失速,"在失速和完成改出之间发生的滚转不得超过大约20°"。在机翼水平失速时,坡度角偶然可超过20°,只要改出期间横向操纵是有效的。

(e) §25.203(c)要求,30°坡度角转弯失速后,飞机的运动"不得过于剧烈或极端……",以至于难以迅速改出并需要特殊的驾驶技能。在改出过程中,在初始转弯方向上出现的最大坡度角不应超过大约60°,或在相反方向,则不应超过30°。

(f) 评定§25.201(c)(2)规定的3kn/s减速率的目的在于,演示验证在迎角增大率大于按1kn/s失速率所得值时的安全特性。应使规定的空速减速率和相关的迎角增大率一直保持到飞机失速的那个点。在改出过程中出现的最大坡度角,在初始转弯方向不应超过大约90°,或在相反方向,不应超过60°。

(g) 对于通过纵向操纵器件全抬头行程来定义前重心和后重心两种失速的那些飞机,在失速特性试验中,驾驶杆处于后止动位的时间不应少于在确定失速速度时所用时间。但是,对于转弯飞行失速,一旦俯仰操纵器件达到后止动位,同时伴随不能立刻可控的滚转运动(只要横滚运动符合§25.203(c)的要求),就可开始改出。

(h) 按§25.203(a)的要求,在直至认为飞机已失速的那一点,正常使用横向操纵器件必须在所操纵方向产生(或纠正)横滚,正常使用航向操纵器件必须在所操纵方向产生(或纠正)偏航。必须有可能通过正常使用操纵器件来防止或改出失速。

(i) 如果风洞实验已表明,飞机对进入"深度失速"(即超出失速迎角的区域,难于或不可能从中改出)可能是敏感的,应提供证据表明,在失速迎角下和充分超过失速迎角后,有足够的改出操纵能力可供使用。

f. 失速警告——§25.207

(1) 说明

提出这些失速警告要求的目的在于,在失速警告和失速之间提供一个足够的缓冲时间,以使驾驶员有时间改出飞机,而不使飞机意外失速。

(2) 背景

失速警告必须具有如下特征才是可接受的:

(a) 可辨性。失速警告指示的清晰可辨程度必须确保驾驶员能可靠明辨即将面临的失速。

(b) 适时性。对于1kn/s进入率的失速,失速警告必须在V_{SW}速度开始,V_{SW}应比符合§25.201(d)规定的失速速度至少高出5kn或5%(取两者中之大者)。对于直线飞行失速,在慢车功率或推力和重心处于§25.103(b)(5)规定位置的条件下,失速警告开始速度必须比基准失速速度高出3kn或3%(取两者中之大者)以上。

这些速度裕度应和V_{SR}具有同样的度量单位(即校准空速)。

(c) 一致性。失速警告应是可靠的和可复现的。警告必须发生在襟翼和起落架处于直线和转弯(§25.207(a))飞行中正常所使用过的所有位置,并且在整个失速演示验证过程中必须连续发出警告,直至迎角已减小到大致是触发失速警告的迎角[§25.207(c)]。可由飞机固有的空气动力特性自然提供警告,或采用为此目的而设计的系统以人工方式提供警告。如果为任一飞机形态提供人工失速警告,则必须为所有形态提供[§25.207(b)]。

(d) 存在下列情况的人工失速警告指示是不可接受的:要求驾驶舱内的机组给予注意的唯一目视装置,限制驾驶舱内对话,或一旦失灵便引起困扰从而妨碍飞机安全运行。

(e) 对于采用人工失速警告系统的飞机,本 AC 第 228 条为演示验证对 25 部条例要求的符合性提供了指导材料。

(f) 如果由人工失速警告系统(例如振杆器)提供§25.207 所要求的失速警告,在评估§25.207(c)～§25.207(f)所规定的失速警告裕度和§25.143(h)所要求的机动能力时,应考虑制造允差对失速警告系统的影响。

<u>1</u> 失速警告系统设定在生产中预期的最临界设定值时,§25.207(c)～§25.207(f)所要求的失速告警裕度应是有效的。除非其他设定值将提供更小的裕度,失速警告系统应以其迎角上限进行工作。对于V_{SR}由选定迎角下突然下推机头的装置(例如推杆器)设定的飞机,可在失速警告和失速识别(例如推杆器)系统两者的名义迎角设定值下,评定它们的失速警告裕度,除非会由不同的系统允差引起更小的裕度。

<u>2</u> 假设失速警告系统在其名义设定值下工作,应具有§25.143(h)所规定的机动能力。当失速警告系统以其迎角下限工作时,飞机机动能力相比§25.143(h)的规定值,坡度角减小不得超过2°。可使用飞行试验、可接受的分析或模拟的方法,对此进行评估。

<u>3</u> 在上述条款为失速警告系统和失速设别系统(假如飞机上已安装)规定的最临界设定值下进行飞行试验,由此演示验证失速警告裕度和机动能力。作为选择,可对在不同系统设定值下所获得的飞行试验数据实施调整来表明符合性,前提是采用了计及所有相关变量的某种可接受方法。

(3) 程序

失速警告试验通常与§25.103(失速速度),§25.201(失速演示)和§25.203(失速特性)诸条款所要求的失速试验一同进行,包括对所规定的坡度角、功率或推力设定值和重心位置的考虑。在失速警告开始与已识别失速时的那个时刻之间,使飞机失速的驾驶技能应一致。也就是,不应故意做如下任何尝试:减小载荷系数,改变减速度,或使用任何其他方法来增大失速警告裕度。此外,如果失速警告裕度可能受到某个系统(例如失速警告或推杆器系统,其按推力、坡度角、迎角速率等的函数来修改失速警告速度或失速识别速度)的影响,应在对失速警告裕度而言为最临界的条件下演示验证对 §25.207 的符合性。但是,对于这种情况,若坡度倾斜角大于 40°,功率或推力超过最大连续功率或推力则不需要进行演示验证。如果在进行 §25.103,§25.201 和 §25.203 所要求的试验过程中,失速识别系统或者失速警告系统的补偿作用是相对于经演示验证的名义值而增大失速警告裕度,则不需要做这些补充的失速警告裕度演示验证。

(4) 数据采集和处理

应记录失速警告速度、警告形式和警告品质。为确定是否存在所要求的裕度,将可接受的失速警告起始速度,与①失速识别速度和②V_{SR}(按定义 V_{SR} 时的条件)进行比较。在表明对 §25.207(d) 的符合性时,应在恒定 $1g$ 载荷系数下进行失速警告裕度比较。

g. 加速失速警告

(1) 说明

§25.207(f) 规定,在以垂直于航迹的载荷系数至少为 $1.5g$ 且空速减速率大于 $2\,kn/s$ 进行的减速转弯中,提供充分的失速警告,以在驾驶员认知失速警告后不少于 $1\,s$ 采取改出动作时能够防止飞机失速。该项要求目的在于确保有足够的失速警告,以在正常飞行中很可能遇到的最繁忙的情况下防止发生无意失速。提高的载荷系数将强调任何不利的失速特性,诸如发生机翼下沉或者翼面流动不对称分离,同时调查研究马赫数和气动弹性对可用升力的潜在影响。

(2) 程序

(a) 以 $1.3V_{SR}$ 速度配平。一旦配平,即刻加速到允许有足够的时间建立并以规定载荷系数和空速减速率完成机动的某个速度。将功率或推力设定为与以 $1.3V_{SR}$ 平飞所相应的功率或推力,并且在机动过程中不做调整。在平飞机动中,$1.5g$ 相当于 48° 坡度角。为防止过大的减速率(例如大于 $3\,kn/s$),可使用下降。反之,如果减速率过低,则应在爬升转弯中进行机动。

(b) 失速警告开始之后,在试图改出之前,不松杆力持续 $1\,s$ 机动飞行。应当采用正常的低速改出技术。如果在加速后失速告警演示验证过程中,出现 §25.201(d) 中规定的任一失速迹象(见本 AC 的 29c(1)),则尚未完成对 §25.207(f) 符合性的演示验证。

h. 机动裕度

关于与演示验证对 §25.143(h) 中机动能力要求符合性有关的指导材料,参见本 AC 第 20 条。

i. 配备失速识别系统飞机的其他考虑

失速识别系统是指用于表明对 §25.201(d) 符合性的任何系统,该条款规定飞机需向驾驶员提供清晰可辨的失速指示。失速识别系统包括从向失速识别系统提供输入的传感装置起至作动系统响应向飞行机组提供失速识别信息的所有一切。凡需要用此系统来表明对失速相关要求的符合性时,必须按 25.1309(a) 的要求,将此系统设计成可在任何可预见的使用条件下执行其预期功能。

（1）申请人应在考虑系统设计特点（例如滤波、相位超前）以及飞机和系统的生产允差之后，验证失速识别系统在任何可预见使用条件下将不会导致失速警告与失速识别之间的裕度或失速识别与任何危险的飞机飞行特性之间的裕度，出现不利于安全的缩小。可通过分析、模拟和飞行试验的某种组合来提供此验证。在下列的使用条件下不应导致失速识别系统非预期作动，或者导致在失速告警系统作动之前或接近作动时的空气动力失速：动态和加速后失速进入，大气扰动影响，任何可预见的机翼污染形式（例如结冰、结霜、昆虫、脏污、防冰液），机翼前缘在规定维护限制范围内的损坏。也应考虑在风切变环境下的运行，此时飞机将会以失速警告速度或非常接近于失速警告速度飞行，然而，由于风切变的严酷程度的不同，确保失速指示系统不动作的可能性几乎是不可能的。对于机翼污染，申请人应证实临界的污染物厚度和密度。在以往的合格审定项目中，已采用 No.40 金刚砂砂纸（即 40 号金刚砂砂纸）来模拟残留结冰或结霜的污染。

（2）采用下列飞机和失速识别系统生产允差的组合，目的在于获得对失速特性最为不利的失速识别系统作动条件，应在此组合下执行失速特性试验：

（a）机体制造允差——机翼安装角相对失速识别系统叶片角的变化引起的影响；

（b）失速识别系统允差（例如，系统作动时的叶片角）。

（3）如果上面所确认的允差其综合平方和的方根（允差平方和的方根）的影响小于±1kn，则可用其名义值的允差进行失速速度试验并确定失速速度。如果综合平方和的方根的影响为±1kn 或更大，应在会引起最高失速速度的允差值下进行失速速度试验。

j. 人工失速警告和失速识别系统的可靠性。

有关人工失速警告和失速识别系统试验和批准的其他指导材料见本 AC 第228 条。

第 7 节　地面和水面操纵特性

30. 总则

a. 25 部条例

适用的条例为：CFR§25.231，§25.233，§25.235，§25.237 和§25.239。

b. 纵向稳定性和操纵——§25.231

（1）说明

试验大纲的目的并非想要演示验证飞机以高到足以接近结构设计极限的速度在粗糙道面上滑行，也并非想要飞机以比服役中经常遇到的情况更猛烈或更高的下沉速度进行着陆。但是,对于新的或改型的起落架系统,应在代表正常服役所用的粗糙道面上进行评定,并应以足可鉴别任何危险特性或危险倾向的各种下沉速度进行着陆。需考虑的变量为重心和滑行速度。在地面操纵过程中,驾驶舱运动动态特性不应妨碍操纵飞机,回跳过程中的俯仰运动不应产生静态俯仰操纵问题或驾驶员诱发振荡倾向。

(2) 程序

应当在正常运行条件下可能遇到的平整和粗糙的表面上,以服役中通常所预期的速度进行地面操纵试验。要特别注意下列方面:

(a) 刹车。应调查研究地面机动时刹车的充分性以及刹车引起过低头的倾向。通常任何不利的倾向在强侧风或顺风中滑行中都将被放大。

(b) 水上飞机和水陆两用飞机。必须按 § 25.231(b) 的规定,确定对于滑行、起飞和着陆为最不利的水面安全条件。应确定使用反推力的程序和限制。

c. 航向稳定性和操纵——§ 25.233

(1) 说明

无。

(2) 程序

应当在正常运行条件下按所有的形态进行滑行、起飞和着陆。

(a) 飞机在地面运行的任何预期速度下,遭遇风速直至 20 kn 或 $0.2V_{SR0}$(取其中较大者,但风速不需超过 25 kn)的 90°侧风时,不得有不可控制的地面打转倾向。这一点可在制定 § 25.237 所要求的 90°侧风分量时,予以表明。

(b) 陆上飞机以正常的着陆速度作无动力着陆时,必须具有令人满意的操纵性,而无需特殊的驾驶技能或机敏,不需用刹车或发动机功率或推力来保持直线航迹。可在结合其他试验进行无动力着陆过程中,表明这一点。

(c) 飞机在滑行过程中必须有足够的航向操纵性。可在结合其他试验进行起飞前滑行过程中表明这一点。

d. 滑行条件——§ 25.235[备用]

e. 风速——§ 25.237

(1) 说明

(a) 陆上飞机。

<u>1</u> 必须制订一个表明对于干跑道上起飞和着陆是安全的 90°侧风分量。

<u>2</u> 在预期使用的任何地面速度下,飞机在 90°侧风中必须呈现令人满意的可操纵性和操纵特性。

(b) 水上飞机和水陆两用飞机。

<u>1</u> 必须制订的一个表明在正常运行中可合理预期的一切水面条件下对于起飞和着水是安全的 90°侧风分量。

<u>2</u> 必须制订一个在正常运行中可合理预期的一切水面条件下对于沿任何方向

滑行都是安全的风速。

（c）侧风演示验证。在型号合格审定试验过程中，必须演示验证在 10 m 处 90°侧风分量（按 §25.21(f)的规定）至少为 20 kn 或 $0.2V_{SR0}$（此处 V_{SR0} 相应于最大设计着陆重量），取两者中之大值，但不需超过 25 kn。可能会有两种结果：

1 可以制订一个满足最低要求的但并不认为是飞机操纵特性限制值的侧风分量。应将此"经演示验证值"作为信息资料纳入 AFM。

2 可制订一个认为是最大限制值的侧风分量值，小于此值可安全起飞和着陆。应在 AFM 使用限制这一节中表明此"限制值"。

（2）程序

（a）形态。应在下列形态进行上述这些试验：

1 在轻重量和后重心（这是所希望的，但应允许有一定的灵活性）。

2 使用所推荐程序的正常起飞和着陆的襟翼形态。

3 正常使用反推力。特别要注意由于反推力气流影响而引起的任何方向舵效率降低。

4 视适用情况而选定，偏航阻尼器和（或）转弯协调器接通，或断开。

（b）试验程序。应在至少为 20 kn 或 $0.2V_{SR0}$（取两者中较大值，但不需超过 25 kn）的 90°侧风分量下，进行 3 次起飞和 3 次着陆，其中至少有一次着陆至完全停住。对于每一试验情况，均应由驾驶员对飞机的操纵能力、操纵力、侧突风条件下（如存在）的飞机动响应，以及一般操纵特性进行定性评定。飞机应是令人满意的可操纵，而无需特殊的驾驶技能和体力。如果飞机装有反推力装置，应在按正常程序打开反推力的情况下进行这些着陆试验，应以临界的反推力级进行补充着陆，以验证不存在不满意的操纵特性。

（c）试验数据。可从经校准的飞行试验风况测量站、机场风况报告装置那里或采用 FAA 可接受的其他方法，获得侧风数据。

1 位于离地点或接地点附近的经校准的飞行试验风况测量站通常提供最精确的数据，并是更可取的。

2 机场风况报告装置也是可接受的，只要此装置业经校准，并位于待使用的跑道附近。

3 直接取自以商用惯性或差分 GPS 为基础的基准系统的数据，在侧滑方面可能是不精确的，在地面上是不精确。在着陆过程中，滤波可能导致滞后，由于随高度的风切变（即高空较大的风速值被"记住"），使数据不正确。因此，认为这一方法对于精确确定起飞和着陆过程中侧风而言，是不合适的。

4 以计算飞机遇到的实际侧风（以机载测量值为根据）为基础的其他方法也是可接受的。例如通过考虑飞机航向、航迹角和侧滑，将真空速（源自 ADC）与精确地面速度测量值（例如源自 IRS 地速）之间的差值，分解为沿跑道方向和垂直跑道方向，可计算出侧风。

　　<u>5</u>　不管使用哪种方法,应按如下规定连续记录风况,即从松刹车或任一个低速(大于此速度,计算所必需的所有数据可供使用并具有足够精度)至离地 50 ft 高度的整个起飞过程;从离地 50 ft 高度到试验事件的终点(例如,全刹停,接地复飞,复飞)或任一个低速(大于此速度,计算所必需的所有数据可供使用并具有足够精度)的整个着陆过程。所测得的侧风分量应从测量装置的高度修正到 10 m 高度。然后,应按上面所述的时间跨度,计算与跑道方向成 90°的平均侧风。在此过程中基于相同的时间跨度,也可得到最大阵风。

　　<u>6</u>　根据先前 FAA 的同意,依据塔台的风况报告获得侧风数据也是允许的。但是,应该对此方法的使用进行仔细审查,确保测量传感器正确校准,以确定测量传感器基准高度,确定平滑特性不会导致不可接受的滤波,并确保测量传感器的位置对于起飞和着陆跑道是合适的。这样的一种方法的不足之处在于,在起飞和着陆期间不能够提供阵风值。

f. 水面的喷溅特性、操纵性和稳定性——§25.239

(1)说明

应当在最不利的重量和重心组合条件下调查研究这些特性。

(2)程序

(a)喷溅特性,特别是在起飞初始滑跑阶段驾驶员的视界,应保证足够的视界,以保持合理的水面航迹。由于水上飞机的所有运行并非都在开阔湖面上或海湾内,也有可能在河流或狭窄水道内运行,所以航向操纵和视界应足以确保狭窄水道内的运行。

(b)应在侧风试验过程中,评定翼梢浮筒或水上安定器浸没和(或)引起水面打转倾向。在断阶滑行评定期间,也应评定浮筒有无淹没以及引起水面打转或损坏的任何倾向。应将用于避免非预期特性的程序列入 AFM。

(c)在低速滑行过程中,应根据服役中预期的机动形式评定水舵和(或)不对称功率或推力的有效性。如果需要使用反推力,也应根据完成动作和机组协调的难易性对之进行评定。

(d)如果水陆两用飞机预定要"拖上岸"或坡道滑行上岸,应评定在坡道上操纵特性和机动能力。通常前重心更为临界。应将这些程序纳入 AFM。不应有导致机头或其他结构损坏的不当倾向。

(e)应评定起飞滑跑过程中任一时刻临界发动机失效。不应导致危险的纵向跳跃、突然转弯或水上打转。

(f)不应有纵向跳跃的不当倾向,不应要求特殊的技能或机敏来控制纵向跳跃。

(g)应评定对机体结构(操纵面等)的喷溅冲击,以确保所产生的载荷在可接受的限制范围内。

(h)应使飞机处于水面上执行上述评定,而不是借助分析或模型试验来完成。可将分析和(或)模型试验用于指出问题所在,但不应由其代替实际试验。

第 8 节　其他飞行要求

31. 振动和抖振——§25.251

a. 说明

（1）25 部 C 分部所要求的试验包含了服役中可预期的极端振动情况。申请人的飞行试验应确保不超过条款的限制，不应当超出已完成结构（C 分部）试验和计算的范围进行飞行试验。

（2）对于§25.251(b)和(c)，凡可确认下列情况时，则认为振动和抖振已经过大：

（a）可引起结构损伤，或如果持续相当长时间时，可能导致结构疲劳；

（b）由于干扰飞机的运行或对飞机系统的管理，可引起驾驶员疲劳或厌烦；或

（c）干扰飞行仪表的可判读性。

（3）按照§25.251(d)的要求，在巡航形态下不允许有可察觉的抖振。为符合这一准则，可能需要强加 AFM 的重量和（或）高度限制。在打开扰流板和其他高增阻装置期间，按上面（2）所述，允许出现在§25.251(b)和(c)许可范围内的合理抖振。

（4）对于 M_D 大于 0.6 或最大使用高度大于 25 000 ft 的飞机，必须按飞机需要合格审定的空速或 M 数、重量、高度和载荷系数的范围，确定抖振开始包线。必须按§25.1585(d)的规定，在 AFM 中提供此包线。对于前重心状态，或使用 AFM 程序可修正到前重心的状态，这些 AFM 数据应该是有效的判据。应根据驾驶员的定性评定，或依据驾驶员定性评定所作的修正，制定这一边界，因为关于驾驶员站位处的抖振水平，并没有既定的判据。在某些情况下已使用 $\pm 0.05g$ 法向加速度，但因飞机的不同将引起相应的加速度水平有所变化，而且还可能受到加速度计动态响应的影响。如果需要使用测得的法向加速度，首先应针对驾驶员关于抖振起始边界的评估，使加速度水平和专用加速计相互关联。

（5）对于飞机的更改，尤其是可能影响机翼流场的更改，应评定这些更改对如下性能的影响：振动和抖振特性，抖振起始速度的变化和超出抖振起始边界后的机动特性。此类变化可能不仅影响抖振边界包线，而且还可能改变在更改前飞机上所确定的 V_{MO}/M_{MO} 或 V_{DF}/M_{DF} 的可接受性。如果出现这种情况，可能需要减小飞机的最大使用速度和经演示验证的俯冲速度。但是，涉及在 V_{MO}/M_{MO} 与 V_{DF}/M_{DF} 之间速度扩展裕度的条款仍然有效。对于受最大速度值降低影响的系统和飞行特性，也应予以重新评定。凡必要时，应重新设定指示器标记、超速音响警告器等，以保持对相应条款的符合性。

（6）在后掠翼飞机上，由于激波诱导分离和/或因机翼载荷缓减系统使翼尖卸

载而使升力中心随着 g 的增加向内并向前移动时,可能会出现非预期的抬头机动特性。直机翼飞机也可能呈现类似的特性。因此,对于新飞机和以某种方式做更改的那些飞机,应按本条款所述进行评定,这些更改方式包括:可能以与 g 的函数关系来影响展向升力分布或产生非预期俯仰力矩,或可能增加出现高空抖振事件的机遇。

(7) §25.251(e)规定,"可能发生的超出抖振边界的意外偏离"不得导致"不安全状态"。为了确保在机动飞行时不会遇到"不安全状态",下面将阐述用于演示验证飞机具有满意机动稳定性的机动飞行评定。应确定纵向机动特性,以确保飞机在巡航形态下是安全可操纵和可机动的,从而确保没有超出飞机限制载荷系数的危险,并确保飞机对主纵向操纵器件的俯仰响应是驾驶员可预料的。

b. 程序

(1) §25.251(a)

下面所列出的试验程序为表明对§25.251(a)的符合性提供了必要的飞行演示验证。

(2) §25.251(b)

飞机应在从可实际巡航的最高高度至可实际巡航的最低高度的若干高度上,以 V_{DF}/M_{DF} 速度飞行。应从在 V_{MO}/M_{MO} 速度下的配平飞行开始,以不超过最大连续功率或推力的某个功率或推力设定值,进行飞行试验。飞机总重应是巡航状态下实际可能的最大重量,重心处于或接近重心前限。此外,应在增阻装置(例如减速板)打开的形态下,以 V_{DF}/M_{DF} 速度演示验证对§25.251(b)的符合性。如果反推力装置设计成允许空中使用,应按照反推力装置的限制速度条件,打开反推力。

(3) §25.251(c)

飞机的重量应尽可能地重,与达到最大合格审定高度的重量相对应。

(4) §25.251(d)

应在飞行试验中演示验证,在巡航形态下,以直至 V_{MO}/M_{MO} 的任一速度作直线飞行,不发生可察觉到的抖振,以表明对于§25.251(d)的符合性。应从临界重量与高度的初始组合起,满足这一要求,如果可达到,此时飞机相对依据§25.251(e)所形成的抖振起始边界有 0.3g 的裕度。应在重心前限,使用名义巡航马赫数(通常是远程巡航马赫数 M_{LRC})来制订这些初始条件。这种飞行条件是多数营运人实施的实际运行准则的代表。从这些初始条件开始,飞机应当在 1.0g 飞行中用最大连续功率或推力加速至 V_{MO}/M_{MO}。如果为达到 V_{MO}/M_{MO} 而需要下降飞行,则是可以接受的。

(5) §25.251(e)

§25.251(e)要求对于 M_D 大于 0.6 或最大使用高度超过 25000 ft 的飞机,确定巡航形态下的抖振起始包线。这一要求也为评定在直至和超过抖振起始边界的载荷系数条件下作巡航飞行时的机动稳定性,提供了判据。

(a) 利用从完全进入抖振的机动飞行取得的飞行试验数据,确认对 §25.251(e) 的符合性是极其困难的,这是由于这种形式机动飞行的动态特性以及 F_S/g 的制订 与这些数据有关联。需要由操纵飞机的驾驶员评定这些条件下的飞机特性。图 31-1给出有关每 g 的杆力(F_S/g)特性是否可接受的指南。

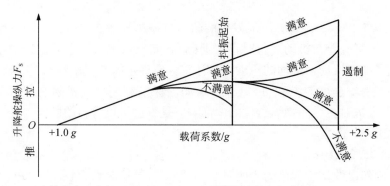

* 只有符合本 AC 中 31b(5)(b)1 和2,这些特性才是令人满意的。

图 31-1　在直至 V_{MO}/M_{MO} 速度下的机动特性

(b) 为确定抖振起始边界包线,应在前重心进行飞行试验。对于机动特性,应 以最靠后的重心按下列准则对飞机进行评定:

1　对于在大约 $+1g$ 和 $+2g$ 之间各种载荷系数下出现抖振起始点的所有重量 与高度组合,在遇到抖振起始点之前,§25.255(b)(1)和(2)规定的纵向操纵力(F_S) 特性适用(见图 31-1)。

2　在上面1给出的飞机重量与高度/速度组合下,但载荷系数超过抖振起始边 界,下列 F_S 特性适用(见图 31-1):

(aa) 评估应进行到接近 $+2.5g$ 可完成改出的某个 g 值,除非出现如此强烈的 抖振或其他现象[自然的、人工的或两者组合],以至于能强力和有效地遏制驾驶员 进一步施加使飞机抬头的纵向操纵力[按 §25.201(d)(2)的规定],以使得不会有超 过飞机限制载荷系数的危险[参见 §25.143(b)]。

注:强力和有效的遏制与对失速识别所要求的相类似。对于这些试验,不应将 振杆器或失速警告抖振视为这些试验的相应结束点。

(bb) 任何俯仰倾向(载荷系数的非指令改变)均应当是和缓且易于操纵的。

(cc) 应有足够的操纵性可供驾驶员使用,只需通过无反逆使用纵向主操纵,就 可从这里所述的载荷系数快速改出至 $+1g$ 飞行。

(dd) 飞机对主要纵向控制器件的俯仰响应应是驾驶员可预料的。

3　经验表明,在最高马赫数与最大重量和高度(W/δ)组合下进行的评定,未必 会产生最临界的结果,同样重要的是抖振增强特性(例如缓慢增强或快速上升和抖 振起始时的 g 值)。与马赫数低于 M_{MO} 时接近 $2g$ 的抖振起始边界有关的条件,有时 候产生最临界的特性。因此,应该对条件的充分扩展,予以评定。

32. 高速特性——§25.253

a. 说明

(1) 按§25.1505 的规定制订符合有关速度裕度的 V_{MO}/M_{MO} 时,除了 V_D/M_D 外,还使用申请人选择的经演示验证的最大飞行俯冲速度 V_{DF}/M_{DF}。然后在为表明对§25.253 符合性而进行的飞行试验中,对 V_{MO}/M_{MO} 和 V_{DF}/M_{DF} 两者进行评定。

(2) 由§25.335(b)(按 25-23 号修正案修正)或§25.1505(25-23 号修正案之前)所定义的俯仰颠倾提供一种手段,用于确定 V_{MO}/M_{MO} 与 V_D/M_D 和 V_{DF}/M_{DF} 两者之间的所要求的速度裕度。在表明对§25.253 的符合性时,对于在服役中预期会出现的关于俯仰轴、横滚轴、偏航轴的颠倾以及关于组合轴的颠倾,必须予以评定,并且不得导致过大的 V_D/M_D 或 V_{DF}/M_{DF}。

(3) 一般而言,应在动压和 M 数临界范围内完成同样的机动。对于其中任一范围内的所有机动,应以与具体范围相对应的功率或推力和配平点来完成。对于某些飞机,M 数范围内的某些机动可能更为临界,起因是阻力增加特性,并且在高空为达到经批准的最大使用高度、M 数和空速条件,可能需要较轻的总重。

(4) 应根据部分飞行机组在正常和应急情况下的预期动作来调查研究高速范围内飞机的操纵特性。

(5) 在确定必需的飞行试验时,至少应当考虑下列因素:

(a) 在 V_{MO}/M_{MO} 和直至 V_{DF}/M_{DF} 的纵向操纵有效性。

(b) 任何合理可能的失配平对颠倾和改出的影响。

(c) 动稳定性和静稳定性。

(d) 在直至 V_{MO}/M_{MO} 的任一巡航速度配平时,因可能的旅客走动而引起的速度增量。

(e) 因压缩性效应而导致的配平改变。

(f) 从意外的速度增大事件中改出期间所呈现的特性。

(g) 因垂直和水平突风(湍流)引起的颠倾。

(h) 因水平突风和逆温引起的速度增量。

(i) $V_{MO}+6\,kn$ 或 $M_{MO}+0.01M$ 时有效无误的速度警告音响。

(j) 使用减速装置期间的速度和航迹控制。

(k) 因使用减速装置而导致的操纵力。

(6) §25.1505 规定,V_{MO}/M_{MO} 与 V_D/M_D 或 V_{DF}/M_{DF}(按适用而选定)之间的速度裕度"不得小于依据§25.335(b)所确定的裕度,或在按§25.253 进行飞行试验时确认为必需的裕度"。注意,必须制订符合 25.335(b)和§25.253 的一个速度裕度。因此,如果申请人挑选小于 V_D/M_D 的 V_{DF}/M_{DF},则必须使 V_{MO}/M_{MO} 减小相同的数量(即比喻成如果 V_{DF}/M_{DF} 等于 V_D/M_D 的可能情况),为的是向 V_{DF}/M_{DF} 提供所需要的速度裕度。在执行型号合格审定大纲期间,在确定 V_{MO}/M_{MO} 与 V_{DF}/M_{DF} 之

间的速度裕度时,除了下面所列的项目外,还应考虑上面(5)中所列出的因素:

(a) 除非确认有更大的差异存在,为空速系统制造允差留出的增量(0.005M)。

(b) 为超速警告误差制造允差留出的增量(0.01M)。

(c) 应将按照§25.253进行飞行试验期间制定的由M_{MO}过调引起的增量ΔM,加到为制造差异和设备允差留出的增量值上。M_{MO}值不得大于由下列每一方程所获得的最小值,其反映§25.253和§25.1505中的要求:

$$M_{MO} \leqslant M_{DF} - \Delta M - 0.005M - 0.01M$$

或

$$M_{MO} \leqslant M_{DF} - 0.07M$$

注:如果通过用于表明对§25.335(b)(2)符合性的合理分析获得证明,综合后的最小速度增量可从0.07M减小到0.05M。

(d) 在V_{MO}受限的各个高度上,为空速系统制造上的差异和超速警告误差的制造允差留出的增量,分别为3kn和6kn,除非确认有更大的差异或误差存在。

(e) 应将按照§25.253进行飞行试验期间制定的由V_{MO}过调引起的增量ΔV,加到为制造差异和设备允差留出的增量值上。V_{MO}值不得大于由下列方程和§25.1505所获得的最小值的要求:

$$V_{MO} \leqslant V_{DF} - \Delta V - \underset{\text{(制造差异)}}{3\,\text{kn}} - \underset{\text{(设备允差)}}{6\,\text{kn}}$$

(f) 对于空速系统和超速警告系统之间有数字接口的飞机,如果得到充分证实,可删去警告系统的制造允差。

b. 受影响的条款。

这些准则引用某些25部条款。对于适用前民用航空条例(CAR)的飞机,也可将这些准则用于表明对CAR相关条款的符合性。受影响的其他CFR条款如下:

§25.175(b)	纵向静稳定性的演示验证
§25.251	振动和抖振
§25.253	高速特性
§25.335(b)	设计俯冲速度V_D
§25.1303(b)(1)和(c)	飞行和导航仪表
§25.1505	最大使用限制速度

c. 程序

使用分别按§25.1505和§25.251确定的速度V_{MO}/M_{MO}和V_{DF}/M_{DF},以及相关的速度裕度,应表明飞机对§25.253所规定高速特性的符合性。除非另有规定,应从直至并包括V_{MO}/M_{MO}的最临界速度开始,对飞机特性进行调查研究,应由申请人选定所采用的改出程序,但在改出期间的法向加速度(总)不应大于1.5g。应在重心处于临界位置并且通常垂直于当地高处风向的情况下进行试验。

（1）重心偏移

应根据飞机内设布局的情况,借助相应于有代表性的旅客人数(和/或服务车)向前移动所引起的重心移动,促使飞机产生颠倾。应允许飞机一直加速至 V_{MO}/M_{MO} 之后 3 s。

（2）速度意外增大

在 V_{MO}/M_{MO} 配平时模拟一种规避操纵,方法是:向俯仰操纵器件施加足够大的向前力,产生 0.5g(总的),历时 5 s,此后,应以不大于 1.5g(总的)开始改出。

（3）突风颠倾

在下列 3 次颠倾试验中,操纵器件位移量应相应于飞机型号,并应取决于飞机稳定性和惯性特性。对于具有低机动性和高机动性的飞机,应分别采用上限值和下限值。

（a）飞机在机翼水平飞行时配平,快速滚转到与该飞机相应的最大坡度角,由此模拟瞬时突风,但坡度角不小于 45°,也不大于 60°。在达到所要求的坡度倾斜角的时间内,应使方向舵和纵向操纵器件保持固定。以此坡度倾斜角滚转时,滚转速度应受到抑制。紧接着,应松浮操纵器件直至 V_{MO}/M_{MO} 之后至少 3 s 或历时 10 s,取两者之中先出现者。

（b）从正常巡航状态开始实施纵向颠倾。以 V_{MO}/M_{MO},使用维持平飞所需功率或推力,但不大于最大连续功率或推力来确定飞机配平(如果以最大连续功率或推力水平飞行不能达到 V_{MO}/M_{MO},以尽实际可能平缓的下降使飞机达到 V_{MO}/M_{MO},在 V_{MO}/M_{MO} 速度下使飞机配平)。接着减小速度,之后以相同的功率或推力和配平,达到与飞机型号相对应的 6°～12°低头姿态。允许飞机加速,直至 V_{MO}/M_{MO} 后 3 s。§ 25.143(d)关于短时作用操纵力的限制适用。

（c）执行由纵向和横向颠倾组合而构成的双轴颠倾。按上面(b)的规定实施纵向颠倾,在俯仰姿态已建立时,但在达到 V_{MO}/M_{MO} 之前,使飞机滚转 15°～25°。应保持既定姿态直至 V_{MO}/M_{MO} 后 3 s。

（4）由爬升转入平飞

执行由爬升转入平飞,无需使发动机功率或推力减小到爬升允许最大值以下,直至 V_{MO}/M_{MO} 后 3 s。应以不大于 1.5g(总的)完成改出。

（5）自马赫数空速限制高度下降

应按由 M_{MO} 定义的空速预定程序进行下降,并持续下降直至 V_{MO}/M_{MO} 后 3 s,此时以不大于 1.5g(总的)完成改出。

（6）横滚能力——§ 25.253(a)(4)

（a）形态:

1　机翼襟翼收上。

2　减速板收起和打开。

<u>3</u> 起落架收上。

<u>4</u> 配平。飞机在以 V_{MO}/M_{MO} 直线飞行下配平。在机动飞行过程中不应移动配平操纵器件。

<u>5</u> 功率：

（aa）以保持 V_{MO}/M_{MO} 平飞所需的功率全发工作，但不必超过最大连续功率；

（bb）若功率影响明显时，关油门。

（b）试验程序。演示验证具有足够横滚能力以保证快速改出横向颠倾状态的可接受方法如下：

<u>1</u> 在接近 V_{DF}/M_{DF} 的速度下，以完成下列机动并不超过 V_{DF}/M_{DF} 改出的必需范围为限，建立 20°定常倾斜转弯。使用横向操纵，应演示验证飞机能够在不超过8s内沿相反方向横滚到 20°坡度角。该演示验证应当沿最不利方向进行，机动可不受约束。

<u>2</u> 对于使用方向舵时对横滚率呈现不利影响的飞机，还应演示验证，使用方向舵并结合横向操纵使下沉机翼抬起，不会导致横滚能力明显低于上面的规定值。

（7）打开减速板

为阐明 §25.253(a)(5)中"驾驶员操纵器件的可用行程"这一表述的含义，给出如下的指导材料，并为演示验证符合该项要求提供指导。通常，驾驶员操纵器件可用行程就包括减速板操纵器件的实际行程的整个范围（即从止动位到止动位）。但是在某些情况下，驾驶员操纵器件的可用行程范围会被限制在与空中使用减速板相关的较小范围。采用某种措施将可用行程限制在某个空中范围是可接受的，只要操纵器件达到其最大许可的空中位置时，所用措施向驾驶员提供明白无误的触觉提示，并且针对超出空中限制位之后的位置表明对 §25.697(b)的符合性。此外，申请人推荐的程序和培训也必须与限制减速板操纵器件空中行程的目的一致。

（a）§25.697(b)要求预期仅在地面使用的升力和阻力装置，如果它们在空中的工作可能是危害性的，则必须有措施防止其操纵器件在空中意外工作。如果限制减速板在某个空中范围工作，必须表明减速板操纵器件超出空中可用行程范围的工作为非危害性的。两个可接受的示例是，用于限制这些操纵器件空中行程范围的明白无误的触觉提示措施的设计，包括限动卡槽或同时包括定位卡挡和越过此卡挡需要显著增大操纵力的措施。仅仅通过 AFM 限制这一节所列方法或程序手段来限制驾驶员操纵器件的使用或限制其可用行程的使用，都不是一种可接受的符合方法。

（b）可在其他高速试验期间（如本 AC 中 31b(2)和 32c(1)～(5)）和制订应急下降程序期间对减速板打开的影响进行评定。借助这一试验有可能做出符合 §25.253(a)(5)的结论。为有助于确认对于本规章中定性要求的符合性，可将下面的量值用作通常可接受的符合方法：超过 2g 的正载荷系数，应视为过大；而只需要小于 20 lbf 增量力就可维持 1g 飞行，则可能认为机头下俯力矩过小。这些值不可能适用于对所有飞机,将取决于具体飞机设计在高速飞行中的特性如何。其他的符合方法也是可接受的,只要已表明符合§25.253(a)(5)所规定的定性要求。

33. 失配平特性——§25.255

a. 说明

某些装有可配平水平安定面的早期喷气运输机曾经历导致高速俯冲的"急流颠倾"。当飞机在低头方向失配平并加速到某个很高空速时,曾发现升降舵功率不足以使飞机改出。此外,因为作用在水平安定面上的气动载荷过大而使水平安定面的电机不能转动,导致水平安定面在抬头方向无法配平。因此,曾制订了一份专用条件,并适用于大多数具有可配平水平安定面的 25 部飞机。在作了一些实质性更改后,采纳此专用条件作为§25.255,随 25 - 42 号修正案而生效。虽然这些早期的问题似乎一般都与具有可配平水平安定面的飞机有关,但从 25 - 42 号修正案前言的讨论中显然可知,"无论飞机采用何种形式的配平系统",§25.255 都适用。制订§25.255 是为了预防在高速区域失配平飞行时出现下列不满意的特性:

(1)俯仰中机动稳定性的变化导致过操纵。

(2)由于操纵力过大不能达到改出颠倾所需要的至少 1.5g。

(3)飞行机组不能施加完成改出所必需的操纵力。

(4)出现大的操纵力输入时,俯仰配平系统不具有必要的操纵力解除能力。

b. 参考条例——§25.255

c. 条例讨论

(1)§25.255(a)是目的概述。可借助所施加的操纵力与飞机重心处法向加速度的关系曲线来表明机动稳定性。必须将失配平量设定为下列值中之较大者:

(a)§25.255(a)(1)。纵向配平系统以其具体飞行状态的正常速率在无气动载荷的情况下移动 3s。由于许多现代飞机的配平系统都是可变速率系统,本条款要求对机动条件进行定义,并用该条件下的无载荷配平速率来设定所要求的误配平量。对于未配备动力操作配平系统的飞机,经验表明,要施加的合适的纵向误配平量就是产生 30 lbf 操纵力或达到配平限制所必需的值,取其中先出现者。

(b)§25.255(a)(2)。在高速巡航状态维持平飞时,自动驾驶仪所能承受的最大误配量。高速巡航状态对应于最大连续功率或推力所导致的速度,或V_{MO}/M_{MO},取其中先到达者。最大自动驾驶误配平量可以是若干个变量的函数,因此其误配平的程度应与试验条件相对应。在确定自动驾驶仪所能承受的最大误配量时,应考虑自动驾驶仪及其相关系统的正常工作。如果自动驾驶仪配备自动配平功能,则能承受的误配平量,即使真的能够,通常也很小。如果无自动配平功能,应该对由升降舵伺服机构能承受而不引起自动驾驶仪脱开链接的最大失配平量,给予考虑。

(2)§25.255(b)制定了基本要求,用以表明在整个规定的加速度包线内,直至

V_{FC}/M_{FC}的所有速度下,具有可靠的机动稳定性,并在上述整个加速度包线内,在V_{FC}/M_{FC}和V_{DF}/M_{DF}之间的各种速度下,纵向操纵力无反逆(后面的(d)和(e)[1]认为,抖振边界和操纵力限制值,将限制实际达到的加速度;这未计及M数配平增益等)。

(a) §25.255(a)中规定失配平条件,必须表明其对§25.255(b)的符合性。对于应用失配平准则之前的初始配平条件,飞机应在下列速度下配平:

<u>1</u> 对于直至V_{MO}/M_{MO}的速度,则为进行演示验证的具体速度;

<u>2</u> 对于大于V_{MO}/M_{MO}的速度,则为V_{MO}/M_{MO}。

(b) §25.255(b)(2)似乎指出,只要操纵力不反逆(例如从拉变成推),不稳定的飞机特性将是满意的,不管纵向主操纵力特性随载荷系数增大而如何变化。虽然这样的准则对于从配平状态开始机动时评定飞机特性也许有利,但是能够表明,对于从规定的误配平状态开始试验时评定飞机的机动特性,却提供不利的规范。例如,如果放开初始大升降舵推杆力以使载荷系数增大到规定值,在某一载荷系数下,升降舵推杆力恰好通过零位而变成轻度拉杆力,然后,在某个较大的载荷系数下,拉杆力又反过来通过零位而变成推杆力,则应认为飞机具有不可接受的抬头误配平特性。而这样的飞机特性却明显好于在同样的机动中升降舵力斜率严重逆反而一直不会随载荷系数的增大而达到零升降舵力的那种飞机特性。仅按25.255(b)(2)的字面解释,可能认为后一种飞机符合要求,而认为前者不符合要求,因为它的主纵向操纵力有轻微的反逆。

(c) 应将§25.255(b)(2)解释为,对于大于$1.0g$的载荷系数,纵向主操纵力不得小于用于获得初始1g飞行状态时的值。图33-1给出这一解释。如上面(a)中所讨论的,对于V_{FC}/M_{FC}和V_{DF}/M_{DF}之间的速度,轻度操纵力反逆将是允许的,只要:

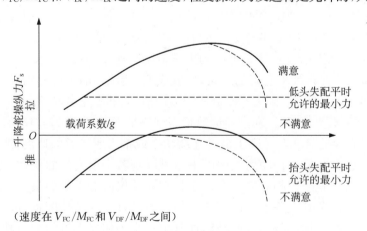

(速度在V_{FC}/M_{FC}和V_{DF}/M_{DF}之间)

图33-1 误配平机动特性

---

① 原文如此,系指§25.255中的(d)和(e)款。——译注

<u>1</u> 不存在严重的纵向操纵力斜率逆反；

<u>2</u> 任何俯仰趋势(载荷系数非指令性改变)应是平稳且易于控制的；

<u>3</u> 飞机对主纵向操纵的俯仰响应是驾驶员可预料的。

(3) §25.255(c)规定,对机动稳定性的调查研究(§25.255(b)),应包括 $-1g \sim +2.5g$ 之间的所有可达到的加速度值。此条款引用的§25.333(b)和 §25.337,将 V_D 速度下的负 g 限制为最大到 $0g$。§25.251进一步将 g 值限制为在抖振作为一个因素的那些高度,可能无意偏离而超出抖振起始边界时发生的那个 g 值。

(4) §25.255(c)(2)允许使用可接受的方法对飞行试验数据进行外推。例如,如果在 $0 \sim +2g$ 之间的杆力梯度与预计数据一致,就可以外推到 $-1g$ 和 $2.5g$。

(5) §25.255(d)规定,从发现存在任何微小杆力反逆状态的法向加速度至 §25.255(c)(1)[①]要求的适用限制值,完成飞行试验。该项要求优先于上面(4)中所述的外推许可。

(6) §25.255(e)将调查研究限于所要求的飞机结构强度限制值以及与可能意外偏离而超过抖振起始包线边界有关的机动载荷系数。此条款还计及在 $-1g \sim +1g$ 范围内的试验条件下,速度可能大幅增加这一事实。此条款对进入速度作了限制,以免超过 V_{DF}/M_{DF}。

(7) §25.255(f)规定,在§25.255(a)规定的失配平条件下,在从 V_{DF}/M_{DF} 的超速状态改出的过程中,必须有可能产生至少 $1.5g$。如果高空发生颠倾之后,不利的飞行特性有碍于以 V_{DF}/M_{DF} 速度在合理预期的开始改出的最大高度上达到此载荷系数,应将飞机的飞行包线(重心、V_{DF}/M_{DF}、高度等)限制为能获得 $1.5g$ 的某个值。如果为获得 $1.5g$ 而必须使用配平,则必须表明在主操纵面承载为下列 3 个规定值中最小值时的操作。

(a) 施加§25.397规定的驾驶员限制载荷(300 lbf)所产生的力。

(b) 产生 $1.5g$ 所要求的操纵力($125 \sim 300$ lbf)。

(c) 与强烈程度足以阻止进一步施加纵向主操纵力的抖振或其他现象相对应的操纵力。

d. 程序

(1) 根据 F_s/g 的特性(通常为一条曲线)确定符合性。在规定的速度和加速度范围内对 F_s/g 数据做出精确评定的任何标准飞行试验程序,都应认为是可接受的。在规章和上面的讨论材料中规定调查研究和可接受性的界限,并在机动飞行选择方面,允许驾驶员有广泛的酌酌决定自由。

(2) 调查研究范围。应在最不利的载荷下针对大、小两种操纵力进行失配平试验。应在动压(q)和 M 数两种限制下完成试验。

(3) 在试验前,应考虑承载时作动主操纵器件(包括配平)的能力。

---

① 原文误为§25.255(b)(1)。——译注

第3章 结　　构

［备用］

第4章 设计与构造

第1节 总则[备用]

第2节 操纵面[备用]

第3节 操纵系统

34. 总则——§25.671

a. 说明

本资料涉及§25.671(d)的全发失效情况。此条款的目的在于确保在所有发动机失效的情况下,飞机仍是可操纵的,并且能进近和着陆改平。凡认为分析方法是可靠的,可以用分析表明满足此要求。

b. 程序

(1) 按照§25.671(d),在全发失效时,飞机必须是可操纵的。应按每一种经批准的形态,表明符合性。在全发失效后,飞机应保持可操纵。如果全发失效时还有可能,允许重新配置形态。应将任何这种重新配置形态纳入AFM有关全发失效后状态的操作程序中。

(2) 应在飞行中演示验证驱动飞机操纵系统的应急动力的有效性,无论其由发动机风车转动产生,还是由辅助电源产生。

(3) 以前表明符合§25.671(d)的方法已表明在爬升、巡航、下降、进近和等待空域各形态下全发失效后飞机仍是可操纵的,并能从合理的进近速度拉平到着陆姿态。

(4) 对于具有完全动力操纵系统或电子飞行控制系统的飞机,经批准的AFM中的应急程序这节应包括相应的操作程序及类似于下面的声明:

"本飞机具有全动力(或电子)操纵系统,能依靠发动机风车转速或辅助电源而工作,在飞行中出现全发失效事件时,能向操纵系统提供必需的动力源。在这一应急情况下,在最小空速×××kn IAS 时,能为飞机的可控性提供足够液压源或电源。"

35～45[备用]

46. 襟翼和缝翼的交连——§25.701

a. 说明

按§25.701(a),如果机翼襟翼未采用机械交连,则应进行试验或分析,以表明在不对称的襟翼或缝翼打开形态下,飞机具有安全飞行特性。

b. 参考文件

有关其他指导材料,参见 AC25-22《运输类飞机机械系统合格审定》(2000 年 3 月 14 日)。

c. 程序

模拟起飞、进近和着陆过程中相应的襟翼和缝翼故障,以演示验证在这些情况下飞机是安全的。为考虑安全,应保留合适的失速裕度和操纵性,不要求有超常的驾驶技能或体力。此外,在考虑很可能的过渡速率而过渡到不对称状态的过程中,高度和姿态不应有危险的变化。

47. 起飞警告系统——§25.703[备用]

第4节 起 落 架

48～51[备用]

52. 收放机构——§25.729

a. 说明

无。

b. 程序

(1) 按照§25.729 的规定,应进行飞行试验以演示验证处于最重形态下的起落架及相关部件,在下列条件下具有完全的收放能力:

(a) 在巡航形态下以 V_{LO}(标牌空速)和正常偏航角做接近 1g 飞行;

(b) 相应于典型着陆的空速和襟翼设定位。按§25.1515(a)制定的起落架工作标牌空速 V_{LO},不应大于 1.6 倍的§25.729(a)(1)(ii)规定的 V_{S1} 设计值。

注:"正常的"偏航角系指与发动机不工作飞行和抵抗直至 20 kn 侧风有关的那

些偏航角。

(2) 应以直至 V_{LO} 的空速和正常偏航角做接近 1g 飞行,以演示验证备用放起落架系统。应制定应急放能力包线并呈现于 AFM 应急操作程序这节中(参见上面的"注")。

(3) 操作试验——§25.729(d)。

(a) 应通过飞行试验确定发动机不工作时的起落架收上时间,方法如下:使一台发动机处于慢车功率(或推力),将其余工作发动机调节到寻求合格审定的最小推重比推力状态。液压系统应处于与实际发动机失效状态相对应的临界形态。在开始收起落架之前,应使飞机稳定地按固定航向飞行。所获得的起落架收上时间将用于制定符合§25.111 要求的 AFM 起飞航迹性能信息。

(b) 起落架收上时间是指从起落架收放手柄移到"收上(UP)"位置至起落架(包括舱门)最后处于收上形态所需用的时间。应计及与起落架位置指示系统有关的任何滞后所形成的容差。

(4) 位置指示和音响警告——§25.729(e)。应证明实际起落架位置与起落架位置指示器上所示位置相一致。起落架音响警告应满足§25.729(e)(2)~(e)(4)的要求。可采用飞行试验、地面试验和分析的组合方法来表明对这些要求的符合性。

53. 机轮——§25.731

a. 参考文件

(1) TSO C-135a《运输类飞机机轮与机轮和刹车组件》(2009 年 7 月 1 日)。

(2) 本 AC 中 55b(4)(f)"机轮易熔塞"。

(3) 本 AC 中 55c(7)"机轮易熔塞设计"。

(4) AC21-29C,第 1 次更改版,《对疑似未经批准件的检测和报告》(2008 年 7 月 22 日)。

b. 说明

(1) 背景

(a) CAR§4b.335 中有关机轮的最初指导材料,已为 TSO-C26 及其后续修订版本所替代。TSO-C26 早期版本引用了 SAE AS 227 版本中的最低标准要求。后来,TSO-C26b 及其后续修订版中规定了最低标准。对于带刹车的机轮,认识到与热量控制、振动控制和结构应力等有关之设计和安全的相互依存性,必须将机轮和刹车作为一个组件按§25.735(a)的要求予以批准。上面 a 中的参考文件(2)和(3)为支持适航性提供了对易熔塞本征功能临界性的深入了解。随着对更长寿命机轮和更鲁棒设计的需求日益增加,提出了一些更改,诸如对一部分滚动试验,增加垂直和侧向组合载荷;将最大静载下的滚动里程从 1000 mi 增加到 2000 mi;增加轮缘滚动要求来提高轮缘区的鲁棒性。

(b) 在大多数情况下,机轮常常视情退出服役。通常,按机轮和刹车供应商的部件维护手册(CMM)的规定,随着某一特定机轮使用时间的累积将增加检查频度。如果飞机上出现机轮失效,其通常出现在飞机于地面且机轮和轮胎组件受载时。

(c) 某些飞机制造商规范的趋势是:将重点在提高寿命和安全性的试验要求,交予机轮和刹车供应商。已经采纳了一些增加的要求,诸如破损-安全设计验证、对未经腐蚀机轮和经腐蚀机轮的至破损试验、强制性使用过压保护装置(除易熔塞之外)。随着更长寿命轮胎的采用,轮胎大修检查之间着陆次数增加,有关机轮及部件(如机轮轴承)的需求进一步增加。此外,应使飞机制造商参与机轮设计、试验和制造商批准,以确保飞机的特定需求已得到考虑。例如,至少有一家飞机制造商要对丢失机轮系紧螺栓的要求给出规定,以至于可为限定的起降次数提供最低设备清单(MEL)签派放行。作为第二个例子,各飞机制造商可规定经强化的机轮载荷和/或试验要求,以计及在小车式多轮起落架和其他的飞机起落架构型上所发生的各种轮胎失效模式。为此,通常就要按照对飞机制造商要求的符合性而不是按照 TSO 最低标准来演示验证某个具体机轮和轮胎组件或者机轮、刹车和轮胎组件的持续适航性。

(d) 由于轮胎-机轮界面载荷和合成机轮应力分布图谱的不同,以及轮胎压缩量/间隙的差异,使用子午线轮胎和斜交轮胎各自完成机轮适用的 TSO 试验和(如果适用)飞机制造商试验。对于带刹车的机轮,由于可能遇到的轮胎能量吸收的差异,使用子午线轮胎和斜交轮胎各自完成机轮/刹车组件试验。已有一家机轮和刹车供应商报告,在同一情况下使用来自不同轮胎制造商的斜交轮胎,机轮寿命存在很大差异。但是,业已表明,一般还不必要使用不同制造商的斜交轮胎来完成机轮和轮胎组件或者机轮、刹车和轮胎组件试验。

(e) 应将运输类飞机机轮内的机轮轴承作为机轮组件的一部分进行合格鉴定。工业界的经验表明,需要对某个给定机轮组件中具体制造商的轴承进行合格鉴定,以确保本征性能和适航性。标准件轴承组件是不可接受的,除非在机轮合格鉴定试验过程中能够演示验证其性能。已有报告申述,滚棒端头划痕是导致飞机上轴承失效的最常见机理。

(f) 在新近的某些飞机上,也业已引进经改进的机轮轴承润滑脂和轴承预载限位装置,以提高机轮轴承在严酷的起落架系统环境下的使用寿命,并使得轮胎寿命延长和(或)轮胎更换之间以及轮胎检查之间的时间间隔加大。机轮和刹车供应商的 CMM 中通常规定机轮轴承润滑脂推荐品。在一些大型运输类飞机机轮上,不推荐混合使用不同轴承制造商提供的轴承杯、滚棒和锥形轴承内圈,这是由于不同的滚棒端部抗划痕能力不同以及其他常有的细微差异的缘故。

c. 程序和符合性方法

由于机轮以及机轮和刹车设计的唯一性和关键性,以及以往所经历的飞机和人员安全问题,仅在成功完成所有的适用试验之后,才批准其符合性。我们建议,为确保不会降低飞机的持续适航性,应向原来的机轮和刹车供应商[例如技术标准规定授权书(TSOA)持有人或设计批准书(LODA)持有人]征求关于任何备件的指导意见。

54. 轮胎——§ 25.733[备用]

55. 刹车——§ 25.735

a. 参考文件

(1) TSO-C135a《运输类飞机机轮与机轮和刹车组件》(2009 年 7 月 1 日)。

(2) AC25-22《运输类飞机机械系统合格审定》(2000 年 3 月 14 日)。

(3) AC25.735-1《刹车和刹车系统合格审定试验和分析》(2002 年 4 月 10 日)。

b. 说明

(1) 背景

(a) 制订§25.735(以前的§4b.337)的初始目的源自对规定运行着陆合理刹车寿命的研究。在目前的§25.735(f)(1)中仍然保留这个因素,该条款要求证实机轮、刹车和轮胎组件具有吸收"以最大着陆重量运行着陆刹停"所产生能量的能力。通过测功器试验表明对该项要求的符合性。

(b) 但是后来事实显示,在确定总体刹车能力时,中止起飞(RTO)可能是关键,刹车对最大 RTO 能量的吸收能力,可能会限制飞机的最大容许放飞总重。

(c) 通过对某起中止起飞(RTO)冲出跑道事故的调查研究(事故飞机 80% 的刹车处于或非常接近于完全磨损状态),提出需要考虑刹车磨损状态对以下能力的影响:①能量吸收能力;②刹停能力。最终,FAA 为现有的运输类飞机机队颁发了一系列专用的适航指令(AD),以制订刹车的磨损极限值,以使刹车在完全磨损状态下能够吸收 RTO 最大能量。FAA 也着手为未来飞机型号制定规章,解决在刹车完全磨损时的能量吸收容量和刹停距离问题。25-92 号修正案修订的最终规章增加了以下内容:

1 在刹车处于 100% 容许磨损极限状态下,确定飞机刹车的最大中止起飞动能容量额定值的要求;

2 使用剩余磨损量不大于其容许磨损范围 10% 的刹车,进行最大动能中止起飞飞行试验演示验证的新要求;

3 § 25.101(i)的性能要求总则,规定在所有机轮刹车组件处于其容许磨损范围内的完全磨损极限状态下,分别确定§ 25.109 和§ 25.125 所规定的加速-停止距离和着陆距离。

(d) AC25-22 和 AC25.735-1 为如何表明对§ 25.735 的符合性提供了指导材料和政策信息。

下列各小节,为执行与表明符合性有关的飞行试验评定,提供了补充信息。

（2）刹车操纵器件（§25.735(c)）。

整个飞行试验大纲应注明正常刹车操纵力及其使用，以确定它们是满意的。

（3）刹车控制阀

正常刹车系统中的刹车阀应使驾驶员能调制至刹车的压力。前面所述规定，未必一定要适用于备用或应急刹车系统，尽管很显然这样的规定也是所希望的。应进行飞行试验以确认正常刹车系统、备用和（或）应急的刹车系统满足§25.231的要求。

（4）停机刹车（§25.735(d)）

应进行演示验证以确认停机刹车能提供足够的刹车力，当最临界发动机为最大起飞功率或推力，而所有其他发动机为直到最大地面慢车功率或推力时，能够防止飞机在有铺装道面的水平干跑道（或任何合适的水平硬质道面）上滚动。飞机应当按最大停机坪重量后重心（或防止机轮滑动的某个重量-重心组合）装载。对于螺旋桨飞机，在确定临界发动机时还应考虑螺旋桨洗流以及发动机和螺旋桨扭矩的影响。因为合成的推力矢量可与螺旋桨转轴形成某个夹角，所以这台发动机和螺旋桨可能会比其另一侧机翼上对等的发动机更为临界，特别是如果所有螺旋桨均以相同方向旋转则更如此。

（5）机轮易熔塞

（a）由于安装了机轮易熔塞，使得与高动能应急刹停情况有关的轮胎和机轮爆破险情得以大大缓解。当机轮温度接近某个危险极限值时，这些易熔塞释放轮胎压力。应在 RTO 试验时演示验证易熔塞对防止危险的轮胎爆破的有效性，试验时需要吸收的刹车能量超过最大着陆能量，但不超过 RTO 能量，而易熔塞释放压力，从而使轮胎在爆破之前放气。

（b）设计不当的易熔塞，会导致起飞和着陆期间轮胎过早或非预期释压，这也可能构成险情。在快速往返航班营运的起飞过程中最有可能出现这种情况。应进行最大着陆刹车动能试验，演示易熔塞的完整性，试验不应导致易熔塞释压。

（c）大多数涡轮喷气运输机已能按本款所列出的程序，演示验证在最大能量级下机轮易熔塞的完整性。业已强制执行更具约束的使用限制（例如跑道坡度值和顺风值），不得超过针对机轮易熔塞完整性而演示验证的大能量级。随着增大最大着陆重量和取消这些约束性使用限制请求的出现，业已认为如下处置方法是可接受的：取消 AFM 中有关约束和使用限制，并在其原址处代之以"跟踪检查图"[①]，作为 AFM 中的一项限制。此图可依据高度、温度、跑道坡度、顺风值和着陆重量等使用条件，确定是否已超过临界能量等级。超过临界值时，将在 AFM 中限制这一节内加以声明，以要求在按这些使用条件着陆后，在起飞滑出进行起飞之前，飞机必须处于地面一段时间。这段时间的长度，应是达到机轮峰值温度（对应于易熔塞部位）的

---

① 原文为 chase-around chart。——译注

时间再加上 15 min。作为 AFM 中易熔塞限制图表的替代,可以考虑批准用另外的方法确定限制着陆运行能量,诸如刹车温度限制。

(d) 应由申请人选择用于上面(c)所讨论的巡检图中刹车磨损程度。服役经验表明,在确定回程飞行准备时间限制的方法中所含的保守程度足以允许使用新刹车装置来确定这些限制。

(e) 在能够按本条所列程序在最大能量水平下演示验证机轮易熔塞完整性,而不需对使用限制强加某些约束(例如跑道坡度值和顺风值)的情况下,则认为不必要在 AFM 中限制这一节内纳入"跟踪检查图"和有关声明。凡约束为必要之处,可将有关的声明和引用的"跟踪检查"纳入 AFM 中的限制这一节。

(6) 更换刹车和改型后刹车

(a) 为了对更换的或改型后的刹车制定飞机着陆和 RTO 合格审定性能水平,依据对刹车系统每一更改的逐项指标所作的评定,可能需要进行带测量的加速-停止试验,以及功能飞行试验(着陆距离)。所需的飞行试验的形式和数量将取决于所要求的更改是否涉及对经合格审定原刹车的散热片和/或扭矩要求的相应更改。由主管型号合格证持有人的飞机合格审定办公室(ACO)进行更改审查是必要的,因为原先起落架设计以结构分析为基础,刹车系统更改可能对其产生不利影响。此外,这样的试验也取决于申请人是否希望提高业经 FAA 合格审定的性能水平。

(b) 通常认为对摩擦耦合元件(动片和静片)的更改属于重大更改,需要进行本 AC 中 55c(1)所述的试验,除非能够表明,更改并不影响飞机的刹停性能、刹车能量吸收特性,或持续适航性。以往,持续适航性考虑包括诸如起落架系统和飞机振动控制、刹车感力、起落架系统兼容性等项目。

(c) 对于由制造商而非原 TSO 持有人对刹车所做的更改,只要不对摩擦耦合元件进行更改,以及所提议的更改不会影响飞机的刹停性能、刹车能量吸收、振动和(或)热量控制特性,以及飞机的持续适航性,则可认为属于小改。在某些情况下,如本 AC 中 55c(5)(b)所讨论的,可将制造商而非原 TSO 持有人对钢动片所做的更改看做小改。

c. 程序

除了新飞机的合格审定,飞行试验要求的范围可能不同,取决于对飞机刹车系统每一更改的逐项指标的评定,以及申请人是否希望提高经 FAA 合格审定的性能水平。过去的经验已证明,对于确定对本要求的符合性而言,仅进行测功器试验被认为是不充分的。对于新的、更换的以及改型的刹车,将它们的飞行试验程序分类如下:

(1) 新飞机合格审定——全新设计,无飞机性能数据资料

(a) 要求的试验。

<u>1</u>　为了全面分析,通常必须进行至少 6 次中止起飞和 6 次着陆。

(aa) 6 次着陆应在同一机轮、轮胎和刹车上完成。

(bb) 应以发动机正常慢车范围上限的推力(如果适用)进行所有试验。

(cc) 对合格审定基础包括 25 - 92 号修正案的飞机,§ 25.101(i)规定,应在飞机所有刹车组件处于完全磨损状态下确定加速-停止中的刹停距离部分以及着陆距离。表明对这一要求符合性的一种可接受的方法是,以尚未达到完全磨损状态的刹车来完成飞行试验中的刹车试验,然后使用以完全磨损状态刹车所确定的测功器试验数据,修正此飞行试验结果。应该证实,所使用的测功器试验方法,以及飞机和(或)跑道系统的分析模型代表实际情况。

2 对于每一飞机形态变化(即起飞和/或着陆襟翼,前轮刹车,防滑装置不工作,机轮刹车效率低下等),补充试验可能是必需的。

3 刹车系统响应评定,包括滑行期间刹车[见本 AC 中 30b(2)(i)]。

4 停机刹车能力充分性[见 55c(1)(c)]。

5 备用刹车系统刹停。

6 机轮易熔塞评定[见 55c(7)]。

7 防滑系统与湿跑道的兼容性。

8 起落架收上自动刹车系统(在如此配备的飞机)。

(b) 以飞机寻求合格审定的最大刹车能量水平进行一次 RTO,由此确定最大 RTO 能量。起落架上或其周围起火是可接受的,前提条件是在飞机刹停之后的最初 5 min 期间,在需动用灭火器灭火来维持飞机安全之前,能够允许起火燃烧。轮胎、机轮和刹车可处于这样的状态,即从跑道上拖走飞机之前,将需要对飞机进行维修。在进行此试验过程中,应维持减速率,其应与性能程序表所用值相一致。轮胎或机轮爆破是不可接受的。在 RTO 滑跑后期,可出现轮胎易熔塞释压,条件是不危及航向操纵。仅当所得距离(RTO 滑跑过程中发生易熔塞释压)大于以正常满刹车形态得到的距离时,才需将其纳入用来制定 AFM 性能的数据中。

1 对合格审定基础包括 25 - 92 号修正案的飞机,必须按 § 25.101(i),针对所有机轮刹车组件都处于完全磨损状态的飞机,确定最大刹车能量吸收水平。按照 § 25.109(i),必须在所有刹车组件处于其容许磨损极限的 10% 范围内(即至少已磨损 90%)的情况下完成最大能量 RTO 飞行试验演示验证。当使用测功器试验扩展飞行试验结果以确定全磨损状态刹车(即已磨损 100%)的最大能量吸收能力时,应证明测功器试验能够代表实际的飞机和跑道状态。将完全磨损定义为需要将刹车从飞机上拆下作翻修之前所容许的磨损量。容许的磨损量应由轴线方向线性尺寸予以定义,通常通过测量磨损指示销伸出量来确定。

2 在最大能量 RTO 演示验证之前,应以全发工作,使用正常刹车,至少滑行 3 mi,中间至少进行 3 次完全刹停。

3 就最大能量 RTO 演示验证而言,采用着陆方法是不可接受。尽管过去允许这样做,但使用经验已表明,利用刹车和轮胎温升(预测在滑行和加速过程中将会出现)的方法不能准确地计及相关的能量增量。

（c）应使用下列试验程序，在临界发动机为起飞功率（或推力）而其余发动机为直至最大地面慢车功率（或推力）的情况下，在有铺砌道面的水平干跑道（或任何适用的硬质水平地面）上，演示验证停机刹车具有阻止飞机滚动的能力：

1　应将飞机装载到其最大起飞重量（或飞机装载到阻止机轮滑动的重量-重心组合），轮胎充气到该重量下的正常压力，襟翼收上，操纵面中立，停机刹车设定。

2　临界发动机为起飞功率或推力，其他发动机为最大慢车功率或推力。

3　如果机轮未转动，则表明符合§25.735（d）的要求。在机轮上画上一条或多条白色径向条纹，可以很好地进行观察。飞机可以跳动，胎面可以切变，或者轮胎可以在机轮上滑动，但是，停机刹车必须阻止机轮转动。轮胎滑动是可接受的。

（2）增补新的或改型的刹车设计

（a）本条目涉及对经型号合格审定并具有 FAA 批准的刹车性能试验数据的现有飞机，增加新的或明显改型的刹车设计，以便改进性能或保持现有性能水平。"明显改型的刹车"定义为包含新的或改型的零部件从而引起刹车动能吸收特性、飞机刹停性能或飞机持续适航性发生显著变化的刹车。例如，动片和/或静片衬层材料或面积、级数、柱塞面积的显著变化，散热片重量减小，摩擦面和元件总数更改，刹车装置几何参数（摩擦力、半径、摩擦面积）更改，易熔塞重新定位或熔化释压温度更改，隔热屏更改（将影响机轮和/或易熔塞温度剖面），或密封更改。

（b）要求的试验。

1　对于改进性能，本 AC 的 55c（1）中所有适用部分。

2　对于等效性能，条件是足够数量的试验，对现有经批准性能水平（RTO 和着陆）进行验证。应当对易熔塞的验证，相应能量水平下的性能验证，以及形态差异（包括防滑系统的接通和断开）给予考虑。应进行多次滑行试验，以确保地面操纵、机动以及刹车灵敏性是满意的。应在湿跑道上至少进行两次刹停，一次在大重量下进行，一次在轻重量下进行，以验证刹车装置和防滑系统的兼容性。

3　对于扩展性能，条件是足够数量的试验，确定拓展边界并确定与现有性能水平的等效性。应该对上面2 中的项目予以考虑。

（c）定义。

1　改进性能系指：摩擦系数（μ）相对于预期的飞机运行能量水平而有所增加，并可要求将其用于着陆、RTO 或某一特定形态（诸如仅防滑系统"接通"）。

2　等效性能系指：将可获得足够的数据，用以验证预期更改的性能水平等于或优于现有的性能水平。更改可能是为了如下目的：改变重心包线，或改变飞机形态（诸如襟翼角度），并且可将其用于具体的运行（诸如着陆）。

3　扩展性能系指：将对现有合格审定摩擦系数（μ）与能量线的关系进行拓展，以针对所提议的更改（如总重或预期的最大能量水平）制订刹车力水平，并且可将其用于具体运行（诸如仅对着陆）。

（3）增加会影响飞机性能的新的或更改的防滑系统（例如新的防滑系统，或从联动机轮控制更改为单独机轮控制)。应进行足够数量的飞行性能试验和(或)功能试验,以验证防滑系统"接通"状态下现有经批准的性能水平。如果想要提高刹车性能,则需要进行全面的飞机性能试验。

(4)易熔塞改型

(a)应逐一评定为易熔塞更改而进行的飞机试验。尽管为制订初始的易熔塞不熔化能量需要进行飞机试验,但对于易熔塞或机轮的设计小改,也可通过旧设计与新设计的背靠背测功器比较试验来进行验证,只要主管的 FAA ACO 认为是可接受的。

(b)对机轮设计作了重大更改和(或)重新设计,或者对热熔式保险塞或压力式保险塞进行了重新定位,都应进行机上试验。

1 应进行一次飞机试验,以表明易熔塞在吸收过度的能量时将会释压。

2 应再进行一次飞机试验,以验证不会导致易熔塞释压的最大动能(易熔塞验证)。就此项试验而言,测功器试验被认为是不够的。

(5)小改/大改

(a)未影响到飞机刹车性能的刹车小改,可能需要进行功能性着陆试验。要求通过此项试验验证飞机—驾驶员—刹车装置—防滑装置组合的兼容性。通常,认为5 次非仪表的功能性着陆对于验证此兼容性已足够。小改的示例可包括结构改进(提高疲劳寿命)、调节器和(或)收进装置更改、结构部件的材料和工艺规范更改,以及修改散热片释放槽(钢刹车装置)。其他不需要进行功能性着陆试验的小改示例有涂漆和(或)防腐蚀更改、放气口或润滑油加注嘴的更改、改进过量充气装置、金属修理以及修补程序。

(b)对散热片摩擦副元件的更改被视为大改,除非申请人能够提供属于小改的证据。根据经验,在钢刹车中,摩擦材料增厚或散热片元件增重作为小改,通常是可接受的。在碳刹车装置中,对于增厚或增重的散热片元件,可能需要补充实验室试验和/或机上试验,以评定其刹车性能和持续适航性。大改须经受广泛的机上试验,除非能够表明更改不影响飞机刹停性能、刹车能量吸收特性和持续适航性。在这一点上,持有 TSO 核准书的机轮和刹车组件的原制造商,以及对诸如起落架设计假设条件和飞机刹车系统履历这类事项有丰富经验的型号合格证持有人,可能拥有足够的数据来表明可将这样的更改视为小改(即不会影响性能)。相比之下,有愿望生产动片或静片备件但并非原制造商的申请人,也许不可能使用或拥有所要求的既成研制数据或其他试验数据来表明业已对下列事项作出考虑:性能、刹车能量容量、刹车系统兼容性或整个持续适航性保证条款。由于摩擦面和飞机刹车系统界面的复杂特性,应将非原制造商的申请人有关使用静片和(或)动片替换件的建议始终视为大改。

(c)要确定100%的同一性被认为是非常困难的。对于刹车摩擦部件(例如:轴承杯内衬层、烧结在板上的衬层、钢刹车所用的钢材以及碳刹车内的碳盘)更是如此。由于摩擦材料的复杂性和(或)所要求的测功器试验范围所限,想要根据实际记录和测功器试验来确认对等性也许是不可能的或不切实际的。

(d) 由于与飞机刹车摩擦副相关的复杂性,工业部门和局方通常不赞成在同一刹车内混用来自各供应商的摩擦部件,或在同一飞机上混用来自不同制造商的机轮和刹车组件。通常,大型运输类飞机制造商已通过经批准的设备清单限定在特定飞机上使用特定机轮和刹车供应商的组件。尽管常常选择多家机轮和刹车供应商(即多家初始 TSO 持有人)向特定飞机型号提供机轮和刹车组件,但业已禁止混用机轮和刹车组件,以避免潜在的问题,诸如刹车、起落架和飞机之间不平衡的能量分配,不适宜的动态交叉耦合;振动控制器和(或)热控制器的性能降级;每一机轮和刹车组件特有的刹车操纵系统调准要求等。

(e) 但是,FAA 已经批准使用钢动片替代件。业已对下列有关确认钢动片等效件的协议予以更新,以包括对刹车磨损和磨损模式的评估,确保原制造商的机轮和刹车组件磨损后的刹车能力不会由于使用钢动片替代件而降级。下列准则和评定代表认定使用钢动片替换件属于小改的协议:

1 原部件和建议的替换件之间非常紧密相关;

2 对与替换件相类似的零部件,有丰富满意的先前制造和服役经验;

3 一份完成试验大纲测功器部分的合理试验计划;

4 成功完成测功器试验;

5 至少在飞机上成功完成一系列功能性着陆。

(f) 在飞机上进行最大能量 RTO 试验和其他的刹车系统试验的必要性,将取决于上述评定的结果和以已磨损刹车进行飞机 RTO 试验的经验(按适用而选定)。

(g) 如果提出混用钢动片替代件和原制造商的钢动片,申请人应向 FAA 提交一份飞机试验评定计划,由此提供数据,指导以已磨损刹车进行中止起飞的等效性评估。如果申请人不能为所提出的混用形态,提供有关完全磨损和从新的状态到磨损状态的磨损模式相似性证据,则不允许混用钢动片,为的是确保不会影响到初始 TSO 持有人其机轮和刹车组件具有的磨损刹车中止起飞额定能力和经批准的磨损极限。

(h) 测功器试验计划,如果适用,还要有完全磨损和磨损模式试验计划,应包括:

1 TSO 最低标准性能演示验证。含有所提出的钢动片形态的机轮和刹车组件,应成功地演示验证对适用 TSO 的刹车和结构试验的符合性;

2 符合:

(aa) 飞机制造商规定的要求;或

(bb) 按下面规定的备选程序:

(i) 备选程序(仅适用于钢动片)。

1 能量和扭矩容量试验。为了以背靠背试验的形式演示验证刹车能量吸收、扭矩和压力相对时间的分布图都是等效的,进行一系列试验(不只是一次试验)可能是必要的。为获得此试验的好处,所有摩擦部件和结构件都应处于新的状态。在试验过程中,如果是重新装配的部件或是在役的部件而不是这些新部件出现失效,应理解为试验结果可能有疑问。FAA将会仔细审查那些可疑的试验,并且可能要求重新试验。在试验之前,申请人应仔细提供文件证明机轮硬度和机轮传动、扭力管花键、柱塞和衬套组件状态,以确保是在使用有可比性的试验件。在每次试验中,所用轮胎的尺寸和层数额定值、制造商、轮胎状态、径向载荷和滚动半径都应相同。每次试验的试验设备和试验条件必须是一致的,包括试验刹车、机轮和轮胎磨合制动履历、刹车压力起始速率(psig/s①)、最大压力、初始加刹车速度、飞轮惯量等,以确保一致的试验控制。在试验中和试验后,不允许对进行机轮和柱塞壳体进行人工冷却,直至其温度达到峰值。

　　2　这一系列试验的起始动能(KE)水平由申请人自行确定。对于后一次滑跑动能应比先前一次的增大约5%,直至确定极限动能(KE)水平[即柱塞将要离开柱塞腔或飞轮减速率下降到低于$3\,ft/s^2$的那个点(TSO RTO最小平均减速率要求值的1/2)]。申请人所报告的减速率,应基于按下式求得的距离(而不是时间):

$$距离平均减速率 = [(初始加刹车速度)^2 - (最终加刹车速度)^2]/$$
$$(2 \times 刹车后飞轮距离)$$

　　(aa)应在原制造商的机轮和刹车组件上,按这一极限能量水平进行至少2次滑跑试验,作为基线。这些试验滑跑应表明同样的结果。试验期间,应施加最大刹车力压力。应演示验证任何试验中易熔塞释压是安全释放经批准的氮气-空气混合气。

　　(bb)然后在申请人提出的机轮和刹车组件上,以极限能量水平至少进行2次试验滑跑(即对两家制造商的刹车进行背靠背演示验证)。试验应表明两者具有相同的刹车能量吸收、扭矩、热特性容量以及扭矩和压力相对时间的分布图,同时演示验证密封和结构完整性与原制造商的机轮和刹车组件相当。

　　3　磨损刹车的RTO能力。在测功器试验期间,应以申请人提出的磨损指示销限制值,对所推荐的带钢动片替换件的机轮和刹车组件形态,制订磨损后刹车RTO能力。应向飞机制造商索取试验刹车能量吸收准则、扭矩性能以及成功或失败要求,以提供支持证据,表明磨损后刹车RTO能力与初始TSO持有人的机轮和刹车组件所达到的能力相等效。如果不能举证,申请人也应该为新刹车提交与本AC中55c(1)所述相类似的磨损后刹车RTO试验计划。申请人还应向FAA提交其将要遵循的方法,用以验证在役带动片替换件的已磨损刹车其磨损后刹车RTO能力,与按本AC中55c(1)(b)1进行的初始测功器试验时所确定的能力相等效。

　　4　在能够通过某一确定次数的使用起落航线飞行,演示验证混用组件的磨损

---

① psig=pounds per square inch (gauge),磅力/英寸²(表压),1 psi=1 lbf/in²=6.894×10³ Pa。——译注

模式不危害原来的或带有替代件的机轮和刹车组件其磨损后刹车 RTO 能力之前，将不允许混用 2 家制造生产商生产的钢动片组件。由于测功器试验通常不能够做到，申请人应向 FAA 提供一份服役计划，分别从全由原制造商提供的，全由申请人提供的，或混合提供的在役已磨损含钢动片刹车中抽样，以检查磨损和磨损模式。由于原制造商的刹车常常包含第 2 次，或许第 3 次起落航线飞行重新磨合的钢动片，可能要求对钢动片替代件进行至少 2 次在役起落航线评定，以评估等效性。这些数据为含动片替代件的刹车在确定经批准的刹车磨损后 RTO 磨损极限时提供指导材料。

5 扭矩/压力比曲线。要求制定扭矩/压力比试验计划并进行试验，以在整个试验速度和试验压力范围内演示验证等效的增益性能。评定原制造商的和申请人的机轮和刹车组件两者时所用的试验件状态、磨合状态和程序、试验速度范围以及试验压力矩阵，都应相同，并且试验顺序也相同。这些试验结果将为刹车系统操纵相容性评估提供指导材料。

6 至少应按本 AC 中 55c(5)(a) 所述进行 5 次功能性着陆试验，也是这一批准程序所要求的一部分。

7 持续适航性。摩擦副材料过去的情况已表明，有必要对 RTO 能力继续进行监测(通过测功器试验)，以确保在整个飞机项目寿命期间不超过 AFM 限制值。对于大型运输类商用飞机，业已表明这些监测计划对探测与纠正不可接受偏离给予了补充。申请人应当向 FAA 提交一份质量计划，以演示验证随着时间的过去，采用钢动片替换件仍能保持摩擦副的 RTO 能力。

(6) 自动刹车。在业已确定无自动刹车性能的飞机上，从功能、无危险和无干扰诸方面，为自动刹车安装提出如下要求：

(a) 应该对系统设计的完整性和无危险性(包括关键部件潜在失效概率和后果)进行评定。单个失效不可危及飞机的非自动刹车能力。

(b) 应提供系统工作与否的正确指示。

(c) 对于寻求批准的每一个自动刹车设定值，应按寻求批准的包线范围内的各种着陆重量和高度，确定从接地到刹停的地面滑跑距离。在确定地面滑跑距离时，应按未使用反推力来制订性能，同时应制订与使用反推力对性能造成的任何不利影响并予以计及。应该对每一设定值范围的刹车起始点进行比较，由此表明初始施加刹车的可复现性。应将按这里的规定而确定的着陆地面滑跑距离数据，呈现在 AFM 之中性能信息这一节中。

(d) 如要将有待批准的自动刹车系统用于湿跑道，应演示验证自动刹车对湿跑道的兼容性。可将这些试验限于最高自动刹车设定值(预期防滑系统在整个刹停过程中起作用)，和某个单一较低设置值(预期防滑系统仅在部分刹停过程中起作用)。可根据预测的湿跑道摩擦系数，计算其他设定值的 AFM 刹停距离，而不需要针对所有的自动刹车设定值，在湿跑道上进行演示验证。也应将在湿跑道上确定的着陆地面滑跑距离数据,作为系统的所有工作模式,呈现于 AFM。这些信息资料被认为是必要的,使驾驶员能容易地将自动刹车刹停距离和实际可用跑道长度进行比较,以便评估使用自动刹车系统对折算场长所提供的跑道裕度的影响。

(e) 有待批准在中止起飞过程中使用的自动刹车系统,应仅具有提供最大刹车的单一刹车设定值。如果自动刹车导致中止起飞距离比人工刹车的长,则 AFM 应给出那个较长的中止起飞距离。

(f) 在 AFM 中应给出程序,描述在 FAA 评定和在确定本 AC 中 55c(6)(c)规定的着陆地面滑跑距离时,如何使用自动刹车系统。

(7) 机轮易熔塞的完整性。

(a) 应以模拟最大着陆能量的能量水平进行刹车试验,在此期间证实机轮易熔塞的完整性。应演示验证机轮易熔塞将保持完整,不会出现非预期的释压。用于确定此完整性的一种可接受的方法如下:

1 将发动机慢车功率或推力设定为所规定的最大值(如果适用)。

2 至少滑行 3 mi(正常刹车,中间至少 3 次刹停,全发工作)。

3 以最大着陆能量进行加速-停止试验,维持减速率与确定性能距离时所用值相一致。

4 至少滑行 3 mi(正常刹车,中间至少 3 次刹停,全发工作)。

5 在受风影响最小的地方停机,直至确信易熔塞温度已达峰值,并且易熔塞未释压。

(b) 作为加速-停止试验期间模拟最大动能着陆的替代,可进行实际着陆和快速回程飞行。但是,为防止危及飞行机组和飞机的安全,应注意,如果机轮易熔塞正好在离地后释压,则要求在有些机轮瘪胎的情况下进行着陆。试验时应包括下列因素:

1 将发动机慢车功率或推力设定为所规定的最大值(如果适用)。

2 以最大着陆能量进行着陆刹停,维持减速率与确定刹停性能距离时所用值相一致。

3 滑行到停机坪(使用正常刹车,至少滑行 3 mi,中间至少 3 次刹停,全发工作)。

4 在停机坪停机。立即开始起飞滑行。

5 起飞滑行(使用正常刹车,至少滑行 3 mi,中间至少有 3 次刹停,全发工作)。

6 在受风影响最小的地方停机,直至确信易熔塞温度已达峰值,并且易熔塞未释压。

(c) 应演示验证易熔塞对机轮和轮胎的保护,以表明当吸收过多的能量时易熔塞将释压。通常,这将出现在 RTO 性能试验期间。

56. 滑橇——§25.737[备用]

第 5 节　浮筒和船体

57～59〔备用〕

第 6 节　载人和装货设施

60～61〔备用〕

62. 驾驶舱视界——§25.773

a. 说明

（备用）

b. 程序

有关符合驾驶舱视界要求的详细指导材料，参见 AC25.773-1《运输类飞机驾驶舱视界》(1993 年 1 月 8 日)。

63～72〔备用〕

第 7 节　应急设施

73. 水上迫降——§25.801

a. 说明

如果申请带水上迫降设施的合格审定，§25.801 规定要调查研究飞机在水面着陆时的可能表现。如条例所述，可以用模型试验，或者通过与已知水上迫降特性的相似构型飞机的对比来完成这一调查研究。申请人还应当演示验证，无需特殊的驾驶技能、机敏或体力，就能够达到其用于表明对§25.801 符合性的水上迫降参数。

b. 程序

无。

74. 应急撤离辅助设施和撤离路线——§25.810

a. 说明

(1) 撤离路线防滑贴面的安装(见§25.810(c)，以前的§25.803(e))。关于防滑材质的指导材料,参见 AC25 - 17A《运输飞机座舱内部设施适坠性手册》(2009 年 5 月 18 日)中的§25.803(e)。

(2) 应评定防滑贴面对飞机性能、飞行特性和抖振的影响,如存在重大影响,应计及这一影响。

b. 程序

无。

75～83［备用］

第 8 节　通风和加温

84. 通风——§25.831

a. 说明

(1) 这条要求涉及机上每位乘员的最低通风需求、通风空气的控制、烟雾和有害或危险浓度的燃气或油气的积聚和排放,以及通风系统的失效情况。该条例规定了新鲜空气的具体数量以及 CO 和 CO_2 浓度的限制值。AC25 - 20《对亚声速飞行(包括高高度运行)增压、通风和氧气系统的评估》(1996 年 9 月 10 日)就表明符合通风要求的方法提供了指导。同时还应参考本 AC 第 137 和 165 条,分别涉及排气系统(§25.1121)和灭火剂(§25.1197)。

(2) 空中排烟试验的目的在于确认飞行机组应急程序和通风系统能够处置浓烟,并表明使用应急程序时,将以合理的速度排烟。这属于定量和定性评定。

b. 程序

(1) 应进行飞行试验,以确保所提供的通风空气量满足所规定的要求,并且飞行机组能完成其职责而无过度疲劳和不适。应演示验证驾驶舱内通风系统的控制器能够执行其预定功能。

(2) 应监控客舱和机组人员舱是否存在 CO,并应针对各种飞行和设备形态进行测试。对于这一评定,通常使用 CO 测试工具包。

(3) 应按 AC25 - 9A《烟雾探测、渗透和排放试验以及有关的飞行手册应急程序》(1994 年 1 月 6 日),进行空中排烟试验。

85. 座舱臭氧浓度——§25.832［备用］

86. 燃烧加温系统——§25.833［备用］

第 9 节　增　　压

87. 增压座舱——§25.841

a. 说明

（1）25.841(a) 为座舱和预期载人的隔舱规定了座舱压力高度限制，其是外界压力高度的函数。AC25-20 提供了有关增压座舱的补充指导材料。有待通过飞行试验验证的这些座舱压力高度限制值如下：

（a）在飞机最大使用高度上，增压系统正常工作时，不大于 8000 ft。

（b）对于在 25000 ft 以上高度上运行的飞机，在增压系统出现任何合理可能的失效或故障的情况下，飞机必须能保持座舱压力高度不大于 15000 ft。

（2）8000 ft 座舱压力高度限制适用于在直至飞机最大使用高度的任何高度正常运行，对于飞机在高度超过 8000 ft 机场的运行（见 87a(3)），必须依据 §21.21(b)(1) 进行等效安全水平的确认，以允许这些运行所需要的大于 8000 ft 座舱压力高度。

（3）虽然 §25.841 并未规定，但飞机可以纳入一种"高高度模式"，以便许可在 8000 ft 以上的机场进行起飞和着陆。对 8000 ft 以上的起飞和着陆高度，有待通过飞行试验演示验证的座舱压力高度限制如下：

（a）在开始下降进入高原机场之前，不超过 8000 ft。

（b）在下降进入或爬升飞离高原机场期间，不超过 15000 ft。

（c）从高原机场起飞以后以及在座舱压力高度降至 8000 ft 以后，不超过 8000 ft。

（4）§25.841(b)(6) 要求，当座舱压力高度超过 10000 ft 时，向飞行机组发出音响或视觉警告。该项要求的目的，是要在超过安全的或预设定的座舱压力高度时向机组发出警告。但在高度大于 10000 ft 机场运行时（见 87a(3)），要符合该项条例将会引起烦人的座舱压力警告。所以，对于为了在高原机场运行而将座舱压力高度警告限制设定在 10000 ft 以上的系统，必须依据 §21.21(b)(1) 进行等效安全水平的确认。

b. 程序

建议试验飞机具有型号设计规范允许的最大容许漏泄率。如果飞机不满足这一标准，则有必要按型号设计所允许的最大泄漏率进行补充测试或分析，由此证实符合性。

（1）正常使用情况——8000 ft 座舱压力高度

（a）当飞机在有待合格审定的最大使用高度上及其以下的任何高度上进行爬升、巡航或下降期间，使增压系统按正常模式工作，验证座舱压力高度未超过 8000 ft。

（b）应保持某个稳定状态足够长的时间，以便记录由于释放阀工作引起的座舱压力的周期波动。

（2）失效状态——15 000 ft 座舱压力高度

（a）应判定临界可能的系统失效。应将座舱压力高度警告系统设定在其允差带的高高度一侧，否则为表明符合性可能有必要进行补充试验或分析。如果确定有多个系统失效模式满足"可能的失效状态"准则，则应该对所判定的每一失效模式进行飞行试验。

（b）飞机应以巡航形态在有待合格审定的最大使用高度上稳定飞行，同时增压系统以其正常模式工作。

（c）出现导致座舱压力高度升高的临界失效之后，飞行试验机组应立即戴上各自的氧气面罩，但不采取进一步的纠正措施，直至 10 000 ft 座舱压力高度警告触发后 17 s。然后，应启动应急下降程序，并连续下降到 15 000 ft 以下的某个高度。

（d）在试验期间的任何时候，座舱压力高度都不应超过 15 000 ft。

（3）高高度起飞情况（大于 8 000 ft）

（a）将增压系统设置为高高度模式。如果氧气系统设计成在 10 000 ft 展开氧气面罩，则可能有必要对氧气系统形态进行调整，以防止氧气面罩在此高度上展开。可能需要形成 AFM 程序。这同样适用于 10 000 ft 以上高度的高原场着陆。

（b）从高高度机场实际爬升到有待合格审定的飞机最大使用高度的过程中，或者在空中模拟这样的爬升期间，座舱压力高度不应超过最大允许起飞和着陆高度（在可接受的允差范围内）。应以 8 000 ft 或以上的高度为起点，在飞机不增压的情况下开始模拟爬升。

（c）座舱压力高度最终应降到 8 000 ft，然后在试验持续期间不超过 8 000 ft。

（4）高高度着陆情况（大于 8 000 ft）

（a）开始下降之前，飞机应以巡航状态稳定飞行。

（b）应将增压系统设置为高高度模式。

（c）飞机下降在高原机场进行实际或模拟着陆期间，座舱压力高度不应超过最大允许起飞和着陆高度（在可接受的允差范围内）。

88. 增压座舱的试验——§ 25.843

a. 说明

（1）§ 25.843(b)(3)要求进行飞行试验，以便在爬升和下降飞行的动态条件下，在最大高度上，评定增压系统和所有相关子系统的性能。此试验的目的在于证实在稳态和动态外界压力条件下，增压系统正确执行功能的能力。

（2）§ 25.843(b)(4)规定，在完成 § 25.843(b)(3)所要求的飞行试验之后，调查研究所有舱门和应急出口的功能。要关注的是，在增压—释压循环过程中由于舱门和机身结构相对位置变化引起卡阻的可能性。

b. 程序

可在所推荐的飞机起飞限制范围内从任一高度的机场,开始下列试验。增压系统应以其正常的模式工作。可考虑 MMEL 遣派以及为验证 MMEL 配置而需要的补充试验。

（1）稳定爬升和下降

应在会产生与飞机使用限制范围内可达最大值相一致的爬升和下降率的条件(即重量、高度、温度和形态)下,进行稳定爬升和下降的增压系统试验。

（a）起飞后保持稳定,连续爬升到有待合格审定的飞机最大使用高度。

（b）保持该高度,直至座舱压力高度达到稳定。

（c）以飞机使用限制范围内的最大稳定下降率,开始降落至机场。

（2）分段爬升和下降

应在会产生与飞机使用限制范围内可达最大值相一致的爬升和下降率的条件(即重量、高度、温度和形态)下,进行分段爬升和下降增压系统试验。

（a）起飞后,开始分段爬升到有待合格审定的飞机最大使用高度。分段增量间隔应为 $5\,000\sim7\,500\,\mathrm{ft}$。

（b）保持每一改平高度足够长的时间,以使座舱压力高度稳定。

（c）从最大高度开始分段下降,在每一改平高度,使座舱压力高度稳定。分段增量间隔应为 $7\,500\sim10\,000\,\mathrm{ft}$。

（3）正压释放

如果具有两个阀,对于本试验,应使其中一个不起作用。

（a）起飞后,爬升到可提供最大座舱压差的使用高度;

（b）手动关闭放气阀,使座舱压差增大;

（c）验证座舱压差警告功能工作正常;

（d）验证释放阀功能,不得超过最大座舱压差。

（4）负压释放和应急下降。

如果具有两个阀,对于本试验,应使其中一个不起作用。

（a）在巡航高度,在机身负压的临界状态下执行一次应急下降;

（b）验证未超过机身的最大负压差。

（5）手动座舱压力控制。

如果具有手动压力控制装置,应在飞机正常使用和应急使用情况下和飞行包线内,评定这些控制装置。

（6）舱门和应急出口的试验。

（a）飞行前,应检查所有舱门和应急出口工作是否正常;

（b）从经历最大合格审定高度和最大座舱压差的飞行返回后,立即着陆,应打开所有的客舱门和应急出口。与飞行前的操作相比,任一舱门或应急出口的使用特性应无变化。

第 10 节　防火［备用］

第 11 节　其他［备用］

第5章 动力装置

第1节 总 则

89. 安装——§25.901［备用］

90. 发动机——§25.903

a. 发动机的隔离——§25.903（b）

（1）说明

发动机隔离准则的批准——动力装置以及控制或影响动力装置性能的所有系统,其布置和相互隔离必须能在至少一种形态下运行时,任一发动机或上述任何系统的失效将不会:

（a）妨碍其余发动机继续安全运行;或

（b）要求任何机组成员立即采取措施才能继续安全运行。

（2）程序

（a）为减轻机组成员工作负荷而纳入的对发动机运行和控制有影响的自动控制功能,可能需要飞行试验来演示各种模拟失效(包括发动机喘振和单发失效)的影响。可能需要对系统(诸如发动机自动油门、数字式飞行导引计算机、发动机转速同步器,以及电子式发动机控制器)内的失效进行模拟,以确保一个发动机系统内的喘振或某个失效,不会严重影响其余发动机系统的控制和运行。这些失效模拟可包括所选定控制部件的供电中断,以及模拟的发动机失效(猛收油门到慢车)。

（b）申请人应提交一份综合试验计划,详述要模拟的试验条件和失效模式。应仔细考虑在安全高度和空速下进行这些试验,因为也许完全不能预料失效模拟的后果。凡可能时,只要不影响试验结果,应在地面完成这种形式的机上(即已装机的发动机)试验。

（c）对于螺旋桨飞机,当安装了用于同步控制所有螺旋桨转速的自控控制系统时,应通过分析、飞行演示,或分析与飞行演示的组合来表明,在该系统内或在控制该系统的某台发动机内出现的单个失效或故障,将不会导致:

<u>1</u>　在任何时刻超过在这一条件下允许的发动机超速。

<u>2</u>　功率损失，或者飞机下降至按§25.111所规定的起飞航迹之下（前提是该系统经合格审定在起飞和爬升过程中使用）。应在寻求合格审定的所有重量和高度下表明对此要求的符合性。从故障发生到飞行机组采取纠正措施使驾驶舱控制器开始移动的时间，允许为5 s。

b. 发动机转动的控制——§25.903(c)

（1）说明

§25.903(c)要求具有在飞行中单独停止任一台发动机转动的措施，但涡轮发动机除外，只有在其继续转动会危及飞机安全的情况下才需要有停止发动机转动的措施，如果不具有使涡轮发动机完全停止转动的措施，则应表明一台停车的涡轮发动机继续转动，无论是风车转动或是受控转动，将不会导致：

（a）对其他发动机或飞机结构产生不利影响的动力装置（包括发动机和附件）结构损伤；

（b）易燃液体被泵送至某个着火部位或点火源；或

（c）对飞机空气动力或结构完整性产生不利影响的振动模式。

（2）程序

无。

c. 涡轮发动机的安装——§25.903(d)

（1）说明

§25.903(d)阐述关于涡轮发动机安装的特定考虑。§25.903(d)(2)中所阐述的要求旨在确保已装机动力装置的控制装置、系统和仪表得到合理防护，防止超出发动机使用限制而对涡轮转子的完整性造成不利影响。

（2）发动机混装

可将不同额定值和（或）不同整流罩的发动机混装在飞机上，只要使用与这种发动机组合有关的正确的限制和性能信息。通常，对于四发、三发或双发飞机，其性能组合如下：

（a）安装一台较低功率或推力的发动机时，将使正常的 AFM 性能水平将降低，量级则与由于混装所引起的功率或推力下降相对应。

（b）安装了多台较低功率或推力的发动机时，飞行手册中的性能应基于额定值较低和（或）最低的发动机的功率或推力而定。

（c）最小操纵速度（V_{MCG}，V_{MCA} 及 V_{MCL}）应基于功率或推力最大的发动机而定。

（d）应为安装的所有发动机提供使用程序（即空中起动高度和空速包线、机组对发动机告警系统的响应等）。操作方法的差异应限于与机上至多有两台不同的发动机相当。

（e）对于混装发动机的飞机，允许最多有两种起飞功率或推力设定值，以发动机压力比（EPR）或低压转子转速（N_1）的形式表示，其中包括与空调组件及压气机引气形态有关的差异。

（f）应该安装标牌，标明非标准发动机的位置。所有的发动机限制以及仪表标记都应与每一位置所装发动机相对应。必须按§25.1541和§25.1543以及CFR121部的要求，将每台发动机的 EPR，N_1，N_2，EGT 等限制值，或者发动机运行的额定值，完全提供给驾驶员。

d. 发动机再起动能力——§25.903(e)

（1）说明

（a）发动机再起动能力批准

申请人必须为发动机空中再起动制订高度和空速包线，并具有在此包线内实施每台发动机空中再起动的措施。

（b）发动机再起动包线

对于涡轮喷气发动机和早期的低涵道比（大约为1）涡轮风扇发动机，一般由发动机"风车转动"提供空中再起动能力。流经这些发动机的风车转速气流能够提供足够的旋转能量允许在经批准的空速-高度使用包线的大部分区域对发动机进行空中再起动。由这些第一代发动机所取得经验，业已制订可接受的再起动能力：从"FUEL ON（燃油接通）"到点火用时30 s，从"IGNITION（点火）"到稳定慢车用时90 s。从点火到稳定慢车的90 s时间上限，基于机组成员通过监视 N_2 和排气温度随时间的变化率来感知发动机起动进展的能力而确定。随着涵道比增大以及旋转能量需求量的增加，"风车转动"再起动包线变小，某些高涵道比发动机需要借助辅助气源，例如从正在工作发动机引气，或者从可在空中使用的辅助动力装置（APU）引气，以提供在大部分飞机使用包线范围内的再起动能力。涡轮螺桨发动机，特别是带有自由涡轮的涡轮螺桨发动机，也需要某种"辅助"起动手段；通常由电动起动机来提供，或者在某些情况下由空中可使用的 APU 来提供。应按再起动时间、仅借助风车转动再起动，以及借助辅助空气再起动，清楚地将发动机再起动包线划分出不同的再起动能力区域。如果在使用包线的很大部分都需要用 APU 进行再起动，则应在与中空到高空巡航状态有关的冷浸透条件下对 APU 进行飞行试验，由此验证一条单独的空中起动包线。应将发动机和 APU（如果适用）的再起动包线和相关程序纳入 AFM 中限制这一节内。

（c）全发再起动能力

由于技术进步，使发动机单位功率或推力输出增加，同时单位燃油消耗量下降，并且机翼设计产生更大的升力，因此给定飞机重量所需的发动机数量减少，以至于绝大多数现代运输类飞机都只装两台发动机。服役履历记载有因下列原因而导致多起在飞行中全部发动机丧失功率或推力的事件，恶劣气候条件造成发动机熄火，吸入火山灰，燃油喷嘴积碳，燃油污染，以及数次机组成员燃油管理错误事件。这些事件均出现在起飞爬升和高空巡航期间。因此，应通过飞行试验来验证在全发空中停车后飞机具有再起动能力。应针对大功率或推力下的瞬间停车（与起飞和爬升飞行状态有关)以及中空到高空的长时间停车(发动机可能处于"风车转动"或"冷浸透"状态),演示再起动能力。

(2) 程序

(a) 应通过试验确定在所提供的包线范围内能够实现空中再起动。应在包线的临界拐角点以及在包线的高高度极限值或接近这些极限值的条件下进行再起动,以验证该包线的边界条件。

(b) 还应在最低吸力供油再点火高度,以及丧失正常电源(参见§25.1351(d))的情况下,按照吸力供油爬升状态评定发动机空中再起动能力。

(c) 应在每次再起动期间对发动机的工作特性进行评定。尤其是应注意发动机喘振趋势、不正常地长时间滞留在慢车以下,或者产生其他异常振动或可闻噪音。

(d) 为应对发动机开始时处于最大爬升功率或推力(或更大),在起飞和初始爬升期间双发熄火的事件,应演示验证在短暂停车后(最多15 s)当油源恢复时试验发动机能加速到初始功率或推力设定值。

(e) 为应对高空(超过20 000 ft)双发熄火事件,应通过飞行试验和分析相结合来表明,发动机能够再起动,并能阻止飞机下降,总的高度损失不超过5 000 ft。此外,应在指示空速(IAS)超过300 kn之前完成发动机再起动。

(f) 如果需要机载APU为发动机空中再起动提供辅助动力,应通过在飞行包线临界部分的飞行试验,确定APU的最低起动可靠性,并评定APU的工作。

(g) 如果使用起动火药柱提供再起动能力,它们应具有足够的容量(或数量),以便为每台发动机提供至少两次起动尝试。

(h) AFM所阐述的发动机空中再起动包线,应标明"核心发动机风车转动再点火包线",其将在再起动开始后30 s内提供发动机点火,并在90 s内达到稳定慢车。只要可表明能向飞行机组提供清楚的发动机起动进展指示,可允许使用更大的起动包线,其包括作出相应标注的更长再起动时间。AFM中还应包含相应于每一飞行阶段的再起动程序(即低空"热起动",高空"冷浸透"起动等)。

91. 起飞推力自动控制系统(ATTCS)——§25.904

a. 说明

(1) 从20世纪70年代初开始,某些涡轮喷气飞机制造商决定为他们的飞机装备一种能在任一发动机失效时自动增大工作发动机推力的发动机推力控制系统。此后,类似系统装于涡轮螺旋桨飞机上,称为起飞功率自动控制系统。

(2) 基于规定的系统功能和可靠性要求,以及与性能有关的限制(例如初始起飞功率或推力不得低于ATTCS所设定推力的90%),获取ATTCS带来的起飞性能好处。

(3) 当时的25部未曾充分涉及这些具有"新颖的或独特的设计特点"的系统。因此,早期ATTCS合格审定的适航要求是按§21.16,以专用条件形式予以规定。

通过 25 - 62 号修正案,将这些专用条件中的条款和技术内容添加到 25 部,作为 §25.904 和附录 I。

b. 程序

装有 ATTCS 飞机的合格审定规定,要通过飞行试验对系统的某些性能和功能特性进行演示验证,具体列举如下:

(1) 为了符合 25 部飞机性能要求,按附录 I,I25.3(c)的要求,由于受 V_{MCG} 和 V_{MCA} 所限,起飞速度必须反映临界发动机失效后 ATTCS 工作的效果。允许颁布两组起飞性能数据,一组数据用于 ATTCS 解除预位状态,另一组数据用于 ATTCS 已预位状态。在此情况下,在这两组性能数据之间,AFM 的限制、操纵程序以及性能信息应明显不同。

(2) 应在 ATTCS 工作期间,以及在工作发动机处于 ATTCS 工作后所达到的稳态最大功率或推力水平时,调查研究发动机的工作特性(参见本 AC 第 99 条中提供的指导资料)。

(3) 应在飞行试验中验证 ATTCS 的手动超控功能。通过如下方式表明具有这一手动超控能力:对于以小于"全油门"起飞的飞机,驾驶员能够将油门杆推到更高功率或推力设定值,对于"防火墙式"燃油控制系统,驾驶员能够作动超控电门。超控电门必须位于功率或推力杆上或功率/推力杆前,应按附录 I,I25.3(c)的规定,驾驶员用通常控制功率或推力杆位置的那只手应方便可达。还应演示在 ATTCS 工作后的任何时刻,都可手动降低推力或功率水平。

(4) 必须确定临界时间间隔,必须表明在此临界时间间隔期间发动机和 ATTCS 同时失效的概率为极不可能的(不大于 10^{-9}/fh)。25 部附录 I 将临界时间间隔定义为:从飞机达到 V_1 之前 1s 起,到实际起飞飞行航迹(即梯度未减小)在发动机和 ATTCS 系统同时失效后将与正常(即发动机在 V_{EF} 下失效并且无 ATTCS)单台发动机不工作的实际起飞飞行航迹在起飞表面以上不低于 400 ft 高度相交的时间。必须表明 ATTCS 本身的失效概率为不大可能的(不大于 10^{-5}/fh)。

(5) 使用减小起飞功率或推力方法运行时,不能得到在工作 ATTCS 给予的性能好处。如果在减功率或推力起飞期间 ATTCS 处于预位状态,在 ATTCS 工作所提供功率或推力水平下,有关的起飞速度应满足 25 部中所要求的可操纵性准则。申请人应演示证明,在 ATTCS 工作时,飞机无不利的操纵特性,发动机未呈现不利的使用特性,或超出使用限制。

(a) 在 ATTCS 预位情况下进行规定程序减功率或推力运行时,按 §25.1585 的规定,AFM 必须包含与正常和非正常工作特性相关的信息、说明和程序(按需要而选定)。

(b) 当飞机性能基于经批准的"减"功率或推力额定值,而这些额定值又与经批准可在所有重量、高度和温度(WAT)条件下使用的飞机和发动机的限制值相对应时,以处于预位状态 ATTCS 进行起飞,将不受限制。

92. 螺旋桨——§25.905[备用]

93. 螺旋桨振动与疲劳——§25.907[备用]

94. 螺旋桨间距——§25.925[备用]

95. 螺旋桨除冰——§25.929

a. 说明

无。

b. 程序

如果螺旋桨装有液体除冰装置,应进行流量试验,从液箱满液开始,并以最大流量工作一段时间(约15 min,被认为是与实际使用相当的)。应在所有的发动机转速和功率条件下检查此装置的工作。飞机着陆后应重新装满液箱,以确定所耗液量。

96. 反推力系统——§25.933

a. 涡轮喷气发动机反推力系统——§25.933(a)

(1) 说明

(a) 对于预期仅供地面使用的反推力装置,必须表明在临界发动机反推力装置打开时飞机能够安全地着陆并停住。此外,如果未受损的反推力装置在飞行中意外打开,必须表明它能安全地恢复到正功率或推力位置。

(b) 对于预期在地面和(或)空中使用的涡轮喷气发动机反推力系统,必须表明在正常使用条件下临界反推力装置非预期打开将不会妨碍继续安全飞行和着陆。可能需通过飞行试验获得临界反推力装置打开时的气动力数据,以确认在正常使用包线内该反推力装置打开对飞机而言是非灾难性的。

(2) 程序

(a) 只要满足下列基本准则,涡轮发动机的反推力装置就可获得批准:

1 在滑行期间,或者在需要使用反推力的任何情况下,不需要特殊的驾驶技能。

2 制订必要的使用程序、使用限制,以及标牌。

3 对于所遭遇到的操纵力,飞机的操纵特性是满意的。

4 使用正常的驾驶技能就足以进行方向控制,对于发动机安装于机身后部的飞机而言,这尤为重要,因为使用反向推力时,方向舵效率可能受到损失。这可能导致最大反向推力水平减小(即较低的 EPR 或 N_1 设定值),和(或)反向推力最小使用速度加大。还应调查研究前起落架的稳定效应,尤其是在湿跑道上单发动机不工作时使用反向推力。

　　5　应确定,在整个经批准的飞机使用包线内在任何可能的反推力使用条件下,一台发动机的突然失效不会遭遇任何危险情况。

　　6　使用程序和飞机形态应当提供合理防护,防止反向气流导致发动机吸入外来物和飞机零部件结构严重损坏。通常通过在 AFM 的限制这一节中规定必须收起反推力装置的最小空速,来做到这一点。

　　7　应确定:在扬尘跑道上或湿跑道上,以及跑道上轻度积雪之处,在正常使用条件下,驾驶员的视界不会受到危险性遮挡。

　　8　对于水上飞机,确定在正常水面使用条件下,驾驶员的视界不会因反向气流激起的水雾而受到危险性遮挡。

　　9　推力反向程序和机构应提供反向推力慢车设定值,以使得无需特殊驾驶技能就至少能满足下述条件:

　　(aa) 在反向推力工作期间和其后,保持发动机以某个合适的转速运行来维持足够的功率或推力,以防止发动机失速。

　　(bb) 在反向推力工作期间和其后发动机不得超转或失速。

　　(cc) 任何可能的使用条件下发动机的冷却特性应是满意的。

　　10　对于装有预期在空中使用的反推力装置的飞机,应调查研究一台反推力装置未打开(即非对称打开)对飞机操纵性的影响。

　　(b) 关于失效反推力装置的演示验证试验,提供以下准则:

　　1　应以某个襟翼设定位置和空速,进行带打开的反推力装置的着陆,以使得着陆能安全完成,并且效果始终如一。必须定义带打开的反推力装置进行着陆时的条件和所用的使用程序,并按 §25.1585(a)(2)或(a)(3)(取其中适用者)的规定将它们纳入 AFM。

　　2　应在合理且安全的高度上以飞机可安全操纵的空速(约 200 kn)进行反推力装置收起试验。应形成程序,以便可安全收起反推力装置(如果未损坏)而不会引起不可接受的飞机操纵性问题。应在 AFM 中提供反推力装置的收起程序、空速和飞机飞行控制器件的配置。

　　(3) 用反推力使飞机倒退

　　使用反推力系统替代牵引车,使飞机倒行离开候机楼登机门的做法已得到有限使用批准书。由主管的 FAA 飞行标准办公室向每一营运人颁发这些批准书,此批准书包括对营运人营运规范的一项修订,标明飞机型号、机场以及该机场中有可能使用反推力使飞机倒退的具体登机门位置。尽管使用反推力装置使飞机倒推并非是特定的适航性批准项目,但存在某些适航与营运相重叠的并值得关注的部分(本AC 的第 240 条陈述这些项目)。

　　b. 螺旋桨反桨系统——§ 25.933(b)

　　(1) 说明

　　无。

（2）程序

只要下面所列各条是可接受的，螺旋桨反桨系统安装可获批准：

（a）具有可靠措施防止空中选择低于飞行慢车的功率设定值。

（b）滑行时，或有待使用反向拉力的任何情况下，不要求特殊的驾驶技能。

（c）制订必要的使用程序、使用限制，以及标牌。

（d）对于所遭遇到的操纵力，飞机的操纵特性是满意的。

（e）使用正常驾驶技能足以进行方向控制。

（f）已确定，在任何可能使用条件下，即使一台发动机突然失效也不会遭遇危险情况。

（g）使用程序和飞机形态应能提供合理的防护，防止反向气流直接作用而引起飞机零部件严重结构损坏或任何合成抖振。

（h）确定在扬尘跑道上或在湿跑道上，以及跑道轻度积雪之处，在正常使用条件下，驾驶员的视界不会受到危险性遮挡。

（i）对于水上飞机，在正常水上使用条件下，驾驶员的视界不会因反向气流激起的水雾而受到危险性遮挡。

（j）反桨程序和机构应提供反桨慢车设定值，以使得无需特殊的驾驶技能就至少满足下述条件：

1 在螺旋桨反桨工作期间和之后，应维持足够的功率，以保持发动机以某个合适的转速运行，防止发动机失速。

2 在螺旋桨反桨工作期间和之后，螺旋桨不得超过 35 部中经批准的转速限制值，或飞机制造商标称的螺旋桨转速限制值。

3 这一慢车设定值不得超过最大连续额定值的 25%。

（k）在任何可能的使用条件下，发动机的冷却特性应是满意的。

97. 涡轮喷气发动机反推力装置系统试验——§25.934[备用]

98. 涡轮螺旋桨阻力限制系统——§25.937

a. 说明

螺旋桨自动顺桨系统的批准。对于与螺旋桨构成一体的顺桨装置所有部件，或以可能影响螺旋桨适航性的某种方式连接于螺旋桨的顺桨装置所有部件，都应从 35 部适用条款的观点予以考虑。当顺桨装置装于或连接于螺旋桨上时，应依据以下要求，确定对现有型号合格证的螺旋桨的继续符合性：

（1）螺旋桨自动顺桨系统不应对螺旋桨的正常工作产生不利的影响，在地面和飞行中正常使用时所预期的所有温度、高度、空速、振动、加速度以及其他条件下应功能正常。

（2）应演示证明自动顺桨装置在非预期工作的任何情况下，不出现可能引起顺

桨的故障。例如,在下列情况下不应引起顺桨:

(a) 功率或推力瞬时损失;或

(b) 以减小的油门设定值进近。

(3) 凡油门操纵器件处于提供起飞功率或推力的正常位置时,螺旋桨自动顺桨系统应能以其预期的方式工作。当发动机失效时,不应为使自动顺桨系统工作而必须由部分机组成员采取任何特殊操作(见 §25.101,§25.111,§25.121 以及 §25.1501)。

(4) 螺旋桨自动顺桨系统安装,不应使一台以上发动机自动顺桨,即使多台发动机同时失效也如此。

(5) 螺旋桨自动顺桨系统安装应使螺旋桨开始自动顺桨之后可恢复正常工作。

(6) 螺旋桨自动顺桨系统安装应包含一个电门或等效装置,借此使系统不工作。

b. 程序

(1) 螺旋桨顺桨系统运行试验

(a) 应进行试验以确定在起飞安全速度 V_2 下螺旋桨从风车转动(螺旋桨操纵器件设定为起飞)变换为顺桨位置所需的时间。

(b) 应按下列条件对螺旋桨顺桨系统进行试验,以演示验证螺旋桨在直至 1.2 倍的单发不工作最大平飞速度,或者在应急下降时所采用的速度(取较高者)下无转动,或至少无危害性转动:

1 临界发动机不工作;

2 机翼襟翼收起;

3 起落架收上;

4 整流罩风门(如果适用)关闭。

(c) 应覆盖足够的速度范围,以确保按高速要求确定的螺旋桨顺桨角在低速时不可能引起危险的反向转动。此外,在进行这些试验期间螺旋桨不应意外解除顺桨。

(d) 为了演示证明顺桨系统能满意地工作,应在按 §25.1527 制订的最大使用高度上使螺旋桨顺桨和回桨。应记录以下数据:

1 单发不工作巡航速度下的顺桨时间;

2 在最大使用高度(注意:可能出现某些飘降)和单发不工作巡航速度下,回桨到标称最小调节转速的时间;

3 顺桨试验的飞行高度;

4 顺桨试验时的外界大气温度。

(e) 为了演示证明顺桨系统能满意地工作,应在飞机使用包线范围内对螺旋桨为临界的条件下使螺旋桨顺桨。

99. 涡轮发动机工作特性——§ 25.939

a. 说明

运输类飞机的涡轮发动机在飞机使用限制范围内在正常和应急使用期间必须连续安全运行。通常，在验证符合 25 部的其他要求（如性能、操纵性、机动性，以及失速速度特性）的同时，能在一定程度上确定对§ 25.939(a)的符合性。在整个正常飞行包线范围内涡轮发动机应稳定工作而无不利的特性。在特定的飞行状态下允许存在某些不利特性，只要它们不呈现危险状态。

b. 参考文献

见 1986 年 3 月 19 日颁发的 AC § 25.939-1《评定涡轮发动机工作特性》，其仅在评定涡轮发动机工作特性以表明符合§ 25.939(a)要求时提供全面的指导。所引用的 AC 并不对符合§ 25.939(c)所涉及的进气道匹配问题提供指导。

c. 进气系统匹配性——§ 25.939(c)

（1）说明

§ 25.939(c)要求证明涡轮发动机的进气系统不会由于气流畸变而产生对发动机有害的振动。应在静功率或推力和瞬变功率或推力这两种状态下对此予以验证。

（2）程序

为证明符合§ 25.939(c)的要求可能需要在进气道本身，或者在发动机的最关键部件（即风扇叶片）上，安装专用测试设备。允许申请人使用进气道测压耙来验证发动机装机后的气流畸变谱处于发动机制造商制定的范围内。此外，可在飞行试验中采用加速度计和（或）应变仪来采集的数据，以验证在正常飞行包线内运行时不超过振动和应力水平限制。

100. 进气系统、发动机和排气系统的匹配性——§ 25.941［备用］

101. 负加速度——§ 25.943

a. 说明

§ 25.943 要求飞机以负加速度飞行时不应导致发动机、APU，或者与它们的工作相关的任何部件或系统出现危险故障。就此而言，应将引起发动机和 APU 丧失功能或持久故障，或者引起发动机附件或系统工作不正常的那些故障，视为危险性故障。可通过考虑飞机、发动机和 APU 临界形态的飞行试验演示来满足这一要求。§ 25.333 定义的飞机飞行包线规定了需试验的负加速度范围。负加速度飞行持续时间将代表所预期的非正常运行事件，诸如大气中颠簸，避撞机动飞行等。

b. 程序

（1）在进行负加速度试验时，要考虑发动机附件配置，以及燃油和滑油的临界油位。

（2）应在尽实际可能靠近飞机重心位置处测量加速度。

（3）飞机应在发动机以最大连续功率或推力运行,并在 APU 带正常负载工作（如果飞行中可使用）时,在飞行包线范围内以临界的负加速度飞行。负加速度为 $0\sim-1.0g$ 之间时,每一试验状态下的持续时间至少为 7 s,负加速度运行的累计飞行时间为 20 s。

（4）应对试验数据进行分析以判断能否维持输往发动机和 APU 足够的燃油流量,以及能否维持关键零部件的润滑。

（5）试验计划应考虑有足够的飞行高度可用于在全发熄火这类不大可能事件中进行吸力供油再起动,在此种情况下,油箱油泵进油管可能露出油面,空气将会进入每一供油管。

102. 推力或功率增大系统——§25.945[备用]

第 2 节　燃油系统

103～108[备用]

109. 不可用燃油量——§25.959

a. 说明

（1）此项试验的目的在于确定每个燃油箱中由§25.959 所规定的不可供发动机使用的燃油量。执行燃油箱不可用燃油试验后,使飞机处于地面正常水平姿态,此时可从油箱沉淀槽中排出的燃油量加上燃油箱中的剩余燃油量（不可排放燃油）,就是不可用燃油量。

（2）并非设计成在所有飞行条件下都向发动机供油的燃油箱,仅需按设计供油的飞行状态（例如巡航状态）进行试验。对于不受飞行气动弹性影响（例如机翼弯曲或者油箱挠曲）的油箱,可采用在地面试验期间为它们确定的不可用燃油量。AFM 中应提供对可能使用该油箱时所处的条件作适当说明。必须指出,25 部中的其他要求,诸如燃油流量（§25.955(a)(2)）和燃油量表校准（§25.1553）,也与不可用油量有关。确定每一油箱的不可用油量时,还必须考虑这些其他的要求。

b. 程序

（1）应当对燃油系统及燃油箱的几何形状进行分析,以确定待考虑的具体油箱（即主油箱和辅助油箱或巡航油箱）的临界条件。应借助分析确定不可用燃油量与飞机俯仰和滚转姿态的函数关系,包括进行侧滑和动态机动（诸如复飞拉起和加速）所遇到的那些姿态。应当对油箱或油舱的几何形状和相对飞机纵轴的方位,以及燃油箱出口（即燃油泵进口或吸油口）位置,予以特别注意。在规划时,应关注如何对临界姿态状态进行试验,以使得试验程序不会导致非保守不可用燃油量。

(2)术语"最不利的供油条件"无意包括使用中很不可能遇到的过分或极端条件。必须借助判断力来确定哪种机动飞行适合于待试飞机类型。应该对有待试飞机在运行中将会经受的各种相关条件作出良好判断,由此来选择试验条件。

(3)可将飞机姿态限制值用作降低不可用燃油量的一项措施,只要演示证明能够以这些飞机姿态限制值完成很可能使用的飞行机动。应考虑:机头下俯姿态不得小于正常下降、进近和着陆机动时所用姿态,机头上仰姿态应与正常复飞状态相一致,或机头上仰最小10°(取两者中之较小值)。滚转姿态限制值不应小于进入正常起落航线、切入最终进场航线和10 kn侧风着陆所要求的角度。

(4)在确定有待试验的具体油箱的最不利供油条件和临界飞行姿态以后,应进行相应条件下的飞行试验。飞行试验中应调查研究以下情况带来的影响:

(a)飞机以进场和着陆两种形态运行期间所预期的稳态侧滑。

(b)对于能以高速率滚横和俯仰的那些飞机,应考虑急剧机动飞行。

(c)应考虑以最大加速度和最大抬前轮速率达到最大俯仰姿态的复飞状态。

(d)应考虑湍流对不可用燃油量的影响。

(e)如果飞机装有低燃油量警告系统,应演示证明使用正常复飞俯仰姿态,飞机能完成一次复飞、进近和返航着陆,而无供油中断;这应包括借助于自动飞行导引系统完成的屡次复飞。

(5)如果采用飞机姿态限制值来减少不可用燃油量,必须在AFM中确定这些姿态限制值[按§25.1581(a)(2)],作为低油量警告灯和(或)信息点亮后的机动飞行限制。这将确保大于不可用燃油量的剩余燃油可以使用而无发动机供油中断风险。必须进行飞行试验以证实所提出的俯仰姿态限制:

(a)就完成一次复飞的飞机飞行特性而论是可行的;

(b)将不会导致升力和阻力特性的变化,致使为完成复飞而必需的时间和(或)燃油量增加到剩余油量少于不可用燃油量的程度。

(6)如果航路中燃油泵失效将导致可用燃油量大大下降,则不可用燃油量试验应包括对这一燃油量的确定。AFM中应给出燃油泵失效对不可用燃油量的影响,以使机组成员在制定飞行计划时计及可用燃油量的减少。

(7)对于设计成或限制为仅在巡航飞行期间使用的辅助燃油箱和转输油箱(即不用于起飞和着陆),应通过对巡航环境的适当调查研究,进行确定不可用燃油量的试验。这应包括合理的湍流等级,不对称功率或推力,不利的供油和(或)燃油转输形态等。然而,不可用燃油量不应少于燃油箱集油槽油量。

110. 燃油系统在热气候条件下的工作——§25.961

a. 说明

(1)为完成§25.961(a)所要求的燃油系统在热气候条件下运行试验,飞行试验通常是必需的。如果进行地面试验，§25.961(b)规定，地面试验必须严格地模拟飞行条件。如果采用飞行试验，应按如下方式进行试验：通常用于起飞和着陆的油箱内携带热燃油，根据飞机飞行手册中提供的操作程序，由最大数量的发动机从每一油箱抽取燃油，以获得流经燃油管路的预期最大燃油流量。在对称燃油箱系统情况下，可将试验限于这样的系统中的一个系统。试验时应使用未受气候影响或者未经长期储存的燃油。这样，确保燃油具有请求批准时所定的最大雷德蒸气压(RVP)。试验之前应从油箱提取油样；对于典型的 JET B(JP-4)型燃油，要求 RVP 最低为 3.0。临起飞前的燃油温度应实际可能地接近寻求使用批准时所定的最大值，但不得低于§25.961(a)(5)所要求的 110°F。如果需要将燃油加热到此温度，应注意防止加热过程中出现过热。

（2）进行试验的机场其理想外界大气温度应至少为 85°F(29℃)。如果在温度低到足以影响试验结果的气候下进行试验，§25.961(b)要求使燃油箱表面、燃油管路和其他燃油系统部件与冷空气隔离以模拟热天条件。在热气候试验期间，试验用的初始燃油油样加热到规定温度后不需要再为燃油加热。但是，如果将燃油用作任何热交换器的冷却介质，应该考虑燃油可得到的最大热量。

（3）如果考虑将辅助油泵用作应急泵，应使其不工作。这项试验可用于确定这些油泵关断时运行的最大压力高度。当燃油压力下降到发动机制造商规定的最低值以下，或者发动机不能满意地工作时，则认为出现燃油压力失效。

b. 试验程序和要求的数据

（1）临起飞前的燃油温度应尽实际可能地接近寻求使用批准的最大值。如果需要对燃油加温，应在燃油箱内燃油业已加热之后尽可能快地进行起飞和爬升，以避免燃油冷却。

（2）应按§25.961(a)(2)的规定，将发动机功率或推力设定值保持在用于起飞和爬升的最大经批准的水平。§25.961(a)(3)要求飞机重量应包括燃油箱满油、最小机组和维持飞机重心在允许限制范围内所必要的配重。爬升时的空速不应超过在演示验证§25.961(a)(4)规定要求时所用的速度。由功率或推力、飞机重量和爬升速度的组合制订爬升率，在确定试验的临界条件时必须对此予以考虑。飞机燃油载荷和爬升率是该试验的关键参数。尽管飞机重量必须基于燃油箱满油，但经验表明燃油箱满油可能不总是最临界的燃油载荷。通常，油箱满油导致油箱燃油泵上方压头最大。油箱油量越少导致压头越小，对燃油泵和燃油系统管路内形成燃油蒸汽可能更为关键。在爬升期间，爬升率越大，导致单位时间内释放到供油管路内的空气越多。可能需要通过分析来确定运行中很可能出现的燃油量状态和飞机爬升率的临界组合。试验应在这种燃油量状态和飞机爬升率的临界组合下进行，此时飞机装载至条款所要求的重量，并在条款所要求功率或推力下的爬升空速范围内飞行。

注：有些飞机的燃油系统设计成从辅助燃油箱和主燃油箱向发动机供油。这导致供油形态的变更成为经批准的燃油管理的一部分。对于供油形态的变更，包括供

油形态的改变(诸如从一个油箱向发动机供油,过渡到从另一个油箱向发动机供油),在演示验证对§25.951或§25.955符合性而评估供油性能时,应予以考虑,并且在为热燃油评定而制订临界条件时,也应予以考虑。

(3)如果发动机通常在辅助/应急燃油泵"关断"时工作,则应使这些泵保持"关断",直到出现燃油压力失效。应注意燃油压力恢复,并继续爬升到由申请人选定的合格审定最大使用高度。如果证实某个较低的高度更为临界,则应确定相应的使用限制并将其纳入AFM中。

(4)应按飞行手册所列的正常程序,在燃油系统处于正常工作和正常形态进行试验。应以合理的时间间隔记录以下数据:

(a)油箱内的燃油温度;

(b)发动机燃油压力,在试验开始时和爬升期间在发动机与飞机界面处测量(记录任何压力失效、波动或变化);

(c)主燃油泵、辅助和(或)应急燃油泵的工作(按适用而选定);

(d)压力高度;

(e)外界大气温度;

(f)空速;

(g)发动机功率或推力设定值和工作参数(即发动机压力比、燃气发生器转速、风扇转速、排气温度、燃油流量等);

(h)有关发动机工作的评论;

(i)燃油箱内的燃油量;

(j)试验开始前确定的燃油等级或牌号;

(k)飞机的俯仰和滚转姿态。

(5)如果在临界飞行条件下进行试验期间,出现较大的燃油压力波动,但未出现压力失效,应考虑进行补充试验,以确定在任何预期的工作模式期间不会出现压力失效。此外,应当在切换不同的供油形态时,或在以低燃油流量作慢车进近和着陆时,对燃油系统中的油气形成予以评定。

111～116[备用]

117. 燃油箱的通气和汽化器蒸气的排放——§25.975

a. 说明

燃油箱通气批准(§25.975(a))。

(1)油箱通气口的布置必须防止正常工作期间产生燃油虹吸。此外,通气容量和通气压力级必须能在下列情况下在油箱内外之间保持可接受的压差:

(a)正常飞行;

(b)最大上升及下降率;

（c）加油和抽油。

（2）通气或排放设施的出口不得位于会使通气出口排出的燃油构成着火危险的任何位置，或者使排出的油雾可能进入载人舱之处。

（3）每一汽化器通气系统都必须具有防止结冰堵塞的措施。

b. 程序

（1）应进行试验以确保飞机在正常运行期间在所遇到的任何很可能的机动飞行过程中，不会有危险的燃油量被虹吸到机外。可能需要进行评定的机动飞行包括（但不一定限于）以下各项：

（a）使燃油箱加油到型号设计所允许的最大容积（留出所要求的 2% 膨胀空间），包括考虑加油切断油位（按体积计）公差，然后进行滑行转弯和转弯起飞机动。通常，以"8"字形机动方式进行左和右转弯，随后以最大俯仰和上升率起飞。

（b）以大爬升角用最大爬升功率或推力爬升；

（c）在飞机偏航和俯仰自然频率下或在接近此频率下，模拟的湍流大气振荡；

（d）以高初始下俯速率迅速下降；

（e）空中加大功率转弯；

（f）进近时的侧滑机动。

（2）在油箱设计时，必须考虑到飞机所有机动飞行（包括应急下降）时燃油箱辅助挡板与油箱壁面之间所形成的隔腔内的压力变化。囊式软油箱在应急下降条件下可能是临界的，这将取决于此隔腔通气管的尺寸。按照 25.975(a)(3)，通气和排放口的配置必须在软油箱外罩壳与囊式软油箱或内壁之间提供所需要的正压和负压释放设施，以防止内部油箱坍塌或者过度膨胀。依据机外通气和（或）排放出口的位置和围绕出口或出口管杆的气流特性，可能要求进行飞行试验，以便在飞机处于"干净"及"机轮和襟翼放下"这两种形态下，评定此隔腔通气系统的爬升和（或）应急下降特性。

（3）可能需要在空中进行液体"侵犯"试验来完成如下验证：从通气杆管排出油液的流动应能避开飞机，油液本身不得黏着在飞机任何表面或重新进入飞机的任何舱室。从燃油箱通气口排出少量燃油是可接受的，只要排出的燃油能避开飞机并且不导致燃油箱燃油虹吸。使用染色液体和（或）在要求不受流体"侵犯"的表面上涂一层如果接触到液体就会被冲走的粉剂，便可完成此试验。如果使用染色水或其他液体，可能有必要添加化学制剂，以能防止试验期间结冰。应完成足够的机动飞行试验，以确保在通气系统任何意外排放时，将不出现液体"侵犯"飞机表面的迹象。

（4）汽化器通气系统可能要求飞行试验，以确保不会为结冰所堵塞。这样的试验可与 §25.1093 和/或 §25.1101 所要求的试验一同进行（见本 AC 这些条款中的程序）。

118～120［备用］

第 3 节　燃油系统部件

121～126[备用]

127. 空中放油系统[①]——§25.1001

a. 说明

（1）§25.1001（a）规定了需要安装空中放油系统的条件；如果在以最大重量起飞和立即返航着陆构成的 15 min 飞行之后，飞机在现存重量条件下能满足§25.119 及§25.121（d）所规定的爬升要求，则不需要设置空中放油系统。使用与每一飞行航段相对应的飞机形态、发动机功率或推力设定值以及空速，进行 15 min 飞行时所消耗掉的实际燃油量或计算燃油量，为飞机性能带来了好处。

（2）如果需要设置空中放油系统，§25.1001（b）规定了确定该系统最低流量的条件。§25.1001（b）要求空中放油系统能在 15 min 运行时间内使飞机重量从§25.1001（a）定义的重量减轻到飞机能满足§25.119 和§25.121（d）中爬升要求的重量。由于§25.1001（a）定义的重量允许扣除 15 min 飞行所消耗燃油量，这条规章字面解释的结果是，从 15 min 起飞、复飞和进近飞行之后开始计算 15 min 放油时限。在实际应用中，这 15 min 的放油时限将出现在 30 min 飞行期间，在此期间，由于已消耗燃油和放出燃油，带来了飞机重量减轻的好处。在 30 min 飞行结束时，飞机必须能以现存重量满足规定的爬升要求。

（3）此外还应该对可能限制飞机无需空中放油系统便有能力安全完成立即返航着陆的其他因素进行调查研究。由于机翼设计和推进技术的进步，使得运输类飞机设计能够以明显超过最大着陆重量的重量起飞。这些飞机中大多数都能在 15 min 飞行之后满足§25.119 和§25.121（d）的爬升要求，而无需空中放油系统。而其中有些飞机如不超过其他合格审定限制（诸如最大刹车能量、着陆距离和轮胎速度）就可能不能着陆。由于故障（已表明属于可预知事件）原因而需要执行非正常程序时尤其这样，此时，对于某个给定的重量，要求减小襟翼设定，而速度增大超出与正常着陆襟翼设定相关的速度达 30 kn 之多。应针对立即返航着陆时可能使用的非正常形态，为襟翼标牌限制速度和襟翼卸载作动速度制订裕度并予以保持。

（4）另一代表实际使用状态的需考虑因素是，当襟翼处于进近位置且起落架放下时从机场海拔高度执行复飞的能力。通过符合§25.1001（b），如下性能将得到保

---

① 原文为"fuel jettisoning systems"，又称"fuel dump systems"或"fuel scavenge systems"，是在空中以较快速率将机上燃油"抛"到机外以减少载油量并降低飞机总重的一种措施。国内曾译名为"应急放油"，似乎不确切，因原文和实际使用均无"应急"之意。本译著中将其定名为"空中放油"，另一层含义为了有别于地面燃油排放。——译注

证,飞机在襟翼处于正常着陆位置时能够完成全发工作中断着陆复飞,随后,在襟翼处于进近位置且起落架收上时完成单发不工作爬升。但是,非正常程序通常要求在襟翼处于为表明符合§25.121(d)进近爬升要求而使用的位置时,进行单发不工作着陆。因此,应当确定在哪种重量、高度和温度组合下,在襟翼处于相应的复飞位置且起落架放下和单发不工作而其他发动机以复飞功率或推力工作的情况下,飞机能够获得正的爬升率。

b. 程序

这些试验的基本目的在于,验证最低空中放油率应使飞机可以安全地完成立即返航着陆,并确定在规定的时间限制内在合理预期的使用条件下可安全地放出所要求的燃油量,而不会引起着火、爆炸,或严重影响飞行品质的危险。

（1）空中放油率

（a）在确定最低空中放油率时,应选择对于演示验证燃油流量属于临界的油箱、油箱组合或供油形态。

（b）应确定飞机姿态或形态是否对空中放油率有影响。

（c）应演示验证防止将起飞和着陆所用油箱内的燃油放到低于为满足§25.1001(e)和(f)要求油位的设施是有效的。

（d）应演示验证空中放油系统的工作不会对各台发动机（和辅助动力装置,如果安装且批准在空中使用）的运行造成不利影响。

（2）起火危险

（a）应演示从飞机两侧所有正常使用的油箱或油箱组空中放出的燃油流谱,不管两侧是否对称。

（b）应按§25.1001(c)(1),(2)和(3)中规定的飞行条件下演示空中放油的流谱。应在这些飞行条件下进行使用中预期的稳态侧滑。

（c）在空中放油过程中或之后,燃油油液或油气不得"侵犯"飞机任何外表面。为了进行检测,可使用染色燃油,或对飞机表面进行遇到燃油油液或油气会改变涂层外观的表面处理。其他等效的检查方法也是可接受的。

（d）在空中放油过程中或之后,燃油油液或油气不得进入飞机的任何部位。可根据燃油气味、使用易燃混合物探测器,或通过目视检查来检查燃油。对于增压飞机,应在不增压情况下检查是否存在燃油油液或油气。

（e）空中放油阀关闭之后不应有燃油泄漏的迹象。

（f）应在机翼襟翼处于所有可用位置时,并在从每个位置过渡到下一个位置期间进行试验。如果存在机翼操纵面（襟翼、缝翼等）位置可能对燃油流谱产生不利的影响以及导致燃油"侵犯"飞机表面的迹象,则应在飞机上设置标牌并在 AFM 中给出限制。

（3）操纵

（a）应调查研究空中放油试验期间飞机操纵品质的变化,包括非对称空中放油的情况。

（b）应在飞行中演示中断空中放油。

（4）剩余燃油

应确定不可放出的可用燃油量是否满足§25.1001(e)和(f)（按适用而定）的要求。用以表明符合留出足够燃油以便可继续飞行此项要求的一种可接受方法是，在着陆后从试验油箱内放出剩余的燃油。申请人可提出其他的符合性方法。

第4节　滑油系统［备用］

第5节　冷　　却

128～129［备用］

130. 冷却试验程序——§25.1045

a. 说明

以下指导材料适用于涡轮发动机飞机的冷却试验程序。

（1）目的

根据§25.1041，必须进行冷却试验，以确定动力装置冷却措施有能力将动力装置部件和发动机油液的温度维持在业经合格审定的温度限制内。通常，在发动机型号合格证数据单(TCDS)，部件鉴定规范数据单，和（或）经批准的发动机安装手册中，规定这些限制值。

（2）范围

应在临界（或数据修正至临界）地面和直至寻求批准的最大高度的飞行使用条件下，进行冷却试验。

b. 飞行试验程序

（1）水汽

试验应在无可见水蒸气空气条件下进行。

（2）重量和重心

最大总重下的前重心通常是最临界条件，因为其导致最低空速和（或）垂直速度。但是，为了达到最大高度，较轻初始总重或临界阶梯爬升剖面可能是必需的。在任何情况下，申请人必须制定最临界爬升剖面，并在开始试验前取得 FAA 同意。

（3）试验条件

应对临界飞行剖面进行试验。可能有必要进行不同飞行剖面的多次飞行，以确保待试的所有部件都经受其最临界预期试验状态顺序。对于有些部件(例如发动机滑油系统部件或受其影响的部件),带有相对高排热和低冷却时段的飞行剖面(诸如在阶梯爬升阶段和下降起始点可能出现的)可能会更临界。对于有些部件,发动机在地面关车后的时段也可能是临界的。申请人应在开始合格审定试验之前,确认飞行试验剖面并获得 FAA 的批准。下述试验状态顺序通常足以涵盖大多数部件的临界情况:

(a) 在发动机起动后一旦临界温度稳定,即开始飞行试验;

(b) 使用试验发动机执行 1 mi 单发滑行;

(c) 在 10 kn 或更大侧风下保持慢车功率或推力,历时 20 min 或直至温度稳定(使用地面试验关于稳定的定义);

(d) 在最大起飞总重和前重心起飞过程中,试验发动机以额定起飞功率或推力运行不少于最大经批准的时段(通常为 5 或 10 min);

(e) 执行模拟单发不工作和全发工作爬升,使试验发动机在最大连续功率或推力下运行,直至发动机温度稳定或飞机达到最大使用高度(或直至按非常低的爬升率——例如 200 ft/min——判断,飞机基本无能力进一步爬升);

(f) 飞机在最大使用高度上巡航(但空速不大于 V_{MO}/M_{MO}),而试验发动机以最大连续功率或推力状态运行,直至温度稳定;

(g) 以 V_{MO}/M_{MO} 正常下降至典型等待航线高度,并维持等待航线直至温度稳定;

(h) 进行正常进近并着陆,但不得低于距地面 200 ft 高度:

1 执行模拟发动机失效复飞,

2 爬升至起落航线高度,

3 然后进行正常进近和着陆;

(i) 滑行返回停机坪,使发动机停车;

(j) 然后使试验发动机热浸透至峰值。

(4) 滑油量

应测试临界状态。

(5) 恒温器

对于发动机滑油系统内含恒温器的飞机,可按照使所有的发动机滑油都流过滑油冷却器的方式,保留、拆除或阻塞此恒温器。如果保留恒温器,将较冷天得到的滑油温度修正至热天条件,可能会因此高于在实际热天条件下得到的值。当已拆除或阻塞恒温器的飞机在冷天条件下运行时,应注意防止润滑系统部件失效。

(6) 测试仪器

申请人必须确认所有临界部件(电子元器件、作动器等),包括具有温度限制的结构部件。通常,这些限制基于部件鉴定试验或合格审定试验。可用表面温度或环境温度来表示每个限制值,并且可能有相关的时间限制。应安装测试仪器以提供所需数据来表明每个部件的修正温度保持在已确认的限制值以下。应使用精确的和经校准的温度测量装置，以及可接受的热电偶或温度传感器。应将温度传感器设置在临界的发动机位置。

（7）发电机

对于发动机和（或）附件的冷却试验，应使交流发电机和（或）发电机负载达额定容量。

（8）最高环境大气温度

§25.1043(b)制定海平面条件下 100℉（38℃）作为冷却试验最高环境温度的最低值，但对于冬季安装除外（有关冬季设备合格审定的指导材料，见本 AC 的 130b(12)）。如果需要，申请人可制订某个更高的温度限制值。按§25.1041 的规定，申请人必须表明冷却措施能够使动力装置部件温度、发动机油液温度和辅助动力装置部件和油液温度，维持在所制订的温度限制范围内。假定温度直减率为海平面以上高度每升高 1000 ft，温度下降 3.6℉（2℃）①，直至温度达到－69.7℉（－56.5℃），在此高度以上认为温度是恒定的－69.7℉（－56.5℃）。符合性演示验证飞行试验应在环境温度尽实际可能地接近所希望的最高环境大气温度下进行。如果试验在较低环境温度下完成，则必须将试验数据修正为在最高环境大气温度某天试验时得出的结果（见本 AC 的 130e(2)）。所选择的并成功演示的最高环境温度，考虑修正系数，不应低于§25.1043(b)规定的最低热天条件，并且应是符合§25.1521(d)要求的一项飞机使用限制。申请人应将发动机温度修正为尽可能高的值，为的是将这一限制的影响减至最小。

（9）温度稳定

对冷却飞行试验，当观察到的温度变化率小于 2℉/min 时，通常认为温度稳定。然而，如果某个部件或油液温度仍在上升且接近该部件或油液的温度权限值时，不管温度升高速率如何，必须采集足够多的试验数据来表明，在这种稳定状态运行条件下不会超过该极限值。可使用试验数据和合理分析的组合来确定某个部件或油液的预期最大温度，而不是长时间持续某一试验状态，一直等到温度上升率降低至 2℉/min 以下。

（10）温度逆增

温度逆增过程中，较冷空气层在地面，冷却试验爬升开始时的部件温度相对于爬升时遇到的环境空气温度就比较低。对于需用较长时间来适应环境温度变化的那些部件，降低起始温度可能人为导致错误的结果。如果在存在温度逆增时进行冷却试验，申请人应提出比 130e(2)所描述的"度对度"方法或§25.1043 所定义的方

---

① 此处原文为"－3.6℉（－2℃）per thousand feet of altitude above sea level"，对比§25.1043(b)的原文"3.6 degrees F per thousand feet of altitude above sea level"，此处原文显然有误，并且按 ISA，海平面以上高度每升高 1000 ft，大气温度下降 2℃，因此此处 3.6℉与（2℃）的关系并非实际温度对应换算关系，仅表示取不同计量单位，需采用不同差值。——译注

法更为合理的修正方法。有一种 FAA 已为接受的修正方法是，使用在飞行开始时取得的试验天环境温度和热天环境温度之间的差值作为所有飞行数据的修正因素。尽管偏于保守，但此方法解决了温度逆增现象的影响。

（11）机场高度

应从实际最低的机场高度进行冷却试验，通常在平均海平面（MSL）3000 ft 高度以下，以提供相当接近海平面的试验数据。

（12）过冬换季改装设备程序

对过冬季换季改装设备进行合格审定时，应采用以下程序：

（a）最高海平面环境大气温度低于 100°F（38℃）。可将过冬换季改装设备安装的冷却试验结果修正到申请人所希望的除 100°F（38℃）热天以外的任何温度。例如，申请人可挑选在装有过冬换季改装设备时演示验证冷却效果符合有关 50°F（10℃）或 60°F（15.5℃）天的要求。此温度成为一项限制列于 AFM 中。在此情况下，就修正而言，应认为海平面温度是申请人所选择的值，同时温度直减率为海平面以上高度每升高 1000 ft，温度下降 3.6°F（2℃）。

（b）试验。冷却试验和温度修正方法应与常规冷却试验相同。

（c）限制温度。AFM 中应明确指出，凡温度达到限制值并已针对此限制值演示验证冷却能力足够时，应拆除过冬换季改装设备。应在驾驶舱内用标牌作相应标明。

（d）设备标记。如果实际可行，过冬季换季改装设备，如滑油冷却器的挡板或发动机冷却空气口导流片，应有清晰地标记，标明应将该设备拆除的限制温度。

（e）安装说明。因为过冬季换季改装设备通常以成套形式提供且附带安装说明，制造商应在安装说明中提供关于温度限制的合适信息。

c. 地面试验程序

（1）总则。在本 AC 中 130b(1)，(4)，(5)，(6)，(7) 和 (11) 给出的飞行试验指导材料同样适用于地面试验。

（2）试验条件。进行地面试验时，应使发动机以慢车功率或推力运行，直至所有的临界温度都稳定，接着发动机以额定起飞功率或推力运行 5 min，然后以慢车功率或推力运行，直至所有的临界温度都稳定。

（3）温度稳定。在执行符合性演示验证的地面工作阶段期间，为飞行试验所定义的温度稳定定义（变化率小于 2°F（1℃）/min），不得用于确定最高部件温度，除非能表明发动机的地面运行仅限于所试验的条件。使用不同的地面运行稳定温度定义的原因在于，在某一特定状态下进行持续地面运行期间（诸如在慢车功率或推力下，使用发动机引气作为气源）可能导致温度逐渐超过所定义的温度限制值。处于这种考虑，一些制造商针对发动机地面运行而采用发动机使用限制，按不同的时间段限制发动机运行。例如，环境温度高于 110°F（43℃），可将发动机以起飞功率或推力运行时间限为 2 min，或环境温度高于 110°F 时，将发动机以慢车功率或推力运行时间限为 2 h。

（4）温度修正。应将记录到的地面温度修正至所选定的最高环境温度，不考虑温度随高度的直减率。例如，如果测试辅助动力装置的地面冷却裕度，应根据所记录的地面温度来确定冷却裕度，而不考虑试验场地所在的高度。

d. 数据采集

应按具体试验大纲所规定的时间间隔，记录以下数据。可人工记录数据，除非数据的数量和频度必定要采用自动或半自动方法：

（1）外界大气温度（OAT）；

（2）高度；

（3）空速（kn）；

（4）燃气发生器转速（rpm）；

（5）发动机扭矩；

（6）时间；

（7）风扇转速（rpm）；

（8）发动机滑油温度；

（9）相关发动机温度；

（10）相关短舱和部件温度。

e. 数据处理

（1）目的。实际上难得在所要求的海平面至少100℉最高环境温度和温度直减率为3.6℉或2℃/1000ft压力高度的条件下完成试验。因此，必须对部件和油液温度进行修正，以使试验部件温度达到如果试验天与最高环境温度天精确相符时业已达到的温度。对于冷却合格审定，申请人可选择比所规定的100℉（38℃）（海平面热天）更高的某个最高环境温度。对于预期不会在热天条件下发挥功能的过冬换季改装安装，还规定选择低于100℉（海平面热天）的某个最高环境温度。

（2）环境条件的修正系数。除非采用更为合理的方法，1.0修正系数适用于如下的温度数据：修正后温度＝实际温度＋1.0[100－0.0036（压力高度）－实际外界大气温度]。应依据工程试验数据制定一种"度对度"之外的修正系数。然后将经修正温度和最高允许温度进行比较，以决定对冷却要求的符合性。经修正后温度不得超过所制定的限制。

计算示例：

实际温度 ＝ 300℉（149℃）

实际外界大气温度 ＝ 15℉（－9℃）

压力高度 ＝ 5000ft

修正后温度 ＝ 300＋1.0[100－0.0036（5000）－15]＝367℉（186℃）。

（3）最低发动机修正系数。有一个在条例中未予讨论但在表明符合§25.1041充分冷却要求却又经常必需的重要修正系数，是最低发动机（即发热限制）修正系数。如果在试验天条件下，测得的发动机温度，与发动机规范最低值所给出的热天条件下发动机温度不一致,有时则需要使用该系数。此修正系数不适用于不受恒定功率或推力下排气温度(EGT)变化影响的那些部件。受恒定功率或推力下 EGT 变化影响的典型项目,将是发动机滑油温度、热电偶电缆束,或邻近发动机热段或排气的其他油液、部件或环境温度。其他的远离热区项目,如起动机-发电机或燃油控制器,预期不会受 EGT 变化的影响。但是,应通过试验制订受影响的项目,以及适用的系数值。有若干种可用于在研发试验中制订相应修正系数的可接受方法。一般的想法是,制订一个稳定飞行条件,通常在地面运行期间,在大致固定的功率或推力和 OAT 条件下改变测得的 EGT。这可通过使用发动机防冰引气,用户引气,或从发动机进气道"吞入"比环境温度高的空气(利用外部气源或发动机引气)来实现。在"吞入"比环境温度高的空气时,应注意确保热空气是散布的,为的是避免可能的发动机喘振。如果使用这些方法不可能获得足够的 EGT 变化,则可通过在稳定的发动机工作状态和 OAT 条件下改变功率或推力和排气温度两者,以获得一个可接受偏保守的修正。然后,将部件温度绘制成 EGT 的函数关系曲线,并采取修正,由任何飞行条件下的试验 EGT,修正为热天发动机规范最低值存在的 EGT,以得到经修正的部件温度。这两种方法均假设进气空气源和冷却空气源基本上是独立的。凡两者不独立之处,诸如从风扇排气气流(例如通过分叉的风扇机匣)而不是通过自由气流进气口来提取冷却空气的那些设计,在选择采用哪项技术时,应予以注意,应确保结果既不像使用热空气技术可能得到的那样过分保守,也不像使用更高功率或推力技术可能得到的那样过分乐观。

第 6 节　进气系统

131. 进气——§ 25.1091

a. 说明——§ 25.1091(d)(2)

运输类飞机的涡轮发动机在吸入过量的水时,易于发生喘振、失速和熄火。涡轮发动机的合格审定要求包括演示证明能够在模拟降雨条件下运行而对工作无不利的影响。由于飞机经过滑行道和跑道上积水区而引起的可能直接进入发动机进气道的溅水量,可能超过模拟降雨吸水试验时所用的水量。这一点在起飞时变得尤为重要,此时发动机以高功率或推力设定值运行,并且飞机将经历很宽的速度范围。在起飞和着陆地面滑跑过程中,飞机轮胎产生楔形水波、侧向飞溅以及"鸡尾"状溅水(轮胎旋转时从轮胎后部飞出的水花),它们可能汇聚成集中水流,如果被发动机、APU 或空调系统吸入则可能足以影响它们的工作,引起不安全状态。同样,在地面滑跑时空速系统吸入水,可能在驾驶舱内导致错误的空速指示。经常的做法是,在对发动机吸水进行评估的同时,对这些影响进行调查研究。

b. 参考资料

（1）AC20-124《涡轮发动机飞机的溅水试验》（1985年9月30日）。

（2）AC91-6A《在有积水、泥浆、积雪或结冰的跑道上运行时的性能信息》（1978年5月24日）。

c. 程序

（1）符合方法

申请人可通过试验或者合理的分析表明对§25.1091(d)(2)要求的符合性。在飞机和(或)其发动机经过更改，但总的几何形状和构型仍保持不变的情况下，分析方法是可以接受的。

（2）积水的深度

当跑道相当大面积上积水、雪泥或湿雪的深度超过0.5in时就不应试图起飞（参见AC91-6A）。因此，对于进行试验以演示证明符合§25.1091(d)(2)吸水要求而言，0.5in积水深度即是公认的判据。试验可在专门构筑的试验水池内进行，试验水池90%以上的面积应保持所选定的水深。如果飞机能在水深0.5in的情况下成功地完成试验，就不会对飞机在湿跑道上的运行强加任何使用限制。

（3）飞机形态

应进行试验，以演示验证滑行、起飞和着陆运行的所有关键阶段。高升力装置和起落架舱门应处于与待试验的各运行阶段相应的位置。飞机上所有可能影响水喷溅飞散图形的部分（例如舷缘线轮胎、挡泥板）应当是所希望批准的生产构型，应采用与申请人推荐的湿跑道运行程序相一致的最临界动力装置使用形态（引气、电负载、点火系统等）。

（4）试验设施

试验设施必须有足够空间用于模拟起飞和着陆滑跑。在试验水池内可以用中间隔水坝使试验水池90%以上面积保持所选定的水深。试验水池长度不得小于在临界试验速度条件下产生持续1s时间的喷溅飞散图形所需的长度。如果呈送给FAA的可接受数据表明，前起落架与主起落架同时产生的喷溅并不比各自单独产生的喷溅更危险，那么，试验区的宽度只需能容纳一个起落架。

（5）试验程序

应采用适当的发动机功率或推力设定值进行试验。为制订临界的速度范围，应进行多次通过试验水池的试验滑跑，每次速度增量不超过20kn。如果怀疑飞机抬前轮姿态比较关键，则应使飞机抬前轮达到正常抬前轮俯仰姿态，以V_R速度至少滑跑一次。如果装有反推力装置或可反桨的螺旋桨，则应在这些系统工作的情况下进行试验。

（6）试验数据

申请人应提供人员和设备来采集以下数据：

（a）试验场地的数据

应在每次试验滑跑前记录外界大气温度、风速以及水深。

（b）飞机性能数据

应记录飞机进入和退出试验水池时的速度。应记录发动机转子转速,以及涡轮级间温度(ITT)或 EGT(视适用而定),并记下任何发动机的工作不正常声音。

（c）水喷溅的图形

应在飞机的适当部位涂一层可以识别是否受到水喷溅冲击的试剂。应使用合适的高速摄影或录像设备记录水喷溅的源头、轨迹以及形态。

（d）驾驶员的评述

应注明驾驶员的评议,以确定起飞是否受到发动机异常可闻声音、飞机仪表工作不正常等的影响。

（7）试验结果

如果对所收集到的试验数据进行审查时表明以下结果,则可认为未吸入达到危险数量的水:

（a）未出现将会危及安全的发动机熄火、性能下降、运行不良,或空速指示波动。

（b）未出现异常的发动机声音,例如爆裂声或爆炸声,或表明发动机开始喘振或失速的驾驶舱仪表指示,或者它们在程度上不足以使驾驶员在飞行中中断按计划的运行。

132. 进气系统的防冰——§ 25.1093

a. 参考文件

（1）AC20-73A《航空器防冰》(2006 年 8 月 16 日)。

（2）AC20-147《涡轮喷气、涡轮螺桨和涡轮风扇发动机进气系统结冰和吞冰》(2004 年 2 月 2 日)。

b. 往复式发动机——§ 25.1093(a)

（1）说明

（a）试验条件

已发现汽化器空气温度测量能提供满意的平均读数,方法是使用最少 3 个热电偶,并将其按测量平均温度的方式布置。试验之前应该对这种温度指示器进行校准。根据使用情况,已经确定试验应在自由大气温度为 30℉(−1℃)的高度上进行,或者在温度不同的两个高度上进行,而其中一个高度的温度接近 30℉(−1℃)。

（b）形态

试验应在以下形态下进行:

<u>1</u> 重量:任选;

<u>2</u> 重心位置:任选;

<u>3</u> 襟翼位置:任选;

<u>4</u> 起落架位置:任选;

<u>5</u>　发动机：60%最大连续功率；

<u>6</u>　整流罩风门：与飞行状态相应；

<u>7</u>　混合比设定：正常巡航位置。

（2）程序

试验程序和所需数据。

（a）在所有的温度稳定之后（即当温度变化率小于 2℉(1℃)/min 时），飞机以 60%最大连续功率水平飞行，汽化器完全冷却，此时应记录以下数据：

<u>1</u>　压力高度；

<u>2</u>　外界大气温度；

<u>3</u>　指示空速；

<u>4</u>　汽化器空气温度；

<u>5</u>　发动机转速（rpm）以及歧管压力；

<u>6</u>　变矩表压力；

<u>7</u>　混合比设定；

<u>8</u>　整流罩风门设定。

（b）然后应缓慢地预热（按申请人的选择，可使功率恢复到 60%最大连续）并在温度稳定之后再记录上述数据。对未预热和预热所得到的试验数据结果进行比较，确定汽化器的温升。

c.　涡轮发动机飞机——§25.1093(b)

（1）说明

（a）§25.1093(b)要求在规定的结冰条件下，包括与降雪和高吹雪有关的那些结冰条件，每台涡轮发动机能在其整个飞行功率（或推力）范围内工作，对发动机运行无不利影响，也不会引起严重的功率或推力损失。在该飞机的所有使用条件下都必须满足这一要求，并不限于在结冰可以预测空域或专门打算穿越结冰空域的那些飞行。很显然，发动机需要有防护装置，以便在所有的使用条件下都能防止"吞冰"引起的可能危险影响，而对机体的其余部分，只有申请结冰条件下的合格审定时，才需要防护。这一点还可通过对§25.1093(b)，§25.1419 以及§33.68 的评估予以验证。

（b）在自然结冰条件或由喷水飞机提供的结冰条件下飞行的一个目的在于，演示验证来自无防冰措施表面的离体冰块，不会导致发动机或飞机的其他关键部位受损，并演示验证在防冰系统不工作期间，在遭遇未探测到的结冰之后，来自有防冰表面的离体冰块，不会导致发动机受损或故障，也不会导致飞机关键部位受损。为达此目的，应使飞机暴露于足够严酷的结冰条件下并持续足够长的时间，以便聚积足够的冰块，用以完成一次可接受的演示验证。如果安装到飞机上之后，发动机有可能"吞入"从机体上脱落的冰块，对发动机产生不利影响或导致发动机推力或功率严重损失，则未达到对§25.1039(b)的符合性，并且尚未获得所要求的有关发动机安装的适航水平。

（c）经验业已证实，意外遭遇空中结冰时，尽管机体上冰聚积量只能造成微小性能损失，却可能使涡轮发动机受到严重的不利影响。基于这一经验，与已认定是机体必需的防冰等级相比，对发动机规定更高的防冰等级，则认为是必要的。§ 25.1093(b)，§ 25.1419 和 § 33.68 中的要求反映了这一理念。如同 AC20 - 73A 所述，应通过冰风洞试验或借助有实验支持的分析来演示验证在设计点状态下受防护表面的工作是符合要求的。应在天然结冰条件下或由喷水飞机所提供的结冰条件下，演示验证有防护措施表面的除冰和防冰能力。

（d）在对结冰聚积敏感性以及预防结冰聚积能力进行评定时，还应考虑飘雪和高吹雪的次生影响。应确定临界环境温度。作此评定时，不仅应考虑临近冰点的温度，此时有可能出现"湿雪、黏雪"，还应考虑更低的温度，此时雪可能黏附于局部受热的进气道内表面，然后融化，并在温度更低的部位重新结冰。安装在涡轮发动机进气道内的任何硬件或者辅助系统（诸如防护网、粒子分离器、滑油冷却器），可能易使雪聚积，并存在结冰的潜在可能。应针对地面和空中两种状态来评定飘雪和高吹雪的影响。应使临界的雪和温度环境范围内实际飞机试验的次数增至最大。按照 § 25.35(a)(3)，试验样件在表面光饰、纹理和材质类型方面必须是生产构型，以确保准确地再现在役飞机的构型。普遍认为，可能难于找到所希望的大气条件，但某些状态可通过分析予以证实，只要所做的分析有某种形式的试验数据（例如温度测量数据）予以支持。

（e）如认为 § 25.1093(b) 仅适用于发动机和发动机进气道唇口，则有失偏颇。条文的措辞含义广泛而客观。应该注意到，与发动机具体相关的结冰要求包含在 § 33.68 之中。§ 25.1093(b) 之所以包含结冰要求，是为了确保发动机在装于飞机之后，当飞机经受 25 部附录 C 所涵盖的结冰包线要求时，发动机不会受到不利影响。将飞机上可能冰块脱落以致对发动机产生不利影响的任何部件排除在考虑之外，显然不合逻辑。

（f）以上条款旨在说明为完成在结冰条件下飞行合格审定而必需的最低限度飞行大纲。

（2）程序

无。

133～136〔备用〕

第 7 节　排气系统

137. 总则——§ 25.1121

a. 说明

§ 25.1121(a)——一氧化碳污染。应按此要求进行一氧化碳检测试验，以确定从各排气系统排出的废气不会对任何载人舱造成一氧化碳污染。

b. 参考资料

有关载人舱其他大气污染评定，也请参见本 AC 中 84 和 165 条所含的信息，分别考虑 § 25.831 和 25.1197 的要求。

138～140［备用］

第 8 节　动力装置的操纵器件和附件

141～154［备用］

第 9 节　动力装置的防火

155～158［备用］

159. 火区的排液和通风——§ 25.1187

a. 说明

规章规定，每一指定火区的每一部位都必须能完全排尽易燃液，尽量降低因包含易燃液的任何部件发生故障或失效而引起的危害。排液装置必须满足下列要求：

（1）凡需要排放时，在预期的常见条件下能有效排放；

（2）必须布置成使排出的油液不会增加起火危险；

（3）并必须布置成使放出的液体不会进入其他火区。

160～164［备用］

165. 灭火剂①——§ 25.1197

a. 说明

飞行机组舱内的二氧化碳。业已确认二氧化碳对飞行机组人员执行其任务有不利影响。因此，在配备固定式二氧化碳机身舱灭火系统的飞机上，必须按照本条规定的程序，确定由于灭火器喷射而引起的飞行机组工作站处的二氧化碳浓度（也请参见本 AC 中的第 84 条）。但如果满足如下条件，则认为不必考虑这样的确定：

（1）应按照规定的灭火控制程序，向任一个这样的机身舱喷射 5 lb 或其以下的

---

① 原文误为 Fire Extinguishing Systems，灭火系统。——译注

二氧化碳。或

（2）为驾驶舱执勤的每一飞行机组成员提供防护性呼吸设备。

b. 程序

飞行试验调查研究。

（1）在飞行试验中，应在按规定的灭火控制程序喷射机身舱灭火器的过程中，确定飞行机组工作站处呼吸级的二氧化碳浓度。由于二氧化碳重于空气，因此机头下俯姿态很可能在飞行机组舱产生临界浓度。执行下面（2）和（3）所规定的试验。

（2）按襟翼和起落架收起形态，以飞机"最大使用极限速度"快速下降。

（3）按襟翼和起落架放下形态，以该形态下的最大允许速度快速下降。如果在某一具体飞机上任何其他情况似乎很可能是关键的，也应予以调查研究。

（4）在上述所规定的飞行试验中，在二氧化碳喷射之前或之后立即启用应急通风程序则是允许的，只要可由飞行机组方便和快速地完成这样程序，并且不会明显降低防火系统的有效性。

（5）如果所测得的二氧化碳浓度，按体积计超过 3%（修正为海平面下的标准天条件），应为在驾驶舱内执勤的每一飞行机组成员，提供防护性呼吸设备。

（6）应将相应的应急操作程序登录在 AFM 中。

166～169［备用］

第6章 设 备

第1节 总 则

170. 设备——功能和安装——§25.1301

a. 说明

(1) 通常,可将飞机上现代航电和电气系统安装的合格审定要求概括为:规定系统和设备必须:

(a) 执行其预定的功能(§25.1301);

(b) 在失效情况下提供足够的保护(§25.1309);

(c) 在布局上应向驾驶员提供适当的可视性和可利用性(按需要而选定)(§25.1321);

(d) 由电路断路器保护,以阻止失效扩展和(或)最大限度减少对飞机电气系统的危害§(25.1357);

(e) 其安装方式应保证该系统工作不会对任何其他系统的同时工作产生不利的影响(§25.1431)。

(2) 因此,将推荐用于25部F分部所涵盖设备(不包括动力装置仪表、空速校准、安全设备及照明)的飞行试验程序,分类归纳于本节中,并编排如下:

b 款 通信系统

c 款 导航系统

d 款 仪表及显示装置

e 款 传感器及警告系统

f 款 记录系统

g 款 发动机交联系统(自动油门、功率或推力额定值、ATTCS 等)

h 款 增稳系统

i 款 全天候(低能见度)飞行系统

(3) §25.1301涉及每项装机设备。涉及设备批准的型号合格审定,按照美国法典第49集第44704条的要求执行。该条款要求局方进行或由局方要求型号合格证申请人进行此类"出于安全考虑必需的"试验。试验可能是必要的,为的是可使局方确认飞机经正确设计和制造,正确执行预定功能,并符合美国法典第 49 集 §44701(a)所规定的条例和最低标准。然而,依据与任何特定飞机的型号合格审定相关的法案,"选装设备"这一术语没有意义。凡设备或某一系统是飞机的一部分或附属部分,且设计成协助机组工作并明显会由机组使用,则法令所要求的试验和结论都是相同的,而不管其是否被表征为"选装的"。此外,条款 §21.21(b)(2)的要求规定,局方必须确认就请求合格审定飞机类别而言,该飞机的特征或特性不会引起飞机不安全。因此,为了使局方可对全机作出必要的确认,对于设备的试验或评定需要实施的程度,由局方根据工程和使用经验做出技术决定(有关进一步的信息,见 AC20-68《航空器非重要、非必要的座舱系统和设备(CS&E)安装的合格审定指南》(2010 年 7 月 22 日)。

(4) 飞行准则和要求应考虑申请人的工程分析及实验室(模拟器)试验大纲。分析、实验室试验及飞行评定的组合应用,将构成适航审定要求的全部,就此而论,应是协调一致的,并提供全面的评定。飞行评定在飞机典型使用状态以及飞机运行模式和构型状态分析这两方面,成为分析和模拟方法的补充。

(5) 演示验证安全运行方面的要求,通常应包括飞行过程中的诱发失效。关于失效演示验证的要求,也是申请人提交的分析及实验室试验结果的一项内容,并且是对具体设计所作评估的结果(例如,对于专门设计的对失效状态有自适应能力的多通道系统应予以考虑)。性能及故障试验,应包含已由分析和(或)试验确认属于最临界的那些飞行状态及飞机形态。应考虑的项目请如:重量、重心、速度、高度、襟翼、缝翼、起落架、减速板,以及飞机系统性能退化。

(6) 飞行试验次数应由承担项目的人员协同努力予以确定。建议将下面的程序用作编制初始合格审定大纲飞行试验的指南。与衍生系统合格审定相关的后续项目可使飞行试验大为减少。但是,还应完成足够数量的试验,以确保满意的性能。如果从先前已批准的类似安装可得到的地面或飞行试验数据,足可用以严格评定某个系统的性能,也许不需要再进行补充试验。缺省此类数据时,应进行补充试验或分析,以证实潜在的受影响区域。

(7) 在一些安装中,设备的外部器件(诸如天线)可能影响飞行性能,对此应给予特别关注。应由试飞员对所有这类性质的安装进行评定。

(8) 能够或可能改变既定限制、飞行特性、性能、使用程序或任何必要系统的那些安装,都要求由 FAA ACO 飞行试验部予以批准。驾驶舱内设备的新安装或影响驾驶舱内现有设备的改装,均应由 FAA、项目工程师和指定的试飞员协同努力予以评定,并对 FAA 飞行试验验证的需求做出评估。

(9) 在系统和设备评定的整个过程中,应该对各种通告牌的工作予以评定,以确定它们向相应的飞行机组成员提供明晰和正确显示。应能准确地识别由人工作动或自动操作所选定的任何运行模式。应该对任何子模式进行评定,以确定对通告信息的需求。

b. 程序——通信

(1) 甚高频(VHF)系统

(a) 使用高度大于 18000 ft 的飞机

在距 FAA 批准的地面设施 160 n mile 范围内并在最小无线电无障视距高度以上做 360°盘旋,在整个盘旋期间,应能在飞机与地面设施之间提供清晰的通信。在所有航向上应使用最多 10°的坡度角。在相对于地面台站的同一航向上,通过减小坡度角,使信号丢失情况得到令人满意的缓解。建议首先进行下面(d)所述的"远程接收试验"。如果试验是成功的,就不需进行本条款中所述的 360°盘旋飞行(160 n mile 范围内)。可使用带外侧滑转弯,以使转弯半径减至最小。

(b) 使用高度低于 18000 ft 的飞机

对限于在 18000 ft 高度以下运行的飞机,也应按上述(a)[①]中的规定,提供清晰的通信,但距地面设施的距离不必超过 80 n mile。

(c) 天线覆盖范围测量

如果天线位于飞机中心线上,则可仅使用一个转弯方向进行试验。当天线方向图数据已知时,倘若在预计通信效果最差的方位和坡度角附近进行核查期间能获得满意的通信,也许就不必进行 360°盘旋飞行试验。

(d) 远程接收

沿某个航向距离地面设施天线至少 160 n mile(或对于在 18000 ft 高度以下运行的飞机采用 80 n mile)的距离并在无线电视距高度以上,以最小 10°的坡度角执行向左或向右的 360°盘旋。每转过 10°角,与地面设施通信一次,以测试地面站和机上所接收信号的清晰度。对于 160 n mile 距离,最小无线电视距高度约为 17000 ft,对于 80 n mile 距离,约为 4000 ft。无线电视距与飞行高度层(或高度)的关系在表 170 - 1 中给出。

表 170 - 1　无线电视距与飞行高度层或高度的关系

飞行高度层或高度/ft	无线电视距/n mile	飞行高度层或高度/ft	无线电视距/n mile
FL500	275.0	FL430	255.1
FL490	272.3	FL420	252.1
FL480	269.5	FL410	249.1
FL470	266.7	FL400	246.0
FL460	263.8	FL390	242.9
FL450	260.9	FL380	239.8
FL440	258.0	FL370	236.6

① 原文误为(i)。——译注

（续表）

飞行高度层或高度/ft	无线电视距/n mile	飞行高度层或高度/ft	无线电视距/n mile
FL360	233.4	FL190	169.5
FL350	230.1	FL180	165.0
FL340	226.8	17 000	160.4
FL330	223.4	16 000	155.6
FL320	220.0	15 000	150.6
FL310	216.6	14 000	145.5
FL300	213.0	13 000	140.2
FL290	209.5	12 000	134.7
FL280	205.8	11 000	129.0
FL270	202.1	10 000	123.0
FL260	198.3	9 000	116.7
FL250	194.5	8 000	110.0
FL240	190.6	7 000	102.9
FL230	186.5	6 000	95.3
FL220	182.4	5 000	87.0
FL210	178.2	4 000	77.8
FL200	173.9	3 000	67.4

（e）大角度接收

在距地面站 50～70 n mile 的距离（对于在 18 000 ft 高度以下运行的飞机，采用 20～30 n mile）上并在 35 000 ft 高度或飞机最大使用高度上，重复上述试验。

（f）进近形态

起落架放下且襟翼处于进近形态，演示验证飞机与地面设施之间的清晰通信。

（g）电磁兼容性（EMC）

如果实际可行，在飞行中使所有系统都工作，通过观察，验证在飞行所必需的系统中无不利的影响存在。

（2）高频（HF）系统

（a）应以 HF 传播条件所允许的若干个频率，与一个或多个地面站进行通信联系，由此演示验证可接受的通信。距离可从一百至数千海里变化，并且至少应建立一条通过电离层传播的超视距通信线路。在评定某个新 HF 天线安装时，至少应在不低于最大高度 90% 的某个高度上进行试验，以便核查在天线上可能出现的电晕飞弧。

（b）应考虑沉积静电的影响。这一类型的静电通常在高卷云、干雪、尘暴等区域中出现。

（c）如实际可能，应在飞行中使所有系统都工作，通过观察，验证在飞行所必需的系统中无不利影响存在。由此评定 EMC。

（3）音频系统

（a）演示验证所有音频设备（包括话筒、扬声器、耳机、机内通话放大器及机内广播系统）的通信是可接受的。如果包含旅客娱乐设备，则应演示验证驾驶舱机组和（或）乘务员对音乐和（或）音频播放的充分超控，或预录通告的播放具有充分的优先权。应测试所有工作模式，发动机运行、机上所有脉冲设备发射，以及所有电气设备工作的应急状态（例如戴氧气面罩应急下降）。除下面（b）所述外，通常不需要进行飞行试验，除非考虑气流噪声的因素，或在地面试验期间遇到驾驶舱扬声器过度反馈，引起驾驶舱声级疑问。

（b）如果认为对 PA 系统进行飞行评定是必要的（或者要慎重对待的事情），则应在飞机处于中空至高空以接近 V_{MO}/M_{MO} 速度飞行时，从每一手持送受话器站（包括驾驶舱）发出 PA 通告广播。

（c）应在飞行中使所有系统都工作，通过观察，验证在飞行所必需的系统中无不利影响存在，由此评估 EMC。

（4）飞机通信寻址及报告系统（ACARS）

ACARS 是允许飞机与地基设施之间进行通信的可寻址 VHF 数字式数据链系统。其显示装置是一台打印机和（或）电子式多功能显示器。

（a）应通过以下方法来演示验证可接受的性能，即证实从地面电源转至 APU 电源、从 APU 电源转至发动机发电机，以及所有可能组合的交叉切换期间发生电源中断时，飞行前装载的数据仍然保留在存储器中。

（b）验证 ACARS 数据和 VHF 语音通信可满意地同时传输，鉴于频率和 VHF 天线的隔离，两个独立的 VHF 系统之间无干扰。检查所有可能的切换组合。

（c）如果可由地面站通过 ACARS 数据链启动选择呼叫系统（SELCAL），则通过观察驾驶舱内听觉和视觉的正常显示来演示验证该功能的执行。

（d）如果在飞行中可以通过 ACARS 访问飞行管理系统（FMS）数据库或运行程序，则检查所有接口功能，以演示验证预期功能的执行。

（e）ACARS 不应与飞机无线电—导航系统中任一系统的工作产生干扰。此外，还要特别注意不应与飞行导引起飞和进近功能产生干扰，尤其是自动着陆，因为这些功能是可能与 ACARS 传输相关的飞行状态。

（5）选择呼叫系统（SELCAL）

通过接收来自地面站的 VHF 和 HF（按适用而选定）的呼叫，验证 SELCAL 预定功能的执行。

（6）卫星通信系统（SATCOM）[备用]

（7）电池供电的便携式话筒

（a）在发动机停车并适当模拟与事故有关的所有显著特征（包括乘客与当班乘务员在场时的混乱嘈杂状态）的情况下，在机上进行可听距离及清晰度试验，以演示验证在话筒起作用的整个客舱内部区域内，听到并明白了解经放大的讲话内容。

（b）验证话筒能可靠地执行其预期功能，并验证其设计满足如下要求：

1 可用单手容易地操作和使用；

2 具有足够的声学反馈抑制能力；

3 具有声量控制器。

c. 程序——导航

（1）甚高频全向信标（VOR）系统

（a）如果已经对天线辐射方向图进行了充分的研究，并且这些研究表明辐射方向图中没有明显的盲点（与飞行中所用飞机形态，如襟翼、起落架等有关），则可以减少这些飞行试验。在判断时应特别注意，某些螺旋桨转速设定值可能引起航向偏差指示调制（螺旋桨调制）。应将这一信息列于 AFM。

1 在距 VOR 台 160 n mile 范围内（对于在 18 000 ft 以上高度飞行的飞机），在从无线电视距高度至 90％飞机合格审定最大高度或最大使用高度之间的整个空域内，对于飞机（机翼水平）的所有航向，机载 VOR 系统应正常工作，警告旗标不应出现。

2 应进行精度测定，以使得正反向指示的一致性误差在 2°范围内。应在地面上在至少两个已知点的上空进行试验，以使得可在每一象限内获得数据。数据应与地面校准值相符，任何情况下的绝对误差都不得超过±6°。航向偏离指示值不应有大的波动。

（b）航路接收。从用于高高度的 VOR 台上空 35 000 ft 高度（或直至 90％飞机最大合格审定高度或最大使用高度），在 160 n mile（对于在 18000 ft 以下高度飞行的飞机，为 80 n mile）范围内，沿径向飞行，VOR 警告旗标不应出现，台站识别信号也不应衰减。航向宽度应为 20°±5°（在选定的径向方向两侧各 10°）。如果实际可行，依据某个多普勒 VOR 台，飞行一航路段，以验证机载设备的兼容性。凡存在不兼容时，则会发现有大的误差。

（c）远程接收。在无线电视距高度以上的某个高度，距 VOR 台至少 160 n mile（对于在 18 000 ft 以下高度飞行的飞机为 80 n mile）的距离，以至少 10°坡度角，向右和（或）向左作 360°盘旋，此时不应出现信号失落（以故障指示旗出现为证据）。在相对于地面台站的同一航向上，通过减小坡度角来缓解信号丢失其结果是令人满意的。在向左和向右盘旋过程中，VOR 识别应是令人满意的。可使用外侧滑转弯，将转弯半径减至最小。

（d）大角度接收。在距 VOR 台 50～70 n mile（对于在 18 000 ft 以下高度飞行的飞机为 20～30 n mile）的距离上，在至少 35 000 ft 的高度（或者，直至 90％飞机合格审定最大高度或最大使用高度以内的高度）上，重复上面（c）所述的盘旋飞行。

（e）途经航路台。当飞机通过 VOR 台上空的锥形干扰区时，验证向台和（或）背台指示器的正确变化。

（f）VOR 进近。起落架和襟翼处于放下位置，进行 VOR 进近飞行。VOR 台应在飞机后方 12～15 n mile 处,变更 VOR 台径向航向 30°之后进行进近。在进近时,使用足够次数的机动飞行,以确保在波束跟踪期间保持信号接收。

(g) 电磁兼容性(EMC)。应在飞行中使所有系统都工作,通过观察,验证在飞行所必需的飞行系统中无不利影响存在,由此评估 EMC。

(h) 识别器。如果配置有数字总线,则应检查音频识别器,同样应检查译码识别器。

(i) 台站调谐。评定台站调谐的各种方法,包括自动和通过 FMS 的手动调谐。此外,还应检查有对信号丢失或接收机失效的指示是否正确。

(2) 航向信标系统

(a) 如果业已对天线辐射方向图进行了充分的研究,并且这些研究表明辐射方向图中没有明显的盲点,则可以减少这些飞行试验。一个明显盲点是指,比沿飞机机头水平 30°和垂直 15°范围内的平均值大 10 dB 以上的那个点。

<u>1</u>　由天线系统提供给接收机的信号输入应有足够的强度,当飞机处于进近形态(起落架放下—进近襟翼)并距台站至少 25 n mile 时,保持故障指示旗标不出现。对于以 10°以内的所有左和右坡度角和所有正常俯仰姿态在大约 2 000 ft 高度上飞行的飞机,在 360°飞机航向上都应能接收到此信号。

<u>2</u>　当飞机航向处于航向信标台归航航线的 60°范围内时,以 30°以内的坡度角飞行,也应获得令人满意的结果。当航向处于航向信标台归航航线的 60°～90°范围内时,以 15°以内的坡度角飞行,以及当航向在航向信标台归航航线的 90°～180°范围内时,以 10°以内的坡度角飞行,结果都应是令人满意的。

<u>3</u>　当飞机在航线的右侧或左侧时,偏离指示器应正确地指引飞机回到航线上。

<u>4</u>　航向信标台的识别信号应足够强,且足以避免干扰,以便提供明确的台站识别信号,并且在所有电气设备工作和脉冲设备发射时,语音信号应清晰明了。

(b) 航向信标波束截获。以进近形态,距航向信标台至少 25 n mile 距离,以不小于 50°角朝航向信标台正航道归航飞行。从航向信标波束左、右两侧完成这一机动飞行。在航向偏差指示器从全偏转移动至预定航线的过程中,不应出现警告旗标。

(c) 航向信标跟踪。进行信标台归航飞行时,在达到远距指点信标之前不大于 5 n mile 处,改变飞机航向,以获得指针满刻度偏转;然后,驾驶飞机,以确定航向信标台预定航线运行。航向偏离指示器应指引飞机返回航向信标台预定航线。以指针一次向左和一次向右偏转这两种方式,执行这一机动。连续跟踪航向信标直至发射台上空。应进行可接受的向台或背台航向(正航线或反航线)进近至跑道入口上方 200 ft 或更低的高度。

(d) 电磁兼容性(EMC)。应在飞行中使全部系统都工作,通过观察,验证在飞行所必需的系统中无不利影响存在。

(3) 下滑信标系统

(a) 如果业已对天线辐射方向图进行了充分的研究,并且这些研究表明辐射方向图中没有明显的盲点,则可以减少这些飞行试验。一个明显盲点是指,比沿飞机机头水平 30°和垂直 15°范围内的平均值大 10 dB 以上的那个点。

1 至接收机的信号输入,应具有足够的强度,以在距最终进近定位点 10 n mile 以内的所有距离内,保持警告旗标不出现。应在航向信标航道左和右 30°之间所有飞机航向上,演示验证此性能。当飞机航迹高于或低于下滑道时,偏离指示器应能正确地指引飞机回复到下滑道航迹。

2 在机上全部设备都工作并且所有脉冲设备发射时,不应与导航设备的工作发生干扰。不应由于下滑信标系统的工作而引起对其他设备的干扰。

(b) 下滑信标波束截获。在下滑信标波束与最终进近定位点相交处的高度上,在距此定位点至少 10 n mile 处,进行航向信标航道的归航飞行。在最终进近定位点,下滑信标偏离指示器的指针应居中(允差为满刻度值的 ±25%)。从指针离开上区满刻度指示位直到达到下区满刻度指示位的时间内,警告旗标不应出现。

(c) 下滑信标跟踪。跟踪下滑信标时,飞机以正常俯仰和横滚姿态机动飞行。下滑信标偏离指示器应表明飞机正常运行而无警告旗标出现。应进行可接受的进近至跑道入口上方 100 ft 高度或更低的高度。

(d) 电磁兼容性(EMC)。应在飞行中使全部系统都工作,通过观察,验证在飞行所必需的系统中无不利影响存在,由此对 EMC 进行评估。

(4) 指点信标系统

(a) 在低灵敏度状态,当飞机以所有襟翼和起落架放下形态在 1000 ft 高度上沿航向信标中心线飞行时,在相距 2000～3000 ft 的某个距离上,指点信标信号牌灯应点亮。

注:确定 2000～3000 ft 距离的可接受试验是以表 170-2 中所列之地速飞行并测定指点信标信号牌灯持续点亮的时间。

表 170-2　指点信标系统
高度 = 1000 ft(AGL)

地速/kn	灯亮时间/s	
	距离 2000 ft	距离 3000 ft
90	13	20
110	11	16
130	9	14
150	8	12

对于表 170-2 所列值以外的地速,可使用下列公式进行计算:

$$上限 = \frac{1775}{地速(kn)}(s)$$

$$下限 = \frac{1183}{地速(kn)}(s)$$

（b）如果安装一种可选择高-低灵敏度的器件，与低灵敏度状态时相比，在高灵敏度状态下，指点信标信号牌灯点亮及音响作动的保持时间更长。

（c）音响信号应当足够强，以便充分排除干扰，提供明确的识别。

（d）作为一种替代程序，飞机以正常 ILS 进近高度飞越远距指点信标，并确认指点信标音响及视觉指示是充分的。

（e）在明亮的日光下及夜间，照明都应是适当的。

（f）电磁兼容性（EMC）。应在飞行中使全部系统工作，通过观察，验证在飞行所必需的系统中无不利影响存在，由此评估 EMC。

（5）自动定向仪（ADF）系统

（a）接收功能。所有必需的电气和无线电设备都处于工作状态，飞机向台或背台飞行，确定方位指针的平均指示是这样的，即在白天小时（当地日出后一小时和日落前一小时之间）并且在大气扰动最弱时，在下面所列的距离上，它们呈现某个可用的方位。只要能确定地面台站的有效方向，指针振荡幅值相对而言并不重要。在下面所示的距离上，接收机调谐所确定的台站音频设别信号应清晰。

（b）通用信息。

表 170‐3　美国现役 LF/MF 无线电信标分级

等级	功率/W
Comlo	25 以下
MH	50 以下
H	50～1999
HH	2000 或更高

设备	距离/n mile
罗盘定位器	15
小于 50 W 发射机	25
100～200 W 发射机	50
200～400 W 发射机	60
高于 400 W 发射机	75

注：在已知服务距离小于上述距离的区域，可采用实际较近的距离。在飞行试验之前明确要用设备的工作状态，此举是可取的。

（c）指针逆转。当飞机直接飞越正常工作的地面台站上空时，记录飞机飞行高度，并使用秒表测量指针完全逆转的时间。使用飞机的真地速和飞行高度来确定在指针逆转出现在某个圆周区域范围内，其圆心在地面站上空、半径等于飞机将要飞行的高度。超前或滞后于主逆转的局部逆转是允许的。

（d）方位精度。使用一台正常工作的航向陀螺仪和一个位置已知的地面检查点（相对于 ADF 要调谐到的地面台站），飞机以至少 6 个航向（相对于 ADF 要调谐到的地面台站)飞越此地面检查点,其中包括 0°和 180°航向以及它们每侧各 15°航向。确定在这 6 个航向之中任一航向上,经补偿的或经其他方法修正的 ADF 方位指示其误差都不大于±5°。重复前面的程序,但以相对于地面站的至少 6 个不同航向进行飞行,包括 45°,90°,135°,225°,270°以及 315°。在此情况下,在上述 6 个航向中的任一航向上,经补偿的或经其他的方法修正的航向指示其误差都不应大于±10°。

注:地面检查点与所使用的地面台站之间的距离,至少应是该站服务距离的一半。

(e) 指示器响应。在 ADF 指示地面站就在正前方时,切换到相对方位为 175°的地面台站。指示器应在不超过 10 s 的时间内给出方位指示,允差在±3°范围内。

(f) 天线相互干扰。如果待试的 ADF 安装为双套的,应使用下列程序检查天线之间的耦合。

1 使 1♯ADF 接收机调谐到接近 ADF 频带低端的某个地面台站,调谐 2♯ADF 缓慢地通过整个频带的频率范围,确定是否对 1♯ADF 指示器有不利影响。

2 将 1♯ADF 接收机调谐至接近 ADF 频带高端的某个地面站,重复步骤1。

(g) 电磁兼容性(EMC)。应在飞行中使全部系统都工作,通过观察,验证在飞行所必需的飞行系统中无不利影响存在,由此评估 EMC。

(h) 沉积静电。应考虑沉积静电的影响。这一类型的静电通常在高卷云、干雪、尘暴等区域中出现。

(6) 测距仪(DME)

(a) 在 18000 ft 以上高度飞行的飞机。在距 VORTAC 台 160 n mile 范围内,从无线电视距高度至飞机合格审定最大高度的各个高度上,飞机在这一整个空域内作机动飞行时,DME 系统应连续跟踪而无信号丢失。飞机处于下列形态时应满足这一跟踪标准:

1 巡航形态;

2 以直至 10°的坡度角(可使用外侧滑转弯,使转弯半径减至最小);

3 以正常最大爬升和下降姿态爬升和下降;

4 环绕 DME 台飞行;

5 提供清晰可辨的 DME 台识别信号(视觉和(或)听觉)。

(b) 在 18000 ft 以下高度飞行的飞机。除了距 DME 台的最大距离不必超过 100 n mile 外,应按上述(a)的规定对 DME 系统进行功能检查。

(c) 爬升及最大距离。确定 DME 与其他飞机机载设备之间无相互干扰。从距 DME 台至少 10 n mile 距离和 DME 台上空 2000 ft 高度开始,使飞机沿着可飞越 DME 台上空的航向飞行。在超过 DME 设备 5～10 n mile 的距离上,使飞机以其正常最大爬升姿态爬升,直至 35000 ft 高度或 90%最大合格审定高度以内的高度,维持飞机沿台站的径向飞行(允差在 5°范围内)。DME 应保持不失锁跟踪直到

160 n mile(对于在 18 000 ft 以下高度飞行的飞机,为 100 n mile)距离。

(d) 远程接收。在距 DME 站不小于 160 n mile(在 18 000 ft 以下高度飞行的飞机为 100 n mile)的距离处,进行两次 360°的盘旋飞行,一次为右盘旋,一次为左盘旋,坡度角为 8°~10°。如果天线对称安装,则单一方向盘旋即可。在沿径向飞行的任何 5 n mile 距离上,不应有多于一次的失锁,而且失锁的时间不应超过一个搜索周期(最长 35 s)。可在直至最大合格审定高度上进行试验。

(e) 大角度接收。在距 DME 站 50~70 n mile 距离(对于在 18 000 ft 高度以下运行的飞机,采用 20~30 n mile 的距离)上,并在至少为 35 000 ft 高度(或者,直至90%飞机合格审定高度或飞机最大使用高度以内的高度)的某个高度上,重复上面(d)所述的飞行航线并进行观察。

(f) 着陆前下降。从至少为 35 000 ft 高度(或飞机最大高度,如果其较低)的某个高度,使用对于某一 DME 站的正常最大下降率程序,执行一次直接对准该地面站的下降飞行,使飞机在到达该 DME 台之前 5~10 n mile 时达到该 DME 站上方 5 000 ft 的高度。在此机动飞行过程中,该 DME 应连续跟踪而不失锁。

(g) 环形航线。在地形上方 2 000 ft 高度上,以适合于此型飞机的等待航线速度,起落架放下,围绕 DME 站作半径为 35 n mile 的向左、向右至少 15°的扇形飞行。在沿环形航线飞行的任一 5 n mile 距离上,DME 应连续跟踪,失锁次数不应超过一次,而且失锁时间不应超过一个搜索周期。

(h) 进近。向具备 DME 站的某个机场地进行一次正常进近,DME 应连续跟踪而不失锁(过站除外)。

(i) 电磁兼容性(EMC)。应在飞行中使全部系统都工作,通过观察,验证在飞行所必需的系统中无不利影响存在,由此评估 EMC。

(7) 应答机设备

(a) 在距询问雷达站 160 n mile 范围内,从无线电视距高度至 90%飞机合格审定最大高度或最大使用高度以内的高度上,飞机在这一整个空域内作水平直线飞行,空中交通管制(ATC)应答机系统应向询问雷达站发送稳定的强回波信号。对于在 18 000 ft 以下高度飞行的飞机,应满足上述要求,但距离范围仅为 80 n mile。

(b) 当飞机在上述空域中作以下的机动飞行时,信号丢失时间不得超过 36 s:

1 以直至 10°的坡度角转弯(可使用带外侧滑转弯,使转弯半径减至最小)。

2 以典型的爬升和下降姿态进行爬升和下降。

(c) 爬升和距离覆盖范围。

1 在距雷达站至少 10 n mile 距离,并在该雷达站上方 2 000 ft 的高度上,使用空中航路交通管制中心(ARTCC)所规定的应答机编码,使飞机沿着可飞越雷达站的航向飞行。操纵飞机,以其正常最大爬升姿态爬升,直到 90%飞机最大合格审定高度或最大使用高度以内的高度,并保持飞机航向对雷达站的偏离在 5°范围内。飞机达到合格审定最大高度后,在该最大高度上作水平飞行至距离雷达 160 n mile(或对于在 18 000 ft 以下高度飞行的飞机,为 80 n mile)处。

2　与地面雷达操作人员联系有否应答机信号丢失迹象。飞行期间,检查 ATC 应答机"识别"模式,以确保应答机正在执行其预期功能。确定应答机系统对机上其他系统无干扰,并确定机上其他设备也不干扰应答机系统的工作。不应出现信号丢失,即两次或两次以上扫描时无回波。如果在地面雷达屏上出现环状线、频闪或杂波时,飞机应转换到"低"灵敏度状态,以减小干扰。应将妨碍地面雷达使用的不可控环状线视为不满意状态。

(d) 远程接收。在 90% 最大合格审定高度上,在距雷达站不小于 160 n mile(在 18 000 ft 以下高度飞行的飞机为 80 n mile)的距离,进行两次 360° 的盘旋飞行,一次为右盘旋,一次为左盘旋,坡度角为 8°~10°。在盘旋期间,应监视雷达屏,应无信号丢失(两次或两次以上扫描)。(可调节空速,以减小转弯半径。)

(e) 大角度接收。在距雷达站 50~70 n mile 距离上,并在至少为 35 000 ft 高度(或者,直至 90% 飞机合格审定高度或飞机最大使用高度以内的高度)的某个高度上,重复上面(d)所述的飞行航线并进行观察。应无信号丢失(两次或两次以上的扫描)。将应答机切换到地面操作人员未选择的编码。飞机的二次回波信号应当从雷达屏上消失。然后,操作人员应将其控制盒变更为公共系统,在雷达屏上对应飞机位置的范围内,应呈现单条斜线(/)符号。如果出现了问题,则需要用告示牌通告。

(f) 高高度巡航。在最大合格审定高度或最大使用高度的 90% 范围内的高度上,距雷达站 160 n mile(对于在 18 000 ft 以下高度飞行的飞机为 80 n mile)某点,飞机沿着将飞越雷达站的航线飞行。应无应答器信号丢失(两次或两次以上扫描)或环形线,但经过雷达站时或已知的现场特性产生异常现象时除外。

(g) 等待航线和环形航线。

1　在雷达天线上空 2 000 ft 高度或最小越障高度(取两者中较大者)上,起落架和襟翼放下,在距航路监视雷达(ARSR)或机场监视雷达(ASR)设施约 10 n mile 的距离,用等待航线速度以标准速率作左和右各一次 360° 盘旋飞行,应无信号丢失(两次或两次以上扫描)。

2　在雷达天线上空 2 000 ft 高度或最小越障高度(取两者中较大者)上,起落架和襟翼放下,以与该机型相应的等待航线速度围绕雷达站作半径为 10 n mile 的向左和向右 45° 扇形航线飞行。应无信号丢失(两次或两次以上扫描)。

(h) 监视进场。从 35 000 ft 或者飞机最大合格审定高度或最大使用高度的 90% 范围内的高度(取其中较小值),执行一次下降并进近至有空中交通管制雷达信标系统(ATCRBS)设施并由 ASR 提供服务的机场跑道。作为一种替代方式,可沿着平行于通过 ARSR 站的某个垂直平面但相隔 3~4 n mile 的航迹,进行一次模拟进近和下降。应以该飞机的正常最大下降率和正常进近和着陆形态进行进近,并应连续下降至距地面雷达天线标高 200 ft 或更低的高度。在最终进近期间,对于任何 10 次扫描,不应出现多于 1 次的信号丢失;如果雷达屏出现环形线,飞行机组应调低灵敏度,环形线应消失。

(i) 高度报告。通过与 ATC 显示的高度相比较,进行高度编码器(应答机"C"模式)功能试验。在若干高度上验证 ATC 示数与机长高度表上示数的一致性,此时应调定为或修正到 29.92 ft 汞柱。

注:在全部试验过程中,验证自检测功能及雷达询问应答灯。

(j) 电磁兼容性(EMC)。应在飞行中使所有系统都工作,通过观察,验证在飞行所必需的系统中无不利影响存在,由此评估 EMC。

(8) 气象雷达系统

(a) 预热时间(按适用而选定)。全部试验都应在制造商规定的预热时间之后进行。

(b) 显示。检查雷达屏上显示的迹线和扫描线,平稳移动且无缺口或不良的亮度变动。对于彩色显示,验证相应的颜色和色彩对比度。

(c) 测距能力。飞机在 90%最大批准高度上保持水平飞行,调整雷达控制器使雷达可识别的大型目标(诸如山脉、湖泊、河流、海岸线、风暴前锋、湍流等)显示在雷达荧光屏上。应能显示制造商规定的最大距离内的各种目标。使飞机机动飞行,调节雷达控制器,以便可按距离要求进行试验。雷达应具有显示视距内已知重要目标的能力。

(d) 波束倾斜和结构间隙。

1 使飞机维持水平飞行,调节雷达控制器,以使得当天线倾斜控制器调节到零度时,雷达可识别的大目标出现在雷达屏上。使飞机机动飞行,以使得相应的目标出现在飞机正前方(0°)方位。在适当的范围内缓慢地改变倾斜控制器,并观察雷达屏的显示无反常的变化,否则可能暗示雷达罩与天线之间存在结构干扰。在飞机的整个使用速度包线内,不应出现此类干扰。

2 方位精度。使可目视识别目标(诸如岛屿、河流或湖泊)处于雷达测距范围内的某个距离上,以此作为飞行条件进行飞行。当朝向目标飞行时,选择一条从基准点到目标的航线,并在所有的距离设定值上确定所显示的目标方位的误差。以 10° 增量间隔改变飞机的航向直至最大 ±30°,并验证在所显示的目标方位上误差不大于 ±5°。

(e) 稳定性。在雷达指示器上观察某一目标回波的同时,断开稳定功能,使飞机进行俯仰及横滚机动。观察显示内容变模糊的现象。接通稳定机构,重复进行俯仰及横滚机动飞行。评定稳定功能对维持清晰显示的有效性。

(f) 图形显示(等强回波)。

1 如果报告在距试验基地某个合理的距离范围内有浓云形成或暴雨,选择图形显示模式。雷达应能区分降水量的强或弱。

2 如不存在上述气象条件,将雷达工作模式从正常显示切换为图形显示,同时观察雷达显示屏上大目标的亮度变化,由此确认图形显示功能的有效性。从正常模式切换为图形模式时,最亮的目标应变为最暗。

(g) 安装时的天线稳定性。在 10 000 ft 或更高的高度作水平飞行的同时,调节天线倾斜角,在消除地面回波的角度上再增大约 $2°\sim3°$。使飞机下俯,然后横滚机动飞行。不应出现地面回波。

注:向左和右横滚约为 $15°$;机头下俯约为 $10°$。

(h) 地图显示。在包含大型、易于识别的地标(诸如河流、城镇、岛屿、海岸线等)的区域上空飞行。将雷达显示屏上这些目标的形状与从驾驶舱目视观察到的实际形状进行比较。

(i) 相互干扰。确定任何电气或无线电—导航设备工作时,在雷达指示器上不会出现由此而引起有碍性干扰,并确定雷达安装不对其他任何设备的工作形成干扰。应特别予以关注的是雷达对电子显示系统的影响,以及在进近到着陆的过程中,雷达对航向信标、下滑道信标和 ADF 信号的影响。

(j) 电磁兼容性(EMC)。应在飞行中使全部系统都工作,通过观察,验证在飞行所必需的系统中无不利影响存在,由此评估 EMC。

(9) 惯性导航系统(INS)

(a) AC20 - 138B《定位与导航系统的适航批准》(2010 年 9 月 27 日),包含用于对惯性导航系统进行工程评定的基本准则,并且以客观的形式给出了对含有强制性要求的适用条款进行符合性验证的可接受符合方法。INS 工程评估也包括对 AC121 - 13 第 2 次更改版《自含式导航系统(远程)》(1970 年 12 月 21 日)的认识,其给出在营运人可获得营运批准之前,需满足的准则。对于长达 10 h 的航班,以 95% 统计为基础,径向误差不超过每运行小时 2 n mile。对于超过 10 h 的航班,航线横向偏差不大于 ±20 n mile,沿航迹误差不大于 ±25 n mile。2 n mile 径向偏差由一个圆来表示,圆心为选定目的点,半径为 2 n mile。对于预期用于航空承运人运行的飞机,应参照 CFR 第 121 部附录 G。

(b) INS 设备供应商,通常将通过申请人,提供充分的系统可靠性数据,这样便不需要进行补充试验来演示验证设备可靠性。假定有足够的冷却可供 INS 安装使用,则可认为这些数据与用于验证的机型无关。

(c) 温度。有些系统在传感器模块中装有温度监控器。当此装置的温度达到某个给定值时,系统自动关断。这一情况可能表征一种共模失效,那时向多个传感器提供的冷却不充分,随后的结果是它们使所有这些温度监控器同时跳闸。某些设备的结构可能包含与逐个部件为一体的冷却机构。不论如何实现设备的冷却,如果该组件的正常工作由于冷却功能失效而低于可接受的水平,则必须通过分析和演示验证(按适用而选定)来处理冷却功能问题。

(d) INS 机上试验程序。

1 关断 INS 设备,验证所有航空电子设备工作正常。

2 按制造商正常程序的要求,闭合 INS 初级电源、加热器和激励电路的电路断路器,将模式选择器置于开始预热状态。

　　3 对准。

　　(aa) 按制造商的程序,启动 INS 对准,输入飞行计划航路点并记录(在系统能完成对准之前,务必装入飞机的即时位置。如果系统在按此准备,在系统完成对准并转入"导航(NAV)"模式之前,不得移动飞机)。即时位置的精度应精确到0.1 n mile 之内。

　　(bb) 正常风况下的抖振,货物和人员的移动将不会影响对准质量,但严重的抖振可能会延长所需要的对准时间。

　　(cc) 以 NAV 模式连续运行至少 1 h。

　　4 离港前

　　(aa) 重新检查其他航空电子系统工作正常,并且使用 INS 信息的所有系统和仪表都正确工作。

　　(bb) 按照从即时位置到任一贮存航路点的航迹来设置 INS,并检查驾驶舱显示组件(CDU)和仪表的显示都正常。

　　(cc) 当满足制造商所规定的条件时,将模式选择器设置为"Navigate(导航)"。验证达到 NAV 模式并且无警告状态指示。记录在 NAV 模式下验证的时间。

　　5 离港程序。

　　(aa) 滑行。飞机滑行时,将 CDU 数据选择器设置为显示航迹角和地速,监视INS 性能。

　　(bb) 起飞。使用按要求设置的 CDU 来观察起飞过程中和初始腾空状态下的地速、航迹角、航向和偏流角,验证正常和正确性能。使用其他仪表和航空电子设备完成合理的评估。

　　(cc) 起始航迹。定义一个从即时位置至第一个可用航路点的航迹,并且使用仪表显示或自动驾驶仪飞行至捕获该航迹。

　　6 飞行中。在飞行条件下,执行和检查下列项目:

　　(注:在导航试验过程中,不得改变系统模式选择器的"NAV"模式。如果安装了为飞机系统提供"姿态"信息的系统,则应在完成导航模式试验之后,检查"ATT REF(姿态基准)"模式。将选择器切换为"ATT REF"模式时,确定所有相应设备的信号牌都指示此断开状态。)

　　(aa) 演练制造商和 AFM 中作为系统能力而列出的所有程序,诸如航路点导航、偏离导航、选定航迹导航等。

　　(bb) 如果具有更新能力,无论是人工的或是自动的,使用已确定的程序验证其运行。

　　(cc) 按航路点先后顺序,以人工或自动模式,运行惯性导航系统。

　　(dd) 验证满意的飞机操纵,正确的飞行指引仪指示,以及飞行仪表显示,与此安装相适应。INS 在工作时,应将可能受到影响或含义改变的所有飞机显示,清晰地通告驾驶员［例如，罗盘航向（真航向对磁航向），自动驾驶仪耦合模式等］。

（ee）按所有显示设定值，运行 CDU，验证其功能和运行。

（ff）使其他航空电子设备及飞机电气系统工作，以确定是否产生可能引起 INS 或其他系统性能低于要求的相互干扰。

（gg）如果先前已制订了基本精度，应飞一个基本航段长度至少为 1h 的三角形航线。已在本 AC 的 170c(9)(a) 中规定了所要求的精度。

7　飞行后。

（aa）将飞机停放在某个已知位置，误差在 0.1n mile 之内，并使用 NAV 模式下的总工作时间和测得的径向误差，确定径向误差率。记录终点位置、时间及误差率计算值。

注 1. 在有些模式中，可按如下方法获得径向误差：装入停机位置作为航路点 N；然后定义 O 至 N 航迹（航段）。在 CDU 上的距离读数值即为径向误差。

注 2. 如果系统业已更新，在计算误差前去除更新量。

（bb）拉出 INS 初级电源电路保护器，并使用蓄电池历时 5 min 来验证系统的运行。使电路断路器复位，并验证系统功能正常以及航路点数据正确。

（cc）关断系统。

（e）姿态（如果提供给基本仪表）。

1　系统的安装应提供相对于飞机基准水平面的俯仰和横滚数据，允差为 ±1°。

2　在导航试验期间，应检查垂直陀螺数据。此外，应在完成 NAV 试验后，在 INS 处于 NAV 模式下，使飞机以 25°坡度角飞行。在转弯的同时，切换到 ATI REF 模式并使飞机恢复水平。姿态数据应正确指示。如果系统要求在选择 ATT REF 的时间内作水平飞行，则 AFM 应包含该信息作为一项限制。

3　电源汇流条瞬变。在由于发动机失效而产生通常可以预计的电汇流条瞬变后，姿态信息中断或不稳定时间不应大于 1s，并且仅影响飞机一侧的显示。如果由于瞬变而启动上电初始化或自检测，姿态方面的任何变化均不应使驾驶员分心；应在 1s 之内便可提供可识别的有效俯仰及横滚数据。对于大多数飞机，起飞后一台发动机失效，将同时引起横滚率加速、新的俯仰姿态需求以及电瞬变。姿态信息是最重要的。在这些情况下，不可能足够及时用防止产生不安全状态的方式，可靠地完成向备用姿态系统的转换，或转由相对一侧驾驶员执行飞机操纵。在测试这种失效模式时，在控制板上断开发电机通常将导致最快的切换时间。反之，在一台发动机失效过程中，随着发动机转速的降低，发电机输出电压及频率均降低到汇流条控制继电器最终辨别出此失效的某个值。这可能是一次对用电设备产生不同影响的较大扰动。已知的模拟这一失效的唯一方法是切断燃油。两种方法均应试验。

（f）电磁兼容性。INS 系统不应引起其他机载设备性能降低到低于其正常功能，而 INS 系统的运行也不应受其他设备的不利影响。

（10）垂直导航（VNAV）系统

AC20-138B《定位与导航系统的适航批准》（2010 年 9 月 27 日），给出了一套完整全面的飞行试验评定方法。

（11）多普勒导航系统

应按 AC121-13（第 2 次更改版）《自含式导航系统（远程）》（1970 年 12 月 21 日），评定多普勒导航系统的装机性能。还请参见 14CFR 121 部附录 G 及本 AC 的 170C(9)，其涉及惯性导航系统。

（12）区域导航系统（RNAV）

AC90-45A（第 2 次更改版）《用于美国国家空域系统（NAS）的区域导航系统的批准》（1975 年 2 月 21 日），AC90-100A《美国航站和航路区域导航系统（RNAV）运行》（2007 年 3 月 1 日）和 AC90-101A《带 AR 的规定导航性能（RNP）程序的批准指南》（2011 年 2 月 23 日），包含有关区域导航飞行评定的信息。注意，在大多数情况下，由本 AC170C(9)，(10)，(11) 及 (13) 中确认的系统执行区域导航功能。因此，应审查飞行试验要求。

（13）多传感器导航系统

AC20-138B《定位和导航系统的适航批准》（2010 年 9 月 27 日）给出一套完整全面的飞行试验评定方法。

（14）性能管理系统（PMS）

AC25-15《运输类飞机飞行管理系统的批准》（1989 年 11 月 20 日）给出一套完整全面的飞行试验评定方法。

（15）飞行管理系统（FMS）

AC25-15《运输类飞机飞行管理系统的批准》（1989 年 11 月 20 日）给出一套完整全面的飞行试验评定方法。

（16）全球卫星导航系统（GNSS）

AC20-138B《定位和导航系统的适航批准》（2010 年 9 月 27 日）给出一套完整全面的飞行试验评定方法。

d. 程序——仪表及显示装置

（1）飞行和导航仪表

（a）下述驾驶员仪表的飞行演示验证应涉及对显示、功能及照明方面的评定：

1 主姿态指引仪和备份姿态指引仪（ADI）；

2 水平状态指示器（HSI）；

3 无线电磁指示器（RMI）；

4 主空速和马赫数指示器以及备份空速和马赫数指示器（如装有两者）；

5 主高度表和备份高度表；

6 瞬时垂直速度表（IVRI）；

7 备份罗盘；

8 时钟；

9 大气总温指示器（TAT）；

10　无线电高度表(R/A)。

(b) 应在飞行使用过程中评定仪表位置的合适性以及性能。应在起飞、巡航及着陆过程中,以及在以坡度角为±60°,俯仰角为+20～-10°的机动飞行过程中,检查主仪表与备份仪表之间,以及在机长仪表和副驾驶仪表之间(凡适用时)所显示功能的一致性。

(c) 除上述仪表外,还应该对仪表上的控制器以及与改变该仪表功能有关的那些控制器件进行评定。

(d) 应演示验证这些仪表在白天及夜间的照明情况。应评定仪表、相关控制板和标牌的照明是否合适。

(2) 电子显示系统

AC25-11A《运输机类飞机的电子显示系统》(2007 年 6 月 21 日)给出一套完整全面的说明和飞行评定方法。

e. 程序——传感器和警告系统

(1) 罗盘系统

(a) 在地面上进行罗盘偏差测定,以 15°间隔增量回转罗盘,并记录与正确磁航向的偏差。特别注意由间断工作的电气设备引起的误差,这类误差不可能通过罗盘校准板予以消除(见 AC43.13-1B《航空器检查和维修用可接受的方法、技术和操作法》中第 16 章第 5 节,2001 年 9 月 27 日颁发的第 1 次更改版或最新版本)。

(b) 在起飞和着陆时,将所指示航向信息与已知跑道方向进行比较。

(c) 使飞机沿 4 个基本航向稳定飞行,进行一次空中罗盘检查,并记录主罗盘系统(处于从动模式)和备份罗盘系统两者各自的罗盘航向数据。应将这些读数与飞行记录器的数据进行比较,以检查罗盘复示能力。

(d) 观察指示器上有否电子或磁干扰迹象。特别是,应观察备份罗盘工作随风挡加热周期之间的关系,并在键控无线电发射的同时,观察备份罗盘的工作。

(2) 姿态系统——"捷联"(AHRS & IRS)

(a) 对传统垂直陀螺的俯仰及横滚特性的飞行评定,是相当容易做到的,除此而外,基于微处理器的捷联姿态(和航向)系统在合格审定和飞行试验方面引发某些补充考虑,正是本节予以讨论的。姿态和航向基准系统(AHRS)及惯性基准系统(IRS)是所预见的系统类型。

(b) 可接受设备安装的确认,包括(但不限于此)对正确安装的确认,此时应考虑温度、高度、电磁干扰(EMI)、振动和其他各种环境影响诸因素组合带来的后果。这些安装要求可适用于关键、重要和非重要系统。但是,可能存在这样的情况,即非重要安装不保证进行这些试验和分析的全部或部分经费。因此,有关在非重要安装上进行这些试验和分析的必要性,应由 FAA 项目工程师根据所涉及的具体和个别情况逐项予以确定。应当特别关注下列环境因素:

1　振动。通常按 RTCA DO-160G《机载设备的环境条件和测试程序》准则,完成传感器级的振动试验。设备在飞机上的结构安装措施应保证当飞机遇到 25 部分附录 G 中定义的阵风时不超过 DO-160G 规定的振动水平。关注的是,在遇到这类振动时可能超出传感器的动态范围。

2　温度。有些系统在传感器模块中组合温度监控器,当此器件的温度达到给定值时,系统自动关断。这一情况可能表征共模失效,此时因向多个传感器提供的冷却不充分,随后的结果是它们使所有温度监控器同时跳闸。某些设备的结构可能包含与逐个部件为一体的冷却机构。不论如何实现设备的冷却,如果该组件的正常工作由于冷却功能失效而低于可接受的水平,则必须通过分析和演示验证(按适用而选定)来处理冷却功能问题。

3　电源汇流条瞬变。在由于发动机失效而产生通常可以预计的电汇流条瞬变后,姿态信息中断或不稳定时间不应大于 1s,并且仅影响飞机一侧的显示。如果由于瞬变而启动上电初始化或自检测,姿态方面的任何变化均不应使驾驶员分心;应在 1s 之内便可提供可识别的有效俯仰及横滚数据。对于大多数飞机,起飞后一台发动机失效,将同时引起横滚率加速、新的俯仰姿态需求以及电瞬变。姿态信息是最重要的。在这些情况下,不可能足够及时用防止产生不安全状态的方式,可靠地完成向备用姿态系统的转换,或转由相对一侧驾驶员执行飞机操纵。在测试这种失效模式时,在控制板上断开发电机通常将导致最快的切换时间。反之,在一台发动机失效过程中,随着发动机转速的降低,发电机输出电压及频率均降低到汇流条控制继电器最终辨别出此失效的某个值。这可能是一次对用电设备产生不同影响的较大扰动。已知的模拟这一失效的唯一方法是切断燃油。两种方法均应试验。

(c) 多轴失效——失效模式及影响分析(FMEA)通常并不排除俯仰-横滚姿态失效组合。如果这一失效状态可能通过自动驾驶仪而扩大,则可能存在演示验证多轴自动驾驶仪舵面急偏的需求,见本 AC 中 181 条的说明。如果自动驾驶仪系统的架构是这样的,即失效不可能传到操纵面(即输入传感器滤波,故障消极防护[①]自动驾驶仪,合理性测试等),则可取消有关舵面急偏演示验证的需求。应该清楚,大多数故障消极防护巡航模式自动驾驶仪,在重构为恢复模式时,可能不是真正的故障消极防护。

(d) 姿态传感器混用——如果申请人为寻求合格审定好处而混用传感器(例如,机长一侧采用垂直和航向陀螺(VG/DG)和副驾驶员一侧采用 AHRS),应当演示验证两系统的兼容性(即姿态监控器不会过多跳闸,由于监视器跳闸等原因不会对系统可用性(诸如自动着陆)产生不利影响)。这对于 AHRS 的两种模式运行(正常和基本或备份)中任一模式,也都适用,只要这一特性在系统中可供使用。

(e) 对于具有两种工作模式(NORMAL(正常)和 BASIC(基本))的系统,系统正在以复原(BASIC)模式运行的实况通告,很大程度上取决于"用户"系统的架构。

---

① 原文为"fail-passive"是指个别部件发生故障时,工作性能下降,但可继续工作。——译注

例如,如果飞机配备 CAT Ⅲ 自动着陆系统或 CAT Ⅲ 平视显示器(HUD)系统,在这些模式下处于基本姿态的性能可能降低到在 CAT Ⅲ 气象条件下飞机安全性可能受到威胁的程度。那时,应有清晰无误的通告,表明存在这种姿态情况的事实。

(f) 对于 3 套 AHRS 安装,应具有用第 3 套 AHRS 替代机长系统或副驾驶员系统的切换能力。可能需要也可能不需要就此切换状态存在给出事实通告,一切将取决于驾驶舱布局、驾驶员工作负荷考虑等。这通常由 FAA 项目试飞员予以评定。同样的要求也适用于有关第 3 套系统是否不工作的通告。

(g) 一些补充飞行评定建议列举如下:

<u>1</u> 在地面上,确定姿态系统在 360°横滚及俯仰范围内提供可用的姿态信息,方法是转动平台通过 360°横滚及俯仰,同时观察相应的姿态指示器。

<u>2</u> 验证此系统可按预期在飞机正常飞行包线内向驾驶员和副驾驶员的姿态和航向仪表提供满意的姿态和航向信息,包括服役中可预期的一些非正常姿态。

<u>3</u> 验证飞行操纵系统与此姿态系统交联时功能正常。在包含航路、机动和耦合进近运行的典型飞行剖面内,完成对此功能的评定。

<u>4</u> 确定对大气数据系统或空速输入丢失给出正确通告,并且系统仍继续提供满意的姿态和航向信息。

<u>5</u> 验证比较器-监视器提供姿态-航向不一致的恰当通告。

<u>6</u> 验证单个电源丧失不会导致两套姿态系统同时丧失。

<u>7</u> 验证在某一主电源(发电机、交流发电机、变流器等)丧失而同时相关的动力装置丧失后,来自每一系统的姿态和航向数据丢失时间不超过 1s。

<u>8</u> 验证系统在飞行中关断超过 3min 后可重新对准(按适用而定)。

<u>9</u> 验证通过从每一姿态系统各自的供电汇流条摘除电源,由此模拟飞机电源丧失 ×s(设备特定)之后,每一姿态系统继续正确工作。

<u>10</u> 验证在拉出姿态电路断路器后,备份蓄电池(如果安装)正确工作并显示相应的旗标。注意:系统依靠备用蓄电池电源正确工作约 ×min(设备特定),然后关断。确定相应的旗标出现在起作用的显示器上。

<u>11</u> 验证所有的控制器件、显示器和信号牌具有满意的可识别性、可达性、可操纵性,并适合于在阳光直射和夜间条件下使用。

注:可在实验室或模拟器环境下完成对上述某些项目的验证。

(h) 验证姿态系统与其他系统和设备之间不存在不可接受的相互干扰。

(3) 迎角(AOA)系统

(a) 驾驶员与此系统的界面通常是在驾驶舱内呈现原始数据读出结果和(或)驱动 ADI 上慢—快速(S/F)显示(如果如此配备)。

(b) 在正常进近和着陆过程中对显示进行评定,以确保在整个飞机总重和重心范围内对于特定的襟翼设定值和 V_{REF} 速度,呈现合理和正确的信息(应使 S/F 处于中立)。

（c）进行能代表在侧风着陆或发动机熄火期间正常进近运行的左右侧滑。

（d）确定故障指示器（旗标）的相应显示，并且是符合要求的信号牌。

（e）定性评估显示阈值具有足够的宽度，可允许驾驶员跟随指示器，执行相应的飞机操纵。

（f）确定仪表显示具有足够的阻尼，以允许在大气湍流中使用，并确定滞后现象（如果存在）是可接受的。

（g）验证 AOA 系统既不增强射频干扰或电磁干扰（RFI/EMI），也不会受其影响。

（4）大气数据系统

（a）除进行空速校准外，通常通过对输出显示的观察，定性地验证大气数据系统的性能。

（b）特别注意观察气压高度表及垂直速度随俯仰姿态快速变化（例如起飞抬前轮）而反转的情况。

（c）验证在飞机整个速度包线内马赫数和空速指示器工作平稳。

（d）观察超速警告指示器（双色旋转光柱）在接近 V_{MO}/M_{MO} 速度时正确工作。

（e）观察大气静温及总温（SAT/TAT）指示器有关数据显示的合理性。

（f）验证大气数据系统既不会增强 RFI/EMI，也不会受其影响。

（5）无线电高度表系统

（a）无线电高度表系统应向飞行机组提供清晰、正确的高度信息，表明飞机主起落架机轮距离地面的高度。

（b）在下列测量条件下，验证高度表：

1 在下列条件下显示高度且无信号指示丢失或过度波动。

（aa）相对于平均进场姿态俯仰角，$\pm 5°$。

（bb）横滚角 $0°\sim\pm 20°$。

（cc）相应形态下，前飞速度自最小进近速度至 200 kn。

（dd）在着陆、进近和复飞形态下，高度从 0 至 200 ft，下沉速度为 $0\sim 15$ ft/s。

2 跟踪飞机距离水平地面上空的实际高度，无重大滞后或摆动。

（c）飞机处于 200 ft 或 200 ft 以下的高度，验证在地形出现不大于飞机飞行高度 10％的任何突然变化时，不得导致高度表失锁。指示器对这些变化的响应应适当。如果系统失锁，应迅速重新获得信号而无需驾驶员干预。

（d）在配备自动着陆系统的飞机上，如果在不规则地形上空飞最终进近时无线电高度表系统有失锁趋势，应提供戒备告警，因为失锁极有可能会对自动着陆可用性要求产生不利影响。

（e）如果具备决断高度（DH）功能，验证最低高度为 200 ft，100 ft 和 50 ft 时的正确运行。

（f）验证按压测试自检测特性产生一个小于 500 ft 的模拟无线电高度，且没有其他系统遇到不可接受的影响和干扰。对于配备自动着陆系统的飞机,应表明在低空着陆阶段飞行期间自检测特性被禁止。

（g）验证无论何时出现丧失电源或高度表功能不正常的情况,系统提供正确的失效警告显示。

（h）验证无线电高度表系统既不增强 RFI/EMI,也不会受其影响。

（6）机载重量与平衡系统

AC20-161《飞机机载重量和平衡系统》(2008 年 4 月 11 日)提供了机载重量和平衡系统的合格审定指导材料。

（7）中央音响警告系统（CAWS）

（a）大多数 CAWS 功能包括对表 170-4 所列典型的飞机状态发出音响(在某些安装中为语音)警告:

表 170-4　音响警告的类型

发动机着火	高度提示
APU 着火	减速板
超速	自动驾驶仪断开连接
起飞	襟翼和缝翼超速
失速	座舱高度
起落架	安定面在运动中
撤离	自动油门断开连接

还可能包括驾驶员呼叫(Pilot Call)和选择呼叫(SELCAL)的音响信号,尽管这些信号属于"提示"性质,而与"警告"不同。

（b）此系统的逻辑通常储存在另外的计算机(例如飞行警告计算机或主戒备—主警告计算机)内,在这种情况下,应同时对这两套系统进行评定。但是,如果CAWS 自身包含警告逻辑和(或)计算机控制的警告触发、优先逻辑、警告抑制等,则参阅上述有关飞行评估补充指导所注明涉及计算机的各节。可利用飞行模拟器进行等效试验或通过台架试验来表明符合性。

（c）应在飞行中,相对于警告为最不利的噪声条件(例如,在 V_{MO}/M_{MO} 时超速,高速下降时 APU 着火,起飞后加速时襟翼和缝翼超速等)下,逐一触发每一警告音响信号。测试电门和(或)自检测操作器件是一种触发警告的合适手段。

（d）飞行评定应是驾驶员对每一警告的清晰度、音调及音量做出的定性评定。

（8）超速警告系统

这一系统应与空速系统校准同时予以演示验证,应表明此系统始终处于规定的允差范围内。系统允差,在空速限制范围内为 $V_{MO} \sim V_{MO}+6\,kn$,在马赫数限制范围为 $M_{MO} \sim M_{MO}+0.01M$。

（9）高度提示（或高度告警）系统

（a）应进行地面试验,检查 AFM 中提供的所需飞行前程序的合适性。

（b）应在低空、中空、高空进行飞行演示验证，以验证如下的预期功能的执行：

1　告警即将捕获某一预先选定高度；

2　告警非指令性地偏离某个指定（选定）高度。

（c）在评定从上方或下方捕获预定高度时，应包括低和高的垂直速率。

（d）确定告警灯位置合适性及其在各种照明条件下的可视性，以及音响警告的合适性。

（e）可使用飞行模拟器执行相应的试验。

（10）地形提示与告警系统（TAWS）

AC25-23《25 部飞机地形提示与警告系统的安装批准的适航准则》（2000 年 5 月 22 日），给出了有关 TAWS 批准的飞行试验考虑事项的指导材料。

（11）主戒备系统（MCS）和主警告系统（MWS）

（a）这一系统为位于每个驾驶员前方的遮光罩上的主警告灯（MW）及主戒备（MC）灯提供输入，也为 CAWS 提供输入（见 170e(7)[①]）。此系统包含为评估有关警告及戒备信号要求所需要的传感器、电门和逻辑。

（b）这一系统可包含用于评估各种警告优先权逻辑，为的是对同时作动的警告进行排序。如果如此，可能必须进行地面试验、飞行试验或台架试验，以验证这一逻辑。

（c）在各飞行阶段，尤其是在Ⅲ类自动着陆运行的最后阶段（距地面高度低于告警高度），某些戒备信息可能被抑制。若如此，也许必须安排地面试验或飞行试验，以验证这一抑制逻辑。此外，在起飞滑跑的高速阶段，某些警告可能被抑制。如果已纳入这些特性，则也应对其进行仔细的验证。

（d）模拟选定的传感器输入失效，以验证 MCS/MWS 计算机检测到这些故障并使故障信号牌（如果已安装）点亮。

（e）验证在 MCS/MWS 与其他系统和设备之间没有不可接受的相互干扰。

（12）飞行警告计算机（FWC）

（a）FWC 是在更为现代化的飞机上将警告、戒备及告警系统综合在一起的关键子设备。这是以微处理机为基础的系统，其与 CAWS 及 MCS/MWS 一起工作，或完全替代这些系统而工作。

（b）FWC 包含足够的计算机能力，执行的功能远比 MCS/MWS 要多，除了向目视警告显示器和音响警告扬声器提供输出外，还向其他显示装置输出数以百计的告警和消息，最常用的是电子显示器（仪表板上的多功能 CRT 或 FMS 中的 CDU 部分）。

（c）增强后的计算机能力，也能够综合相当复杂的抑制运算法则，而这些法则又反过来要求构建非常复杂地面试验，以验证抑制功能的运行。在能够规定任何地面

---

① 原文误为 170e(8)。——译注

试验、飞行试验或台架试验之前,可能需要对系统说明文件进行评审。

(d) 飞行评定应纳入 CAWS 及 MCS/MWS 条目下所描述的试验。

(e) 验证自检测特性功能正常。

(f) 模拟所选定传感器输入失效,以验证 FWC 探测到此故障并使 FWC 故障信号器点亮。

(g) 当飞行演示验证大纲实施过程中发生有碍性事件时,观察并记录这些事件,由此演示验证该系统不存在有碍性警告。通过查阅飞行日志来评定此大纲结束时的状态。

(13) 失速警告计算机(SWC)

(a) SWC 应与本 AC 中第 2 章第 6 节所述的失速试验一起予以评定。除速度预定程序外,还应评估各种警告(振杆器、警告灯、音响(和语音)警告)的充分性。

(b) 在本 AC 中第 2 章第 6 节所述的起飞、着陆及机动飞行试验过程中,演示验证不存在有碍性警告。如果寻求特殊适航批准,可能需要按本 AC 中第 8 章的试验要求作进一步试验,以表明不存在有碍性警告。

(14) 起飞警告(TOW)系统

(a) TOW 系统通常是 CAWS 或 MCS/MWS 或 FWC 的一个子系统,并且在起飞机动过程中,当前轮离地时系统通常被抑制。通常当减震支柱控制电门指示飞机在地面上,并且一个或多个功率或油门杆前推到超过规定的位置或超过发动机功率或推力设定值时,此系统处于预位状态。如果襟翼、缝翼、安定面、扰流板、刹车未按起飞要求处于正确的设定位置时,TOW 系统将报警。

(b) 进行地面静态试验,确定每一事件都有相应的通告。

(c) 起飞滑跑过程中的飞行评定是对每一警告的清晰度、音调及音量所作的定性评估。有些系统含有"TEST(测试)"电门,在起飞过程中可方便地触发警告。如果不具有这一特性,在接地再起飞的着陆过程中检查警告的音频电平(例如在加速到 V_R 速度时的安定面警告),也可满足要求。

(d) 模拟所选定传感器输入失效,验证 TOW 系统探测到故障并使故障信号牌(如果装有)点亮。

(e) 验证系统预位状态不受电源瞬变的影响,电源瞬变会在从地面电源或 APU 电源切换时、发动机起动过程中、汇流条优先权检查之后等情况下发生。

(f) 验证在 TOW 系统与飞机其他系统及设备之间无不可接受的相互干扰存在。

(15) 仪表比较器系统

(a) 如果安装仪表比较器系统并启用,确保系统对用于驾驶舱仪表显示的俯仰及横滚姿态、航向、高度、空速、无线电高度、航向信标及下滑道偏离信息其有效性进行监视,并对这些信息进行比较(左侧相对于右侧)。

(b) 当这些参数超过预先设定的门限值或超过跳闸电平,或如果在任何所显示信息中探测到无效状态时,则与该参数相对应的信号牌将点亮。

（c）进行一次机上地面试验,以演示验证预期功能的执行情况,并确认探测器的门限电平。如果在某些情况下通告被抑制,则也应对这些情况进行检查。

（d）还应进行飞行评定,以确定在各种照明条件下信号牌灯位置的合适性和清晰度,并且可正确辨别信号牌。

（e）在飞行过程中,验证系统不存在有碍性警告,并与其他电子系统兼容。

（16）反应式风切变警告系统

AC25-12《运输类飞机机载风切变警告系统的适航批准准则》（1987年11月2日）,给出一套完整全面的演示验证大纲（模拟器及飞行试验）。

（17）空中交通警告与防撞系统

AC20-131A《空中交通警告与防撞系统（TCAS Ⅱ）及S模式应答机的适航批准》（1993年3月29日）,给出一套完整全面的演示验证大纲（实验室试验、地面试验和飞行试验）。

f. 程序——记录系统

（1）驾驶舱语音记录器（CVR）。

（a）演示验证CVR自检测功能及大量抹音功能。

（b）系统在发动机起动前后的地面运行时,在起飞、爬升、以V_{MO}/M_{MO}速度巡航期间,以及在着陆进场期间,除特别注明之处外,获得下列CVR记录:

1　飞行机组利用区域话筒的通话。

2　在飞行中和在地面运行期间,飞行机组利用氧气面罩话筒、杆式送话器和耳机,手持话筒的通话。

3　在巡航期间,每位机组成员的无线电广播。

4　在着陆进近过程中识别导航辅助设备的音频信号（通过驾驶舱扬声器并利用无线电通道）。

5　巡航期间,旅客广播（PA）通告。

6　在相应的飞行阶段中选择（基于分析）的音响警告信号（参见CAWS）。

（c）使用CVR电路断路器,将CVR记录时间限制在有效容量内。

（d）验证与正常和非正常机组程序相一致的所有操纵器件和信号牌都可满意地识别、可达、可操作和目视可见。

（e）电磁兼容性（EMC）。通过观察,验证在飞行所必需的系统中无不利影响存在。

（f）飞行后,在合适的实验室内测试CRV音频记录,并评定已记录消息的清晰度。参与评定的人员最好事先不知道关于机组通话的信息。

（g）验证每一工作位置处的工作话筒都可以录音,而不管内话话筒传送按键电门的位置如何（§25.1457（c）（5））。

（2）数字式飞行数据记录器（DFDR）

（a）演示验证DFDR的自检测功能的运行,在采集试验数据前,使用航班和数据编码器的代码电门,设置航次号及日期(如果飞机配备了这种设备)。

(b) 在完成飞经整个飞行包线的任何相应飞行过程中,将自动得到合格审定数据。应收集若干稳定飞行状态下有关航向(磁航向或真航向)、气压高度、俯仰姿态、指示空速以及时间(UTC)的人工记录数据,以便尔后做数据对比。

(c) 飞行后,应恢复数据,以便对比和准确性验证。

(d) 针对营运规章中规定的所有参数,演示验证 DFDR 预期功能的执行(有关数据范围、精度及记录时间间隔,参见 121 部附录 B)。通过与经批准的仪表系统或人工记录的相互对照和比较,在若干稳定点验证数据精度。

(e) 电磁兼容性(EMC)。通过观察,验证在飞行必需的系统中无不利影响存在。

g. 发动机接口系统。〔备用〕

h. 增稳系统。〔备用〕

i. 全天候运行(低能见度)系统。〔备用〕

171. 飞行和导航仪表——§ 25.1303

a. 说明

(1) §25.1303(b)(I)规定,从每一驾驶员工作位置处都能看清空速指示器。此外,如果空速限制随高度改变,该指示器必须有一个表明 V_{MO} 随高度变化的最大允许空速指示装置。V_{MO} 的这种变化作为标记显示在空速指示上,其位置按照高度函数而变化,这种做法是表明对本要求符合性的一种可接受方法。

(2) 按 §25.1303(c)的规定,要求计及速度警告装置在 V_{MO}/M_{MO} 速度点的制造允差。

(3) §21.127(b)(2)要求每一生产飞行试验,应包括"对在飞行中由机组操作的每个部件或系统进行一次操作检查,以确定在飞行中仪表读数均在正常范围之内"。在这些要求中,没有任何地方给出任何推论表示需要为每一生产型飞机确定在型号合格审定期间所定义的有限性能或定量限制。

(4) §25.1303(c)规定,涡轮发动机飞机要配备速度警告装置,凡速度超过 $V_{MO}+$ 6kn 或 $M_{MO}+0.01M$ 时,此装置将发出音响警告。此条例规定,针对该警告系统而允许的制造允差上限,必须是不大于所规定警告速度的某个速度。

(5) §25.1323 和 §25.1325 中规定的精度要求分别适用于由 §25.1303(b)(1)和(2)规定的空速指示器和高度表,同样适用于所有装机的空速指示器和高度表,包括备用空速指示器和高度表。

b. 程序

申请人应当利用相应的地面试验和(或)飞行试验以及可能的仪表制造误差修正,证实系统在条例制定的公差带内工作。应该知道,其他程序也是可接受的,这一点可根据下列步骤来实现:

(1) 如果最大允许空速随高度的函数关系而变化,并且其在空速指示器上的指示不是以最大空速与高度关系的形式呈现,应证实所挑选的最大允许空速指示方法,可提供 V_{MO} 与高度之间关系的精确表达。对于任何高度,所指示的 V_{MO} 不应比实际 V_{MO} 大 6kn。这一点对于在特定高度(如 10000ft)有 V_{MO} 阶跃功能的飞机,显得尤为重要,因为低于此高度存在鸟撞之忧。

(2) 在生产飞行期间,当速度等于或小于 $V_{MO}+6kn$ 或 $M_{MO}+0.01M$ 减去下面 (a)和(b)规定值之和时,速度警告装置必须提供警告:

(a) 用作基准的空速指示器或马赫表的可能误差。

(b) 3kn 或 $0.005M$,如果用作基准的空速指示器或马赫表的静压和总压的压力源与警告装置所用的压力源不同。

(3) 必须按下面(a)和(b)的说明,表明速度警告装置符合 §25.1303(c)的要求:

(a) 在使用经校准的基准仪表进行地面试验期间,当速度等于或小于 $V_{MO}+6kn$ 或 $M_{MO}+0.01M$ 时,装机的速度警告装置必须发出警告。这一试验的程序应按 §21.127(b)(5)或 §21.143(a)(3)中的规定执行。

(b) 对于每一型号设计,应进行试验,以表明在飞行中警告装置的运行与地面试验期间所获取数据之间存在满意的相关性。

172. 动力装置仪表——§25.1305［备用］

173. 其他设备——§25.1307［备用］

174. 设备、系统及安装——§25.1309

a. 说明

下述程序概述并解释了 §25.1309 中相应规定。如果需要,有关进一步定义和说明,请查阅 FAR 25 部和 AC25.1309-1A《系统设计与分析》(1988 年 6 月 21 日)。

b. 程序

(1) 评定必要安装设备的功能,以验证在可预见的任何运行及环境条件下,都按预期执行其功能。

(2) 评定失效状态(按适用而定),以确定它们对飞机的能力或机组操纵飞机能力的影响。

(3) 对使失效状态发生概率与这些失效状态影响产生关联的任何设计分析、提议、研究或试验(按适用选定)进行审查,以确定已按相应的危险性等级对这些失效状态进行正确分类。

(4) 验证对不安全状态发出足够的警告,并验证这些警告能使飞行机组以最低的差错率采取相应的纠正措施。

(5) 根据§25.1310,对于必需的电气安装的可能工作组合,验证可在可能的持续时间内向下列电负载供电:

(a) 系统功能正常时与该系统连接的负载;

(b) 任何原动机、动力、变流器或储能装置失效后的重要负载;

(c) 双发飞机上一台发动机失效后的重要负载;

(d) 三发或更多发动机的飞机上两台发动机失效后的重要负载;

(e) 当其中一个电源系统、配电系统或其他用电系统失效或故障之后,需要备用电源的重要负载。

(6) 对于必需的电气安装的可能工作组合,如果按§25.1331(a)的规定必须为其提供备用电源,则验证在任何一套电源系统失效后,可在可能的持续时间内为其供电。

第 2 节 仪表:安装

175. 布局和可见度——§25.1321[备用]

176. 警告灯、戒备灯和提示灯①——§25.1322[备用]

177. 空速指示系统——§25.1323

a. 说明

(1) 方法

除非具有一套校准过的基准系统,否则应在覆盖预期的飞行试验所必须的宽度范围内,对空速指示系统进行校准。本节中的程序,旨在表明对25.1323(b)的符合性,并非试图覆盖飞行试验的速度范围。如果具有一套备用空速指示系统,也应对其进行校准。应按如下方法,对空速指示系统进行校准:

(a) 以与待试的飞机形态相应的整个速度范围内的空速,按稳定飞行方式进行试验。飞机的空速系统应对照基准空速系统进行校准。

(b) 基准空速系统应由下列之一构成:

1 一套(或多套)空速全压和静压测量装置,由于飞机相对于自由气流方向的角度变化,或由于飞机形态或功率(推力)的变化而引起的滑流变化,都不会给该装置带来误差。此外,当该装置(或这些装置)处于自由气流中时,应具有已知的校准误差。或

---

① 按25-131修正案,已将§25.1322的标题修改为"飞行机组告警"。——译注

2 任何其他可接受的空速校准方法(例如空速校准的高度表法)。

(c) 如果具有备用系统,可对照基准系统,也可对照飞机系统对其进行校准。

(d) 在演示验证 $1.23V_{SR}$ 到失速告警速度(25.1323(d)[①])之间的明显速度变化时,一种可接受的符合方法是:表明 IAS 随 CAS 的变化率不小于 0.75。

(e) 在演示验证 V_{MO} 到 $V_{MO}+2/3(V_{DF}-V_{MO})$(25.1323(e)[②])之间的明显速度变化时,一种可接受的符合方法是:表明 IAS 随 CAS 的变化率不小于 0.50。

(f) 空速滞后。随着驾驶舱内采用电子仪表,大气数据计算机(ADC)对来自总压和静压压力源的气压信号进行处理和数字化,然后经滤波并输送给驾驶舱显示器。由于数据处理和滤波的结果,相关的时间滞后,从而是驾驶舱显示器上的空速滞后,可能成为地面加速期间在空速指示系统校准方面的一个重要考虑因素。如 §25.1323(b)所述,加速起飞地面滑行的校准必须确定系统误差,它反映指示空速与校准空速之间的关系。系统误差是压力管路内气压滞后、由处理数据时的时间滞后引起的空速滞后,以及静压源位置误差的总和。

1 必须在地面加速试验过程中测定空速滞后或通过分析予以确定。应针对飞机总重量范围形成增量,考虑 V_1 速度下的空速滞后和由于滞后而引起的加速-停止距离和起飞距离方面的相关增量。飞机地面加速时,由于滞后而在空速指示系统形成的误差,在整个起飞使用包线内不应超过 3.0 kn。此外,由于空速滞后而引起的起飞距离或加速-停止距离增量,不应超过 100 ft。设置 3 kn 限制值的目的在于确定最大可接受系统误差。即使滞后可处于 3 kn 限制值之内,可能仍然需要空速修正,以保持距离增量在 100 ft 范围内。

2 可将修正值直接用于 ADC,或通过 AFM 中所提供的地面空速校准予以导入。如果将修正值直接用于 ADC,则可能在驾驶舱内显示经校准的空速。此外,如果输入了加速数据,假设时间滞后已知,可实时计算空速误差并予以解释。另一种替代的方法是,使用从空速校准试验得到的空速滞后增量,其将代表起飞包线内某一条件范围。不管是用于 ADC 还是 AFM,修正后,在整个起飞包线内,由于滞后而引起的距离增量应小于 100 ft。在导出增量值时,对于短场长、较轻重量起飞(更高的加速度),以及最大重量和更高的 V_1 速度,应予以考虑。

(2)形态

应在下列形态下进行空速校准试验:

(a) 重量:在最大起飞重量和最大着陆重量之间。

(b) 重心位置:任选。

(c) 起飞形态:地面滑跑。

(d) 机翼襟翼和起落架:用以表明对 FAR 25 部起飞、爬升和着陆要求符合性的所有位置组合。

---

①,② 原文分别误为 25.1223(d)和 25.1223(e)。——译注

(e) 功率或推力:按需。

b. 程序

(1) 可将在本条(2)或(3)中的任何一个程序或任一种所希望的程序组合,用于对空速指示系统进行校准。应在整个速度范围内,至少以一定的速度间隔用 5 种速度在稳定航段期间,由飞机系统及基准系统同时测量或确定空速,最低速度不低于 $1.23V_{SR}$。最高速度不应大于 V_{MO}/M_{MO}。试验速度之间的速度增量间隔,从 $1.23V_{SR}$ 到 $1.5V_{SR}$ 或 V_{FE},应限于 $10\,kn$,而从 $1.5V_{SR}$ 到 V_{MO},应限于 $20\,kn$。

(2) 基准空速系统

以本款所列试验速度在稳定航段上进行试验。同时从飞机空速系统及基准空速系统读出空速值。应记录下列数据:

(a) 时刻;

(b) 飞机的指示空速;

(c) 基准指示空速;

(d) 压力高度;

(e) 外界大气温度;

(f) 机翼襟翼位置;

(g) 起落架位置。

(3) 其他可接受的空速校准方法

应以试验速度在稳定的飞行航段上进行飞行试验,记录必要的数据,以确定飞机空速系统误差和飞机形态。校准方法也可包括空速管安装杆、静拖曳锥和雷达测距。

(4) 本款所述程序与起飞地面加速过程中空速指示系统的校准有关。尤其是驾驶舱装有电子仪表的飞机必须按 25.1323(g)的要求,计及与数据处理和筛选有关的驾驶舱空速显示器上的空速滞后。在任何起飞条件下,空速指示系统在 V_1 速度下不应有超过 $3\,kn$ 的滞后。此外,如果空速滞后引起起飞或加速-停止距离的增量超过 $100\,ft$,应该对空速指示系统采取滞后修正。应通过下列方法之一,确定空速滞后:

(a) 以一系列的飞机总重进行地面加速试验,依据基准 CAS 对驾驶舱显示器上的 IAS 进行校准。对于给定总重量和 V_1 速度,将驾驶舱所显示空速与基准校准空速进行比较,依据校准数据确定空速滞后。

(b) 采用一套适合于 AFM 数据扩展的计算程序,通过分析确定空速滞后。针对一系列总重计算起飞,以确定 V_1 速度下的加速度。按相应的加速度和由数据处理和滤波引起的已知时间延迟,计算 V_1 速度下的空速滞后。分析时也应考虑引起空速滞后其他根源,诸如总压和静压源的压力管路内的气压滞后(按适用而定)。

(5) 确定了校准数据后,对空速滞后进行调节的一种可接受的方法是,在 ADC 数据处理中直接进行修正,以使驾驶舱显示器上形成已修正滞后的空速。另一种方法是,在 AFM 内在 IAS 对 CAS 的起飞地速校准中纳入空速滞后的修正。通过对一系列总重和 V_1 速度下相应加速度的修正,可形成单个空速滞后增量。将此增量用于校准时,对于任何起飞条件,这一增量在起飞或加速-停止距离上由于空速滞后而引起的距离增量,不应大于 100 ft。基于校准数据,从呈现的空速滞后与飞机加速度数据的函数关系,将得到更精确的修正值。如果加速度数据可供在 ADC 中使用,在数据处理时,可对起飞过程中滞后进行实时修正。

178. 静压系统——§25.1325(b)和(e)

a. 说明

(1) 如果高度表安装属于气压式的,其工作将受到空气静压测量时存在的任何误差的影响。由于高度表的精度极为重要,应该对静压孔系统进行校准。如果高度表和空速指示器采用单独的或备用的静压孔系统,需要分别进行校准。凡高度表、爬升率指示器和空速指示器与同一静压孔系统相连接时,则高度表校准可和空速校准一起进行。

(2) 如果空速指示器和高度表使用同一静压孔,并且只要计及了整个迎角范围内总压的任何误差,可使用空速误差及高度表误差之间的理论关系,由空速校准导出高度表校准,反之亦然。

b. 程序

无。

179. 空速管加温指示系统——§25.1326[备用]

180. 磁航向指示器——§25.1327[备用]

181. 飞行导引系统——§25.1329

a. 说明

(1) 在大多数的现代飞机安装中,将自动驾驶仪和飞行指引仪综合在单台计算机中,使用共同的控制律,并标识为飞行导引系统(FGS)。FGS 的主要目的是协助飞行机组完成对飞机的基本操控以及与地面配合指引飞行。系统也会减轻驾驶员的工作负荷,并提供措施使飞行航迹更精确,以支持特定的运行要求,例如缩小垂直间隔(RVSM),所需导航性能(RNP)。为了执行这些功能,FGS 通常包含自动驾驶、自动油门和飞行指引综合功能。FGS 的功能也包括驾驶舱告警,状态,模式通告(仪表显示),以及其他可向驾驶员提供情况感知的相关信息。此外还包括为进近和着陆系统提供导引和控制所必需的那些功能,例如,仪表着陆系统(ILS),微波着陆系统(MLS),全球卫星导航系统(GNSS)或者 GNSS 着陆系统(GLS)。如果机上装备了平显(HUD)系统,尽管这通常是一套独立的系统,它的工作模式的评定将与飞行指引仪系统等同。由于这些原因,此处提供的这些系统飞行试验评定准则,也适用于平显(HUD)系统(注:对于考虑 HUD 系统型号合格审定的申请人,我们建议在合格审定试验期间,将飞行技术误差特征化。如果申请人选择从基于先进性能的导航应用中寻求使用收益,这些数据将是必要的)。

(2)就本 AC 而言,FGS 包括为完成 FGS 功能所必需的一切设备,包括传感器、计算机、电源、伺服马达和(或)作动器,以及相关布线。它还包括驾驶员管理和监控此系统所必需的任何指示及控制器。

(3)应制订一份飞行试验大纲,针对其设计所支持的各种工作模式及操作能力,确认 FGS 的性能。某些失效及失效状态隐含的运行问题可能需要进行飞行试验评定。此外,需要评估驾驶员与驾驶舱内 FGS 控制器和显示器的界面。可提供实验室试验和(或)模拟器评估对 FGS 设计的某些方面进行确认。

(4)飞行演示验证大纲的范围将取决于有待提供的操作能力,它包括任何新的和新颖的特征。建议及早与 FAA 协调,以减少与飞行演示验证大纲有关的合格审定风险。飞行演示验证大纲的目的是为了针对所预期的飞机型号和形态,确认 FGS 的工作与其用途相一致。

应在有代表性的飞机形态下及飞行条件范围内,对 FGS 的各种工作模式进行演示验证。

(5)下述 FAA 咨询通告中含有与 FGS 运行、试验及批准有关的补充指导材料:

(a)AC25-15《运输类飞机飞行管理系统的批准》(1989 年 11 月 20 日)。

(b)AC25.1329-1B(第 1 次更改版)《飞行导引系统的批准》(2012 年 10 月 16 日)。

(c)AC91-16《Ⅱ类运行-通用航空飞机》(1967 年 8 月 7 日)。

(d)AC120-28D《批准Ⅲ类最低气象起飞、着陆和滑行的准则》(1999 年 7 月 13 日)。

(e)AC120-29A《批准Ⅰ类和Ⅱ类最低气象进近的准则》(2002 年 8 月 12 日)。

b. 程序

(1)总则

(a)FGS 的评定应主要集中在系统的预定功能及安全运行上。飞行试验评定用作对分析、实验室试验和模拟器试验的补充,以表明对 25 部适用要求的符合性。

(b)有关演示验证安全运行的要求,应包括对系统安全性评估中确定的并需要通过飞行试验确认的那些 FGS 失效情况进行评定。

(c)FGS 的安装和调整,应使得在合格审定试验中确定的系统允差能在正常运行中得到保持。可通过以允差极限值进行飞行试验来确认这一点。为确定 FGS 可充分操纵飞机而进行那些试验,应制订下限,而为确认 FGS 不会强加危险载荷或偏离飞行航迹的那些试验,应在上限进行。应采用与产生临界结果相应的飞机载重。

（d）除非在 AFM 中有相应的使用限制，否则应在所有适当机动飞行和环境条件（包括湍流）范围内可能使用的所有形态下，演示验证该系统执行其预期功能。应平稳、精确地完成所有的机动，而无有碍性持续振荡。

（e）除了执行有待检查的每种模式的预期功能外，FGS 不应引起有碍性的持续振荡、过度的操纵动作或姿态突然大变化，尤其是当形态或功率（推力）发生变化时。

（f）当允许 FGS 在其任何一项功能（如自动推力、偏航阻尼器等）不起作用的情况下仍可使用，则应在这些功能起作用或不起作用的情况下，对该系统进行评定。

（2）FGS 保护特性

（a）25.1329（h）规定，使用飞行导引系统时，必须提供措施避免超出正常飞行包线速度范围的可接受裕度。FGS 本身可能含有保护特性，用于协助飞行机组确保不超出飞行包线边界或使用限制。向飞行机组发出边界告警或要求对系统干预的方式可以不同，但可使用某些运行场景来评估系统提供保护功能的能力。下列程序可用来评定 25.1329（h）中所要求的保护功能，无论其是包含在 FGS 本身之中，或借助其他方式来行使。

（b）低速保护。低速保护的目的在于防止速度损失达到会导致某种不安全状态的程度。如果 FGS 维持现有模式，则应提供恰当的告警来通告低速状态。在这种情况下，注意驾驶员对告警的响应以及为保持所希望的垂直航迹并加速回到所希望的速度而采取的改出措施。当评定 FGS 在使用中必须存在的低速保护措施时，应考虑以下情形：

1　高高度巡航评定。

（aa）高高度以正常巡航速度飞行，将 FGS 接通至高度保持模式，以及某一航向或横向导航（LNAV）模式。

（bb）将自动推力接通至速度模式。

（cc）手动使一台发动机减速至慢车功率（推力）。

（dd）随着空速降低，观察 FGS 在维持高度和航向（航线）时的行为。

（ee）当低速保护特性启用时，注意空速及相应的音响和目视告警，包括关于可接受运行的那些可能的模式改变通告。

2　低高度上的高度捕获评定。

（aa）在一个合理的低高度（例如若地形许可，在 MSL 上方约 3 000 ft）上在 250 kn 速度下，将 FGS 接通至高度保持模式，以及某个航向或 LNAV 模式。

（bb）将自动推力接通至速度模式。

（cc）将高度预选器设置在当前高度之上 5 000 ft。

（dd）在 250 kn 的速度下以最大爬升功率或推力爬升，使飞行高度层改变达到所选定的高度（ft）。

（ee）当 FGS 首次进入高度捕获模式时，使一台发动机减小到慢车推力或功率。

（ff）随着空速的降低，观察飞机飞行轨迹和行为。

（gg）当低速保护特性启用时，注意空速及相应的音响和目视告警，包括关于可接受运行的那些可能的模式改变通告。

3　大垂直速度评定。

（aa）在很高的爬升率下，将 FGS 接通至垂直速度模式。

（bb）设置推力或功率值，使飞机以大约 1kn/s 的速率减速。

（cc）随着空速降低，观察飞机的轨迹和行为。

（dd）当低速保护状态启用时，注意空速和相关的音响与目视告警，包括关于可接受运行的那些可能的模式改变通告。

4　进近评定。

（aa）进行一次有垂直航迹基准的仪表进近。

（bb）使 FGS 与航向信标和下滑道信标（或 LNAV/VNAV 等）耦合。

（cc）在慢车推力或功率下以合理高速越过最终进近固定点和（或）远距指点标，直至低速保护启用。

（dd）随着空速降低，观察飞机的轨迹和行为。

（ee）当低速保护特性启用时，注意空速和相关的音响与目视告警，包括关于可接受运行的那些可能的模式改变通告。

（ff）注意驾驶员对告警的响应以及为使飞机回到所希望的垂直航迹、重新捕获该航迹并加速回到所希望的进近速度而采取的改出措施。

（c）高速保护。高速保护的目的是阻止空速增加达到会导致某种不安全状态的程度，这个功能可纳入 FGS 之中，或通过其他手段提供。如果 FGS 保持在现有模式，同时转入高速保护，则应提供恰当的告警来通告这种高速状态。在这种情况下，注意驾驶员对告警的响应以及为保持所希望的垂直航迹并减速回到所希望的速度而采取的改出操作。当按 25.1329(h) 的要求评定 FGS 在使用中用来提供高速偏离保护的措施时，应考虑以下情形：

1　带自动推力功能的高高度平飞评定。

（aa）如果具有自动唤醒功能，则选择断开自动推力；否则选择接通自动推力。

（bb）将 FGS 接通至高度保持模式。

（cc）选择这样的一个功率或推力等级，即在无干预（不管自动还是手动）情况下，将导致飞机加速而引起速度/马赫数超过 V_{MO}/M_{MO}。

（dd）随着空速的增加，视适用情况观察高速保护状态的行为以及任何自动推力的重新启用和推力（功率）的减小。

（ee）评估 FGS 将空速控制到 V_{MO}/M_{MO} 或其他合适速度的能力。

2　不带自动推力功能的高高度平飞评定

（aa）设定这样的一个功率或推力等级，即在无干预（不管自动还是手动）情况下，将导致飞机加速而引起速度/马赫数超过 V_{MO}/M_{MO}。

（bb）随着空速的增加，观察飞机的基本过速警告的启用。

(cc) 观察高速保护特性的启用及有效性,注意 FGS 的任何指示和行为。

(dd) 保持现有功率或推力等级,并观察飞机偏离选定的高度。

(ee) 经过足够时间验证和记录 FGS 行为之后,按需要减小推力或功率,使飞机开始下降。

(ff) 观察 FGS 在下降期间的行为以及随后在原先选定高度上的高度捕获。

3 带自动推力功能的高高度下降飞行评定。

(aa) 选择自动推力关断(带自动唤醒功能),设置功率或推力以使空速与 V_{MO}/M_{MO} 相比低 10%,同时将 FGS 接通至高度保持(模式)。

(bb) 在垂直速度模式下,选择这样的一个垂直速度,即在无干预(不管自动还是手动)情况下,将导致飞机加速而引起速度/马赫数超过 V_{MO}/M_{MO}。

(cc) 随着空速的增加,观察自动推力功能重新启用并且朝慢车方向减小功率或推力。

(dd) 观察高速保护措施的启用和有效性,并且注意 FGS 的任何指示和行为。

(3) FGS 起飞模式

(a) AC25 - 15《运输类飞机飞行管理系统的批准》包含在对具有起飞导引功能的系统进行飞行评定时应包括的基本准则和空速允差准则。下面(b)~(s)给出了应考虑纳入飞行试验计划中的补充试验考虑事项。

(b) 对于横滚轴控制功能的评估,不存在专门确认的试验条件。应在飞行试验的正常进程中评定此功能的性能。下面确认的有关俯仰轴操纵功能的试验条件,是为了使提供计算指令导引的系统(飞行指引仪、平视导引系统(HGS)和离地后的自动驾驶)达到并保持在第二段爬升期间要飞的基准速度。

(c) 对于正常全发工作(AEO)起飞,这一基准速度应是申请人选择的正常 AEO 初始起飞爬升速度(通常为 $V_2 + 10\,kn$)。在起飞机动过程中发生单发失效的情况下,空速大于 V_{EF} 时,基准速度应是:

1 V_2,如果单发失效出现在 V_2 之前。

2 即时速度,如果单发失效发生在 V_2 与 AEO 初始爬升速度之间。

3 AEO 初始爬升速度,对其他所有情况(按适用而选定)。

(d) 在涵盖各种飞行状态的不同襟翼位置设定和不同装载状态(总重及重心)下评定起飞性能。除另有说明外,采用正常的抬前轮及收起落架和襟翼程序。

(e) 评定非正常和(或)模拟失效状态,包括:

1 抬前轮过迟。

2 抬前轮过早。

3 模拟发动机在 V_{EF} 下失效。

4 模拟发动机在 $V_2 + 20\,kn$ 速度下失效。

5 模拟发动机在 $V_2 + 5\,kn$ 速度下失效。

(f) 针对上面(c)、(d)及(e)所述的试验条件,评定 FGS 控制正确速度的能力。

　　（g）如果具有可变起飞功率（推力）特性，即降低或减小起飞功率（推力）特性，则应进行起飞演示验证，以覆盖请求批准的降低或减小后的功率或推力水平的范围。

　　（h）如果飞机上装有 ATTCS，与上述各项试验一起评定其预期功能的执行。

　　（i）对于带有或不带（按适用情况而选定）如下设备的飞机，进行起飞试验：申请人寻求合格审定批准的自动推力、偏航阻尼器、自动刹车、驾驶盘超控、其他任何自动设备构型及其组合。包括所有传感器和仪表的切换组合。

　　（j）与上面的这些起飞试验一起评定慢—快（S/F）显示行为（按适用而选定）。

　　（k）按方向舵串联及并联（如果具有）两种形态，评定 FGS 的行为，尤其是与模拟发动机失效试验一起进行时，更是如此。

　　（l）在 FGS 起飞模式转换到自动高度捕获模式（如果具有此特征）过程中，评定并联方向舵（同时模拟发动机失效）的"衰退"。

　　（m）爬升期间同时进行航向选择转弯时，评定俯仰轴的起飞行为。

　　（n）评定模式转换，从起飞模式转换为使用飞行指引仪、HGS 及自动驾驶仪导引的其他经批准的模式（例如：从俯仰轴起飞模式到指示空速（IAS）保持、垂直速度、高度保持，或垂直导航（VNAV）模式；从横滚轴起飞模式到航向选择、伏尔台波束保持，或横向导航（LNAV）模式等）。

　　（o）评定与设计相适应的所有复原模式。大多数速度指令起飞模式将是故障消极防护（或故障自动缓和①），并可能包含有复原模式。有关相应评定的定义，查阅系统说明、失效模式和影响分析（FMEA），以及向负责的系统工程师咨询。本项工作可在合适的模拟器环境下完成。

　　（p）评定与起飞模式运行有关的模式通告、操纵器件，以及显示的充分性。

　　（q）除了按 AC25-15《运输类飞机飞行管理系统的批准》表 2 所示准则，评定速度性能之外，还应评定指令导引杆飞行能力、跟随指令导引时的飞机动态特性、抬头期间和紧随其后呈现的初始俯仰目标等。

　　（r）评定起飞俯仰姿态限制（按使用而选定）的相容性及指令协调性。

　　（s）应利用机载数据系统记录随时间变化的定量数据，以便飞行后的性能评定并提供型号检查报告（TIR）记录。

　　（4）FGS 爬升、巡航、下降及等待模式

　　（a）FGS 性能的可接受性可以以主观判断为基础，并考虑从类似设备获得的经验以及飞机的一般行为。可接受的性能可随飞机型号和机型而变化。

　　（b）认为将下列模式的考核纳入本款之内是适宜的：

　　1. 高度保持和（或）选择；

　　2. 区域导航；

---

① 原文为"fail-soft"，是指设备、系统出现故障时，能自动接通备用设备或系统，确保继续工作，但性能有所下降的一种措施。——译注

3. 反航线；

4. 航向保持和（或）选择；

5. IAS 保持和（或）选择；

6. 横向导航；

7. 飞行高度层改变；

8. 定向信标（单独使用）；

9. 马赫数保持和（或）选择；

10. 非精密进近；

11. 俯仰姿态保持；

12. 滚转姿态保持；

13. 湍流；

14. 垂直导航；

15. 垂直速度保持和（或）选择；

16. 伏尔；

17. 伏尔导航。

对这些模式的评定和（或）批准通常不要求导出定量的飞行数据。

（c）与某些值得注意的特定模式相关联的特殊特性为：

1 系统的运行不应导致在"检查飞行"过程中将会涉及驾驶员的行为（即按适用而选定，在 10000 ft 高度以下运行时，超过 250 kn 目标速度达 5 kn 以上，或在捕获预选的高度时超过目标高度达 100 ft 以上）。

2 当 FGS 有获取并保持预选高度能力时，应特别表明：

（aa）在 FGS 的自动驾驶仪功能接通而无自动推力的情况下，如果在下降中在捕获某个高度后驾驶员未能及时推油门，则应确保 FGS 速度保护功能启用以避免不安全的速度偏移。

（bb）在高度捕获期间的任意时刻，重新设置基准压力或选择的高度，不应导致危险的机动。

3 应在下述条件下评定高度保持模式：

（aa）在转弯飞行过程中。

（bb）在加速和减速飞行过程中。

（cc）从爬升和下降飞行状态下接通此模式。

4 全面检查 VOR 导航从巡航和（或）等待航线到进近模式的转换。如果认为一些特殊程序或限制属于必要，则应将相应的程序或限制纳入 AFM 之中。

（5）FGS 复飞模式

（a）AC25-15《运输类飞机飞行管理系统的批准》（1989 年 11 月 20 日）包含了在飞行评定中应包括的有关复飞系统的某些基本准则及空速允差准则。同样，如果飞机有待批准进行Ⅲ类运行，AC120-28D《批准Ⅲ类最低气象起飞、着陆和滑行的准则》(1999 年 7 月 13 日)也包含了有关该项飞行评定的补充复飞准则。

（b）与起飞模式一样，复飞横滚轴控制律可能是航向保持或横滚姿态保持和（或）机翼水平模式。俯仰轴控制律可能是一种迎角控制律系统，但大多数先进系统将具有用于速度控制的控制律。该速度应与无导引时手动操纵复飞所用的速度相兼容。

（c）系统不应为复飞襟翼设定位置发出低于 $1.13V_{SR1}$ 的复飞速度指令或者发出低于针对该特定飞机而制订的最小操纵速度（例如 V_{MCL}）的复飞速度指令。在进行该项评定时，应考虑自动驾驶横滚轴控制律及其对最小操纵速度的影响。如果自动驾驶采用机翼水平控制律，则最小操纵速度可能明显高于在机翼以某一坡度角向工作发动机一侧下沉的姿态下所确定的 AFM 值。

（d）在整个总重和重心状态范围内，在每一着陆襟翼设定位置的正常状态下评定复飞性能。采用与复飞襟翼设定位置相应的正常收起落架和襟翼程序。

（e）在模拟下列时刻发生发动机失效的情况下评定复飞性能：

1 恰好在开始复飞之前；

2 恰好在开始复飞之后；

3 爬升过程中，高度捕获模式开始之前和之后。

（f）如果申请人寻求发动机停车进近—着陆批准，则应该对从一台发动机停车进近开始的复飞性能进行评定。

（g）应演示验证在上面（d），（e）和（f）所述的试验条件下，FGS 将控制正确速度以完成复飞。

（h）在复飞过程中一台发动机失效后，飞行航迹的控制不应要求特殊的驾驶技能和机敏。

（i）在带有或不带（按适用情况而选定）申请人为合格审定寻求好处的如下设备的情况下进行复飞试验：自动油门、偏航阻尼器、自动地面扰流板、驾驶盘超控和其他任何设备构型及其组合。包括所有传感器和仪表的切换组合。

（j）与这些复飞试验一起评定慢—快（S/F）显示功能（按适用而选定）。

（k）按方向舵串联及并联（如果具有）两种形态，评定自动驾驶仪的行为，尤其是与模拟发动机失效试验一起进行。

（l）在自动驾驶仪复飞模式转换到自动高度捕获模式（如果具有此特征）过程中，评定并联方向舵（同时模拟发动机失效）的"衰退"。

（m）验证当自动复飞模式接通时，随后的瞬时触地将不会使自动复飞模式中断或转至复飞模式以外的某个模式。

（n）构筑试验大纲，使得可按复飞开始时距地面高度的函数来确定复飞机动期间的高度损失。机动期间的高度损失与复飞开始时的下降率成正比。

（o）复飞高度损失定义为选择复飞模式时的高度与在机动过程中达到的最低离地高度之间的高度差。

（p）在 AFM 中必须包括复飞高度损失信息，尤其是如果飞机有待批准用于低能见度（Ⅰ、Ⅱ、Ⅲ类）进近。图 181-1 给出如何将此类信息呈现于 AFM 中的示例

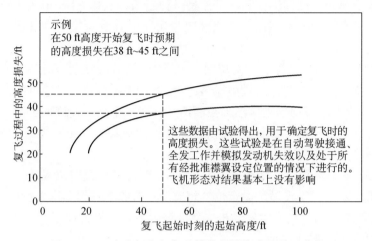

图 181-1　高度损失与复飞模式起始高度的关系曲线

（q）在自动扰流板预位并在某个低到足以导致机轮接触跑道表面的高度开始复飞的情况下评定复飞机动。验证在这些情况下瞬时打开地面扰流板是可接受的。

（r）除了按 AC25-15《运输类飞机飞行管理系统的批准》中表 2 所示准则对速度性能进行评定外，还应评定指令导引杆的飞行能力、跟随指令导引时的飞机动态特性等。在开始抬头期间的操纵行动和飞行航迹应与无指令导引的手动操纵复飞时的那些无明显的差异。

（s）从进近到接地之间任何一点的复飞，均不应要求特殊的驾驶技能、机敏或体力，并应确保飞机高度保持在 AC120-29A《批准Ⅰ类和Ⅱ类最低气象进近的准则》中所规定的障碍物限制表面之上。

（t）在爬升期间，在进行航向选择转弯的同时，评定俯仰轴的复飞模式行为。

（u）评定模式转换，从复飞模式转换为使用飞行指引仪、HGS 及自动驾驶仪导引的其他经批准的模式（例如从俯仰轴复飞模式到指示空速（IAS）保持、垂直速度、高度保持，或垂直导航（VNAV）模式；从横滚轴复飞模式到航向选择、伏尔，或横向导航（LNAV）模式等）。

（v）评定与设计相适应的所有复原模式。大多数速度指令复飞模式将是故障消极防护（或故障自动缓和），并可能包含有复原模式。有关相应评定的定义，查阅系统说明、失效模式和影响分析（FMEA），以及向负责的系统工程师咨询。本项工作可在合适的模拟器环境下完成。

（w）评定与复飞机动有关的模式通告和操纵器件以及显示器的充分性。

（x）评定复飞俯仰姿态限制（按适用而定）的兼容性和指令协调性。

（y）"固定俯仰复飞"。应当演示验证在自动复飞模式或飞行指引仪复飞模式

不可用的情况下,利用姿态指引仪(ADI)上经校准的姿态标记来中断进场并复飞,对于低能见度运行(Ⅱ类和Ⅲ类),是一种可接受的替补方法。应采集足够的样本规模来确定转换期间的高度损失。申请人应制定复飞的目标姿态(通常目标值为13°~17°)。使用正常的起落架与襟翼收上程序。模拟会迫使驾驶员回复到这一形态的各种失效情况(例如同时丧失自动着陆和复飞计算)。

(z) 应利用机载数据系统得到随时间变化的定量数据,以便飞行后的性能评定并提供 TIR 记录。

(6) FGS 仪表着陆系统(ILS)进近模式

(a) AC120 - 29A《批准Ⅰ类和Ⅱ类最低气象进近的准则》和 AC91 - 16《Ⅱ类运行—通用航空飞机》给出对自动驾驶和飞行指引仪系统(包括 HUD) ILS 进近模式批准进行飞行试验评定的一套完整全面叙述。给出如下的进一步指导:

(b) 对于Ⅰ类(CAT Ⅰ)最低限制的适航批准:

1 进行一系列(通常 4 次或更多)在Ⅰ型标定的 ILS 波束上的进近,直至无线电高度 160 ft(比 CAT Ⅰ的 200 ft 决断高度低 20%)。

2 通过用与不用自动油门、用与不用偏航阻尼器,以及变换襟翼设定位置等方式,以申请人寻求批准设备的所有形态及形态组合,进行进近。

3 评定中至少应包含有 3 个Ⅰ型波束,其中之一应呈现很高噪声的航向信标台和下滑信标台特性。

4 应以本 AC 中 181b(7)(f)所阐述的、合于 ILS 进近模式的失效模式和(或)状态进行试验。

5 成功进近的定义是凭借飞机在决断高度(DH)上的定位,无需特殊的驾驶技能或体力就能使飞机完成安全着陆的那种进近。

(c) 对于每一候选系统(自动驾驶仪、飞行指引仪和 HUD)的Ⅱ类(CAT Ⅱ)最低限制的适航批准:

1 进行一系列进近,沿Ⅱ型标定的 ILS 波束至 100 ft 无线电高度。

2 对于初始系统批准,要进行大约 20 次进近(每一受影响系统的总和)来检查申请人寻求得到好处的设备的每一形态和形态组合。

3 在评定中至少应包括 3 个Ⅱ型波束。

4 当进近控制律作了相对较小的更改时,或系统采用不同的显示器(即飞行指引仪)时,业已确认大约 9 次进近飞行(每一受影响系统之总和)是足够的(即沿 3 种不同的 ILS 波束,各 3 次)。

5 应在选定的状态下进行进近以表明在下列参数范围内性能是满足要求的:允许的极限重量、重心、风速、航向信标捕获角,从波束上方、下方(按适用而选定)捕获下滑信标,在距离跑道入口不同距离处捕获等。

(d) 如果寻求批准在单发不工作并且飞机已在下滑道捕获点获得配平时开始的 ILS 进近,则自动飞行操纵系统应无需进一步人工配平就能执行进近。对于具有

3 台或更多台发动机的飞机，第 2 台临界发动机丧失，不得引起对 ILS 航向的横向偏离率超过 3°/s（在 5 s 时间段内平均），或产生危险的姿态。

（e）除非可表明，在进近期间，当驾驶员作动驾驶盘上的快速脱开操纵器件时，自动驾驶仪系统未能脱开啮合是不可能的，否则应当演示验证驾驶员无需作动任何其他脱开啮合的操纵器件就可人工操纵飞机。

（f）上述多数试验可在模拟器上执行。

（7）FGS 驾驶盘超控（CWS）

（a）驾驶员应能够无需使用超过 §25.143(d) 所规定极限值的操纵力就可超控自动驾驶仪系统，达到最大可用操纵面偏度。

（b）应将无需超控自动驾驶系统就可达到的最大横滚和俯仰姿态限制为飞机正常运行所必需的那些值。通常，这些姿态为横滚 ±35°，俯仰 +20°～−10°。

（c）应可能执行所有的正常机动飞行，并且在可使用驾驶盘超控的整个飞行状态范围内抵消因形态变化等所引起的正常配平改变，而不会遇到可能对飞行航迹构成不利影响的操纵力过度不连续。

（d）在使用驾驶盘超控的情况下，飞机的失速及失速改出特性应保持可接受的状态。

（e）在表明对 §25.143(e) 的符合性时，应当考虑到自动驾驶仪系统在合理预期的机动航线中可能进行的配平调整。在一些非经常性的长时间机动的情况下，只要减小的操纵力不会引起危险，一些缓解措施也许是可以接受的。

（f）如果在起飞和着陆中允许采用这一模式，应表明：

1 在幅度及速率两方面都有足够的控制，而不需使用突发力。

2 一般的误操作不会产生危险（例如在俯仰或横滚控制器件位于失配平位置时接通自动驾驶仪等）。

3 失控率及操纵力应是这样的，即驾驶员能够容易地超控自动驾驶仪而不会引起明显的飞行航迹误差。

（8）环境条件

（a）一些环境条件已在 FGS 工作期间产生运行困难。飞行演示验证大纲应在有机会时将 FGS 暴露在一系列环境条件下。这些条件包括风况、地形起伏、湍流、结冰等。但是，也许不得不在某些特殊试验条件下飞行，以找出在执行正常飞行试验大纲期间不容易实现的那些使用条件。

（b）FGS 在结冰条件下的使用可能掩盖已发生的某个飞机状态（例如失配平状态），如果 FGS 脱开啮合，则会使得驾驶员面临操作困难，尤其是如果 FGS 突然自动脱开啮合。实施飞行试验大纲期间，应寻找机会在自然结冰条件下评定 FGS，包括冰块脱落期间（按适用而选定）。还应在安装了模拟冰块进行飞机基本性能和操纵品质符合性飞行试验期间，对 FGS 的运行进行评定（有关在结冰条件下评定飞机性能和操纵品质的飞行试验大纲的示例以及将模拟冰块用于飞行试验的指导材料，可参见 AC25－2《25 部附录 C 中规定的结冰条件下的性能和操纵特性》(2007 年 9 月 10 日)。评定 FGS 在结冰条件下的性能时,还应考虑以下试验状态:

<u>1</u> 低速保护。

(aa) 所有高升力装置收回,以不大于 1kn/s 的速率减速,直至自动驾驶仪自动脱开啮合(发出有关的告警)或低速保护功能接通(其可能是一个低速告警)。

(bb) 应在相应告警发出后不少于 3s 的时间开始改出。

(cc) 飞机不能呈现任何危险特性。

<u>2</u> 耦合进近。如果自动驾驶仪有能力飞耦合仪表进近与复飞,则应当对以下试验情况进行评定:

(aa) 仪表进近,采用所有正常的襟翼选择形态。

(bb) 复飞,采用所有正常的襟翼选择形态。

(cc) 从下滑航迹上方捕获下滑道。

<u>3</u> 如果飞机上冰块积聚或冰块脱落不对称,则应能在任何时刻脱开自动驾驶仪啮合而无不可接受的失配平力。

<u>4</u> 应该对通常的机动性进行评估,包括:正常转弯,由 FGS 指令的一个方向最大坡度角跟随指令基准快速反向至另一方向的 FGS 最大坡度角。

(9) 失效模式/故障试验

(a) 总则

<u>1</u> 应模拟系统的失效状态,模拟方式应代表围绕所有轴的每一失效情况的总体影响和最不利情况影响。大多数失效情况的试验方法将需要某种形式的故障模拟技术,由控制器控制在试验中插入故障形式和从试验中将其清除,插入点通常选在飞机的主要操纵点或导引点(例如操纵面指令、导引指令或功率(推力)指令)。

<u>2</u> 调查研究应包括为由表明符合 §25.1309(d)而进行的系统安全性评估所确认的任何已判定失效状态的影响。

<u>3</u> 安全性评估过程可确认易受失效状态(涉及操纵面急偏、缓偏和振荡行为)影响的薄弱环节。各种类型的失效影响,将导致不同的飞机响应和提示符,以向机组发出失效状态告警。故障识别点应是预期航线驾驶员可在非目视条件下判明需要采取行动的那一点。可通过飞机的表现或可靠的故障告警系统来判明故障。应由试飞员确认判明点。不应仅用驾驶杆或驾驶盘的移动来判明故障。

<u>4</u> 在故障判明点之后,试飞员的动作应稍微滞后,以模拟航线驾驶员在判明需要行动到采取操纵动作之间将要经历的时间。当试飞员确定达到稳态时,就认为已达到试验状态。对于爬升、巡航和下降各飞行阶段,在驾驶员判明自动驾驶故障与驾驶员采取纠正措施之间所测得时间间隔上增加 3s 延迟时间,则认为是可接受的。对于预期机组需要严密监控 FGS 控制输入的那些飞行阶段,诸如进近过程中,以及对于起飞期间从离地到襟翼收上后就很快使用 FGS 的情况,增 1s 延迟时间则认为

是合适的。对于起飞、复飞、和着陆期间驾驶盘超控(CWS)的运行模式,以及对于自动着陆和复飞模式舵面急偏,无需采用延迟时间。

<u>5</u> 应在经合格审定的整个空速—高度飞行包线范围内,表明飞机对自动驾驶舵面急偏有满意的响应。由于试验飞机的载重限制,阻碍对请求合格审定的整个飞行包线的调查研究,因此对于不可能达到的重心与重量组合,可利用模拟结果来确认此响应。

<u>6</u> 应通过飞行试验验证由模拟结果预知的试验飞机可达到的最不利重量与重心组合(名义值)。应在型号检查核准书(TIA)颁发之前,将建议试验选用重量与重心组合的依据,提交FAA以供评审。

<u>7</u> 分析还应呈现在整个重量—重心—空速—高度飞行包线范围内(包括最不利条件和包线边界条件)对飞机"g"响应的综合探索结果。分析应包括针对存在的最不利情况系统允差影响做了调整后的飞行试验响应和模拟器响应。

<u>8</u> 从某一自动驾驶仪系统故障恢复的过程中,驾驶员超控自动驾驶仪或使其脱开啮合,驾驶员应能在全人工操纵情况下将飞机恢复到正常飞行姿态而不会超过相应飞行状态下的载荷或速度极限,在恢复过程中不会进入任何危险的机动飞行。操纵力也不会超过§25.143(d)所给定的值。

<u>9</u> 如果装有自动油门,应当在自动油门工作和不工作时检查故障。

<u>10</u> 应为飞机安装仪表,以便记录与试验相应的参数(例如法向加速度、空速、高度、俯仰和横滚姿态、自动驾驶仪接通的离散量)。

(b) 振荡试验

<u>1</u> 应当进行一项调查研究,以确定振幅足以使驱动某一操纵面的每一装置所用伺服放大器饱和的振荡信号所产生的影响。此项调查研究应覆盖由于自动驾驶仪以及与其有功能连接的系统(包括某条反馈回路中的一条开路)出现故障时可能诱发频率的频率范围。调查研究的频率范围应包括导致驱动操纵面的系统明显移动的最高频率到飞机弹性体或刚体的最低响应频率。但是对于低于 $0.2\,Hz$ 的频率,则可不予考虑。调查研究还应覆盖飞机的正常速度和形态范围。该项研究的结果应表明,由振荡信号的作用而强加于飞机零部件上的峰值载荷处于这些零部件的限制载荷范围内。对于含有综合性能包线限幅截止功能的飞行导引系统,则可免除本项要求,条件是演示验证监控器具有充分的完整性。

<u>2</u> 主要通过由足够飞行数据支持的分析来验证分析研究,或主要通过由分析研究支持的飞行试验将飞行数据扩展到向零部件施加最高百分比限制载荷的那些状态,就可完成此调查研究。

<u>3</u> 以信号频率连续扫描通过某个范围的方式进行飞行试验时,频率变化率应足够缓慢,以至于能够在以试验范围内任何临界频率进行稳定频率振荡的情况下确定任一零部件的响应幅值。

(c) 爬升、巡航和下降飞行状态

<u>1</u> 应将下列之中属于更临界的状态导入 FGS。如果安装了自动油门,它应在工作,并且不应考虑垂直陀螺的机械故障。

(aa) 围绕任一轴的与任何单个失效的累积效应相等效的信号,包括自动配平(如果已安装)。

(bb) 围绕所有受影响轴的组合信号,倘若任何单个部件失效可能导致多轴失效。

<u>2</u> 在驾驶员通过飞机的行为或可靠的失效警告系统意识到已发生某个故障之后 3 s 之内,不应开始采取纠正措施。

<u>3</u> 模拟失效和随后的纠正措施,不应导致垂直于飞行航迹的加速度低于零 g 或高于 $2g$,速度超过 V_{FC}/M_{FC},或导致危险的动态状态或偏离飞行轨迹。可将正"g"限制增加至正的设计限制机动载荷系数,只要进行适当的分析及飞行试验测量,以确定最终飞机载荷未超出结构限制载荷,包括对结构载荷参数变量(即重心、载荷分布、操纵系统变量等)影响的临界评估和考虑。凡是飞机载荷在线性载荷范围内(即充分确定飞行状态下的空气动力系数,并且不存在明显非线性空气载荷),就可仅用分析来确定并未超过限制载荷。如果可能存在明显非线性效应(如抖振载荷),为证实未超过限制载荷,可能必须进行飞行载荷调查测量。

<u>4</u> 爬升功率或推力应当是下列情况所使用的最临界者:

(aa) 在爬升演示验证中;

(bb) 在纵向稳定性试验中;或

(cc) 对于正常使用速度。

<u>5</u> 在巡航条件下的高度损失应是在导入故障时刻所观察到的高度与在改出机动中观察到的最低高度之差。

(d) 机动飞行

<u>1</u> 机动飞行试验应包括带故障转弯飞行,故障是在已确定系统正常运行的最大坡度角时,在使用自动驾驶仪时可能遇到的临界飞机形态下和飞行阶段内导入的。

<u>2</u> 对于机动飞行故障试验,应在驾驶员通过飞机行为或可靠的故障警告系统判明故障之后增加 1 s 滞后时间。

<u>3</u> 机动飞行试验的高度损失是在导入故障时刻所观察到的高度和在改出机动中所观察到的最低高度之差。

(e) 进近

要考虑两种类型的进近运行—有垂直航迹基准的进近和无垂直航迹基准的进近。对有垂直航迹基准的进近的评估,应按照地基准则,采用剖面偏离评估法。对无垂直航迹基准的进近,则应当采用高度损失评估法。

<u>1</u> 故障验证过程。首先根据以下所列因素,为实施进近可能使用的每一垂直飞行航迹模式(如 ILS,MLS,GLS,飞行管理系统/RNAV,垂直速度,飞行航迹角)

确定最不利情况的故障：

（aa）系统安全性评估判定的失效情况。

（bb）系统特性，诸如权限或监视器工作的变数。

（cc）由任何系统告警提供的缓解。

（dd）与失效判明有关的飞机飞行特性。

2 一旦已确定最不利情况故障，应在有代表性的条件（例如与 ILS 相耦合）下，使故障从某个安全高度开始，进行最不利情况故障的飞行试验。不达到判明点后 1s，驾驶员不应当启动故障改出。该时间延迟旨在有效模拟对"脱手"状态响应的可变性。预期在开始改出前驾驶员会始终跟随操纵器件。

3 评估有垂直航迹基准的进近。图 181-2"剖面偏离法"以图解形式阐述剖面偏离法的使用。第一步是由最不利情况故障确认偏离剖面。接着是沿下滑航迹往下"滑动"偏离剖面，直至与 1∶29 斜线或跑道相切。根据由偏离剖面决定的飞机机轮相对于与 1∶29 线相交点（即跑道入口上方 15 ft）的几何关系，可确定失效情况对最低使用高度（MUH）-进近的贡献。

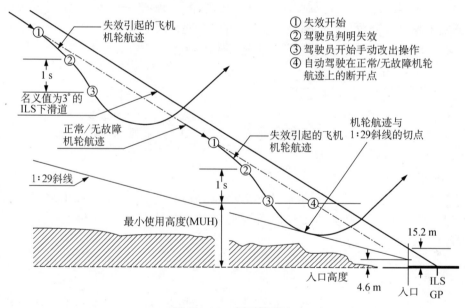

图 181-2 剖面偏离法

注：MUH-进近基于改出点而确定，理由如下：

（aa）假定在飞行中，自动驾驶仪在正常运行中在 MUH 高度上脱开啮合之前，驾驶员一直是"脱手"的。

（bb）该试验技术以驾驶员自故障开始点到改出点都保持"脱手"为基础来假定最不利的情况。

（cc）因此，假定在上述最不利情况故障起始点之后的进近中发生的失效，有望较早改出,后果也并不严重。

　　4　评估无垂直航迹基准的进近。图 181-3 以图解形式阐述高度损失法。应使用 3°下降航迹,以名义进近速度下降,除非该自动驾驶有待批准使用明显更陡的下降航迹。由飞机机轮高度相对名义机轮飞行航迹的偏离,确定垂直高度损失。

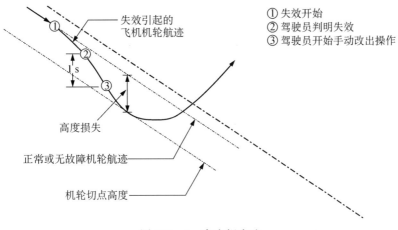

图 181-3　高度损失法

　　(f)　自动驾驶超控。

　　1　初始试验。应以某个中间高度和空速(例如 15 000 ft MSL 和 250 kn)完成演示验证符合性最初试验。使自动驾驶接通在"Altitude Hold"(高度保持)模式,驾驶员应向驾驶盘(或其等效装置)略微施加操纵力,并验证自动配平系统没有产生导致危险状态的运动。

　　(aa)　自动脱开啮合。对于飞行机组超控而引起的脱开啮合应通过如下方法予以验证:向驾驶盘(或其等效装置)施加某一输入至 FGS 已设计成可脱开啮合的每一轴,也就是,俯仰和横滚驾驶盘或方向舵脚蹬(按适用而选定)。驾驶员应当逐渐增大施加于驾驶盘(或其等效装置)的操纵力,直至自动驾驶仪脱开啮合。出现自动驾驶仪脱开啮合时,观察飞机的瞬态响应。验证此瞬态响应不大于 §25.1329(d)所要求的微小瞬态。应针对每一试验情况,增加驾驶员的输入,达到输入为强而有力的程度,以至于可使 FGS 立即脱开啮合,以便飞行机组实施飞机手动操纵。

　　(bb)　非自动脱开啮合。如果自动驾驶仪设计成自动驾驶仪超控期间不会自动脱开啮合——而是通过向驾驶舱发出告警来缓解任何潜在危险情况——则应当评定告警的及时性与有效性。驾驶员应遵循上面所确定的评定程序,直至发生某个告警的时刻。此时,驾驶员应以与该告警等级(即戒备、警告)相一致的响应方式并使用为该告警而确定的相应飞行机组程序,对此告警做出响应。在手动使自动驾驶仪脱开啮合时,观察飞机的瞬态响应,并验证此瞬态响应不大于 §25.1329(d)所要求的微小瞬态。

<u>2</u>^①重复试验的条件。成功完成最初的试验后,应以更高的高度和空速重复上述试验,直至在高巡航高度上达到 M_{MO}。

(10) 飞机飞行手册信息资料

应将下列信息资料呈现于 AFM:

(a)"使用限制(Operating Limitations)"这一节:使用自动驾驶时的空速和其他适用的使用限制。

(b)"使用程序(Operating Procedures)"这一节:正常运行信息资料。

(c)"非正常和应急使用程序(Non-Normal/Emergency Operating Procedures)"这一节:

有关巡航和机动飞行状态下的故障试验期间经历的最大高度损失的声明。有关应提供高度损失的声明。此外,应说明使用的是 3°下滑道,并且从下滑道航迹至相对于下滑道存在最大垂直偏离那一点测量高度损失。

182~185[备用]

第 3 节   电气系统和设备

186. 总则——§ 25.1351

a. 说明

§25.1351(a)规定,通过电气负载分析来确定电源的发电容量、数量和种类,并应满足§25.1309 的要求。

b. 程序

(1) § 25.1351(a)——电气系统容量

§25.1351(a)节规定按电气负载分析来确定电源的发电容量、数量和种类,并应满足§25.1309 的要求。此外,通过飞行试验验证,无论是在飞行中还是在地面上,当电气系统以最大限制负载运行,冷却系统都可满意地使零部件温度维持在制造商限制值范围内。

(2) § 25.1351(b)(1)——电源配置

(a) 验证电源在单独运行和组合使用时功能正常。

(b) 对于有自动着陆能力的飞机,验证电源可按每一自动着陆模式正确重新配置。

(c) 通过模拟逐个汇流条丧失,导致配电系统部分丧失,由此验证飞机各系统不会出现危险反应。通过使电路断路器和(或)继电器开路,模拟逐个汇流条丧失。

---

① 原文误为(2)。——译注

（d）验证不同电源（即外部电源、APU、发动机）之间电源正确切换。

（3）§ 25.1351（b）（2）——电源失效

通过对飞行试验功能性演示验证，验证在模拟的电源故障期间系统正常工作。申请人必须通过设计分析或试验室演示验证来表明：任何电源（包括蓄电瓶）的失效或故障，都不会产生危险，或削弱在工作电源向重要负载供电的能力。

（4）§ 25.1351（b）（3）——系统电压和频率

对于可能的使用状态，验证所有重要负载设备接线端子处的系统电压和频率（按适用而选定）都能保持在设备设计要求的范围内。可在试验室环境下完成这些验证。

（5）§ 25.1351（b）（4）——系统瞬态

申请方必须通过设计分析、试验室演示验证和（或）飞行演示验证来表明：在系统正常工作过程中，因切换、排故或其他原因而引起的系统瞬变，不会使重要负载不工作，也不会引起冒烟或起火危险。飞行试验记录对于证实在实验室内开展的对正常运行过程中系统瞬变及电磁干扰（EMI）的演示验证结论可能是有用的。

（6）§ 25.1351（b）（5）——电源断开

（a）验证有在飞行中可达的措施，可由相应机组成员单独和整体断开系统的电源。

（b）演示验证飞机可以在比 MMEL 允许的发电机数量少一台的情况下飞行。此外，验证在切断 AFM 规定的非重要电气负载之前，不得超过在工作发电机的短期（最多 5 min）容量。

（7）§ 25.1351（b）（6）——电源指示器

（a）验证有措施向相应机组成员指示该发电系统安全运行的重要系统量值，诸如每一电源所提供的电压和电流，只要适合于飞机的型号，即玻璃驾驶舱设计，可通过多功能显示器（MFD）、飞机电子中央监控器（ECAM）、发动机指示和机组警告系统（EICAS）等，提供信息。

（b）验证电源系统的警告、戒备、提示指示（如果存在）工作正常，并且符合25.1309（c）和 25.1322 的规定。

（8）§ 25.1351（c）——外部电源

如有设施用于外部电源与飞机连接，且该外部电源又能与除用于发动机起动外的设备作电连接时，验证有措施确保反极性、逆相序、过压或相线—中线相反的外部电源不能向该飞机的电气系统供电。可在实验室环境条件下完成这些演示验证。

（9）§ 25.1351（d）——无正常电源时的运行

申请人必须演示验证在正常电源（除蓄电池外的电源）不工作、使用临界类型燃油（从熄火和再起动能力考虑）、从合格审定的最大高度开始，飞机能够在目视飞行规则（VFR）条件下安全飞行不少于 5 min。

（10）应急电源系统

（a）对于型号合格审定基础包括 25 - 23 号修正案的飞机，FAA 采用了如下通用政策:在电源系统全部失效(如果未表明是极不可能时)之后,在 IMC 运行期间,应急电源应能够向飞机上对于保证飞行安全为必需的仪表显示、系统、设备或飞机部件供电至少 30 min。可取的做法是,检查在使用应急电源装置之后再回复正常运行的情况下,这些装置能够承受尔后回复"正常"运行,或至少无不利影响。

1　30 min 供电要求试验。完成地面和(或)飞行试验,以验证主蓄电池和无时限动力源(例如辅助动力装置(APU)、冲压空气涡轮、气压或液压马达等)足可在 IMC 运行期间向安全飞行所必需的重要负载供电至少 30 min。如果由无时限动力源提供应急电源,则主蓄电池容量应足以供电至少 5 min,以表明符合 25.1351(d)的要求。属于 IMC 运行期间保证飞行安全所必需的负载包括:

(aa) 按目视飞行气象条件(VMC)运行期间对继续安全飞行和着陆所必需的负载。

(bb) §25.1333(b)专门规定的有关姿态、航向、空速和高度的一个显示器,自由大气温度指示器和全压—静压管加温能力(按需要而定)。

(cc) 对于安全完成飞行所必需的通信、机内通话、导航能力(按 IMC 运行)、必需的驾驶舱和仪表照明,以及任何其他仪表显示、系统、设备或飞机部件。

2　仅由应急电源系统向飞机供电,执行一次按 VMC 进近和着陆。验证应急设备的运行是可接受的。

3　仅由应急电源系统向飞机供电,执行一次模拟夜间 IMC 进近及着陆。验证应急设备的可视性和工作是可接受的。可在模拟器上完成这项试验。

(b) 使用蓄电瓶备份电源的姿态、高度、航向和空速系统。

1　FAA 业已颁布补充政策,用于具有下列特点的飞行仪表安装的合格审定:①任何基本飞行信息的所有显示器(例如高度、姿态、空速或航向)需要电源;②备份电源有时限。参见政策声明 PS‐ANM100‐2001‐116,《有关使用蓄电瓶备份电源的全电姿态、高度、航向和空速系统的政策声明》(2001 年 4 月 27 日)。

2　应使用对这些安装的飞行评定,以确保显示与所有基本安全性有关的所有飞行仪表参数,在正常电源丧失时,驾驶员不必采取任何措施即可显示这些参数,并且备份显示可有效地用于对于安全飞行和着陆所必需的所有飞行任务。

187.　电气设备及安装——§25.1353[备用]

188.　配电系统——§25.1355

a. 说明

§25.1355(a)定义了配电系统,包括配电汇流条、与它们相关的馈电线及每一控制和保护装置。

b. 程序

§25.1355(c)——独立电源。对于要求具有两套独立电源供电的设备或系统,通过飞机演示验证证实,对于这样的设备或系统,在一套电源失效时,自动提供或人工选择另一套电源(包括其单独的馈电线),以维持系统或设备的工作。

189. 电路保护装置——§ 25.1357[备用]

190. 电气系统试验——§ 25.1363

a. 说明

进行实验室试验,以验证电气系统的控制、调节、保护及自动运行符合§ 25.1351~§ 25.1357的要求。必须在使用与飞机所装相同型号和长度的馈电线和发电机设备的试验模型上进行实验室试验。此外,发电机传动装置必须模拟飞机上的实际原动机关于它们对发电机加载的反应,包括由于故障所引起的加载。§ 25.1363(b)指出,对于在实验室或通过机上地面试验不能充分模拟的每一飞行状态都必须进行飞行试验。

b. 程序

负加速度性能——验证当飞机在§ 25.333所规定的飞行包线内以负加速度飞行时,电源系统不出现危险故障。应按预期的最大负加速度延续时间,表明这一点。这一试验通常与验证符合§ 25.943的发动机负加速度试验一起进行。

第 4 节　灯

191. 仪表灯——§ 25.1381

a. 说明

无。

b. 程序

在实际的或模拟的夜间条件下,评定仪表照明的下列特性:

(1)为驾驶舱相应的所有仪表、控制器和设备提供了足够照度的照明。

(2)照明采用合适的色彩,光强均匀分布,无有害闪烁、眩光或反光。

(3)调光功能应允许在适当限制范围内平稳地调节光强。

192. 着陆灯——§ 25.1383

a. 说明

无。

b. 程序

应评定着陆灯,以确定它们:

（1）正确地对准,为便于夜间着陆提供了足够的亮度,在以各种重心、襟翼位置和空速着陆进近时,在不同俯仰姿态下都是可以接受的。

（2）不会产生有害眩光或晕光。

（3）在 MMEL 形态下并在不利天气条件下运行期间,能起作用。

193. 航行灯系统的安装——§25.1385

a. 说明

§23.1385(a)规定航行灯系统应符合§25.1387～§25.1397 所含详细技术规范。这些条款定义了位置、颜色、可视度和光强的要求以及该考虑的精度。并不认为就这些要求对已装机航行灯系统进行进一步深度检查必定是恰当的,也不认为一定就属于飞行试验评定范围,除非在完成下列程序时,进一步检查的必要性变得显而易见。

b. 程序

（1）使航行灯系统工作,验证总体位置和颜色符合§25.1385(b)和(c)的规定。

（2）验证航行灯光的照明不会对飞行机组成员造成有碍的眩光。

194～200〔备用〕

201. 防撞灯系统——§25.1401

a. 说明

（1）§25.1401(a)(2)要求防撞灯系统符合§25.1401(b)～(f)所含详细规范。这些条款按某个精度定义了的照射范围、色彩、闪烁率及光强要求。并不认为就所有这些要求对已装机航行灯系统进行进一步深度检查必定是恰当的,也不认为一定就属于飞行试验评定范围,除非在完成下列程序时,进一步检查的必要性变得显而易见。

（2）2007 年 5 月 14 日发布的政策声明 ANM-111-06-001《影响飞机外部照明的更改》规定,申请人需对涉及外部天线安装的飞机更改进行分析,以评定对 25.1401 的符合性。分析应包括新安装对防撞灯系统影响的评定及其有关的主最低设备清单(MMEL)放飞。

b. 程序

（1）使防撞灯系统工作。验证一个或多个红色或白色灯安装在易于提供所要求的能见度的位置上,并以适当的速率闪烁。

（2）验证防撞灯不会对飞行机组成员造成有碍的眩光。

（3）在云中飞行时对防撞灯进行评定。

202. 机翼探冰灯——§25.1403

a. 说明

如果打算为在已知有结冰的条件下的夜间运行寻求合格审定,则必须具有用于确定临界表面上结冰范围的目视手段或其他措施。

b. 程序

如果需要具有机翼探冰灯,应对其进行评定以确定它们满足:

(1) 正确对准相应的飞机表面,并按所要求的照明提供足够的光强。

(2) 不会产生有害眩光、反射或晕光。

第 5 节　安全设备

203～207［备用］

第 6 节　其他设备

208. 电子设备——§ 25.1431

a. 说明

25.1431(d)要求验证,任何电子设备不得由于电源瞬变或其他原因引起的瞬变,而导致重要负载不工作。尽管这项要求明确地涉及电源瞬变问题,但此项要求也隐含在 25 部的其他要求中,尤其是:

(1) § 25.1310(a)(电源容量和分配)。该条款规定,功能是必需的并且需要电源的每一安装,都属于其电源的"重要负载"。要求电源和系统必须能够在很可能的临界运行组合下、在很可能的时间周期内持续向电负载供电。

(2) § 25.1351(b)(电气系统和设备——总则)。其要求发电系统必须设计成任何电源的失效或故障,不可能产生危险,也不能妨碍其余电源向重要负载供电的能力。

(3) § 25.1351(a)(电气设备和安装)。其要求电气设备和控制器必须安装成任何单台设备或设备系统的运行都不会给同时运行的对安全运行至关重要的其他任何电气设备或系统造成不利影响。

b. 程序

(1) 评估在不同通信系统和导航设备之间的相互影响的可能性。以耦合导航模式飞行时,如果未导致对飞机航迹的任何偏离,瞬时的偏差或闪烁是允许的(对于随机扫描笔画输入格式或逐行扫描光栅,闪烁频率大于 55Hz,对于隔行扫描光栅,闪烁为 30/60Hz,通常都是令人满意的)。在国家空域系统中,丧失所要求的可用频率和指定频率功能,应认为是不可接受的。

(2) 设备对各种瞬变信号状态敏感性试验,在试验室环境试验中完成(通常按照 RTCA 文件 RTCA/DO‑160 中所述方法完成)。然而,设备对飞机系统的正常电气瞬变的敏感性,应在飞行试验中予以评定。这可通过在下列情况下观察飞行重要设备的运行情况来完成:

(a) 重新配置发电和配电系统形态(例如开路—闭合汇流条连接断路器;由其他电源为各电气汇流条供电——例如从左侧综合驱动发电机给右侧主汇流条供电)。

(b) 接通或关断大电流需求系统,诸如厨房烤箱、液压泵、客舱照明、空中娱乐系统、便携式电子装置电源系统、座椅作动器。

(c) 在飞行过程中,通常工作的任何其他大电流飞机系统。

209~215[备用]

216. 分氧装置的设备标准——§25.1447

a. 说明

(1) 25.1447(c)(2)(i)规定,应为每一飞行机组人员提供氧气分配装置,可单手从其贮存位置取出,戴在脸上,并正确扣紧,密封,在 5 s 内按需求供氧,而不与眼镜发生干扰,也不会延误执行应急任务。

(2) 表明对本条款的符合性,涉及测量人的工作效能,而这原本是变化的。为考虑人的工作效能的变化,应进行多次佩戴每种氧气面罩试验。在确定是否已表明了符合性时,重要的是应考虑面罩平均佩戴时间,以及下面所注明的佩戴面罩时间的不同。

(a) 应表明面罩平均佩戴时间满足 5 s 要求。

(b) 即使面罩平均佩戴时间为 5 s 或更少,对于 50% 或更多的试验,面罩佩戴时间可能超过 5 s。因此,重要的是确定一套有关试验结果分布的准则,以确保一直都能在 5 s 内戴上面罩。

b. 程序

(1) 凡制订或更改了氧气面罩、面罩储存位置或面罩收藏方法,应在每一必需的飞行机组工作位置,进行面罩佩戴试验,每次试验应至少由 5 次佩戴演示所构成。可在飞机、模拟器,或准确反映所提议设计的驾驶舱模型上,进行这些佩戴试验。

(2) 应由一名 FAA 或委任工程代表(DER)试飞员在场目击试验。使用适当的有资质的飞行机组成员作为试验对象是可接受的,但并不是必需的。

(3) 在各驾驶员位置处每次开始戴面罩之前,驾驶员的坐姿应按设计基准眼位就座,并系紧座椅安全带和肩带。一只手应放在驾驶盘上,另一只手握住油门杆。对于其他飞行机组成员的工作位置(例如飞行工程师),可根据具体情况确定适当的坐姿和手的位置。允许使用任何一只手来戴面罩。

(4) 由于 §25.1447(c)(2)(i)规定需要满足 5 s 戴面罩且不干扰护目镜的准则,

在试验期间试验对象必须戴好护目镜。可使用白天的照明条件,除非驾驶舱布局和照明系统表明,在夜晚照明条件下寻找和取还面罩也许有困难。

(5) 应在试验主管宣布试验起动时刻开始计时,当面罩在驾驶员脸上正确密封且护目镜就位时试验结束。开始试验的方法和确定何时面罩已密封,由参试者裁定。可使用秒表,或表明具有合理精度的其他措施为试验计时。

(6) 对于每次佩戴面罩试验:

(a) 至少 80% 的面罩佩戴应在 5 s 或更短的时间内完成。

(b) 每次佩戴面罩试验的平均时间应为 5 s 或更短。

217～223[备用]

第7章　使用限制和信息资料

第1节　总则[备用]

第2节　使用限制[备用]

第3节　标记和标牌[备用]

第4节　飞机飞行手册

224. 总则——§25.1581

a. 说明

AFM 的主要用途在于提供一个对保证飞机安全运行实属必需的权威性信息源。由于飞行机组成员与飞机的运行最直接相关,所以飞机飞行手册的语言和文字表达应主要针对飞行机组的需要以及方便使用,但也不应忽略使飞机按相应操作规章安全运行的其他相关人员的需求。

(1) §25.1501 要求,应将 §25.1503~§25.1553 所规定的使用限制以及安全运行所必需的其他信息纳入 AFM,以标记和标牌形式彰显,也可通过任何其他方法,将必需信息转达给机组成员供使用。

(2) 在 §25.1581~§25.1587 规定的信息和数据,对一本可接受的 AFM 而言,属于强制性。必须将 14 CFR 25 部和 36 部所要求的资料纳入 AFM。按申请人的选择,可扩展 AFM,以包含经 FAA 批准的补充信息。

(3) 制造商和营运人可将其他"未经批准的"数据,纳入 AFM 中独立的、有特殊标识的位置。

b. 参考文献

　　有关 AFM 所需内容及 AFM 总体结构的详细指南,参见 2012 年 10 月 16 日颁发的第一次更改版 AC25.1581－1《飞机飞行手册》。

225～227[备用]

第8章 适航性:其他项目

228. 人工失速警告和识别系统的设计和功能

a. 适用条例

§ 25.103, § 25.201, § 25.203 和 § 25.207。

b. 说明

某些飞机需要人工失速警告系统,弥补不能提供清晰可辨的固有空气动力失速警告的不足,从而表明符合 § 25.207 规定的失速警告要求。推荐使用振杆器作为提供这样一种失速警告的方法,不管固有的空气动力失速警告是否清晰可辨。同样,有些飞机需要某种失速识别装置或系统(例如推杆器),以弥补在满足 § 25.201中失速定义或 § 25.203 中失速特性要求方面能力的不足。除了符合本 AC 第 29 条中规定的飞行试验要求外,在这些飞机的合格审定过程中,还应考虑某些系统的设计和功能准则,包括系统预位和解除预位状态、飞行前检查、失效指示和警告,以及系统可靠性和安全性。可依据需要系统工作时而系统却不工作的概率,对这些系统的可靠性进行评定,可依据系统意外工作的概率来评定安全性状态。应按照系统的各个功能对飞行安全性的关键程度如何,定义所要求的失速警告和识别系统的可靠性和安全性。

c. 预位和解除预位

(1) 在飞机处于空中状态(即从主起落架离地到再接地)的任何时刻,失速警告系统均应处于预位状态。但是,在起飞抬前轮结束之前(即直到达到起飞俯仰姿态之前),失速警告系统的任何相位超前特性(即响应迎角变化率而作动失速警告系统的算法部分)能被禁止。

(a) 通常,地面—空中逻辑电路要求在系统预位之前飞机前起落架和(或)主起落架的减震支柱控制电门感受到空中模式,由此表明业已完成警告系统的预位。也使用抬前轮过程中俯仰角门限值来完成失速警告系统预位。这些类型的系统预位方案,可在飞机离地和初始爬升过程中提供失速警告保护,此时失速最可能导致灾难性后果。在起飞滑跑过程中,凡迎角(AOA)传感器风标可能未对准时,它们也提供防护,阻止虚假警告。但是,服役经验已表明,围绕离地点完成预位的系统,由于失速警告系统的故障或失效而引起的虚假警告,却导致了驾驶员中断起飞。在某些情况下,这些高能量中断起飞将会导致飞机冲出跑道。因此,应使得在离地点附近引发虚假失速警告的系统故障和失效在起飞时尽可能早地显露。

(b) 按照§25.207(b)的要求,如果对于襟翼和起落架位置的任何正常组合都需要失速警告系统,则就必须将它用于所有的襟翼及起落架位置组合。这一要求的目的是给飞行机组提供有关某个使用飞行包线限制的一个标准的,具有一致性的警告。

(2) 在飞机处于空中状态的任何时刻,失速识别系统均应处于预位状态。

(a) 失速识别系统应自动进入预位状态,并可由用于使失速警告系统预位的同一地—空敏感系统来提供预位。在起飞抬前轮过程中失速识别系统可能被抑制,但在主起落架离地后,应立即发挥功能。对于配备失速警告和失速识别这两套系统的飞机,由失速警告系统工作而使失速识别系统预位是允许的,只要凡需要使用失速识别系统,其不工作的最终概率不大于下面 228e 条中所规定的值。

(b) 凡某些飞行状态下失速风险发生概率是很不可能的,或失速识别系统非预期作动将对继续安全飞行构成威胁,则失速识别系统可包含自动解除预位功能。这类抑制失速识别系统工作的示例有:高空速,和"g"截止(一般为 0.5g),并且当驾驶员在飞行指引仪导引下改出风切变时。

(c) 应提供一种使失速识别系统迅速解除工作的装置,并可供两位驾驶员使用。它在所有时间都应是有效的,并应有能力防止系统向纵向操纵系统提供任何输入。它也应能够撤销已由正常工作或由故障状态所施加的任何输入。

(d) 如果需要失速识别系统来表明在一种(或一些)飞机形态下符合 25 部的要求,不必将失速识别系统用于不使用此系统也可演示验证符合性的那些形态的失速识别。与失速警告不同,不论是空气动力的还是人工诱导的失速点,都代表飞机在役使用包线之外的一个端点,因此不需要采用相同的方式为所有的襟翼及起落架形态提供失速点。此外,系统复杂性增加,出现故障和失效的可能性增加,也不支持将失速识别系统用于不需要此系统的形态。

d. 指示和警告装置

(1) 应提供一种方法,能使驾驶员在起飞之前确定失速警告系统和失速识别系统正常工作。这种方法应在 AFM 使用程序这一节中予以说明。

(2) 应提供与失速警告或失速识别系统工作相关系统已失效的警告。只要切实可行,这种警告应涉及系统的所有失效模式。

(3) 飞行机组已使失速识别系统解除工作时,驾驶舱内应给出清晰可辨的指示(参见本 AC 中 228c(2)(c)),只要该系统解除工作,这一指示就应存在。

(4) 应将在失速警告及失速识别系统工作过程中任何有关的限制,以及正常和应急使用程序,连同认为对安全而言是必需的任何信息,纳入 AFM,并且凡认为必要时,使用这类标记和标牌作为补充。

e. 系统的可靠性和安全性

凡为表明符合§25.201,§25.203,以及§25.207 中的失速要求而安装失速警告和(或)失速识别系统时,应提供工程数据,表明满足按 AC25.1309 确定的下列准则。

(1) 可靠性

凡需要使用时而人工失速警告及失速识别系统却不工作的概率:

(a) 如果不能靠固有特性使失速警告征兆清晰可辨,则丧失人工警告概率应是不可能的(不大于 10^{-5}/fh)。通常通过采用双套独立的失速警告系统,来满足这一可靠性要求。

(b) 如果固有失速特性是不可接受的,则失速识别系统不工作和飞机进入失速的组合,应是极不可能的(不大于 10^{-9}/fh)。失效率不大于 10^{-4}/fh 的失速识别系统将满足这一要求。

(c) 如果失速识别系统仅为识别失速而单独安装,而且当失速识别系统丧失功能时失速特性也满足 B 分部的要求,则最大失效率为 10^{-3}/fh 将是可以接受的。

(2) 安全性

人工失速警告系统和失速识别系统意外动作的概率。

(a) 在关键飞行阶段,人工失速警告系统意外工作的概率不应大于 10^{-5}/fh。

(b) 为了确保失速识别系统意外工作不致危及安全飞行,并使机组人员保持对该系统的置信度,应表明:

1 单个失效都不会导致失速识别系统意外工作;

2 并且任何原因引起的系统意外工作的概率都应是不大可能的(不大于 10^{-5}/fh)。

(c) 失速识别系统应设计成即使在湍流中飞行也不会导致系统意外工作。

注:在对下面的(d),(e)和(f)进行评估时,应假定在爬升、巡航和下降飞行状态,在判明系统非预期工作后 3s,驾驶员才开始采取纠正措施。在起飞和最终进近过程中,这一时间滞后可减少到 1s。

(d) 如果失速识别系统意外工作将导致飞机结构的任一部分超过限制载荷,则意外工作的概率就不得大于 10^{-7}/fh。

(e) 如果失速识别系统意外工作将导致飞机结构的任一部分超过极限载荷,则意外工作的概率必须是极不可能的(不大于 10^{-9}/fh)。

(f) 失速识别系统意外工作时不应引起灾难性的触地事故。应按如下做法来实现这一点:将失速识别系统的作用限制在对失速识别用途所必需的范围,而无过大的飞行航迹偏离(例如通过限制推杆器的行程)。换而言之,如果失速识别系统意外工作可能导致灾难性的飞机触地事故,则按 §25.1309(b)(1)的规定,系统意外工作的概率必须是极不可能的。接近地面时抑制此系统(例如在离地后或某一雷达高度以下,历时某个固定时间),通常不是表明符合这项要求的可接受方法。

f. 系统功能要求

(1) 失速识别系统的工作应使飞机迎角减小到远低于某个点,在该点即使系统动作而使飞机意外返回到失速迎角已是不可能的。

(2) 失速识别系统的设计旨在施加突然的机头下俯操纵输入(例如推杆器),其特性应使得飞行机组某个成员即使想要阻止或推迟系统的工作也是不可能的。所要求的杆力、施加速率和驾驶杆行程将取决于飞机的失速特性和杆力特性,但当具有这一特性时,先前实际上已经公认瞬时施加 50~80 lbf 的力。

(3) 失速识别系统正常运行不应导致飞机的总法向加速度变为负值。

(4) 配备了失速识别系统的飞机其纵向机动能力,在正常使用中可能遇到的所有速度下,应与具有可接受气动失速特性的飞机预期会有的基本相同。

g. 系统允差

关于表明符合失速相关规章要求的补充考虑,包括如何处置失速速度(§25.103)和失速特性(§25.203)试验的允差,参见本 AC 中 29i。有关如何处置在为表明符合失速警告要求(§25.207)而进行的试验过程中失速警告和失速识别系统的允差,参见本 AC 中 29f(2)(f)。

229. 减功率或推力及降功率或推力的起飞运行

a. 说明

使用降功率或推力和减功率或推力进行起飞运行,由于降低耗油量,增加使用裕度,可以大大降低使用成本。采用适当的限制和操作程序,这样的起飞运行还能带来安全性收益。FAA 已批准了 3 种降功率或推力和减功率或推力起飞运行的方法。这些方法如下:

(1) 降功率或推力的批准,需要使用全新的起飞功率或推力设定值图表和 AFM 性能信息。这些新的功率或推力设定值低于发动机制造商经批准的起飞功率或推力设定值,而 AFM 性能则基于在这些新的、较低的功率或推力设定值下形成的功率或推力。

(2) 对于所有的使用条件都可使用固定的减功率或推力增量。按此方法,设定功率或推力所依据的发动机参数,减小某个常数值,诸如发动机增压比增量(△EPR)取 0.02。提供一种方法,即依据代表全起飞功率或推力的 AFM 数据,确定使用这一已降功率或推力时飞机的起飞性能。

(3) 减功率或推力起飞运行的假定温度法,需要使用按高于外界大气温度的某个"假定"温度所确定的起飞性能信息,但此"假定"温度不得超过在确定由某一特定机场可用起飞场长所限起飞重量时所用温度或由 FAA 爬升要求所确定的温度。在此"假定"温度下,确定发动机功率或推力设定值,起飞速度规定程序、起飞场长和爬升性能。这种假定温度法在使用时最具灵活性,因而运输类飞机制造商和营运人广泛予以采用。

b. 程序

因为使用减功率或推力或者减功率或推力两者中的任何一种方法,起飞性能水平都有所降低,FAA 对这些减功率或推力的使用有某些限制。AC25 - 13《减或降起飞推力(功率)的程序》(1988 年 5 月 4 日),为降和减功率或推力的批准(包括限制和程序)提供有关指导材料。

230. 跑道坡度大于±2%

a. 适用条款

§ 25.105,§ 25.115,§ 25.119,§ 25.121,§ 25.125,§ 25.1533 和 § 25.1587。

b. 说明

上面提及的 25 部有关条款,要求计及跑道坡度的影响。通常,AFM 试验数据扩展中按跑道坡度不超过±2%来确定性能限制和信息。虽然这些跑道坡度极限值对涉及的大多数跑道是适用的,但是运输类飞机经常起降的很多机场,其跑道坡度超过±2%。因此,借助针对较大坡度影响的专门试验和分析验证,业已获准在坡度超过 2%的跑道上运行。其他所关心的问题,除了跑道坡度对加速和刹车的影响以及在越障飞行高度分析过程中适当计及机场标高之外,还包括从离地到 35 ft 高度的起飞拉平,最小起飞爬升梯度,最小进近和着陆爬升梯度,着陆拉平跑道以及独特的使用程序。

c. 程序

(1) 从离地到 35 ft 高度的起飞拉平。AFM 起飞数据扩展,应计及跑道坡度对离地后的那段起飞距离的影响。在爬升性能限定的推重比下,平均爬升梯度的量级大约为 2.0%~3.0%。在坡度足够大的下坡跑道上,飞机可达到跑道以上 35 ft 高度,并相对于跑道具有正爬升梯度,但超过该点后其飞行航迹可能继续下降。就上升飞行航迹而言,应针对越障飞行高度分析数据,充分考虑从离地到爬升飞行的过渡。

(2) 最小起飞爬升梯度。在限定推重比下,向自由大气(即脱离地面效应)的起飞爬升过渡,可能导致在陡上坡跑道上的上升比飞机的爬升能力要快。相对于已增大的最大上坡跑道坡度,起飞第二段的最小爬升梯度应维持相同的裕度,即处于 § 25.121 所规定的最小梯度与 2%上坡跑道之间。

(3) 最小进近和着陆爬升梯度。在受爬升限制的着陆重量下,着陆失败复飞也可能导致在陡上坡跑道上的上升比飞机的爬升能力要快。相对于已增大的最大上坡跑道坡度,最小进近和着陆爬升梯度应维持相同的裕度,即处于 § 25.119 和 § 25.121 所规定的最小梯度与 2%上坡跑道之间。

(4) 着陆技巧和距离。最终进近至陡上坡跑道将需要尽早开始拉平,以避免硬着陆,并且使用正常进近下滑角,进近至陡下坡跑道,将增加着陆拉平空中距离。AFM 使用程序应规定在陡坡跑道上着陆所需要的任何特殊的驾驶技巧。AFM 着陆距离扩展应计及跑道坡度的影响,包括对于陡下坡跑道,从 50 ft 高度到接地时拉平距离的任何可预期增加。

(5) 操作程序。AFM 中应该为在坡度超过±2.0%的跑道上起降提供使用程序。还应提供有关起飞抬前轮和着陆拉平技术的指导。

(6) 使用上的考虑。对于跑道坡度超过±3%的情况,应就跑道长度、周围的地形和障碍物,对具体机场进行调查研究。特定机场使用限制可能是必要的,诸如起飞和着陆的方向,起飞襟翼限制,禁止在下坡跑道上超速起飞,要求防滑系统有效并接通,以及限制发动机引气及功率提取。

(7) 飞行试验要求。为使坡度超过±3%的跑道的合格审定数据获得批准,应进行运行飞行试验,以验证所建议的程序和性能信息。

231. 批准大下滑角进近着陆的准则

a. 适用条款

§ 25.119,§ 25.121,§ 25.125 和 25.143。

b. 说明

(1) 适航批准。作为运输类飞机型号审定一部分而假设的标准进近角为 3°,它与 ILS 的名义进近角相一致。那些评定对于处置进近角小于 4.5°的进近,被认为是合适的。下面列出的准则代表 FAA 的政策,用于对使用 4.5°或更大的进近角执行大下滑角进近着陆的能力进行适航批准。为了考虑具体的设计特点,可能需要对这些准则作一些增删。在 AFM 中应注明,所列出的大下滑角进近限制、程序和性能信息,反映飞机执行大下滑角进近的能力,但并不构成使用批准。

(2) 使用批准。在美国对于大下滑角进近的运行批准是 FAA 飞行标准服务部的专有职责,而不能委派给 FAA 航空器审定服务部雇员,委任代表,或外国民用航空机构。FAA 飞行标准服务部已经将该职责委派给飞行标准化委员会(FSB)来审查所涉及的飞机型号。运行批准将有一部分是基于本节所述的适航性试验的结果。有关运行问题的其他试验,可结合适航性试验一起进行。理想的是,有关运行批准试验将由飞行标准委员会在大下滑角进近能力适航审定试验大纲期间实施。

c. 通用准则

(1) 如果寻求批准在结冰条件下进行大下滑角进近,也要按结冰条件表明符合下面所确认的 25 部中适用于大下滑角进近运行的要求。

(2) 在表明符合 § 25.125 有关大下滑角进近要求时,以下准则适用:

(a) 飞机应处于用于大下滑角进近的着陆形态。

(b) 应表明符合以不超过寻求批准的最大进近航迹角的某个角度,用不小于 V_{REF} 速度(§ 25.125(b)(2))稳定进近到 50 ft 高度的要求。在大下滑角进近中所使用的 V_{REF} 可以与正常进近所使用的 V_{REF} 有所不同。

(c) 如果使用参数分析法来确定着陆距离(见本 AC 的 19b(3)),则进近角应与所希望的大下滑角进近的航迹角相适应,并且用于数据扩展的接地下沉率应限制在 6 ft/s。

（3）按 §25.125(a)制定的着陆距离开始于着陆面之上 50 ft 高度处。如果申请人提议使用一个不同的高度作为大下滑角进近着陆距离的起始点，这必须依照 §21.21(b)(1)，通过等效于已确认的安全性水平来实施，或依照 11 部进行豁免。这已经在某些大下滑角进近合格审定中实施，以利于机场精密进近指引，引导飞机到跑道入口上方小于 50 ft 的高度。

（4）应使用为大下滑角进近运行而制定的形态和速度，表明对 §25.119 和 §25.121(d)的符合性。

d. 有关进近速度和进近航迹角合理预期变化的试验条件

（1）应采用下列补充准则来表明飞机在着陆过程中是安全可操纵和可机动的（§25.143(a)(5)）。

（a）在无风条件下，应演示验证在下列情况下能够完成进近、接地和刹停，而不会呈现任何危险特性：

1　在为大下滑角进近而制定的 V_{REF} 速度下，比寻求批准的最陡进近航迹角陡 2°的进近航迹角。

2　在为大下滑角进近而制定的 $V_{REF}-5\,kn$ 的速度下，寻求批准的最陡进近航迹角。

（b）对于上述两种情况：

1　飞机应装载到按最临界的重量和重心组合；

2　飞机应使用大下滑角进近形态；

3　接地时刻下降率应减少到 3 ft/s 以下；

4　在 200 ft 高度以下，驾驶员不应采取增加功率或推力的措施，为保持精确进场所必需的那些小的调整除外；

5　在开始拉平后，不应使用纵向操纵器件来压低机头，为保持持续和一致的拉平飞行航迹所必需的那些小的调整除外；

6　拉平、接地和着陆不应要求特殊的驾驶技能、机敏或体力；

7　为确保有足够的复飞或下降航迹调整能力，在进近航迹上稳定飞行时，应使发动机的功率或推力保持在飞行慢车以上。

注：比进近航迹角陡 2°的演示验证是为计及进近时遇到的顺风，并考虑在意外偏移后为返回所希望的进近航迹而进行必要的修正。以 $V_{REF}-5\,kn$ 进行试验的目的是为计及在进近期间未注意到的速度减小，因此 231d(1)(b)4 中有关不增大功率或推力的要求，是为了计及此较低的速度。

（c）由于飞行试验安全性原因，在执行 231d(1)(a)1 的比进近航迹角陡 2°试验条件时，驾驶员可在比正常大下滑角进近拉平高度略高的某个合理高度上开始使飞机拉平（或减小进近角）。如果这样执行，应通过分析表明，如果在正常大下滑角进近拉平高度开始拉平，能有足够的俯仰操纵能力来抑制下降率，要切记 231d(1)(b)

$\underline{3}$ 和 $\underline{6}$ 中的准则。

（2）应按如下规定评估对 §25.143(b)(1) 的符合性：在按以下状态进近时在任何时刻发生临界发动机失效之后，演示验证飞机既可以安全着陆，也可以安全过渡到复飞：

（a）寻求批准的最陡进近角；

（b）为大下滑角进近制定的 V_{REF}；

（c）重量和重心的最临界组合；

（d）对螺旋桨驱动的飞机，不工作发动机的螺旋桨应处于通常应在位置，而无需驾驶员在发动机失效后采取措施。

（3）应确定在 231d(2) 所述机动过程中所历经的高度损失。

e. 单发不工作大下滑角进近

（1）如果寻求对单发不工作大下滑角进近能力的批准，应在最临界的重量和重心位置，使用为单发不工作大下滑角进近而制定的形态和速度，满足以下准则：

（a）上面 231d(1) 所确认的演示验证；

（b）演示验证飞机在单发不工作大下滑角进近过程中能安全地过渡到复飞。

f. 飞机飞行手册

（1）按照 §25.1581，§25.1583，§25.1585 和 §25.1587，AFM 中必须提供以下信息：

（a）大下滑角进近运行所必需的限制、使用程序和性能信息，包括为进行大下滑角进近而批准的形态、速度和飞行航迹角。

（b）禁止启用大下滑角进近的使用限制：

$\underline{1}$ 在单发不工作时，除非批准飞机可执行单发不工作大下滑角进近；

$\underline{2}$ 在预报或已知的结冰条件下，除非批准飞机可执行结冰条件下的大下滑角进近。

（c）在限制这一节给出的有关大下滑角进近限制、程序和性能信息的陈述反映飞机执行大下滑角进近的能力，但不构成对执行大下滑角进近运行的运行批准。

（d）按 231d(3) 确定的高度损失。

232. 无铺面跑道上的起飞和着陆

a. 说明

关于运输类飞机在非平整硬质道面上运行的适航性合格审定，尚无专门的规章要求，也尚未制定指导材料。但是，FAA 已经对若干运输类飞机在各种无铺面跑道（包括草皮跑道、土跑道和碎石跑道）上运行完成合格审定。下述有关飞机在无铺面跑道上运行的合格审定的通用指导材料，反映了在这些合格审定程序中所取得的经验和所形成的政策。

b. 程序

为获得运输类飞机在无铺面跑道上运行的批准，应考虑下面（1）～（6）所列出的各项因素：

（1）道面的定义。应定义每种类型的道面，以便在服役中可予以识别、控制和养护。定义应包括安全运行所必需的道面规范特性，诸如：

（a）道面和底基层的支承强度，通常以加利福尼亚承载比（CBR）的形式表示。在湿跑道和干跑道上，选定跑道中心线每侧各 15～30 ft 宽度，沿跑道中心线每隔 500 ft，进行测量。确定跑道道面对特定飞机运行的适合性的其他方法，是根据跑道的承载能力对跑道进行分类，其中的一个例子是国际民航组织（ICAO）所用的航空器分类编号（ACN）。

（b）道面材料的厚度，粒料粒径和深度。

（c）存在轮辙。

（d）排水。

（e）存在道面植被。

（2）飞机性能

如果需要专用设备（例如低压轮胎、护罩、遮挡板）或者专用程序，则应确定此设备和（或）程序对飞机性能的影响，并在 AFM 中呈现。例如，如果在起落架上装有遮挡板，可能增加起落架收上时间，必须更改 AFM 中第一阶段爬升数据资料。

（a）应基于请求批准的每种无铺面跑道，按相应的适航性要求演示验证起飞、加速-停止和着陆性能，并制订规定程序。应在湿、干两种道面上进行飞行试验演示验证。如果能确定所有襟翼设定位置都可进行可靠调节，以从平整硬质道面的性能数据推导出这些数据，相对于常规的平整硬质道面飞行试验大纲的试验要求，采用一组经简化的试验条件，则是可接受的。但是，对于起飞、加速-停止和着陆而言，每一项目至少应在 4 种条件中进行试验，经演示验证的起飞和着陆最大重量，将确定这些运行模式的重量限制。

（b）试验跑道应是寻求批准的实际跑道，或者是经选择能代表寻求批准的每种类型无铺面跑道的最差特性（即滚动摩擦高、制动摩擦低等）的跑道。就这点而言，在低 CBR 跑道上也许不足以完成这些试验。以往的试验已表明，滚动摩擦主要是 CBR 的函数，制动摩擦则主要是跑道表面特性的函数而在很大程度上与 CBR 无关，在某些情况下，无论是湿道面还是干道面皆如此。还应确定其他变量（诸如飞机重量和推荐的轮胎压力允差）的影响。

（c）应进行 V_{MCG} 演示验证。只要用于试验的跑道道面代表使用中预期的最差情况，就可使用方向舵脚蹬前轮转向操纵。方向舵与方向舵脚蹬前轮转向操纵组合向飞机所施加的空气动力力矩，可能导致前轮在无铺面跑道上"犁地"。这能导致跑道表面构成材料撞击飞机机体和动力装置的关键表面。应严密监视试验，以确保不存在这一损害源。如果采用方向舵脚蹬前轮转向操纵进行此试验，则：

1　可认可所提供的任何性能收益；

2　方向舵脚蹬前轮转向操纵不工作则禁止放飞，不管是否认可所提供的任何性能收益。

（d）应在着陆性能试验期间对着陆拉平和接地特性进行评定。

（e）爬升性能应计及由于专用设备安装而引起的任何附加阻力或者推力损失。

（3）飞机的操纵性

在为运行而规定的每一形态下，飞机的操纵特性必须满足相关的适航性要求。应确认与在无铺面跑道上运行有关的任何专用程序或技术，诸如使用反推力装置、减速板、前轮转向操纵机构等。

（4）系统、发动机和结构

（a）应当演示验证，在无铺面跑道上运行时正常功能可能受到影响的那些系统（例如防滑，前轮转向操纵），在申请批准的所有条件下，应能继续执行其预定功能。

（b）应确定飞机能在每种规定的道面上运行，而不会因砾石或其他道面材料撞击或发动机吸入而引起的危险。在演示验证不存在危险时，应考虑直接影响（诸如机械损伤）和较长期的影响（诸如脱落的跑道材料聚集）。这些聚集物可能导致飞机操纵器件卡阻，妨碍飞机形态改变，或导致冷却管道或排放口堵塞。此外，轮胎扬起的道面材料形成的"喷沙"作用可能导致机翼、螺旋桨和机身的表面腐蚀，最后可能导致更严重的结构损坏。为解决这些问题，在每一次加速-停止试验和每一次起飞—着陆循环后，都应该对试验飞机和发动机以及任何相关系统进行表面损伤检查。

（c）应确定由于在无铺面跑道上运行而对起落架疲劳寿命造成的影响。

（d）应演示验证任何专用设备（诸如砾石遮挡板或低压轮胎），对以前针对飞机在硬质道面跑道上运行而制定的任何 AFM 性能或地面操纵特性（例如飞机溅水吸入特性）无不利的影响。

（5）维护性

（a）应确定任何经修订的飞机维护程序，诸如为确保飞机安全运行而认为必须增加检查频度，并应将其制成规定程序。

（b）应确定专用于无铺面跑道的维护程序，并将其制成规定程序（例如：接地点及紧靠其后位置，调定起飞功率或推力的区域，应予以平整和垫铺砂子，倘若这些区域可能被冰或压实的雪所覆盖）。

（6）飞机飞行手册

应将在无铺面跑道上运行的相关限制、程序和性能信息呈现在飞机飞行手册的"附录"或"补充材料"各节中。

（a）对于按上述（1）而确定的道面定义，如果业已批准飞机在其上运行，并且业已按上述（2）确定相应性能数据并制定成规定程序，则 AFM 中的"限制"这一节应纳入这些道面定义。还应纳入经批准的飞机形态，包括必需的任何专用设备，连同系统限制。应陈述下列的起飞和着陆限制：

1　禁止减功率或推力起飞。

<u>2</u> 禁止防滑刹车系统不工作时遣派。

<u>3</u> 禁止扰流板/破升板不工作时遣派。

<u>4</u> 在起飞过程中需要使用连续点火。

(b)"程序"这一节应包括任何专用程序(例如使用反推力装置、前轮转向操纵、连续起飞、空调和增压形态)。

(c)"性能"这一节应包括按上面(2)所确定并经批准的性能并计及所需要的任何专用程序。不承认净空道和(或)安全道带来的性能收益。

233. 设计小改和构型偏离清单(CDL)项目对性能影响的考虑

a. 说明

涉及飞机外部更改的型号设计小改(如固定在翼尖上的标志灯的安装)和构型偏离清单(CDL)项目(如襟翼铰链罩丢失)对空气动力有影响,因此,会对飞机性能产生不利影响。凡适用时应评估这些影响,并确定性能的降低。

b. 程序

已确认采用下面所述的评估性能降低的方法是可接受的。这些方法被认为是对一次完整飞行试验分析的一种偏保守的替代。

(1)通过估计阻力值然后将该值加倍,用分析方法评定空气动力形态改变所致的性能降低。应根据飞机重量确定在起飞性能、航路爬升和进近—着陆爬升能力各方面最终的降低量。对于起飞总重不超过 20 000 lb 的飞机,性能重量减少量小于按起飞和航路情况确定的最大起飞重量的 0.5%(或按进近—着陆爬升情况确定的最大着陆重量的0.5%)时,可忽略不计。对于起飞总重大于 20 000 lb 的飞机,性能重量减少 100 lb 或更少,则可忽略不计。AFM 的"补充"这节或"CDL 附录"这节,应标明引起可忽略不计的性能降低的那些型号设计更改或 CDL 项目。如果认为性能降低是不可忽略的,则应提供相应的性能扣除(在重量和(或)爬升梯度能力方面,按适用而定)。对于设计更改,应将这些信息作为一项限制呈现在 AFM"补充"这一节中。对于 CDL 项目,应将这些信息,连同本 AC 的 234 条中"一般限制"标题下所述信息一并呈现在"CDL 附录"中。

(2)分析评估性能降低的另外一种方法是在整个分析过程中采用偏保守的做法,诸如偏保守地圆整数据和图表读数,使用最差情况假设等。然后,再按上面(1)所注明的那样执行性能重量降低量。

234. 构型偏离清单

a. 说明

必须确定允许缺失的零部件和(或)零部件组合,以及相关的性能降幅与其他限制并呈现于 AFM CDL 中。

b. 程序

(1)应评定丢失零部件的影响,以确定是否必须采用飞机性能降低和(或)其他限制来确保飞机安全不受影响。对于某个零部件丢失，如果影响结构安全，导致其他零部件损坏或引起必需的安全特征丧失，则不得将这样的丢失零部件纳入 CDL。例如检修口盖，如果丢失，可能影响火警探测、灭火和包容特征，则不能列为 CDL 项目。

（2）应按本 AC 中 233 条的规定来计算性能降低量。可呈现适用于所有 AFM 性能限制的单一性能降低量，或者可在以下限制条件下，针对不同飞行阶段，呈现性能降低量：

（a）仅允许对起飞给出单一性能降低量，对着陆给出单一性能降低量。对于起飞，此降低量应是计及下列情况后的最大降低量：起飞场长、第一段爬升、第二段爬升和最后段爬升以及起飞航迹。对于着陆，此降低量应是考虑进近爬升、着陆爬升以及着陆场长之后的最大降低量。

（b）仅允许对一台发动机不工作和两台发动机不工作的航路爬升性能给出单一重量减小量。

（c）当使用起飞性能降低量、着陆性能降低量以及航路性能降低量（按飞机的情况选定）时，CDL 应纳入对这 3 种性能降低量的说明。

（3）如果通过飞行试验可表明：①直到 V_{MO}/M_{MO} 的速度，飞行特性无重大变化，或对适航性无其他不利影响；②对直到 V_{MO}/M_{MO} 的速度，进行合理分析，以表明飞机操纵特性无衰退，则不需要降低 V_{MO}/M_{MO}。合理性分析应主要基于丢失零部件与空气动力表面的临近程度。如果需要降低 V_{MO}/M_{MO}，必须按 §25.1303(b)(1) 和 (c)(1) 的要求，针对降低后的速度，对最大允许空速指示器和音响警告，重新设置规定程序。

c. 一般限制

应在 CDL 附录中呈现以下信息：

（1）使用 CDL 运行飞机时，飞机的运行必须符合按 CDL 修正后的 AFM 规定限制。

（2）应将任何相关的使用限制（例如速度、高度或性能限制）列于标牌上，固定在驾驶舱内，标牌必须位于机长和其他有关机组人员能目视清晰可见的位置。

（3）对于使用未由机长准备的遣派或飞行放行单的运行，应通过在遣派或飞行放行单上列出缺失的零部件的方法，将每次带缺失零部件的运行，通报机长。

（4）营运人应在飞行日志上列出关于每次航班缺失零部件的相应记录。

（5）如果在航班中另有零部件丢失，在飞机重新符合 CDL 限制之前，不得飞离出现此事件后着陆的那个机场。当然，这并不排除颁发转场许可证，允许飞机飞到可进行必要修理或换件的某个机场。

（6）除非 CDL 中包含特定的零部件组合，任一系统都不得缺失一个以上的零部件（例如发动机吊挂的一块整流包皮）。除非另有规定，可允许不同系统有零部件丢失。性能损失是累加的，除非针对缺失零部件组合示出专门指定的损失。

（7）如业已确定某个零部件缺失所引起的性能降低是可忽略不计的，则对于起飞，可缺失不多于 3 个这样的零部件，而无需采取性能扣除。对于起飞、航路飞行和着陆，如有 3 个以上的这样的零部件缺失时，应按每一缺失零部件，采取最大起飞重量 0.5％或 100 lb（取两者中之较小者）的性能扣除。

（8）应该对受性能因素（即起飞场长、第一段爬升、第二段爬升或最后段爬升，或起飞航迹）限制的起飞重量，采取起飞性能扣除。如果受性能限制的起飞重量大于最大合格审定起飞重量，应在最大合格审定起飞重量上采取起飞性能扣除，以确保符合噪声要求。

（9）应在受性能因素（即着陆场长、着陆爬升或进场爬升）限制的着陆重量上采取性能扣除。如果受性能限制的着陆重量大于最大合格审定着陆重量，应该对最大合格审定着陆重量上采取着陆性能扣除，以确保符合噪声要求。

（10）航路爬升性能扣除仅适用于受单发或两发不工作的航路爬升性能所限的运行。

（11）CDL 附录中各系统的编号和名称应基于航空运输协会（ATA）规范。各系统内的零部件应按功能说明标识，必要时按件号来标识。

235. 备用发动机吊舱

a. 说明

如果装有备用发动机吊舱，则认为属于对型号设计的大改。应作为§21.97（a）（2）所要求的批准过程的一部分，对受此安装影响的飞机性能和飞行特性进行评定。

b. 程序

对于因备用发动机吊舱安装而引起的阻力增加，通常用本 AC 中 17b（1）（b）所描述的阻力极曲线法予以确定。执行检验爬升以验证由此阻力数据所导出的性能扣除。通常，将按照与受限起飞性能段相应的飞机形态，进行这些检验爬升。应按至少一个起飞襟翼设定位置和一个着陆襟翼设定位置进行失速性能检验，以确定备用发动机吊舱对失速速度和失速机动时操纵特性的任何影响。在安装备用发动机和吊舱后，可能还必须对振动和抖振（§25.251），颤振（§25.629）和最大使用限制速度（§25.1505）进行飞行演示验证。应在安装备用发动机及吊舱后，演示验证纵向操纵（§25.145）、航向及横向操纵（§25.147），以及配平能力（§25.161）。

236. 一台发动机不工作条件下转场飞行的批准——§91.611

a. 说明

§91.611 规定，允许"四发飞机或三发涡轮发动机飞机在一台发动机不工作时，为了修理此台发动机而转飞至某个基地"的转场飞行。为按第 121 部和 125 部营运的飞机规定了这一允许。§91.611 还规定了为获得一台发动机不工作情况下的转场飞行允许而必须满足的性能和运行准则，包括引用的 25 部条款。

b. 程序

对于活塞发动机飞机和涡轮发动机飞机，§91.611(a)(1)要求，受此条款支配的飞机，应通过飞行试验来分别表明满意地符合§91.611(b)或(c)的要求。按照本AC第233条规定的保守分析方法，对经飞行试验的形态的偏离，可获得批准。这类偏离的一个示例是，单发不工作的涡轮喷气发动机飞机在基于不工作发动机风车状态下的飞行试验获得转场飞行批准后，又在转子锁定的情况下获准飞行。尽管单发不工作的转场飞行属于运行批准，而非型号设计方面的更改，然而对于发动机转子锁定时的飞机性能应按与"设计小改"的同样方式处理，并且相关的阻力增量应按本AC第233条规定的方法进行偏保守计算。下面阐述相关规章。

(1) §91.611(a)(2)规定经批准的 AFM 应包含限制、使用程序，以及性能信息，包括对不工作螺旋桨(即发动机)形态的说明。

(2) §91.611(c)(1)和(2)规定在寻求批准的螺旋桨(即发动机)形态下进行飞行试验，以确定单发不工作情况下转场飞行的起飞速度和距离。

(3) §91.611(c)引用了§25.101 的性能要求总则，§25.107 的起飞速度要求，以及§25.121 的爬升要求，因此使单发不工作情况下转场飞行的性能与型号设计准则相联系。

(4) §91.611(c)(5)规定，飞机在两台临界发动机不工作的情况下爬升时必须有令人满意的操纵，并且爬升性能"可根据试验结果进行与试验结果同样准确的计算予以表明"。

(5) §25.21(a)(1)"符合性证明"规定，如果计算的性能"根据试验结果并且精度与试验结果相同"，则同样是许可的。基于这一条规定，以及先前所提及的§91.611引用的 25 部条款，允许按照与飞行试验所用形态不同的形态，计算单发不工作时的转场飞行性能。在这种情况下，应使用本 AC 第 233 条中所述的偏保守方法。

237. 仪表着陆系统的最低气象条件

a. 说明

ICAO 提出的所有气象类型定义如下：

(1) Ⅰ类——云底高 200 ft(60 m)，跑道视程(RVR)2 600 ft(800 m)。

(2) Ⅱ类——云底高 100 ft(30 m)，RVR 1 200 ft(400 m)。

(3) Ⅲ类。

(a) ⅢA 类——无决断高度，RVR 700 ft(200 m)。

(b) ⅢB 类——无决断高度，无外部参照物；RVR 150 ft(50 m)。

(c) ⅢC 类——无决断高度，着陆或滑行时无外部参照物。

b. 程序

AC20-129A《批准用于进近的Ⅰ类和Ⅱ类最低气象条件的准则》(2002 年 8 月

12 日),包含Ⅰ类及Ⅱ类全天候运行的适航性合格审定准则。AC20－128D《批准用于起飞、着陆和复飞的Ⅲ类最低气象条件的准则》(1999 年 7 月 13 日)包含Ⅲ类全天候运行适航性合格审定准则。

238. 备选重心前限带来的起飞性能收益

a. 适用条款

§25.23,§25.103,§25.105,§25.107,§25.109,§25.111,§25.113,§25.115 和§25.121。

b. 说明

(1) 20 世纪 70 年代初,对于每一飞机制造商的机型(例如 DC－10 的 40 系列,B737－300,A300－600 等),都批准设置一个备选重心(c. g)前限。这些批准包括 AFM 性能信息,其计及重心前限较大后移而得到的可用起飞性能改善。其结果是某一特定飞机机型(例如 B737－300)的所有营运人都将采用相同的备选重心前限,而这种设置能否为任何具体营运人所采用,将取决于营运人飞机的内部构型、装载和航路结构。

(2) 由于这些属于早期的批准,商用航空市场发生了很大变化,在某个营运人机队内,许多运输类飞机能满足一个以上的飞行任务要求。对于现代延程运行的双发飞机而言更是如此,其中的大多数飞机都是从同一飞机型号的早期中等航程型衍生而来。将这些飞机用于远程运行时,由于载油量增大,飞机重心可能处于重心前限之后很多。水平安定面整体油箱的出现,也导致飞机重心较大的后移。某些营运人将这些同样的远程飞机用于短程到中程航线上,与远程运行相比,虽然飞机重心有较大的前移,但仍远在重心前限之后。

(3) 通过计及位于重心前限之后某个重心位置所提供的起飞性能改善,可增强许多现代运输类的营运灵活性。对于给定的场长和起飞飞行航迹剖面,降低失速速度和飞机阻力致使起飞重量增大。批准有关这两种备选重心前限的起飞性能,将为营运人提供了在远程航线和在短程到中程航线上使用同一机型的灵活性。

(4) 设置备选重心前限的概念,连同有关的起飞性能改善,并不与联邦航空条例的任何适航性要求或运行要求构成矛盾。§25.103(b)(5)要求失速速度要基于可导致最大的基准失速速度值的重心位置。§25.117 规定,必须以"最不利的重心"位置表明符合爬升性能要求。历来都将其理解为,要求以最靠前的重心前限进行有关的性能飞行试验,并针对这一相同的极端重心前限,给出最终的 AFM 性能。但是,并未要求禁止将使用运行限制用于建立多个重心前限。

(5) 在承认位于极端重心前限之后的重心前限带来的性能好处时,主要关注的问题在于,减小了以位于决定起飞性能的极端重心前限之后的重心位置进行惯常运行时而形成的偏保守的性能裕度。由于备选重心前限的可用性,将使这一安全性裕度缩小,根据统计,往往是完全消失。因此,应强调保持精确的重量和平衡记录,执行精确的装载计划，为地勤人员和遣派人员进行必要的培训和提供操纵程序。

（6）对于按备选重心前限运行，飞行机组的培训也是一个问题。由于许多现代运输类飞机的驾驶舱高度自动化，重要的是，飞行机组知道何时使用某个备选重心前限作为计算起飞性能数据的基础。最重要的是，在进行受性能限制的起飞时何时使用某个备选重心前限。

c. 程序

使用以下合格审定准则，多达 2 个备选重心前限（总共为 3 个重心前限）连同有关的起飞性能数据可得到批准：

（1）对于某一具体飞机型号和机型的营运人特定变型，可批准不多于 2 个的备选重心前限（总共 3 个）。"飞机型号"是指具有型号合格证上所标注的相同设计的那些飞机，"飞机机型"是指型号合格证上反映的某一飞机型号的不同机型。"营运人特定变型"是按特定客户要求而配备设备（例如发动机型号、座椅排距、厨房位置等）的飞机型号和机型。为便于控制，应可明确地按此确认归类为"营运人特定变型"的飞机。借助确定的 AFM 文件编号系统，和 AFM 关联的特定飞机系列号，可达此目的。

（2）备选重心前限应具有足够的差距，在确定起飞性能调整量时，可将它们作为离散量限制来处理而不致造成混淆。

（3）由备选重心前限的使用而引起的重心范围应足够大，以符合实用要求，并考虑营运装载的预期变化。

（4）应按此确认备选重心前限，并呈现在基本 AFM"限制"这一节中的重量及重心图表上。此图表还应引注 AFM 中包含相关飞机性能调整量的单独附录。

（5）为使对机组培训和驾驶舱程序标准化的影响减至最小，使用或提供重量和平衡信息的机载系统（例如飞行管理系统，电子飞行包等），应包括与备选重心前限有关的性能和燃油管理数据。如果未包括这些信息，应在 AFM 中增加限令，即在使用备选重心前限时禁止使用这些系统。

（6）必须按 § 25.21(a)(2)的规定，用飞行试验数据证实与备用重心前限运行相关的 AFM 性能。这并不意味着需要在每一备用重心前限处获得飞行试验数据。目的在于使申请人使用在不同重心位置所收集到的飞行试验数据，验证对重心影响的分析预测。

（7）必须修改所有受影响的驾驶舱标牌和显示信息，以反映备选重心前限的使用。

239. 用反推力使飞机倒退

a. 说明

凡业已演示验证符合相应的适航性要求，则使用反推力替代牵引车使飞机后退离开机场登机门就已获得批准。在下面 b 中规定了相应的适航性要求。注意符合这些要求,仅演示验证飞机具有这种能力,并不构成运行批准。应就运行批准与对应的 FAA 飞行标准办公室进行协调。

b. 程序

为获得有关利用反推力使飞机倒退的适航批准,应演示验证符合下面所规定的准则。由于使用反推力使飞机倒退的运行批准,要规定相应的飞机、机场和登机门,这些试验中的某些试验,将在特定现场进行,并且应与相应的 FAA 飞行标准办公室进行协调。

(1) 飞机制造商和发动机制造商都应确定这些机动的适用范围,并为此程序提供适当的限制。这些限制应包括:

(a) 发动机功率或推力设定和使用参数限制;

(b) 最小及最大容许重量;

(c) 重心限制;

(d) 停机坪坡度限制;

(e) 机轮刹车的使用;

(f) 大气条件(参见下面的注);

(g) 所提议的运行独有的任何其他因素。

注:在停机坪有积雪、结冰或雪浆的情况下,或者在大雨期间,使用反推力使飞机倒退,被认为是一种不好的操作做法。

(2) 应将与使用反推力使飞机倒退有关的所有限制,任何正常或非正常使用程序,纳入 AFM。也应将与地勤机组功能有关的任何程序纳入 AFM。

(3) 应进行试验验证反推力装置的喷流不会对动力装置的安装造成有害的影响。要考虑的项目包括:

(a) 外来物损伤(FOD);

(b) 对发动机冷却的影响;

(c) 进气道气流畸变;

(d) 排气废气再吸入;

(e) 对安装在发动机上的附件的任何影响。

(4) 应进行试验,以验证反推力装置的喷流不会对飞机的其他系统(诸如空调系统进气口、APU 的进气和排气口、油液机外排放口等)造成有害的影响。

(5) 应验证驾驶舱及客舱内的空气未受到污染。

注:为避免驾驶舱和客舱的空气受到污染,规定如下限制应是可接受的:在使用反推力使飞机倒退时,禁止空调组件包运行。

(6) 应进行使用反推力使飞机倒退的演示验证来评定有关程序。应在下列条件下进行这些演示验证:

(a) 最大停机坪重量且重心位于后限;

(b) 对重心位于后限可能是关键的任何其他重量。

(7) 应对上述(6)中的使用反推力使飞机倒退的演示验证进行评定,以确定:

(a) 后仰力矩大小,包括其对前轮转向操纵的影响;

(b) 无意中猛刹车和(或)应急刹车动作的后果;

(c) 足够的驾驶舱能见度及地勤机组功能;

(d) 贯穿整个使用反推力使飞机倒退机动,飞机周围区域应无地勤人员和地面支持设备(该评定也应考虑反推喷流对位于机场登机门附近飞机的影响);

(e) 从反推力向正推力过渡的操作程序的适当性;

(f) 由于一台发动机未能进入反推力模式或不能恢复到正推力模式而造成的推力不对称的影响;

(g) 轮胎压力低的影响;

(h) 停机坪坡度及表面状况的影响;

(i) 外界大气温度的影响;

(j) 襟翼和前缘缝翼形态的影响。

附录1 首字母缩写词、缩略语、符号及其定义

A

AC	advisory circular	咨询通告
ACARS	aircraft communication addressing and reporting system	航空器通信寻址及报告系统
ACO	aircraft certification office	航空器合格审定办公室
ACN	aircraft classification number	航空器分类编号
ADC	air data computer	大气数据计算机
ADF	automatic direction finder	自动定向仪
ADQ	adequate	充分
AEO	all-engines-operating	全发工作
AFM	airplane flight manual	飞机飞行手册
AGL	above ground level	地平面以上
AHRS	attitude and heading reference system	姿态和航向基准系统
AOA	angle of attack	迎角
APU	auxiliary power unit	辅助动力装置
AR	authorization required	规定的授权
ARSR	air route surveillance radar	航路监视雷达
ARTCC	air route traffic control center	航路交通管制中心
ASR	airport surveillance radar	机场监视雷达
ATA	Air Transport Association	美国航空运输协会
ATC	air traffic control	空中交通管制
ATCRBS	air traffic control radar beacon system	空中交通管制雷达信标系统
ATS	automatic throttle system	自动油门系统
ATT REF	attitude reference	姿态基准
ATTCS	automatic takeoff thrust control system	起飞推力自动控制系统

C

C	Celsius	摄氏度
CAR	civil air regulations	民用航空条例
CAS	calibrated airspeed	校准空速
CAT	category	类别

CAWS	central aural warning system	中央音响警告系统
CBR	California bearing ratio	加利福尼亚承载比
CDL	configuration deviation list	构型偏离清单
CDU	cockpit display unit	驾驶舱显示装置
CFR	Code of Federal Regulations	联邦法典
c. g.	center of gravity	重心
C_L	lift coefficient	升力系数
CMM	component maintenance manual	部件维护手册
C_N	yawing moment coefficient	偏航力矩系数
COM	communications	通信
CON	controllable	可控制的,可操纵的
CRT	cathode ray tube	阴极射线管
CVR	cockpit voice recorder	驾驶舱语音记录器
CWS	control wheel steering	驾驶盘操纵

D

dB	decibel	分贝
DER	designated engineering representative	工程委任代表
DFDR	digital flight data recorder	数字式飞行数据记录器
DG	directional gyros	航向陀螺,方位陀螺
DH	decision height	决断高度
DME	distance measuring equipment	测距仪

E

ECAM	electronic centralized aircraft monitor	飞机电子中央监控系统
EFCS	electronic flight control system	电子飞行控制系统
EGT	exhaust gas temperature	排气温度
EICAS	engine indicating and crew alerting system	发动机指示和机组告警系统
EMC	electromagnetic compatibility	电磁兼容性
EMI	electromagnetic interference	电磁干扰
EPR	engine pressure ratio	发动机压力比
ESDU	engineering sciences data unit	工程科学数据组织

F

F	Fahrenheit	华氏度
F & R	function and reliability	功能和可靠性
FGS	flight guidance system	飞行导引系统
FMEA	failure modes and effects analysis	失效模式和影响分析
FMS	flight management system	飞行管理系统
FOD	foreign object damage	外来物损伤
F_s	longitudinal control (stick) force	纵向操纵(杆)力
F_s/g	stick force per g	杆力$/g$

| ft. | foot or feet | 英尺（单数或复数） |
| FWC | flight warning computer | 飞行警告计算机 |

G

g or G	acceleration due to gravity at the Earth's surface	地表处的重力加速度
GLS	GNSS landing system	GNSS 着陆系统
GNSS	global navigation satellite system	全球卫星导航系统
GPWS	ground proximity warning system	近地警告系统

H

HF	high frequency	高频
HGS	head up guidance system	平视导引系统
HQ	handling qualities	操纵品质
HQRM	handling qualities rating method	操纵品质评级方法
HSI	horizontal situation indicator	水平状态指示器
HUD	head up display	平视显示器
Hz	cycles per second	每秒循环次数

I

IAS	indicated airspeed	指示空速
ICAO	International Civil Aviation Organization	国际民用航空组织
IKE	initial kinetic energy	初始动能
ILS	instrument landing system	仪表着陆系统
IMC	instrument meteorological conditions	仪表飞行气象条件
INS	inertial navigation system	惯性导航系统
IRS	inertial reference system	惯性基准系统
ITT	interstage turbine temperature	涡轮级间温度
IVSI	instantaneous vertical speed indicator	瞬时垂直速度指示器

K

| KE | kinetic energy | 动能 |

L

LF	low frequency	低频
LFE	limit flight envelope	限制飞行包线
LNAV	lateral navigation	横向导航
LODA	letter of design approval	设计批准书

M

| M | Mach number | 马赫数 |

MAC	mean aerodynamic chord	平均空气动力弦
MCS	master caution system	主戒备系统
MCT	maximum continuous thrust	最大连续推力
M_D	design dive Mach	设计俯冲马赫数
MDA	minimum descent altitude	最低下降高度
M_{DF}	demonstrated flight diving Mach	经演示验证的飞行俯冲马赫数
MEL	minimum equipment list	最低设备清单
MF	medium frequency	中频
M_{FC}	maximum Mach for stability characteristics	具有稳定性的最大马赫数
MFD	multi-function display	多功能显示器
min.	minute(s)	分钟(复数)
M_{LRC}	long range cruise Mach	远程巡航马赫数
MLS	microwave landing system	微波着陆系统
MMEL	master minimum equipment list	主最低设备清单
M_{MO}	maximum operating Mach	最大使用马赫数
MSL	mean sea level	平均海平面
MW	master warning	主警告
MWS	master warning system	主警告系统
MUH	minimum use height	最小使用高度

N

N_1	rotational speed of low pressure compressor (turbine engine)	(涡轮发动机)低压压气机转速
N_2	rotational speed of high pressure compressor (turbine engine)	(涡轮发动机)高压压气机转速
NAS	national airspace system	美国空域系统
NAV	navigate	导航
n mile	nautical mile(s)	海里(单复数)
NFE	normal flight envelope	正常飞行包线

O

OAT	outside air temperature	外部大气温度
OEW	operating empty weight	使用空重
OFE	operational flight envelope	使用飞行包线

P

PA	public address	机内广播
PFC	porous friction course	多孔摩擦道面
PIO	pilot induced oscillation	驾驶员诱发的振荡

Q

| Q | dynamic pressure | 动压 |

R

R/A	radio altimeter	无线电高度表
RFI	radio frequency interference	射频干扰
rpm	revolutions per minute	每分钟转数
RMI	radio magnetic indicator	无线电磁指示器
RNAV	area navigation	区域导航
RNP	required navigation performance	所需导航性能
RTO	rejected takeoff	中止起飞
RVP	Reid vapor pressure	雷德蒸汽压力
RVR	runway visual range	跑道视程

S

SAS	stability augmentation system	增稳系统
SAT	static air temperature	大气静温
	satisfactory (when used with the handling qualities rating system)	满意（当与操纵品质评级系统一起使用时）
SATCOM	satellite communications	卫星通信
secs	seconds	秒（复数）
SELCAL	selective calling system	选择呼叫系统
S/F	slow/fast	慢—快
SR	special regulation	特殊条例
STC	supplemental type certificate	补充型号合格证
STOL	short takeoff and landing	短距起飞和着陆
SWC	stall warning computer	失速警告计算机

T

TAT	total air temperature	大气总温
TAWS	terrain awareness and warning system	地形提示和告警系统
TCAS	traffic collision avoidance system	（空中）交通防撞系统
TCDS	type certificate data sheet	型号合格证数据清单
TIA	type inspection authorization	型号检查核准书
TIR	type inspection report	型号检查报告
TOW	takeoff warning	起飞警告
TSO	technical standard order	技术标准规定
T/W	thrust-to-weight ratio	推重比

U

UNSAT	Unsatisfactory	不满意
	Failed	不合格

V

V_1	maximum speed in the takeoff at which the pilot must take the first action (e. g. apply brakes, reduce thrust, deploy speed brakes) to stop the airplane within the accelerate-stop distance. It also means the minimum speed in the takeoff, following a failure of the critical engine at V_{EF}, at which the pilot can continue the takeoff and achieve the required height above the takeoff surface within the takeoff distance	起飞中驾驶员为在加速-停止距离范围内使飞机停住而必须采取第一个动作(如踩刹车、减小推力、打开减速板)时的最大速度,也表示起飞中临界发动机在 V_{EF} 失效后驾驶员能够继续起飞并在起飞距离范围内使飞机达到距起飞表面规定高度情况下的最小速度
V_2	takeoff safety speed	安全起飞速度
V_{2MIN}	minimum takeoff safety speed	最小安全起飞速度
V_{35}	speed at a height of 35 feet above the takeoff surface	距起飞表面 35 ft 高度时的速度
V_D/M_D	design diving speed	设计俯冲速度
V_{DF}/M_{DF}	demonstrated flight diving speed	经演示验证的飞行俯冲速度
V_{EF}	speed at which the critical engine is assumed to fail during takeoff	假定临界发动机在起飞过程中失效时的速度
V_{FC}/M_{FC}	maximum speed for stability characteristics	具有稳定性的最大速度
V_{FE}	maximum flap extended speed	襟翼展开最大速度
VFR	visual flight rules	目视飞行规则
VG	vertical gyros	垂直陀螺
VHF	very high frequency	甚高频
V_{LE}	maximum landing gear extended speed	起落架放下最大速度
V_{LO}	maximum landing gear operating speed	起落架工作最大速度
V_{LOF}	lift-off speed	离地速度
VMC	visual meteorological conditions	目视气象条件
V_{MC}	minimum control speed with the critical engine inoperative	临界发动机不工作情况下的最小操纵速度
V_{MCA}	minimum control speed in the air	空中最小操纵速度
V_{MCG}	minimum control speed on the ground	地面最小操纵速度
V_{MCL}	minimum control speed during approach and landing with all engines operating	全发工作进近和着陆时的最小操纵速度
$V_{MCL(1\ out)}$	minimum control speed during approach and landing with one engine inoperative	一台发动机不工作进近和着陆时的最小操纵速度
V_{MCL-2}	minimum control speed during approach and landing with one critical engine inoperative (for airplanes with three or more engines)	(3 台或 3 台以上发动机飞机)一台临界发动机不工作进近和着陆时的最小操纵速度
$V_{MCL-2(2\ out)}$	minimum control speed during approach and landing with two engines inoperative (for airplanes with three or more engines)	(3 台或 3 台以上发动机飞机)两台发动机不工作进近和着陆时的最小操纵速度
V_{MO}/M_{MO}	maximum operating limit speed	最大使用限制速度

V_{MU}	minimum unstick speed	最小离地速度
VNAV	vertical navigation	垂直导航
VOR	very high frequency omnidirectional range	甚高频全向信标
VORTAC	very high frequency omnidirectional range tactical air navigation	甚高频全向信标战术空中导航设备
V_{REF}	reference landing speed	基准着陆速度
V_S	stalling speed or the minimum steady flight speed at which the airplane is controllable	失速速度或飞机可操纵情况下的最小定常飞行速度
V_{S0}	stalling speed or the minimum steady flight speed in the landing configuration	着陆形态下的失速速度或最小定常飞行速度
V_{S1}	stalling speed or the minimum steady flight speed in a specific configuration	特定形态下的失速速度或最小定常飞行速度
V_{SR}	reference stall speed	基准失速速度
V_{SR0}	reference stall speed in the landing configuration	着陆形态下的基准失速速度
V_{SR1}	reference stall speed in a specific configuration	特定形态下的基准失速速度
V_{SW}	speed at which the onset of natural or artificial stall warning occurs	固有或人工失速警告开始发出时的速度

W

WAT	weight, altitude, temperature	重量,高度,温度
W/δ	weight/delta	压力比重量[①]

符号   定义

Δ	incremental change in value	数值上的增量改变
δ	ratio of atmospheric pressure at any altitude to the pressure at sea level	任何高度上的大气压力与海平面上的压力之比
μ_{max}	maximum friction coefficient available between a tire and the runway surface	轮胎与跑道表面之间存在的最大摩擦系数

---

① 压力比定义见本页所列"符号"一栏中的"δ"。——译者

附录 2 功能和可靠性试验—— §21.35(b)(2)

1. 说明

a. 为了满意地实现有关补充飞行试验及其范围的目标,局方认为以下各点是必要的:

(1) 在飞行中对所有部件的工作进行全面而系统地检查,以确定它们是否"功能正常"(即执行其预期功能而不危及安全)。

(2) 应获得足够的 FAA 试验经验和从营运人航路验证试验中取得的补充经验,并对这些经验进行评定,以给出飞机是"可靠的"(即应在服役中持续功能正常)合理保证。

注:为了获得更广泛的经验,鼓励制造商与航空公司或其他负有责任的营运人在服役条件下合作营运具有临时型号合格证的飞机。

(3) 因此根据本款上面(1)和(2)确定有需要时,采取相应的纠正措施。

2. 程序

在执行正式大纲期间,该项目的 FAA 首席试飞员在所有飞行活动起到一个协调者的作用,而且该试飞员(或某个委任的替补者)将参与所有的飞行。在这些活动期间,FAA 其他人员将不登上此功能和可靠性(F&R)试验飞机,尤其是关于飞行计划和程序的事项,除非获得该试飞员授权。制造商的驾驶员应指挥所有的飞行,而FAA 试飞员将驾驶此飞机,以确定符合 §21.35(b)(2)的要求。凡认为有必要时,FAA 的其他人员(例如其他部门的代表和专家)将参与这些飞行试验,以实现试验的目的。

a. 试验时间

最好是统一管理功能和可靠性试验大纲,使得某个给定项目的大纲和飞行时间大致相同,而不管是由哪一个 FAA ACO 来管理该项目。若未制定固定的专属试验时间,这一点是难以达到的,其也明显与 §21.35(b)(2)的意图不符。因此制定了下面允许有相当大的灵活性的程序,作为管理 F&R 试验大纲的指导:

(1) 对涡轮发动机飞机,如采用了先前未完成合格审定的某个型号发动机,则

§21.35(f)(1)要求一份至少 300 小时的 F&R 试验大纲。这 300 小时最小值可能也适用于某一复杂的新飞机机型(例如一架采用电子飞行操纵系统(电传操纵)的飞机)。尽管有些 F&R 试验要求可与合格审定试验同时完成(只要可表明相关设计一致性),但经验表明在某一生产型构型飞机上要达到这一愿望,至少需要 150 h。对以往经合格审定的飞机,F&R 大纲要求应与改型或更改相匹配。

(2)当未考虑补充经历,飞机在复杂程度和设计特性方面均属常规,并且未采用先前未完成合格审定的发动机(包括衍生型发动机)时,已发现可在 300 小时范围内完成功能和可靠性试验。如果已从某些类型部件的试验(见本附录 2e(2))和补充经历(见本附录 2a(3)(c))获取好处,则可减少这一时间。但是,如果遇到困难或复杂程度不同寻常,则可能有必要增加§21.35(f)(2)所要求的最少 150 h F&R 试验。

(3)当满意的补充经历可供使用并已予以考虑时,应使用下面这些折算方法作为指导,用作减少正式飞行试验时间的判据。但是,在任何情况下,正式 F&R 试验大纲应提供足够的时间,以便按照 2e(3)和(4)规定的程序实现 1a(2)中的目标。

(a)有关集中使用的经历

以任一架飞机在航空公司机组培训运行和类似密集操作的总时间为基础进行折算时,则可认为这样的 2h 运行时间相当于正式试验时间 1h。

(b)有关混杂使用的经历

以任一架飞机的总时间为基础进行折算时,则可认为这样的 5h 经历时间,相当于正式试验时间 1h。

(c)按补充经历来减少试验时间

凡想要依据补充经历来减少正式试验时间时,则应充分地记录这样的经历,并按本附录 2f(2)的规定提交给有管辖权的 FAA ACO。

b. 试验飞机

为便于完成型号合格审定程序,应使用一架具有生产构型或等同构型的飞机进行正式 F&R 试验,同时用另一架(或几架)飞机进行例行型号试验。在这种情况下,至少一架飞机上的试验时间应足以实现本附录 1a(2)中的目标。

c. 经更改的型号

下面 d 中所列程序,适用于新的型号设计。当某一设计采用的部件(零件)与先前设计中所用的相同时,则对可供这些部件使用的补充经历予以认可。在更改某项设计(例如基本型号相同,但发动机、螺旋桨等不同的若干机型)时,应该按照下面 2e(6)对更改后的特性和部件进行重新检查。

d. 试验大纲

有管辖权的 FAA 合格审定办公室(ACO)所派的各位项目工程师,将在飞行前型号委员会会议(在 FAA 型号合格审定飞行试验开始之前)上提出关于制定 F&R 试验大纲的指导材料,并就此与飞机制造商协调。型号合格审定试验临近结束时,FAA 合格审定工程师们将再次会同制造商,以评审试验中获得的经验,审查在设计上所做的更改,考虑任何其他的补充经历,并且相应地修订所提出的 F&R 试验大纲。在应用中,合格审定和 F&R 试验大纲通常有很大的重叠,因此,难以找到明确的过渡点。

e. 试验大纲的规划和执行

应该考虑以下几点:

(1) 试验大纲规划应足够完善,能以高效且无重要项目遗漏的方式予以执行。文件应该关注试验目标,但不一定要求按型号合格审定来维持细节形式。FAA 项目工程师将评审与总目标有关的设计特性和设备(器具),并制订一份表明如下内容的清单:

(a) 按照下面 2e(4) 规定的程序对部件和系统进行检查。

(b) 有关有待执行的操作的简要说明,如果这些操作尚有不清楚之处(引注任何必需的使用说明)。

(c) 特别检查,或很可能的临界状态。

(d) 估计所必需的飞行时间。

(2) 对于试验要求已经为 25 部型号合格审定试验所覆盖的那些功能试验,可以进行折算。对新的设计特性和设备的鉴定试验也可进行折算。但是,当足够的飞行试验次数和所模拟的使用环境的精确度(例如,确定实际环境条件(如温度变化等)是否被试验模拟所覆盖)可能成为关键时,应拟定飞行试验大纲来对此加以确定,并确定安装和相连接的系统是否满意。这并不意味着必须在服役中很可能遇到的最严酷外界大气温度下进行飞行试验。通过外推或使用合适的修正系数,确定极端的外界温度对当地温度的影响,通常应是有可能的。然后,FAA 项目工程师们将通过允许试验重叠来对所需总飞行时间做统一估算,并按照上面 2a 所列"试验时间"对此进行调节。

(3) 试验大纲的安排,应允许 FAA 首席试飞员彻底熟悉飞机在可预见的服役环境中的运行情况。

(4) 应在服役中预期的并在试验时间和地理限制范围内可得到的所有运行条件下,密集地操作飞机的所有部件并进行研究。密集操作是指,以服役中很可能出现的各种顺序及其组合,使部件反复地动作。应予以特别关注的是,导致机组差错的潜在根源、机组工作负荷和协同量过大,以及任一部件故障情况下将要求执行的程序。试验还应包括在带有宣称不工作和(或)模拟不工作的各种 MEL 项目的情况下,对飞机运行的评定。应在所有情况下进行这一密集型试验,但是,按上面 2a"试验时间"所列,试验持续时间的长短将取决于可供具体型号飞机使用的补充经历。

(5) 在试验大纲执行期间,应以合适的时间间隔进行地面检查,以确定在对飞行安全可能构成危害的任一部件中是否存在任何失效或早期故障。应在执行 F&R 试验大纲期间采用正常维护程序,并详细记录备案以备复查。

(6) 当试验进程期间出现设计更改,或正式试验飞机对获取补充经历的那些飞机存在偏离时,应按上面所述程序对这些更改项目进行重新检查。应尽力做到以一种避免过分延长总试验时间的方式将这些项目纳入试验大纲。最后,局方可接受如下的试验,以替代补充飞行试验:

(a) 原始的和经修改的部件的专门试验,在试验中强化引起失效的条件。

(b) 有差异部件的地面鉴定试验,只要业已确认试验方法能代表实际飞行状态。

f. 报告和记录

(1) 应保存所有航班的飞行日志,并保存有关如下事宜的精确而完整的记录:对所有缺陷所做的检验,在试验期间发现的困难、异常特性和导致机组差错的根源,以及给出的建议和采取的措施。应将可能需要进行设计更改的项目报告给制造商和相应的 FAA ACO。

(2) 如果考虑补充经历,应保存这些经历的相似记录,并将此记录,连同一份涉及获取经历时所用飞机与正式试验飞机之间差异的清单,一并提交给负责的 FAA ACO。当补充经历是依据由相同型号或某种类似型号(参见上面 2e(6))构成的大机队(例如军事活动)而获得时,这些记录可由统计概要组成,以替代逐架飞机的完整记录。

(3) 在正式试验结束时,参与试验的驾驶员,工程专家和制造商监察员应编制一个总结报告,并将其作为型号检查报告的一部分。

附录3 加速-停止时间滞后的历史演变

1. 说明

a. 由于多年来已形成与运输类飞机加速-停止距离有关的规章,这些规章中关于驾驶员动作、判明时间和滞后时间的解释也发生了变化。下面各条款通过引注FAR25部适用的修正案编号,对有关驾驶员判明时间和延迟时间的应用,给出历史观点。

b. 按照§21.101(a)和(b),衍生型飞机的合格审定基础可以是基本型飞机型号合格证中所规定的条例,一切取决于飞机更改的程度和实质。对于可保留原始合格审定基础的那些情况,可将下面2a和b中所给出的指南,用于表明对相应条例的符合性(有关确定衍生型飞机合格审定基础的更详细信息,参见AC21.101-1(第1次更改版)《确定改型航空产品的审定基础》)。

c. 不管合格审定基础如何,为了符合§21.21(b)(2)的规定,必须考虑刹车磨损状态对能量吸收能力和刹停性能的影响。如要制订某个特定飞机型号相应的刹车磨损准则,应与有管辖权的FAA ACO联系。

2. 程序

a. **加速-停止时间延迟(25-42号修正案之前)**。在1-29号和25-42号修正案之前,CFR第14集第1部和第25部中,分别将V_1定义为临界发动机失效速度。当将这样定义的V_1用于§25.109的加速-停止准则和§25.107(a)(2)的V_1准则时,结论是发动机失效和发动机失效判明可能同时出现。现已认识到,在实际使用中这种同时出现是不可能实现的,而且将V_1定义为发动机失效速度,会引起与§25.101(h)之间的矛盾,因为§25.101(h)规定在执行程序时需要时间滞后容差。为了解决这个矛盾,将V_1用作发动机失效判明速度,并且为表明符合§25.101(h),规定了合适的时间滞后。图1表明加速-停止时间滞后的图解说明,在25-42号修正案(1978年3月1日生效)以前对于符合§25.101(h)的规定被认为是可接受的。本附录2a(7)为在AFM加速-停止距离这一节中反映这些时间滞后提供了指导。

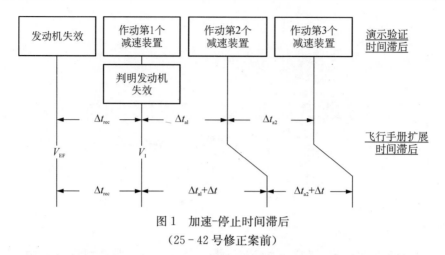

图 1　加速-停止时间滞后

（25－42 号修正案前）

（1）Δt_{rec}＝发动机失效判明时间。经演示验证的从发动机失效到驾驶员作动第一减速装置之间的时间间隔，这一行动表明意识到发动机失效。就 AFM 数据扩充而言，为了提供在服役中能够一致地执行的判明时间增量，业已确认使用经演示验证的时间或 1 s（取两者中之大值）是切实可行的。如果飞机装有发动机失效警告灯，那么判明时间包括，发动机减速到警告灯点亮那一时刻所必需的时间增量，再加上从灯亮到驾驶员采取动作表示意识到发动机失效的时间增量。

（2）Δt_{a1}＝经演示验证的作动第一个和第二个减速装置之间的时间间隔。

（3）Δt_{a2}＝经演示验证的作动第二个和第三个减速装置之间的时间间隔。

（4）Δt＝计及服役中变动的 1 s 反应时间滞后。如果需要命令另一个机组人员作动某个减速装置，对每一动作，应该用 2 s 而不是 1 s 时间滞后。对于批准为 AFM 数据扩展提供性能好处的自动减速装置，可使用合格审定试验过程中所确定的既定时间，无需应用本款所要求的附加时间滞后。

（5）申请人可按照 §25.101(f) 的规定选择各减速装置的作动顺序。如果试验过程中有时不能实现所想要的顺序，不需要重复此试验。但是，应进行充分的试验，以制订可接受的 Δt_a 值。

（6）如果使用附加装置使飞机减速，应包括其各自的经演示验证时间，加上所要求的任何附加时间滞后，直到飞机处于全制动形态。

（7）就 AFM 计算而言，可将每个动作的 1 s 时间滞后加到总的经演示验证时间末尾。不管采用何种方式计及时间滞后，AFM 计算应假设在时间滞后增量过程中飞机未减速。

b. 加速-停止时间滞后（25－42～25－91 号修正案）

1978 年 3 月 1 日生效的 25－42 号修正案引入了影响加速-停止距离确定的若干新要求。25－42 号修正案中最明显更改之一是，要求确定全发工作加速-停止距离，以计及并非由于单发失效而引起的许多中止起飞情况。25－42 号修正案还导入如下信息：有关发动机失效速度 V_{EF} 的条款；重新定义起飞决断速度 V_1；修订加速-

停止距离的准则以相应于 V_{EF} 和 V_1 的定义；在 V_1 与首次行动使飞机减速之间增加了 2 s 时间滞后,在这段期间飞机由在工作的发动机以起飞推力继续加速。图 2 按 25 部(包括 25 - 42 号修正案)的规定给出加速-停止时间滞后的图解说明。

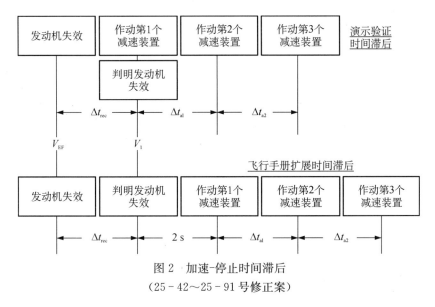

图 2　加速-停止时间滞后
(25 - 42～25 - 91 号修正案)

(1) Δt_{rec}——§ 25.107 将 V_{EF} 和 V_1 之间的关系定义如下:

"V_{EF} 是假定临界发动机失效时的校准空速。V_{EF} 必须由申请人选择,但不得小于按 § 25.149(e) 确定的 V_{MCG}。"V_1 以校准空速表示,是由申请人选定的起飞决断速度,但是,V_1 不得小于 V_{EF} 加上从临界发动机失效时刻起,到加速-停止试验期间驾驶员判明发动机失效并采取措施时刻(以驾驶员采用第一个减速措施为标志)止这段时间间隔内,在临界发动机不工作情况下所获得的速度增量。

(2) 应当对小于 1 s 的经演示验证发动机失效判明时间进行仔细审查,以确保得出这些时间时所处状态代表可合理预期在服役中会出现的状态。应当由申请人的试飞员和 FAA 的试飞员进行足够次数的演示验证,以确保时间增量具有代表性和可重复性。在演示验证试验过程中,驾驶员的脚应踏在方向舵的脚蹬上,但不刹车。

(3) Δt_{a1} = 在作动第一个和第二个减速装置之间经演示验证的时间间隔。

(4) Δt_{a2} = 在作动第二个和第三个减速装置之间经演示验证的时间间隔。

(5) 如果需要命令另一个机组人员作动某个减速装置,除了上面(3)和(4)中规定的时间滞后外,还应为每一个动作增加 1 s 时间滞后。对于批准为 AFM 数据扩展提供性能好处的自动减速装置,可使用合格审定试验过程中所确定的既定时间。不得假设这些既定时间开始,直至驾驶员采取减速措施来触发这些时间,也就是,在驾驶员采取第一个减速动作之前不能触发这些时间,因此,在 V_1 之后至少 2 s 才能开始计时。

（6）申请人可按照§25.101(f)的规定选择各减速装置的作动顺序。如果试验过程中有时不能实现所想要的顺序，不需要重复此试验。但是，应进行充分的试验，以确定可接受的 Δt_a 值。

（7）图2给出了在多达3种减速装置情况下如何应用时间滞后量的图解说明。如果使用3种以上的减速装置使飞机减速，对于超出图2所示说明的每一种装置，应在各自经演示验证的时间上，增加1 s的反应时间滞后，直到飞机处于全制动形态。

附录 4　喷气式运输机性能标准的历史

　　20 世纪 50 年代后期,在对第一代喷气式运输机进行合格审定时,民用航空条例第 4b 部(CAR4b)包含了适用的运输类飞机适航条例。CAR 4b 适航性要求是依据以往活塞式发动机为动力的螺旋桨驱动飞机多年经验而制订的。由于动力装置工作原理的不同,且第一代喷气式飞机的速度和高度包线的扩展,要求对 CAR 4b 所列性能要求作全面更改。1957 年 7 月正式采用 SR - 422 号特殊民用航空条例,作为对 CAR 4b 的一个补充,其包含了适用于涡轮发动机(涡轮喷气式和涡轮螺旋桨式)为动力的运输类飞机的适航性和使用要求。

　　随着经验的积累,1958 年 7 月(SR - 422A)和 1959 年 7 月(SR - 422B)对 SR - 422 作了修订,以更好地反映这些新飞机设计的使用环境。在本附录中呈现的这些特殊民用航空条例,构成了当今第 25 部、121 部和 135 部中运输类飞机适航性和使用性能条例的基础。尽管按这些要求进行合格审定的营运飞机数目在不断地减少,但这些特殊民用航空条例和相关的前言材料,仍然对目前条例形成之后的许多问题提供了有价值的观点,因此在本附录中保留了它们,以备将来参考。

特殊民用航空条例 NO. SR - 422

1957 年 8 月 27 日生效

1957 年 7 月 23 日通过

现时设计的涡轮动力运输类飞机

　　CAR 4b 包含用于规范运输类飞机设计的条例。多年来,通过规定颁发型号合格证需要满足的详细条款,这部条例已制订了有关这类飞机的适航性要求。但是,涡轮动力飞机(涡轮喷气飞机、涡轮螺旋桨飞机等)的问世,这些飞机的运行速度和高度比活塞式发动机所能达到的要高得多,这样的高速和高空以及涡轮发动机某些固有特性,引起了许多新的技术和设计问题,有必要对 4b 部中的许多条款作重新评定和修订。

近年来,局方已对 4b 部作了修订,加入了许多针对性更强的应用于涡轮动力飞机的技术条款。这些条款包含在与结构、飞行特性、动力装置安装及其他设备有关的修正案中。可以相信现在颁发的 4b 部适用于涡轮动力飞机,但唯一的例外是飞机性能。在未来,除了与性能有关的那些条款外,对 4b 部的进一步修订会相当少,主要反映在这些飞机合格审定和使用中的最新经验。

现时 4b 部中性能要求的首次颁布约在 12 年之前,现在局方认为将这些性能要求直接应用于涡轮动力飞机已不合适。

民用航空管理局已收到了大量的涡轮动力飞机型号合格审定申请书。但是,4b. 11(a)中所谓"非追溯"条款规定,制造方提出某一飞机型号合格审定申请之后通过的任何修正案不适用于该型号。因此,现在不要求这些飞机中的大多数飞机满足4b 部最近生效的某些条款,除非局方另有规定。由于如此多的型号合格证申请在办理中,局方制订有效适用于涡轮动力运输类飞机型号审定的合适要求,是非常必要的。这一特殊民航条例就是为此目的而颁发的。

这一特殊民航适航条例将对迄今尚未经合格审定的所有涡轮动力运输类飞机有效。其实,本条例规定了一套经修订的用于涡轮动力飞机的性能要求,并纳入关于 4b 部的那些近期修正案,局方认为它们是确保涡轮动力飞机的安全水平与 4b 部通常预期水平相等效所必需的。

本条例所含的性能要求,不仅包括了飞机合格审定所必需的性能要求,还包括了民航条例 40 部、41 部和 42 部(按适用而选定)规定的补充性能使用限制。在颁发这一新的性能规章时,局方的意图在于:最终的安全水平通常应等同于由 4b 部和 40部(或 41 部,或 42 部按适用而选定)现有条款所陈述的性能规章为活塞式发动机飞机而制订的安全水平。为达此目的,已对许多性能条款作了修改,以便更好地适用于涡轮动力飞机,有些条款放宽了限制,有些则改进了性能要求。

正在着手的一项重大更改是,在所有的性能阶段,导入全范围温度"追究制",但对着陆距离要求除外。全范围温度"追究制"的导入将保证飞机性能是满意的,而不管现有的大气温度如何。在此以前,相应的性能要求在这方面未给出足够的保证。

有关着陆距离要求中省略直接应用温度追究制的理由在于,一直以高度经验化的方式处置这一性能阶段的问题,借此将温度的影响与其他使用因素的影响一同予以间接地考虑。对飞机性能合理化问题的长期研究,迄今尚未对着陆性能阶段产生满意的解决办法。但是,局方仍希望继续进行研究,在不久的将来得出此问题的解决方法。

全范围温度"追究制"的导入,有必要对最小爬升要求重新进行全面评定。由于现在必须在所有的而不是仅在与标准温度相关的温度下满足规定的爬升,已改变了具体的爬升值。在每一情况下,业已沿下行方向做了更改,因为尽管以前的值与标准温度有关,但在比标准温度高得多的温度下得到了满意的最终爬升性能。虽然对于较低的温度范围,新规章中所规定的最小爬升性能值,将趋向于增大飞机经合格审定的最大重量,对于温度上限它们将限制这些重量,以给出足够保证,在所有温度下都具有满意的爬升性能。

在考虑以前已确定最小爬升值的各个飞行阶段时,局方发现两个阶段(全发工作航路和单发不工作航路)都不必要制订最小爬升值,因为在全发工作阶段,已意识到并非临界状态,而单发不工作阶段的情况,现在已被航路性能使用限制更有效地覆盖。

考虑到待规定的最小爬升值主要影响飞机经合格审定的最大重量,但不影响最大使用重量。局方在采纳新的性能规章时,着重强调飞机起飞时和飞行过程中的越障能力。最后,已制订了起飞航迹、航路飞行航迹,以及从起飞过渡到航路飞行段的准则,以反映真实的使用程序。在制订所有飞行航迹时全面计及温度的影响,并要求在起飞航迹与地面或与障碍物之间有某个扩展的净空,直至达到航路飞行段。

为确保所规定的性能目标在实际运行中得以真实实现,要求制造商制订在本条例规定的各种条件下飞机运行时需遵循的程序。针对某一具体飞机而设计的这些程序中的每一程序,与条例规定的无所不包的程序相比,将允许营运人更容易地利用飞机的全性能能力。在确定对起飞、航路和着陆各阶段要求的符合性时,使用这些程序也为条例增加相当大的灵活性。

所制订的新的性能要求比以前的性能限制要求更加明确,这些是列于飞机适航证上的条件。除经合格审定的最大起飞和着陆重量外,还包括对起飞距离的限制和对飞机在运行变量(如高度、温度和风)范围内使用的限制。由于这些限制均在适航证内,它们适用于用此飞机进行的所有形式的运行。

新的性能规章包含以爬升梯度(按百分比计)表示的最小爬升值,而不像先前沿用的情况以爬升率(按 ft/min 计)表示。局方相信,爬升梯度在表达飞机性能裕度时更为直接。梯度的采用消除了失速速度对所需爬升的影响。在此以前,对于具有较大失速速度的飞机,要求具有较高的爬升率。新规章中与所需爬升有关的唯一差异在于双发飞机和四发飞机之间。这种形式的差异在条例中一直存在,并适用于单发不工作飞行阶段。现正将其扩大到起飞和进近阶段。

这里所含新的性能要求,都基于当前可供局方使用的最佳信息。但应意识到,由于涡轮动力运输机现时有限的使用经验,如直接将此规章应用于新飞机的具体设计,可预料到在要求方面将要有所改进。对新要求中有某些地方,另作细节改进是可取的。就有关飞行着陆阶段的要求而言,尤其如此。可以预期,在对条例的进一步研究之后,特别是将其用于面临的涡轮动力飞机设计、合格审定和运行之后,这些更改的愿望可能变得更为明显。局方的意图是,对于可确认是必需的那些更改,不考虑推迟。只有通过实际应用,合理验证本特殊民航条例的条款以后,局方才考虑将这些条款常态化纳入民航条例 4b 部,40 部,41 部和 42 部。

本特殊民航条例并不试图损及 4b.10 所规定的局方权力,即在任何特定情况下为避免不安全设计特性并确保等效安全,局方有权强制执行局方确认属于必需那些专用条件。

业已为相关人们提供参与制订本条例(21.F.R.6091)的机会,并业已对呈送的所有相关材料作了应有的考虑。

考虑到上述情况,民用航空局为此制订并颁发了如下的特殊民航条例,定于1957 年 8 月 27 日生效。

尽管如此,对于这份特殊民航条例生效之日后颁发型号合格证的涡轮动力运输类飞机,与民用航空条例有矛盾的条款,应符合下列要求:

1. 申请型号合格证之日有效的 CAR 4b 条款,以及如局方认为对确保涡轮动力飞机的安全水平与 4b 部通常预期水平相等效而必需时,包括本条例生效之日前生效的关于 4b 部的所有后续修正案所涉及的条款。

2. 替代 CAR 4b 部中 4b. 110~4b. 125 和 4b. 743,下列条款应适用:

性　　能

4T. 110　总则

(a) 按 4T. 110~4T. 123 的条款确定飞机性能和预定程序,并应满足这些条款所规定的最小值。应按 4T. 743 的规定给出性能限制、信息和其他数据。

(b) 除非另有特殊规定,性能应该对应于外界大气条件和无风状态。应按本总则(c)中的规定,计及湿度。

(c) 受发动机功率和(或)推力影响的性能,在等于或低于标准温度时,应基于80% 相对湿度,在等于或高于标准温度加 50°F 时,应基于 34% 相对湿度。在这两个温度之间,相对湿度应按线性变化。

(d) 性能应与特定外界大气条件下、特定飞行条件下以及本总则(c)中规定的相对湿度下的可用推进推力相一致,可用推进推力应与这样的发动机功率或推力相一致,即不大于经批准的功率和(或)推力,扣除安装损失,再扣除由附件和服务设备按特定外界大气条件和特定飞行条件而吸收的功率和(或)当量推力。

4T. 111　飞机形态、速度、功率和(或)推力;总则

(a) 除非另有规定,申请人应选择飞机形态(机翼襟翼和整流罩鱼鳞片的设定位置、减速板、起落架、螺旋桨等),分别按起飞、航路、进近和着陆形态予以表示。

(b) 在局方认定的与本条(c)所要求的使用程序相容的范围内,使飞机形态随重量、高度和温度而变化,应是可接受的。

(c) 除另有规定外,在确定加速-停止距离、起飞飞行航迹、起飞距离和着陆距离时,应按申请人为服役中的飞机运行而制定的程序,改变飞机形态和速度,以及改变功率和(或)推力。程序应符合本条(1)~(3)的规定。

(1) 局方应确认在服役中具有中等技能的飞行机组能够效果一致地执行这些程序。

(2) 程序中不应涉及未经证实属于安全和可靠的方法或设备使用。

(3) 由于可合理预期在服役期间出现时间滞后,在执行程序时,应针对这些时间滞后留出余量。

4T.112　失速速度

可对飞机实施操纵的最小稳定飞行速度,其中

(a) 速度 V_{S0} 应代表经校准的失速速度,以 kn 计,同时:

(1) 如果表明最终的推力对失速速度无明显影响,在失速速度时推力为零,或发动机慢车和收油门到慢车。

(2) 如果适用,螺旋桨桨距操纵器件应处于对符合本条(1)为必需的位置。

(3) 飞机处于着陆形态。

(4) 重心处于允许着陆范围内的最不利位置。

(5) 飞机重量等于与那个 V_S 被用于确定符合某一特定要求有关的重量。

(b) 速度 V_{S1} 应代表经校准的失速速度,或可对飞机实施操纵的最小稳定飞行速度,以 kn 计,同时:

(1) 如果表明最终的推力对失速速度无明显影响,在失速速度时推力为零,或发动机慢车和收油门到慢车。

(2) 如果适用,螺旋桨桨距操纵器件应处于对符合本条(1)为必需的位置,在所有其他方面(襟翼、起落架等),飞机处于某个特定形态,即相应于与将使用哪个 V_{S1} 有关的形态。

(3) 飞机重量等于与哪个 V_{S1} 将被用于确定符合某一特定要求有关的重量。

(c) 本条所定义的失速速度,应是按照本条(1)和(2)中的程序进行飞行试验时所获得的最小速度。

(1) 飞机在 $1.4V_S$ 速度下直线飞行配平,从足以大于失速速度以确保安全状态的某个速度起,应以某个速率执行升降舵操纵,以使得飞机速度减小不超过 $1\,\text{kn/s}$。

(2) 在本条(1)所规定试验的过程中,应符合 CAR 4b 中 4b.160 的飞行特性规定。

4T.113　起飞;总则

(a) 应在本条下面(1)和(2)所规定的条件下,确定 4T.114～4T.117 内的起飞数据。

(1) 按申请人为飞机制定的使用限制范围内的所有重量、高度和外界大气温度。

(2) 飞机处于起飞形态(见 4T.111)。

(b) 起飞数据应以平整、干态和硬质道面跑道为基础,并应按如此方式来确定:不需要依赖驾驶员特殊的技能和机敏,就可使性能重复再现。对于水上飞机或浮筒式飞机,起飞表面应是平静水面,而对于滑橇式飞机,起飞表面应是平整的干雪表面。此外,应在申请人为此飞机制定的使用限制范围内,按照本条(1)和(2)的规定,根据风况和跑道坡度,对起飞数据进行修正。

(1) 沿起飞航迹不大于 50% 名义风分量的逆风和沿起飞航迹不小于 150% 名义风分量的顺风。

（2）有效的跑道坡度。

4T. 114 起飞速度

（a）临界发动机失效速度 V_1，以校准空速表示，应由申请人选定，但不得小于经演示验证在起飞滑跑过程中，如遇临界发动机突然不工作，单靠主空气动力操纵面仍具可操纵性，足以允许使用中等驾驶技能完成继续安全起飞的最小速度。

（b）最小起飞安全速度 V_2，以校准空速表示，应由申请人为达到 4T. 120（a）和（b）所要求的爬升梯度而选定，但该速度不得小于：

（1）$1.2V_{S1}$，对于双发螺旋桨飞机以及无螺旋桨且不具有措施明显降低单发不工作带动力失速速度的飞机。

（2）$1.15V_{S1}$，对于两发以上螺旋桨飞机以及无螺旋桨且有措施明显降低单发不工作带动力失速速度的飞机。

（3）1.10 乘以按 CAR 4b.133 确定的最小操纵速度 V_{MC}。

（c）如果假定在达到 V_2 时或达到 V_2 以后出现发动机失效，应不需要按本条（a）的规定进行将起飞滑跑持续到包括起飞爬升在内的演示验证。

4T. 115 加速-停止距离

（a）加速-停止距离应是以下所列距离之总和：

（1）飞机从起飞起点加速到 V_1 速度所需的距离；

（2）假定临界发动机在 V_1 速度下失效，飞机从 V_1 速度对应的点到完全刹停所需的距离。

（b）在确定加速-停止距离时，除了机轮刹车外，或作为机轮刹车替代，使用其他制动装置应是可接受的，只要业已证明这些制动装置是安全可靠的，且可预期其施加方式取得的效果与服役中的一致，并且不要求使用超常的技能来操纵飞机。

（c）在确定加速-停止距离的全过程中，起落架一直处于放下位置。

4T. 116 起飞航迹

应将起飞航迹视为，从起飞起始点延伸到起飞时达到距起飞表面 1 000 ft 高度的那个点，或延伸到起飞时完成从起飞形态过渡到航路形态，且速度达到在表明对 4T. 120（c）符合性时所用速度的那个点，以其中高度较大的那个点为准。在确定起飞航迹时，本条（a）～（i）的条件应适用。

（a）起飞航迹应基于按 4T. 111（c）要求而规定的程序。

（b）应使飞机在地面或近地面加速到 V_2，在此期间应使临界发动机在 V_1 速度下不工作，并应在剩余的起飞过程中保持不工作。

（c）在达到 V_2 速度之前，不应开始收起落架。

（d）起飞航迹空中段上所有点的斜率都应为正。

（e）达到 V_2 速度后，整个起飞航迹上各点速度都不应低于 V_2，并且从起落架完全收起那点起直至达到距起飞表面 400 ft 高度，速度应保持不变。

（f）除了起落架收上和螺旋桨顺桨外，在达到距起飞表面 400 ft 高度之前，不应改变飞机形态。

（g）从飞机首次达到距起飞表面 400 ft 高度的那个点开始，在沿起飞航迹的所有点上，可用爬升梯度，对于双发飞机不得小于 1.4%，对于 4 发飞机不得小于 1.8%。

（h）应通过连续演示验证起飞来确定起飞航迹，或作为一种替代，将各段综合成完整的起飞航迹。

（i）如果采用分段法确定起飞航迹，则本条(1)~(4)的规定亦即适用。

（1）必须明确定义分段起飞航迹的每一段，并且应与飞机形态、功率和（或）推力以及速度的明显变化相关联。

（2）每一分段航段范围内，应使飞机重量、形态以及功率和（或）推力保持不变，并且应与具体航段内经常出现的最严重情况相对应。

（3）分段的起飞航迹应基于无地面效应时的飞机性能。

（4）应通过经连续演示验证的起飞来校核分段的起飞航迹数据，以确保相对于连续的航迹而言，分段的航迹是偏保守的。

4T. 117　起飞距离

起飞距离应是沿着由 4T. 116 确定的起飞航迹，从起飞起点开始到获得距起飞表面 35 ft 高度的那个点飞机所经过的水平距离。

4T. 118　爬升；总则

应按申请人为飞机所制定的使用限制范围内的每一重量、高度和外界大气温度，表明符合 4T. 119 和 4T. 120 的爬升要求，飞机重心应处于与相应形态相对应的最不利位置。

4T. 119　全发工作着陆爬升

在着陆形态下，稳定的爬升梯度不得小于 4.0%，同时：

（a）所有的发动机都以可用的起飞功率和（或）推力运行。

（b）爬升速度不超过 $1.4 V_{S0}$。

4T. 120　单发不工作爬升

（a）起飞；起落架放下。按 4T. 116 的规定但无地面效应，在飞行航迹上飞机速度首次达到 V_2 那一点的现有起飞形态下，飞机稳定爬升梯度必须为正，同时：

（1）按 4T. 116 的规定，在飞机起落架完全收起的时刻，临界发动机不工作，其余发动机以现有可用的起飞功率和（或）推力运行。

（2）重量等于按 4T. 116 开始收起落架时刻的现有飞机重量。

（3）速度等于 V_2 速度。

（b）起飞；起落架收上。按照 4T. 116 的规定但无地面效应，在飞行航迹上起落架完全收起那个点的现有起飞形态下，稳定爬升梯度，对于双发飞机应不小于 2.5%，对于 4 发飞机应不小于 3.0%，同时：

（1）按 4T. 116 的规定，在距起飞表面 400 ft 高度上临界发动机不工作，其余发动机以现有可用的起飞功率和(或)推力运行。

(2) 重量等于按 4T.116 起落架完全收起时刻现有的飞机重量。

(3) 速度等于 V_2 速度。

(c) 起飞最后阶段。在航路形态下,在按 4T.116 确定的起飞航迹终端,稳定爬升梯度,对于双发飞机不得小于 1.4%,对于 4 发飞机不得小于 1.8%,同时:

(1) 临界发动机不工作,其余发动机以可用的最大连续功率和(或)推力运行。

(2) 重量等于按 4T.116 开始收襟翼时刻现有的飞机重量。

(3) 速度等于不小于 $1.25V_{S1}$ 的速度。

(d) 进近。在进近形态下,使得 V_{S1} 不超过 $1.10V_{S0}$,稳定爬升梯度,对于双发飞机不得小于 2.2%,对于 4 发飞机不得小于 2.8%,同时:

(1) 临界发动机不工作,其余发动机以可用的起飞功率和(或)推力运行。

(2) 重量等于最大着陆重量。

(3) 爬升速度超过 $1.5V_{S1}$。

4T.121　航路飞行航迹

使飞机处于航路形态下,应按申请人为飞机制订的限制范围内的所有重量、高度和外界大气温度,确定本条(a)和(b)规定的飞行航迹。

(a) 单发不工作。应以这样的方式确定单发不工作净飞行航迹数据:它们代表飞机实际爬升性能减去等于 1.4%(对于双发飞机)和 1.8%(对于 4 发飞机)的爬升梯度。将飞机重量沿飞行航迹的变化纳入这些数据中,以便计及在运行的发动机累积消耗的燃油和滑油,这是可接受的。

(b) 两台发动机不工作。对 4 发飞机,应以这样的方式确定两台发动机不工作净飞行航迹数据:它们代表飞机实际爬升性能减去等于 0.6% 的爬升梯度。将飞机重量沿飞行航迹的变化纳入这些数据中,以便计及在运行发动机累积消耗的燃油和滑油,这是可接受的。

(c) 条件。在确定本条(a)和(b)所规定的飞行航迹时,本条(1)~(4)所规定的条件应适用。

(1) 飞机重心应处于最不利位置。

(2) 临界发动机应不工作,其余发动机以可用的最大连续功率和(或)推力运行。

(3) 控制发动机冷却空气源的装置,应处于热天条件下提供足够冷却的位置。

(4) 速度应由申请人选定。

4T.122　着陆距离

着陆距离应是飞机从距着陆表面 50 ft 高度的那个点到着陆并完全停住(对水上飞机或浮筒式飞机,速度约为 3 kn)所需的水平距离。应按申请人为飞机制订的使用限制范围内的所有重量、高度和风况,在标准温度下确定着陆距离。本条(a)~(f)的条件应适用。

（a）飞机应处于着陆形态。在着陆过程中,飞机形态、功率和(或)推力以及速度的改变,应符合申请人为服役中飞机运行而制定的程序。这些程序应符合4T. 111(c)的规定。

（b）在着陆之前,飞机应以不小于 $1.3V_{S0}$ 的经校准空速稳定下滑进近至 50 ft高度。

（c）着陆距离应以平整、干态和硬质道面跑道为基础,并应按不需要依赖驾驶员特殊的技能和机敏就可使性能重复再现的方式来确定。对水上飞机或浮筒式飞机,着陆表面应是平静水面;而对于滑橇式飞机,着陆表面应是平整的干雪表面。着陆过程中,飞机不应出现过大的垂直加速度,不应有弹跳、拿大顶、地面打转、纵向跳跃或水面打转的趋势。

（d）对于沿着陆航迹不大于50%名义风分量的逆风和沿着陆航迹不小于150%名义风分量的顺风,应该对着陆距离进行修正。

（e）在着陆过程中,机轮刹车系统的工作压力不得超过经刹车制造商批准的那些压力,不得采用会使刹车和轮胎产生过度磨损的方式来使用机轮刹车。

（f）如果局方确认,飞机上除机轮刹车以外的其他装置对着陆距离构成明显影响,如果此装置依靠发动机运行而工作,并且在发动机失效的情况下,其他装置无法补偿这一装置的作用,就应通过假定临界发动机不工作来确定着陆距离。

4T. 123　限制和信息

（a）限制。应按本条(1)～(4)的规定,制订有关飞机使用的性能限制(也请参见 4T. 743)。

（1）起飞重量。应制订最大起飞重量,表明在此重量下飞机符合本条例通常适用条款的规定,并且针对飞机使用限制范围内的高度和环境温度(见本条(4))表明符合 4T. 120(a), (b)和(c)要求。

（2）着陆重量。应制订最大着陆重量,表明其符合本条例通常适用条款的要求,以及针对飞机使用限制范围内的高度和环境温度(见本条(4))表明符合 4T. 119和 4T. 120(d)的要求。

（3）起飞和加速-停止距离。应制订起飞所要求的最小距离,表明其符合本条例通常适用条款的要求,并且针对飞机使用限制范围内的重量、高度、温度、风分量和跑道坡度(见本条(4))表明符合 4T. 115 和 4T. 117 的要求。

（4）使用限制。申请人应按照在表明符合本条例要求时所需要的所有可变因数(重量、高度和温度等)制订飞机使用限制(见 4T. 113(a)(1)和(b), 4T. 118,4T. 121 和4T. 122)。

（b）信息。应列出有关飞机使用的性能信息,表明符合本条例通常适用条款的要求,并且针对飞机使用限制范围内的重量、高度、温度、风分量和跑道坡度(当这些也许适用时)(见本条(a)(4))表明符合 4T. 116, 4T. 121 和 4T. 122 的要求。此外,应该对本条(a)(1)和(a)(2)制订的最大起飞重量和最大着陆重量之间的重量值范围,通过外插确定本条(1)～(3)所规定的性能信息并予以列出(也请参见4T.743)。

(1) 着陆形态下的爬升(见 4T.119)。

(2) 进近形态下的爬升(见 4T.120(d))。

(3) 着陆距离(见 4T.122)。

飞机飞行手册

4T.743 性能限制、信息和其他数据

(a) 限制。应按 4T.123(a)的规定给出飞机性能限制。

(b) 信息。4T.123(b)中针对施行本条例的使用规则而规定的性能信息,应连同对确定这些数据时所用条件、空速等的说明一起予以给出。

(c) 程序。应给出每一飞行阶段与飞机形态、功率和(或)推力设定值和指示空速有关的程序,在一定程度上使这些程序与按本节(a)和(b)规定的限制和信息联系起来。

(d) 其他。对于飞机重要的或非常规的飞行或地面操纵品质,应给予说明。

3. 分别替代 CAR 40,41 和 42 各部中 40.70～40.78,41.27～41.36(d)和42.70～42.83,以下条款应适用:

运行规章

40T.80 运输类飞机使用限制

(a) 在使用已按本条例性能要求经历合格审定的任何运输类旅客机时,应符合40T.80～40T.84[①] 各项规定,除非特别情况下的特殊环境使得刻板遵守这些要求对安全性而言已不必要,局方据此特别授权对这些要求的偏离。

(b) 在确定对 40T.81～40T.84 各条款的符合性时,应使用 AFM 内的性能数据。凡条件与具体试验时所用条件有差异之处,应通过对具体变量变化带来的影响作经批准的插值或计算来确定符合性,只要这些插值或计算给出的结果,在精确性方面与直接试验的结果充分等效。

40T.81 飞机的合格证限制

(a) 飞机起飞重量不得超出 AFM 中针对机场标高和起飞时刻现有的外界大气温度而规定的起飞重量(参见 4T.123(a)(1)和 4T.743(a))。

(b) 考虑了飞抵终点机场时燃油和滑油的正常消耗后,到达时的飞机重量仍将超过 AFM 按终点机场标高和着陆时刻所预期的环境温度而规定的着陆重量,则飞机不得以如此的起飞重量起飞(参见 4T.123(a)(2)和 4T.743(a))。

(c) 飞机起飞重量不得超过 AFM 所示的与在待用跑道上以规定的最小起飞距离起飞相对应的重量。起飞距离应与机场标高、有效的跑道坡度、起飞时刻现有的外界大气温度和风分量相对应(参见 4T.123(a)(3)和 4T.743(a))。

---

① 原文误为 40T894。——译注

（d）飞机不得在 AFM 规定的使用限制范围以外运行（参见 4T. 123（a）（4）和 4T. 742（a））。

40T. 82　起飞越障飞行高度限制

凡飞机重量超过 AFM 所示的与避开所有障碍物的起飞航迹相对应的重量，则飞机不得以此重量起飞，其与障碍物净空距离的确定方法如下：垂直方向至少等于 $(35+0.01D)\,\text{ft}$（D 是从跑道终端开始沿预定飞行航迹的距离，以 ft 计），或者在机场边界范围内水平方向至少为 200 ft，超出机场边界后水平方向至少为 300 ft。为了至少以规定距离避开障碍物，在确定飞行航迹容许的偏离时，应假定按 AFM 起飞航迹数据所示在达到 50 ft 高度以前飞机不带坡度，其后最大坡度角不得超过 15°。所考虑的起飞航迹应与机场标高、有效的跑道坡度和起飞时刻现有外界大气温度和风分量相对应（参见 4T. 123（b）和 4T. 743（b））。

40T. 83　航路限制

（a）单发不工作。按 AFM 所示的单发不工作航路净飞行航迹数据，飞机不得超出下述规定重量起飞：在此规定重量下能够使沿航路的所有点都符合本条（1）或（2）的要求。所使用的净飞行航迹应针对沿航路预期的外界大气温度（参见 4T. 123（b）和 4T. 743（b））。

（1）沿航路在预期航迹任一侧 5 mi 范围内在所有地形或障碍物以上至少 1000 ft 的高度上，净飞行航迹的坡度应为正值。

（2）净飞行航迹应如此规定，即可使飞机由巡航高度持续飞行至可按 40T. 84（b）规定完成着陆的备降机场，净飞行航迹与所有地形或障碍物的垂直方向净空间距为：沿航路在预期航迹任一侧 5 mi 范围内，至少为 2000 ft。本条（i）～（vi）的规定应适用。

（i）应假定发动机在沿航路的最关键点上失效。

（ii）除了局方可批准在确认存在足够的使用安全性的不同基础上而制订某一程序之外，应假定飞机在发动机于距临界障碍物的距离不近于最靠近的经批准无线电导航台的某个点上失效之后飞越此临界障碍物。

（iii）在用作备降的机场上空 1000 ft 高度处，净飞行航迹的坡度应为正值。

（iv）应采用某种经批准的方法，以计及将会对飞行航迹造成不利影响的风况。

（v）如果局方认定营运人具有一份合适的训练大纲，为飞行机组提供了正确的操作说明，并且为确保安全程序而采取了其他所有预防措施，则应准许空中放油。

（vi）应在遣派放行单上规定备降机场，并且该机场应满足所规定的最低气象条件要求。

（vii）应在 AFM 所示的净飞行航迹数据内计及发动机不工作后的燃油和滑油消耗量。

（b）两台发动机不工作。除符合本条（1）或（2）的规定外，飞机不得沿预定航路飞行。

（1）假设所有发动机都以巡航功率和（或）推力运行，沿预期航迹上的任何一点至符合 40T.84(b) 规定能够完成着陆的机场之间的距离不应超过 90 min（航程）。

（2）按 AFM 所示的两台发动机不工作航路净飞行航迹数据，飞机不得以超出下述规定重量起飞：在此规定重量下将能够使飞机从假定两台发动机同时失效的那个点持续飞行至符合 40T.84(b) 规定能够完成着陆的机场，沿航路在预期航迹任一侧 5 mi 范围内在所有地形或障碍物以上至少 1000 ft 的高度上，或在 5000 ft 高度上（取两者中的较大值），净飞行航迹的坡度应为正值。所考虑的净飞行航迹应针对沿航路预期的外界大气温度。本条 (i)～(iii) 规定应适用（参见 4T.123(b) 和 4T.743(b)）。

（i）应假定两台发动机在沿航路的最关键点上失效。

（ii）如果飞机配备空中放油系统，应考虑在假定两台发动机失效那点的飞机重量不小于包含足够燃油量的那个重量，这些燃油量应能使飞机飞抵机场，并到达机场着陆区域正上方至少 1500 ft 的高度。

（iii）应在 AFM 所示的净飞行航迹数据内计及发动机不工作后的燃油和滑油消耗量。

40T.84　着陆限制

（a）终点机场。按照 AFM 针对预定终点机场标高和在着陆时刻预期的风况而示出的着陆距离，飞机不得超出下述规定重量起飞：在此规定重量下能够使飞机从越障平面与跑道相交点的正上方 50 ft 的那点，完成在预定终点机场 60% 有效跑道长度范围内着陆。应假定飞机重量是扣除飞抵预定终点机场所预期消耗的燃油和滑油量后的重量。应表明对本条（1）和（2）规定条件的符合性（参见 4T.123(b) 和 4T.743(b)）。

（1）应假定飞机在无风条件下在最有利跑道上以最有利的方向着陆。

（2）在考虑可能的风速和风向并计及飞机地面操纵特性和其他情况（即着陆辅助设备和地形等）之后，应假定飞机在最合适的跑道上着陆。如果未表明完全符合本款的规定，只要指定一个可符合本条 (b) 要求的备降机场，飞机仍可起飞。

（b）备降机场。除非飞机能够在到达备降机场时刻所预期的飞机重量下符合本条 (a) 的规定，假如飞机能够在跑道有效长度的 70% 范围内完成着陆，否则不得在遣派放行单上指定这样的机场作为备降机场。

特殊民用航空条例 NO. SR－422A

1958 年 7 月 2 日通过
1958 年 7 月 2 日生效

目前设计的涡轮动力运输类飞机

1957 年 7 月 23 日局方通过了特殊民用航空条例 No. SR－422，该条例规定了适用于 1957 年 8 月 27 日之后颁发型号合格证的涡轮动力运输类飞机型号合格审定和运行的适航要求。在该条例内所包含的是一整套新的性能要求,对此局方曾指出,由于进一步研究和经验积累的结果,应该对已确认属于必要的任何更改予以考虑。SR‑422 的序言包含引起此条例颁发的相关考虑,可将其视为给本条例提供了基本的背景材料。

自 SR‑422 颁发以来,所有有关方面都在致力于对新性能要求的研究。由于这些研究以及从涡轮动力飞机设计、合格审定和使用中取得进一步经验,有关 SR‑422 的某些问题需要重新评定。根据局方目前可获得的最新信息,本条例反映了对大部分突出问题的解答。

本条例下列条款与 SR‑422 的条款有所不同,或是对 SR‑422 条款有所补充:序言,第 1 项;4T. 111(c);4T. 112;4T. 114(b);4T. 114(b)(1)、(b)(4)和(c);4T. 116 的导言;4T. 116(b)、(c)、(e)和(g);4T. 117;4T. 117(a);4T. 119;4T. 120(a)、(a)(1)、(b)、(b)(1)、(c)、(c)(2)、(c)(3)、(d)和(d)(3);4T. 121(a)和(b);4T. 122 的导言;4T. 122(b)、(f)和(g);4T. 123(a)(1)、(a)(2)、(a)(3)和(b);4T. 743(c);40T. 81(b)和(c);40T. 82;40T. 83(a)(2)(iii)、(b)(2)和(b)(2)(ii);第 4 项和第 5 项。

下列条款不同于民航条例草案 No. 58‑6 中所建议的条款:4T. 111(c);4T. 112(a)(4);4T. 114(b)(4)、(c)、(c)(2)、(c)(3)和(c)(4);4T. 116(c)和(e);4T. 117(b)(1)和(b)(2);4T. 119(a);4T. 120(a);40T. 81(c)和 43T. 11(c)。

关于本条例的适用范围,按 SR‑422 进行合格审定的经验表明,在条例通过之日和型号合格证颁发之日之间大约两个月的间隔时间,应提供一个表明对本条例的符合性的合理时间周期。有鉴于此,为了具有适用于大多数涡轮动力飞机的统一条例,本条例适用于 1958 年 9 月 30 日之后颁发型号合格证的所有这些飞机,被认为是合理的。对于在 1958 年 9 月 30 日或之前颁发型号合格证的涡轮动力运输类飞机,可以符合本条例中替代 SR‑422 的条款。如果运用这种选择做法,其目的在于表明对本条例的所有条款的符合性,而不是指望可表明对本条例部分条款的符合性,再表明对 4R‑422 部分条款的符合性。

本条例的条款涉及如下技术问题:

所做的一项实质性更改是在确定起飞距离时,导入全发工作起飞。目前,起飞距离仅基于单发停车起飞。为确保日复一日飞行都具有足够的安全性裕度,最小起飞距离与目前已规定的单发不工作起飞距离以及全发工作起飞距离两者相关,但后者需乘以 1.15 系数。

还包括有关适用于起飞航迹速度的重要更改。SR‑422 条款规定,应在地面上或近地面时使飞机加速到 V_2 速度。该条款已经遭遇不同的解释,对最终性能水平的影响产生明显差别。此问题的争议点在于,在低于 V_2 的某个速度下是否应该容许飞机离地。因为涡轮动力飞机加速性的提高,超过离地速度的趋势将大于活塞式发动机飞机,且这种趋势随飞机重量的降低而增大。如果将离地限制到最小起飞安全速度 V_2,在出现速度超过的情况下,将会不适当地延长起飞距离。这样的一种限制将是无谓的保守,并且未反映真实的起飞程序。由于这个原因,本条例准许飞机以小于 V_2 的速度离地,但规定了某些限制条件。使离地速度和抬前轮速度 V_R 相关联,V_R 必须不小于最小 V_2 速度的 95%,且必须比飞机不显现危险特征的速度(诸如相对高的阻力状态或地面失速)高 10%。业已重新定义 V_2 速度,以计及速度超越倾向而引起的速度增量。根据新的定义,最小 V_2 速度相当于在 SR-422 中现在定义的最小起飞安全速度。关于起飞航迹,要求在达到距起飞表面 35 ft 高度之前达到速度 V_2,因此与抬前轮速度的选择有关。此外,还有一处修订,其要求从距起飞表面 35 ft 高度的点到起飞表面以上 400 ft 高度,尽实际可能使 V_2 保持不变。此速度是必须满足规定的最小起飞梯度的那个速度。

本条例导入不平衡起飞场长的概念。SR-422 并未排除场长的不平衡,条件是不平衡处于跑道长度范围内。其他国家已采用与称之为"安全道"和"净空道"有关的不平衡场长。显然美国营运人最后将认定采用不平衡场长是有利的,但可能与其他国家所习用的范围不同。基于仅利用净空道的前提下,已相应地作出修正。这里所定义的净空道,是在中断起飞的情况下不适合用于刹停飞机的区域,但足可为爬升提供附加起飞距离。为保证使用净空道安全运行,导入起飞滑跑距离的概念,从使用上看,其与确定所要求的最小跑道长度有关。将起飞滑跑距离定义为下列两者中之较大者,即单发不工作沿起飞航迹到某一给定点的水平距离或全发工作沿起飞航迹到某一给定点的水平距离再加上 15% 裕度。起飞滑跑距离的测量是从起飞开始点起,至飞机离地点与到达 35 ft 高度的点之间的中点。所需的跑道长度必须既不小于起飞滑跑距离,也不小于加速-停止距离。

按照所给出的定义,净空道必须在机场当局管理下。但是,这并不意味着机场当局对净空道所占区域拥有所有权。要求由机场当局管理的目的是确保不利用净空道开始飞行,除非确实肯定,当飞机飞越时在净空道范围内无任何移动障碍物。

可以预期,采用净空道将提供进一步增加本国现有机场设施利用率的可能性。这些区域能与现有的设施综合在一起时,将会给社会和营运人带来经济效益。此外,由于目前在其他国家的某些机场都有净空道可供使用,美国营运人将有利用这些设施的机会。

本条例包括关于与起飞航迹有关的规定最小高度 1000 ft 的更改以及与适用于机场附近的单发不工作和两发不工作的要求有关的更改。在此以前,民用航空条例已包含与机场上空性能准则有关的基准高度 1000 ft。就使用而言,该高度的含义含糊不清,1500 ft 高度国际惯例,通常用作开始 IFR 进近和执行复飞程序的机场上空高度。由于这个原因,所做的更改是将起飞航迹延伸至最低高度 1500 ft,并使此高度适用于机场上空针对单发和两发不工作航路要求而规定的性能准则。预期这样更改不会带来与飞行航路段有关的任何问题。但是,应意识到起飞航迹的进一步延长,可能对获取有关距机场相对远的障碍物其精确数据带来问题。按此高度的使用意义和因为延长飞行航迹将在起飞航迹终端更充分地提供足够的离地高度,局方认为将飞行航迹延伸至1500 ft高度是合理的。

有一处关于起飞航迹的更改,据此,以起飞距离的终端距地面35 ft高度处作为起点,制订起飞飞行航迹,并规定了供操作使用的净起飞飞行航迹。后者的更改是为了与航路各飞行段的净空飞行航迹规范取得一致,并从操作上简化了对越障飞行高度的确定。将净飞行航迹规定为真实飞行航迹减去1.0%梯度。其目的在于借助简单的几何手段从最大保证飞行航迹获取净飞行航迹。

上面提及的将高度从1000 ft改为1500 ft,以及对SR-422中某些爬升梯度的其他方面所做的重新评定,证明某些更改是合理的。对于两发和4发飞机,将适用于起飞航迹和最终起飞爬升的1.4和1.8梯度,分别降低为1.2和1.7。此外,在单发不工作航路情况下,将梯度1.4和1.8分别降为1.1和1.6。

通过建立规定的飞机形态、重量和动力之间更实际的相互关系,更改了关于单发不工作起飞爬升。实际上,与按目前有效的条款将有可能做到的情况相比,这些更改允许以略微增加的飞机重量满足所规定的爬升梯度。

对适用于起落架放下形态下单发不工作起飞爬升的条款有一处更改,即对于4发飞机,将所规定的最小爬升梯度从基本上等于零增至0.5%,作此更改是取消适用于双发和4发飞机爬升梯度之间的差异。

本条例已纳入与两台发动机不工作航路要求有关的更改。已做过关于现在规定的0.6%梯度过于保守的陈述。另一方面,业已指出,未切实覆盖有关这种情况的燃油需求。对这两种论点都做了合理的考虑并己作了更改,将梯度裕度从0.6%减小为0.5%,将规定的高度从5000 ft降至2000 ft,并需要安排飞行程序,以使飞机有足够的燃油到达机场,尔后以巡航功率或推力飞行15 min。

还对有关进近和着陆飞行段作了更改,有一条新条款要求制订有关执行中断进近并复飞和中断着陆复飞的程序。业已引起一个问题,即适用于进近状态的1.5 Vs速度限制是否切实与常规着陆程序有关。为确保有如此关系,要求用于演示验证待制订的进近爬升的速度与着陆程序相一致,但不得超过1.5 Vs。此外,将为4台发动机飞机而规定的进近梯度从2.8%减小为2.7%,以取消适用于双发和4发飞机的梯度之间差异。

已经对"全发工作着陆爬升"条款作了更改,现在要求在着陆形态下的爬升梯度为4.0%。在认为中断着陆后爬升期间要求的着陆形态过于保守的前提下,对一个提案作过考虑,即允许表明在爬升开始后5 s的既有形态下符合4.0%爬升梯度。对该建议的进一步研究表明,这样一条规定势必会引起设计难题,并导致较为不利的操作程序,最终将无助于安全。与这种形态有关的最重要因素之一是发动机对油门移动的响应特性,因此,给出一条规定,其要求:表明符合爬升梯度时所使用的动力,应是发动机动力操纵器件开始从最小飞行慢车位置移动到起飞位置后8 s所达到的功率或推力。此外,为了与用于确定着陆距离的程序相一致,将 $1.4V_S$ 速度限制减小到 $1.3V_S$。已表明关注的是,任何降低所规定的 1.0% 梯度的作用,都不可能确保在所有情况下中断着陆后飞机继续安全爬升的能力。为了提供更安全的措施,使起飞重量—高度—温度限制(源自用于单发不工作起飞爬升要求的 WTA 限制)适用于着陆机场条件下的最大着陆重量。过去,着陆重量限制适用于终点机场而不适用于气象备降机场。本条例使起飞重量和着陆重量限制都同样适用于终点机场和气象备降机场。鉴于上述更改,将所要求的爬升梯度从 4.0% 降低为 3.2% 是合理的,并将其纳入本条例。

除了业已讨论的实质性更改外,还有 3 项属于澄清性质的重要更改。首先涉及确定受机轮刹车外的其他制动装置和措施影响的着陆距离。已包含的一项条款,其与确定着陆距离时适用于加速-停止距离的条款相类似。该条款准许将机轮刹车以外的其他制动措施用于确定着陆距离。另外,对于要求在某些情况确定单发不工作形态下着陆距离的条款,有一处更改。可以认为,新要求更清楚地表达了意图。这一条款的更为明显的用途之一是关于涡轮螺旋桨飞机。这些飞机着陆时螺旋桨通常处于阻力相对较高的位置。如果其中一台发动机不工作,预期其螺旋桨将处于阻力相对较低的位置,结果是与全发工作相比着陆距离较长。在这种情况下,需要以单发不工作形态来确定着陆距离,除非驾驶员可使用其他制动装置至少能将着陆距离减少至按全发工作而确定的着陆距离(例如在确定着陆距离时未另行考虑的反向拉力)。所包含的第二项澄清,涉及 AFM 中必须包括的程序予以解释的条款。SR-422 内的这一条款,并未清晰表明涉及哪些程序以及是否认为这些程序是对飞机运行的限制。以条文形式给出的此项澄清,规定仅应将性能限制中所包的程序用作指导性材料。

第三项澄清涉及 SR-422 中规定的性能限制的适用范围。这些限制由"合格证限制"和"使用限制"所组成。前者涉及最大起飞和着陆重量、最小起飞距离、加速-停止距离和强加于飞机的使用限制。不管有待实施的营运形式如何(例如航空承运人、私人飞机、货运),都必须始终符合这些限制,它们构成了型号合格证和适航证条件的一部分。"使用限制"与"合格证限制"有所不同,仅当规章中与营运有关的各部(如旅客营运,要求符合 40,41 和 42 部)需要时才适用。尽管看起来局方以前有关这一通用原则的公告以及 SR-422 序言内所含的解释已很好澄清了此问题,但局方现已注意到对此问题仍有一些误解。显然,这种误解来源于如下的事实,即 SR-422 为航空承运人的营运规定了营运规章,其包含"合格证限制"和"使用限制"两者,但未对非航空承运人的营运给出规定。这给人一种印象,连"合格证限制"也不适用于非航空承运人。对于航空承运人的营运,同时考虑"合格证限制"和"使用限制",目的仅在于给各营运人提供方便,共同具有相应性能限制的完整规定,尽管如此的考虑实际上重复了对 AFM 内所含"合格证限制"符合性的通用要求。鉴于对上面所述的考虑也许会存在的可能误解,在本条例包括了同样的"合格证限制",其将适用于按 CAR 43 规定从事的所有营运。

此外，本条例还包括一些次要性质的其他更改，其中最重要的是，将失速速度 V_S 归一化，取消对 V_{S0} 和 V_{S1} 的引用。

本条例中对 SR-422 所做的更改，随着研究的继续并且随着这些新条款应用而取得补充经验，有许多地方还需作进一步考虑。其中有些涉及新概念，美国营运人对此尚且经验不足或缺乏经验。这些留待解决的要求关系到如下参数，即与净空道有关的不平衡场长，抬前轮速度以及全发工作起飞距离。已向局方提出充分的陈述，大意是适用于上面所述规章的数字系数太高，应予以降低，直到取得更多的经验。局方认为，在更多经验表明这些系数事实上属于过度保守的之前，降低其中任何系数，都不符合公众利益。但很明确，在规定切实可行的性能水平时，这些问题是相当重要的。局方准备在收到证实信息时重新考虑本规章的相关规定。

除了上述那些条款外，还有些条款，对其细节再作修改可能是可取的。在关于着陆飞行段、起飞横侧净空和双发不工作航路梯度裕度的要求方面尤其是这样。可以预期，对条例进一步研究之后，特别是在其应用于目前涡轮动力飞机的设计、合格审定和运行方面之后，更改的希求可能更为明显。局方的目的是，凡可确认属于必需的，就应考虑这样的更改而不推迟。仅在通过实际应用来合理验证本特殊 CAR 的条款之后，局方才考虑将那些基础较为牢固的条款纳入 CAR 4b，40，41，42 和 43。

本特殊民航条例并不试图损及局方按 4b.10 所规定局方权力，即在任何特定情况下为避免不安全设计特性并确保等效安全，局方有权强制执行局方确认属于必需的那些专用条件。

业已为相关人们提供参与制订本条例(21. F. R. 6091)的机会，并业已对呈送的所有相关材料作了应有的考虑。

考虑到上述情况，民用航空局为此制订并颁发了如下的特别民用航空条例，定于 1958 年 7 月 2 日生效。

尽管如此，对于 1957 年 8 月 27 日之后颁发型号合格证的所有涡轮动力运输类飞机，与民用航空条例有矛盾的条款，应符合特殊民航条例 No. SR-422，或者作为替代，应符合下列条款，但 1958 年 9 月 30 日之后颁发型号合格证的那些飞机，应符合下列条款。

1. 型号合格证申请之日有效的 CAR 4b 条款，以及如局方认为对确保涡轮动力飞机安全水平与 4b 部通常所预期的水平相等效而必需时，包括 1957 年 8 月 27 日之前生效的关于 4b 部的所有后续修正案所涉及的条款。

2. 替代 CAR 4b 中的 4b.110～4b.125 和 4b.743，下列条款应适用：

性　　能

4T. 110　总则

（a）按 4T.110～4T.123 的条款确定飞机性能和预定程序，并应使其满足这些条款所规定的最小值。应按 4T.743 的规定给出性能限制、信息和其他数据。

(b) 除非另有特别规定,性能应该对应于外界大气条件和无风状态,应按照本总则(c)中的规定考虑湿度。

(c) 受发动机功率和/或推力影响的性能,在等于或低于标准温度时,应基于 80% 相对湿度,在等于或高于标准温度加 50°F 时,应基于 34% 相对湿度。在这两个温度之间,相对湿度应按线性变化。

(d) 性能应与特定外界大气条件下、特定飞行条件下以及本总则(c)中规定的相对湿度下的可用推进力相一致,可用推进力应与这样的发动机功率和(或)推力相一致,即不大于经批准的功率和(或)推力,扣除安装损失,再扣除由附件和服务设备按特定外界大气条件和特定飞行条件而吸收的功率和(或)当量推力。

4T.111 飞机形态、速度、功率和(或)推力;总则

(a) 除非另有规定,申请人应选择飞机形态(机翼襟翼和整流罩鱼鳞片的设定位置、减速板、起落架、螺旋桨等),分别按起飞、航路、进近和着陆形态予以表示。

(b) 在局方认定的与本条(c)所要求的使用程序相容的范围内,使飞机形态随重量、高度和温度而变化,应是可接受的。

(c) 除另有规定外,在确定加速-停止距离、起飞飞行航迹、起飞距离和着陆距离时,应按申请人为服役中的飞机运行而制订的程序,改变飞机形态和速度,以及改变功率和(或)推力。此外,应分别制订与 4T.119 和 4T.120(d)规定条件有关的执行中断着陆复飞和中断进近复飞的程序。所有程序应符合本条(1)~(3)的规定。

(1) 局方应确认在服役中具有中等技能的飞行机组能够效果一致地执行这些程序。

(2) 程序中不应涉及采用尚未经证实属于安全和可靠的方法或设备使用。

(3) 由于可合理预期在服役期间出现时间滞后,在执行程序时,应针对这些时间滞后留出余量。

4T.112 失速速度

(a) 速度 V_S 应代表经校准的失速速度,或可对飞机实施操纵的最小稳定飞行速度,以 kn 计,同时:

(1) 如果表明最终的推力对失速速度无明显影响,在失速速度时推力为零,或发动机慢车和收油门到慢车。

(2) 如果适用,螺旋桨桨距操纵器件应处于对符合本条(1)为必需的位置。在所有其他方面(襟翼、起落架等),飞机处于某个特定形态,即相应于与将使用哪个 V_S 有关的形态。

(3) 飞机重量等于与 V_S 被用来确定符合某一特定要求有关的重量。

(4) 重心处于允许范围内的最不利位置。

(b) 本条所定义的失速速度,应是按照本条(1)和(2)中的程序进行飞行试验时所获得的最小速度。

（1）飞机在 $1.4V_s$ 速度下直线飞行配平，从足以大于失速速度以确保安全状态的某个速度起，应以某个速率执行升降舵操纵，以使得飞机速度减小不超过 $1\,kn/s$。

（2）在本条（1）所规定试验的过程中，应符合 CAR 4b 中 4b.160 条的飞行特性规定。

4T.113　起飞；总则

（a）应在本条下面（1）和（2）所规定的条件下，确定 4T.114～4T.117 内的起飞数据。

（1）申请人为飞机制定的使用限制范围内的所有重量、高度和外界大气温度。

（2）飞机处于起飞形态（见 4T.111）。

（b）起飞数据应以平整、干态和硬质道面跑道为基础，并应按如此方式来确定：不需要依赖驾驶员特殊的技能和机敏，就可使性能重复再现。对于水上飞机或浮筒式飞机，起飞表面应是平静水面，而对于滑橇式飞机，起飞表面应是平整的干雪表面。此外，应在申请人为此飞机制订的使用限制范围内，按照本条（1）和（2）的规定，根据风况和跑道坡度，对起飞数据进行修正。

（1）沿起飞航迹不大于 50％名义风分量的逆风和沿起飞航迹不小于 150％名义风分量的顺风。

（2）有效的跑道坡度。

4T.114　起飞速度

（a）临界发动机失效速度 V_1，以校准空速表示，应由申请人选定，但不得小于经演示验证在起飞滑跑过程中，如遇临界发动机突然不工作，单靠主空气动力操纵面仍具可操纵性，足以允许使用中等驾驶技能完成继续安全起飞的最小速度。

（b）起飞安全速度 V_2，以校准空速表示，应由申请人为达到 4T.120 节（a）和（b）所要求的爬升梯度而选定，但该速度不得小于：

（1）$1.2V_s$，对于双发螺旋桨飞机以及无螺旋桨且不具有措施明显降低单发不工作带动力失速速度的飞机。

（2）$1.15V_s$，对于两发以上螺旋桨飞机以及无螺旋桨且有措施明显降低单发不工作带动力失速速度的飞机。

（3）1.10 乘以按 CAR 4b.133 确定的最小操纵速度 V_{MC}。

（4）抬前轮速度 V_R 加上符合 4T.116(e) 要求所获得的速度增量。

（c）最小抬前轮速度 V_R，以校准空速表示，应由申请人选择，但不应小于下列速度：

（1）速度 V_1。

（2）在符合本条（b）（1）或（b）（2）时（取其中适用者）和在符合本条（b）（3）时得到的最高速度的 95％。

（3）按 4T.116(e) 所确定的，可以在达到起飞表面以上 35\,ft 高度之前达到 V_2 速度的某一速度。

(4) 等于符合如下要求的最小速度的 110% 速度:大于此最小速度,在全发工作情况下,能够使飞机离地并继续起飞而不出现任何不安全特性。

4T. 115　加速-停止止距离

(a) 加速-停止止距离应是下列距离之总和:

(1) 飞机从起飞起点加速到 V_1 速度所需的距离。

(2) 假定临界发动机在 V_1 速度下失效,飞机从 V_1 速度对应的点到完全刹停所需的距离。

(b) 在确定加速-停止距离时,除了机轮刹车外,或作为机轮刹车的替代,使用其他制动装置应是可接受的,只要业已证明这些制动装置是安全可靠的,且可预期其施加方式取得的效果与服役中的一致,并且不要求使用超常的技能来操纵飞机。

(c) 在确定加速-停止距离的全过程中,起落架一直处于放下位置。

4T. 116　起飞航迹

应将起飞航迹视为,从起飞起始点延伸到起飞时达到距起飞表面 1500 ft 高度的那个点,或延伸到起飞时完成从起飞形态过渡到航路形态,且速度达到为表明对 4T. 120(c) 符合性时所用速度的那个点,以其中高度较大的那个点为准。在确定起飞航迹时,本条(a)~(i)的条件应适用。

(a) 起飞航迹必须基于按 4T. 111(c) 要求而规定的程序。

(b) 应使飞机在地面加速到 V_1,应使临界发动机在此点不工作,并应在剩余的起飞过程中保持不工作。达到 V_1 速度之后,应使飞机加速至 V_2 速度,在此期间,以不低于抬前轮速度 V_R 的某个速度开始抬前轮离地,应是容许的。

(c) 飞机腾空以前,不得开始收起落架。

(d) 起飞航迹空中段上所有点的斜率都应为正。

(e) 在到达距起飞表面 35 ft 高度以前,飞机应达到 V_2 速度,并且应以尽可能接近但不小于 V_2 的某个速度继续起飞,直至达到距起飞表面 400 ft 高度。

(f) 除了起落架收上和螺旋桨顺桨外,在达到距起飞表面 400 ft 高度之前,不应改变飞机形态。

(g) 从飞机首次达到距起飞表面 400 ft 高度的那个点开始,在沿起飞航迹的所有点上,可用爬升梯度,对于双发飞机不得小于 1.2%;对于 4 发飞机不得小于 1.7%。

(h) 应通过连续演示验证起飞来确定起飞航迹,或作为一种替代,将各段综合成完整的起飞航迹。

(i) 如果采用分段法确定起飞航迹,则本条(1)~(4)的规定亦即适用。

(1) 必须明确定义分段起飞航迹的每一段,并且应与飞机形态、功率和(或)推力以及速度的明显变化相关联。

(2) 每一分段航段范围内,应使飞机重量、形态以及功率和(或)推力保持不变,并且应与具体航段内经常出现的最严重情况相对应。

(3) 分段的起飞航迹应基于无地面效应时的飞机性能。

（4）应通过经连续演示验证的起飞来校核分段的起飞航迹数据，以确保相对于连续的航迹而言，分段的航迹是偏保守的。

4T. 117　起飞距离和起飞滑跑距离

（a）起飞距离。起飞距离应是按本条（1）和（2）确定的距离中的较大者。

（1）起飞距离应是沿着由 4T. 116 确定的起飞航迹，从起飞起点开始到获得距起飞表面 35 ft 高度的那个点飞机所经过的水平距离。

（2）当程序确定起飞航迹与按 4T. 116 确定的相一致时，沿起飞航迹，以全发工作，从起飞起点开始到获得距起飞表面 35 ft 高度的那个点飞机所经过的水平距离的 115%。

（b）起飞滑跑距离。如果起飞距离中意欲包括净空道（本条例第 5[①] 项），则应确定起飞滑跑距离，并且应是按本条（1）和（2）确定的距离中之较大者。

（1）沿着由 4T. 116 确定的起飞航迹，从起飞起点开始到飞机首次升空的那一点与达到距起飞表面 35 ft 高度的那一点之间中点的水平距离。

（2）当程序确定起飞航迹与按 4T. 116 确定的相一致时，等于沿起飞航迹，以全发工作，从起飞起点开始到飞机首次升空的那一点与达到距起飞表面 35 ft 高度的那个点之间中点的水平距离乘以 115% 的距离。

4T. 117a　起飞飞行航迹

（a）应将起飞航迹视为，从按 4T. 117(a) 确定的起飞距离其终端上方距起飞表面 35 ft 高度的那个点开始。

（b）应按如此方式来确定净起飞飞行航迹数据，即它们代表按本条（a）确定的飞机实际起飞飞行航迹减去等于 1.0% 的爬升梯度。

4T. 118　爬升；总则

应按申请人为飞机所制定的使用限制范围内的所有重量、高度和外界大气温度，表明符合 4T. 119 和 4T. 120 的爬升要求。飞机重心应处于与相应形态相对应的最不利位置。

4T. 119　全发工作着陆爬升

在着陆形态下，稳定的爬升梯度不应小于 3.2%，同时：

（a）在功率和（或）推力操纵器件从最小飞行慢车位置开始向起飞位置移动后 8 s，所有的发动机都以可用的功率和（或）推力运行。

（b）爬升速度不超过 $1.3V_s$。

4T. 120　单发不工作爬升

（a）起飞；起落架放下。按 4T. 116 但无地面效应，在飞行航迹上飞机首次腾空那一点的现有起飞形态下，稳定爬升梯度，对双发飞机应为正值，对 4 发飞机则应不小于 0.5%。同时：

[①] 见本 AC 附录 4 中"特殊民用航空条例 No. SR‑442A"末尾"5. 下列定义适用："中所列有关"净空道"的定义。——译注

(1) 按 4T.116 的规定,在飞机起落架开始收起的时刻,临界发动机不工作,其余发动机以现有可用的起飞功率和(或)推力运行,除非尔后在起落架完全收上那点以前,沿飞行航迹存在更临界的发动机运行状态。

(2) 重量等于按 4T.116 开始收起落架时刻的现有飞机重量。

(3) 速度等于 V_2 速度。

(b) 起飞;起落架收上。按照 4T.116 的规定但无地面效应,在飞行航迹起落架完全收起那个点的现有起飞形态下,稳定爬升梯度,对于双发飞机应不小于 2.5%,对于 4 发飞机应不小于 3.0%,同时:

(1) 按 4T.116 的规定,在飞机起落架完全收起的时刻,临界发动机不工作,其余发动机以现有可用的起飞功率和(或)推力运行,除非尔后在达到距起飞表面 400ft 高度的那个点以前,沿飞行航迹存在更临界的发动机运行状态。

(2) 重量等于按 4T.116 在起落架完全收起时刻的现有飞机重量。

(3) 速度等于 V_2 速度。

(c) 起飞最后阶段。在航路形态下,在按 4T.116 节确定的起飞航迹终端,稳定爬升梯度,对于双发飞机,不得小于 1.2%,对于 4 发飞机,则不得小于 1.7%,同时:

(1) 临界发动机不工作,其余发动机以可用的最大连续功率和(或)推力运行。

(2) 重量等于按 4T.116 在起飞航迹终端现有的重量。

(3) 速度等于不小于 $1.25V_S$ 的速度。

(d) 进近。在进近形态下,使得与这一形态相应的 V_S 不超过相应于相关着陆形态的 V_S 乘以 110%,稳定爬升梯度,对双发飞机应不小于 2.2%,对 4 发飞机则应不小于 2.8%,同时:

(1) 临界发动机不工作,其余发动机以可用的起飞功率和(或)推力运行。

(2) 重量等于最大着陆重量。

(3) 由申请人制定与正常着陆程序相关的爬升速度,但不得超过 $1.5V_S$(参见 4T.111(c))。

4T.121　航路飞行航迹

飞机处于航路形态下,应按申请人为飞机制订的限制范围内的所有重量、高度和外界大气温度,确定本节(a)和(b)规定的飞行航迹。

(a) 单发不工作。应以这样的方式确定单发不工作净飞行航迹数据:它们代表飞机实际爬升性能减去 1.1% 爬升梯度(对于双发飞机),和减去 1.6% 爬升梯度(对于 4 发飞机)。将飞机重量沿飞行航迹的变化纳入这些数据中,以便计及在运行发动机累积消耗的燃油和滑油,这是可接受的。

(b) 两台发动机不工作。对 4 发飞机,应以这样的方式确定两台发动机不工作净飞行航迹数据:它们代表飞机实际爬升性能减去等于 0.5% 爬升梯度。将飞机重量沿飞行航迹的变化纳入这些数据中,以便计及在运行发动机累积消耗的燃油和滑油,这是可接受的。

（c）条件。在确定本条（a）和（b）所规定的飞行航迹时，本条（1）～（4）所规定的条件应适用。

（1）飞机重心应处于最不利位置。

（2）临界发动机应不工作，其余发动机以可用的最大连续功率和（或）推力运行。

（3）控制发动机冷却空气源的装置，应处于热天条件下提供足够冷却的位置。

（4）速度应由申请人选定。

4T. 122　着陆距离

着陆距离应是飞机从距着陆表面 50 ft 高度的那个点到着陆和完全停住（对水上飞机或浮筒式飞机，速度约为 3 kn）所需的水平距离。应按申请人为飞机制订的使用限制范围内的所有重量、高度和风况，在标准温度下确定着陆距离。本条（a）～（g）的条件应适用。

（a）飞机应处于着陆形态。在着陆过程中，飞机形态、功率和（或）推力以及速度的改变，应符合申请人为服役中飞机运行而制订的程序。这些程序应符合 4T. 111(c) 的规定。

（b）在着陆之前，飞机应以不小于 $1.3V_s$ 的经校准空速稳定下滑进近至 50 ft 高度。

（c）着陆距离应以平整、干态和硬质道面跑道为基准，并应按不需要依赖驾驶员特殊的技能和机敏，就可使性能重复再现的方式来确定。对水上飞机或浮筒式飞机，着陆表面应是平静水面，而对于滑橇式飞机，着陆表面应是平整的干雪表面。着陆过程中，飞机不应出现过大的垂直加速度，不应有弹跳、拿大顶、地面打转、纵向跳跃或水面打转的趋势。

（d）对于沿着陆航迹不大于 50% 名义分量的逆风和沿着陆航迹不小于 150% 名义分量的顺风，应该对着陆距离进行修正。

（e）在着陆过程中，机轮刹车系统的工作压力不得超过经刹车制造商所批准的那些压力，不得采用会使刹车和轮胎产生过度磨损的方式来使用机轮刹车。

（f）在确定着陆距离时，除了机轮刹车外，或作为机轮刹车的替代，使用其他制动装置应是可接受的，只要业已证明这些制动装置是安全可靠的，且可预期其施加方式取得的效果与服役中的一致，并且不要求驾驶员使用特殊的技能来操纵飞机。

（g）倘若某种装置（例如螺旋桨）的特性取决于任一台发动机的工作，当进行发动机不工作着陆时，此特性会显著增大着陆距离，则应按临界发动机不工作情况确定着陆距离，除非局方认为采用补偿装置能使着陆距离不大于全发工作时所达到的着陆距离。

4T. 123　限制和资料

（a）限制。应按本条（1）～（4）的规定，制订有关飞机使用的性能限制（也请参见 4T. 743）。

（1）起飞重量。应制订最大起飞重量，表明在此重量下飞机符合本条例一般适用要求,并针对飞机使用限制范围内的高度和环境温度(见本条(4))表明符合4T.120(a),(b)和(c)所规定的起飞爬升要求。

(2)着陆重量。应制订最大着陆重量,表明在此重量下飞机符合本条例一般适用要求,并针对飞机使用限制范围内的高度和环境温度(见本条(4))表明符合4T.119和4T.120(d)所规定的着陆和起飞爬升要求。

(3)加速-停止距离,起飞距离和起飞滑跑距离。应制订起飞所要求的最小距离,表明采用此距离能符合本条例一般适用要求,并且针对飞机使用限制范围内的重量、高度、温度、风分量和跑道坡度(见本条(4))表明符合4T.115和4T.117(a)的要求,如果起飞距离预期包含净空道,则还应符合4T.117(b)的要求。

(4)使用限制。申请人应按照在表明符合本条例要求时所需要的所有可变因数(重量、高度和温度等)制订飞机使用限制(见4T.113(a)(1)和(b),4T.118,4T.121和4T.122)。

(b)信息。应列出有关飞机运行的性能信息,表明符合本条例通常适用条款的要求,并且针对飞机使用限制范围内的重量、高度、温度、风分量和跑道坡度(当这些可能适用时)(见本节(a)(4))表明符合4T.117a(b),4T.121和4T.122的要求。此外,应该对本节(a)(1)和(a)(2)制订的最大起飞重量和最大着陆重量之间的重量值范围,通过外插确定本条(1)～(3)所规定的性能信息并予以列出(也参见4T.743)。

(1)着陆形态下的爬升(见4T.119)。

(2)进近形态下的爬升(见4T.120(d))。

(3)着陆距离(见4T.122)。

飞机飞行手册

4T.743 性能限制、信息和其他数据

(a)限制。应按4T.123(a)的规定给出飞机性能限制。

(b)信息。4T.123(b)中针对施行本条例的使用规则而规定的性能信息,应连同对确定这些数据时所用条件、空速等的说明一起予以给出。

(c)程序。应给出按4T.111(c)所制订的程序,达到使这些程序与按本条(a)和(b)建立的"限制"和"信息"相关联的程度。应以指导材料形式将这些程序纳入相关的"限制"或"信息"(按适用而选定)小节。

(d)其他。对于飞机重要的或非常规的飞行特性或地面操纵特性,应给予说明。

3.分别替代CAR 40,41和42各部中的40.70～40.78,41.27～41.36(d)以及42.70～42.83,以下条款应适用:

运行规章

40T.80 运输类飞机使用限制

(a)在使用已按本条例性能要求经历合格审定的任何运输类旅客机时,应符合

40T. 80～40T. 84 各项规定,除非特别情况下的特殊环境使得刻意遵守这些要求对安全性而言已不必要,局方据此特别授权对这些要求的偏离。

(b) 在确定对 40T. 81～40T. 84 各条款的符合性时,应使用 AFM 内的性能数据。凡条件与特定试验时所用条件有差异之处,应通过对具体变量变化带来的影响作经批准的插值或计算来确定符合性,只要这些插值或计算给出的结果,在精确性方面与直接试验的结果充分等效。

40T. 81　飞机的合格证限制

(a) 飞机起飞重量不得超出 AFM 中针对机场标高和起飞时刻现有的外界大气温度而规定的起飞重量(参见 4T. 123(a)(1)和 4T. 743(a))。

(b) 考虑了飞抵终点机场和备降机场时燃油和滑油的正常消耗后,到达时的飞机重量仍将超过 AFM 按所涉及的每一机场标高和着陆时刻所预期的环境温度而规定的着陆重量,则飞机不得以这样的起飞重量起飞(参见 4T. 123(a)(2)和4T. 743(a))。

(c) 飞机起飞重量不得超过 AFM 所示的与最小起飞距离要求相对应的重量。起飞距离应与机场标高、待用跑道、有效的跑道坡度、起飞时刻现有的外界大气温度和风分量相对应(参见 4T. 123(a)(3)和 4T. 743(a))。如果起飞距离包括按本条款第 5 项定义的净空道,则起飞距离不应包含大于起飞滑跑距离 1/2 的净空道距离。

(d) 飞机不得在 AFM 规定的使用限制范围以外运行(参见 4T. 123(a)(4)和4T. 742(a))。

40T. 82　起飞越障飞行高度的限制

凡飞机重量超过 AFM 所示的与避开所有障碍物的净起飞航迹相对应的重量,则飞机不得以此重量起飞,其与障碍物净空距离的确定方法如下:垂直方向至少为35 ft,或者在机场边界范围内水平方向至少为 200 ft,超出机场边界后水平方向至少为 300 ft。为了至少以规定距离避开障碍物,在确定飞行航迹容许的偏离时,应假定按 AFM 起飞航迹数据所示在达到 50 ft 高度以前飞机不带坡度,其后最大坡度角不得超过 15°。所考虑的起飞航迹应与机场标高、有效的跑道坡度和起飞时刻现有外界大气温度和风分量相对应(参见 4T. 123(b)和 4T. 743(b))。

40T. 83　航路限制

(a) 单发不工作。按 AFM 所示的单发不工作航路净飞行航迹数据,飞机不得超出下述规定重量起飞:在此规定重量下能使沿航路的所有点都符合本条(1)或(2)的要求。所使用的净飞行航迹应针对沿航路预期的外界大气温度(参见 4T. 123(b)和 4T. 743(b))。

(1) 沿航路在预期航迹任一侧 5 mi 范围内在所有地形或障碍物以上至少1000 ft 的高度上,净飞行航迹的坡度应为正值。

(2) 净飞行航迹应如此规定,即可使飞机由巡航高度持续飞行至可按 40T. 84(b)规定实行着陆的备降机场,净飞行航迹与所有地形或障碍物的垂直方向净空间距为:沿航路在预期航迹任一侧 5 mi 范围内,至少为 2000 ft。本条(i)～(vii)的规定应适用。

（i）应假定发动机在沿航路的最关键点上失效。

（ii）除了局方可批准在确认存在足够的使用安全性的不同基础上而制订某一程序之外，应假定飞机在发动机于距临界障碍物的距离不近于最靠近的经批准无线电导航台的某个点上失效之后飞越此临界障碍物。

（iii）在用作备降的机场以上 1500 ft 高度处，净飞行航迹的坡度应为正值。

（iv）应采用某种经批准的方法，以计及将会对飞行航迹造成不利影响的风况。

（v）如果局方认定营运人具有一份合适的训练大纲，为飞行机组提供了正确的操作说明，并且为确保安全程序而采取了其他所有预防措施，则应准许空中放油。

（vi）应在遣派放行单上规定备降机场，并且该机场应满足所规定的最低气象条件要求。

（vii）应在 AFM 所示的净飞行航迹数据内计及发动机不工作后的燃油和滑油消耗量。

（b）两台发动机不工作。除符合本条款（1）或（2）的规定外，飞机不得沿预定航路飞行。

（1）假设所有发动机都以巡航功率和（或）推力运行，沿预期航迹的任何一点至符合 40T.84(b)规定能够完成着陆的机场之间的距离不应超过 90 min（航程）。

（2）按 AFM 所示的两台发动机不工作航路净飞行航迹数据，飞机不得以超出下述规定重量起飞：在此规定重量下将能使飞机从假定两台发动机同时失效的那个点持续飞行至符合 40T.84(b)规定能够完成着陆的机场，沿航路在预期航迹任一侧 5 mi 范围内在所有地形或障碍物以上至少 1000 ft 的高度上，或在 2000 ft 高度上（取两者之大值），净飞行航迹的坡度应为正值。所考虑的净飞行航迹应针对沿航路预期的外界大气温度。本条（i）～（iii）规定应适用（参见 4T.123(b)和4T.743(b)）。

（i）应假定两台发动机在沿航路的最关键点上失效。

（ii）应考虑在假定两台发动机失效那点的飞机重量不小于包含足够燃油量的那个重量，这些燃油量应能使飞机飞抵机场，并到达在机场着陆区域正上方至少 1500 ft 的高度，然后以巡航功率和（或）推力飞行 15 min。

（iii）应在 AFM 所示的净飞行航迹数据内计及发动机不工作后的燃油和滑油消耗量。

40T.84　着陆限制

（a）终点机场。按照 AFM 针对预定终点机场标高和在着陆时刻预期的风况而示出的着陆距离，飞机不得超出下述规定重量起飞：在此规定重量下能使飞机从越障飞行高度平面与跑道相交处正上方 50 ft 的那点，完成在预定终点机场 60% 有效跑道长度范围内着陆。应假定飞机重量是扣除飞抵预定终点机场所预期消耗的燃油和滑油量后的重量。应表明对本条（1）和（2）规定条件的符合性（参见 4T.123(b)和 4T.743(b)）。

（1）应假定飞机在无风条件下在最有利跑道上以最有利的方向着陆。

（2）在考虑可能的风速和风向并计及飞机地面操纵特性和其他情况（即着陆导航设备和地形等）之后，应假定飞机在最合适的跑道上着陆。如果不能标明完全符合本条的规定，只要指定一个符合本节（b）条要求的备降机场，则飞机仍可起飞。

（b）备降机场。除非飞机能够在到达备降机场时刻所预期的飞机重量下符合本条（a）的规定，假如飞机能够在跑道有效长度的 70％ 范围内完成着陆，否则不得在遣派放行单上指定这样的机场作为备降机场。

4. 替代 CAR 43 部的 43.11，下列条款应适用：

43T. 11　运输类飞机重量限制

在确定符合下列条款时，AFM 内的性能数据必须是适用的。

（a）凡重量超过 AFM 针对机场标高和起飞时刻现有外界大气温度而规定的起飞重量，飞机不得起飞（见 4T. 123（a）（1）和 4T. 743（a））。

（b）扣除飞抵终点机场以及飞抵备降机场时的燃油和滑油正常消耗量之后，抵达时的飞机重量仍超过 AFM 针对所涉及的每一机场的标高和着陆时刻预期的外界大气温度而规定的着陆重量，飞机不得以此重量起飞（见 4T. 123（a）（2）和 4T. 743（a））。

（c）凡重量超过 AFM 所示的与最小起飞距离要求相对应的重量，飞机不得以此重量起飞。这些距离应与机场标高、待使用的跑道、有效跑道坡度和起飞时刻现有外界大气温度和风分量相对应（见 4T. 123（a）（3）和 4T. 743（a））。如果起飞距离包含本条例第 5 项所定义的净空道，则起飞距离不应包含大于起飞滑跑距离 1/2 的净空道距离。

（d）飞机不得在 AFM 规定的使用限制以外飞行（见 4T. 123（a）（4）和 4T. 743（a））。

5. 下列定义应适用：

净空道。净空道系指在跑道中心线的延长线任一侧的不小于 300 ft 宽度，标高不大于跑道端头的标高，无任何固定障碍物并由机场当局管辖的机场跑道延伸区域。

特殊民用航空条例 No. SR‑422B

1959 年 7 月 9 日生效

1959 年 7 月 9 日发布

现时设计的涡轮动力运输类飞机

1957 年 8 月 27 日生效的特殊民用航空条例 No. SR‑422 对 1957 年 8 月 27 日之后颁发型号合格证的涡轮动力运输类飞机的型号合格审定和运行，规定了适用的要求。1958 年 7 月 2 日生效的特殊民用航空条例 No. SR－422A，包含对 SR－422 的实质性更改，使之适用于 1958 年 9 月 30 日之后颁发型号合格证的所有涡轮动力运输类飞机。

这份特殊民用航空条例对涡轮动力运输类飞机适航性规章作了进一步修改，以适用于 1959 年 8 月 29 日之后颁发型号合格证的所有运输类飞机。民用航空局在随同《1958 年度适航性回顾》一起发布的《No. 58－1C（24F. R. 128）草案发放单》中已对这些更改提出了议案。在仔细考虑所收到的所有讨论和意见之后，在这里业已采纳了这些修正案。

已对 SR－422A 条例做了实质性更改和小改，为便于识别，现将经更改的条款列出如下：

（a）实质性更改：引言；4T. 114(b)，(c)，(d)，(e) 和 (f)；4T. 115(d)；4T. 117a (b)；4T. 120(a)(3)，(b) 和 (d)；40T. 81(c)；43T. 11(c) 和 5(a) 和 5(b)。

（b）小改：2；4T. 112(标题)，(b)(1)，(c)，(d) 和 (e)；4T. 113(b)；4T. 116(i) (4)；4T. 117(b)(1) 和 (2)；4T. 120(a)；4T. 121；4T. 122(d)；4T. 123(a)；40T. 82 和 40T. 83。

SR－422 和 SR－422A 序言内已经涵盖有关本条例的背景材料。下面的讨论涉及与这里所含已更改条款有关的重要问题。

引入的最重要更改之一涉及飞机起飞过程中的抬前轮速度 V_R（4T. 114）。按 SR－422 和 SR－422A 条款进行飞机合格审定时所取得的经验表明，使 V_R 与失速速度相关是不必要的，并且可能导致飞机优良飞行品质过大损失。业已认定，对 V_R 的主要限制应表现为实际离地速度 V_{LOF} 和飞机能进行安全起飞的最小离地速度 V_{MU} 之间的裕度。本条例所含条款要求制订适用于单发不工作起飞和全发工作起飞的 V_R 速度。可由自由大气数据来制定 V_{MU} 速度，只要这些数据经地面起飞试验验证。在制定 V_R 速度的同时，还包括了一定的安全保护措施，以确保能以一致的安全性实现服役中的起飞。

对 4T. 117a(b) 的规定作了一处更改，其涉及获得净飞行航迹的方式。按照 SR－422A 所含的这一条款，在整个加速度段内净起飞飞行航迹将有负斜率。由于这一段通常体现为参照正常飞行仪表就可方便控制的平飞段，预期不会出现飞行航迹的梯度大幅度减小。鉴于这些原因，条款现更改为允许加速度等效降低以替代梯度的减小。

对于双发飞机，由于净飞行航迹梯度裕度值，从 1.0％ 改为 0.8％，附带地对 4T. 117a(b) 进行了修正。4 发飞机的梯度裕度值保持 1.0％ 不变。双发和 4 发飞机之间在净飞行航迹梯度值的差值，与起飞、航路和进近各飞行段上爬升梯度的差值相一致。统计分析证实净飞行航迹梯度具体减小值为 0.8％。与此相关的是，对双发飞机在起飞第二段的爬升梯度和进近爬升梯度的重新评定，表明各自的值应是 2.4％ 和 2.1％，这些更改已反映在 4T. 120(b) 和 (d) 中。

对满足第一段起飞爬升(4T.120(a))中爬升梯度要求而规定的条件,进行了一处更改,将速度 V_2 改为 V_{LOF}。这一要求的目的在于,使用飞机离地时的速度。在 SR-422 中,认为此速度是 V_2,但在 SR-422A 和本条例中,V_2 是在起飞距离终端达到的某个更高速度,而不再反映与第一段爬升有关的状态。在进行此项更改以与 SR-422A 和本条例中相关更改取得一致时,对第一段爬升所规定的最小爬升梯度值的合适程度未予以考虑。如果进一步研究结果表明确实如此,这些都会有所变动。

在本条例中引入了"安全道"概念,其定义列于5(b)内。安全道已经在美国以外的其他国家得到使用,以满足在中断起飞的情况下的加速-停止距离。考虑使它们形成更多的实际应用。为确保安全道可予以使用而不会对安全带来不利的影响,在 4T.225(d)中包含一项规定,要求在制订 AFM 加速-停止距离程序规定值时,考虑有待使用的安全道其表面特性。

在引入安全道的同时,对净空道的定义作了更改(5(a))。更改之一是规定了净空道是在跑道终端开始,无论是否采用安全道。在其他的更改中,最重大的一项是以净空道平面的形式来表示净空道,并允许此平面有 1.25% 向上坡度。事实上,这一更改,在有些情况下,将允许使用按 SR-422A 定义是不容许使用(由于相对小的障碍物或略有坡度的地形)的净空道(亦见 40T.81(c)和 43T.11(c))。

本条例中还包括一些小的更改,文字编辑方面的更改或澄清性更改。

《No.58-1C 草案发布单》中包括一项关于扩大起飞飞行航迹横侧越障净空距离的建议。研究表明,对所有的涡轮动力飞机运行安全而言,对横侧越障净空距离作一些扩大是必要的。因此,很显然,应制订相应的规章,不仅适用于按本条例进行合格审定的飞机,而且适用于按 SR-422 和 SR-422A 进行合格审定的那些飞机。因此,本条例中未对横侧越障净空距离的条款进行更改,代之以是,现在正在拟定一份规章制订建议公告(NPRM)来对 SR-422,SR-422A 和本条例进行修订,对于按上述条例进行合格审定的所有飞机,要求扩大横侧越障净空距离。

本特殊民航条例并不试图损及 4b.10 所规定的局方权力,即在任何特定情况下为避免不安全设计特性并确保等效安全,局方有权强制执行局方认为属于必需的那些专用条件。

业已为相关人们提供参与制订本条例(24.F.R.128)的机会,并业已对呈送的所有相关材料作了应有的考虑。

在 1959 年 8 月 29 日之前,未要求符合本条例。但是,由于涡轮动力运输类飞机的型号合格证申请人,可在该日期之前选择表明符合本条例,使此条例立即生效。

考虑到上述情况,特此颁发了下列特殊民用航空条例,并使其立即生效。

尽管如此,对于 1959 年 8 月 29 日之后颁发型号合格证的所有涡轮动力运输类飞机,与民用航空条例有矛盾的条款应符合下列要求。在 1959 年 8 月 29 日之前,涡轮动力运输类飞机型号合格证申请人可以选择并获准满足这一特殊民用航空条例的要求,但是在此情况下,必须符合下列所有条款的要求。

1. 申请型号合格证之日有效的 CAR 4b 条款,以及如局方认为对确保涡轮动力飞机的安全水平与 4b 部通常预期水平相等效而必需时,包括 1957 年 8 月 27 日之前生效的关于 4b 部的所有后续修正案所涉及的条款。

2. 替代 CAR 4b 的 4b. 110~4b. 125,4b. 183 和 4b. 743,下列条款应适用:

性　能

4T. 110　总则

(a) 按 4T. 110~4T. 123 的条款确定飞机性能并程序化,并应使其满足这些条款所规定的最小值。应按 4T. 743 的规定给出性能限制、信息和其他数据。

(b) 除非另有特别规定,性能应该对应于外界大气条件和无风状态。应按照本总则(c)中的规定考虑湿度。

(c) 受发动机功率和(或)推力影响的性能,在等于或低于标准温度时,应基于 80% 相对湿度,在等于或高于标准温度加 50°F 时,应基于 34% 相对湿度。在这两个温度之间,相对湿度应按线性变化。

(d) 性能应与特定外界大气条件下、特定飞行条件下以及本总则(c)中规定的相对湿度下的可用推进力相一致,可用推进力应与这样的发动机功率和(或)推力相一致,即不大于经批准的功率和(或)推力,扣除安装损失,再扣除由附件和服务设备按特定外界大气条件和特定飞行条件而吸收的功率和(或)当量推力。

4T. 111　飞机形态、速度、功率和(或)推力;总则

(a) 除非另有规定,申请人应选择飞机形态(机翼襟翼和整流罩鱼鳞片的设定位置、减速板、起落架、螺旋桨等),分别按起飞、航路、进近和着陆形态予以表示。

(b) 在局方认定的与本条(c)所要求的使用程序相容的范围内,使飞机形态随重量、高度和温度而变化,应是可接受的。

(c) 除另有规定外,在确定加速-停止距离、起飞飞行航迹、起飞距离和着陆距离时,应按申请人为服役中的飞机运行而制订的程序,改变飞机形态和速度,以及改变功率和(或)推力。此外,应分别制订与 4T. 119 和 4T. 120(d)规定条件有关的执行中断着陆复飞和中断进近复飞的程序。所有程序应符合本条(1)~(3)的规定。

(1) 局方应确认在服役中具有中等技能的飞行机组能够一致性地执行这些程序。

(2) 程序中不应涉及采用尚未经证实属于安全和可靠的方法或设备使用。

(3) 由于可合理预期在服役期间出现时间滞后,在执行程序时,应针对这些时间滞后留出余量。

4T. 112　失速速度和最小操纵速度

(a) 速度 V_S 应代表经校准的失速速度,或可对飞机实施操纵的最小稳定飞行速度,以 kn 计,同时:

（1）如果表明最终的推力对失速速度无明显影响，在失速速度时推力为零，或发动机慢车和收油门到慢车。

（2）如果适用，螺旋桨桨距操纵器件应处于对符合本条（1）为必需的位置。在所有其他方面（襟翼、起落架等），飞机处于某个特定形态，即相应于与将使用哪个 V_S 有关的形态。

（3）飞机重量等于与 V_S 被用来确定符合某一特定要求有关的重量。

（4）重心处于允许范围内的最不利位置。

（b）本条所定义的失速速度，应是按照本条（1）和（2）中的程序进行飞行试验时所获得的最小速度。

（1）飞机在申请人挑选的某个速度下直线飞行配平，但此速度既不小于 $1.2V_S$，也不大于 $1.4V_S$，并从足以大于失速速度以确保安全状态的某个速度起，应以某个速率执行升降舵操纵，以使得飞机速度减小不超过 $1\,\mathrm{kn/s}$。

（2）在本条（1）所规定试验的过程中，应符合 CAR 4b 中 4b.160 的飞行特性规定。

（c）最小操纵速度 V_{MC}，以校准空速表示，应在本条规定的条件下予以确定，即当临界发动机在该速度下突然不工作时，能够在发动机仍然不工作的情况下恢复飞机的操纵并能够使飞机在该速度下以零偏航或以不大于 5°坡度角（由申请人来选择）保持直线飞行。V_{MC} 不得超过 $1.2V_S$，同时：

（1）发动机在可用的最大起飞推力和（或）功率下运行；

（2）海平面最大起飞重量，或对于验证 V_{MC} 可能是必需的那个较小重量；

（3）飞机腾空后处于沿飞行航迹现有的最临界起飞形态下，但起落架收上；

（4）飞机按起飞配平；

（5）飞机腾空，地面效应忽略不计；

（6）重心处于最不利位置。

（d）在演示验证本条（c）规定的最小速度时，为保持操纵而需要的方向舵操纵力不得超过 $180\,\mathrm{lbf}$，并且应不需要减小工作发动机功率和（或）推力。

（e）从本节（c）规定的机动飞行中改出的过程中，飞机不得出现任何危险的姿态，也不得要求驾驶员使用特殊的技能、体力或机敏来防止在完全改出以前航向变化超过 20°。

4T. 113　起飞；总则

（a）应在本条下面（1）和（2）所规定的条件下，确定 4T.114～4T.117 内的起飞数据。

（1）申请人为飞机制订的使用限制范围内的所有重量、高度和外界大气温度。

（2）飞机处于起飞形态（参见 4T.111）。

（b）起飞数据应以平整、干态和硬质道面跑道为基础，并应按如此方式来确定：不需要依靠驾驶员的特殊技能和机敏，就可使性能重复再现。对于水上飞机或浮筒式飞机,起飞表面应是平静水面,而对于滑橇式飞机,起飞表面应是平整的干雪表面。此外,起飞数据应包括修正系数,在申请人为此飞机制订的使用限制范围内,按照本条(1)和(2)规定的条件,按风况和跑道坡度,对起飞数据进行修正。

(1) 沿起飞航迹不大于50%名义风分量的逆风,和沿起飞航迹不小于150%名义风分量的顺风。

(2) 有效的跑道坡度。

4T.114 起飞速度

(a) 临界发动机失效速度 V_1,以校准空速表示,应由申请人选定,但不得小于经演示验证在起飞滑跑过程中,如遇临界发动机突然不工作,单靠主空气动力操纵面仍具可操纵性,足以允许使用中等驾驶技能完成继续安全起飞的最小速度。

(b) 最小起飞安全速度 $V_{2\min}$,以校准空速表示,不得小于:

(1) $1.2V_S$,对于双发螺旋桨飞机以及无螺旋桨且不具有措施明显降低单发不工作带动力失速速度的飞机。

(2) $1.15V_S$,对于两发以上螺旋桨飞机以及无螺旋桨且有措施明显降低单发不工作带动力失速速度的飞机。

(3) 1.10 倍最小操纵速度 V_{MC}。

(c) 起飞安全速度 V_2,以校准空速表示,应由申请人选择,以达到 4T.120(b)所要求的爬升梯度,但不得小于:

(1) 速度 $V_{2\min}$。

(2) 抬前轮速度 V_R(见本条(e))加上达到距起飞表面以上 35 ft 高度之前按 4T.116(e)要求所获得的速度增量。

(d) 最小离地速度 V_{MU},以校准空速表示,达到或大于此速度时,飞机能够离地并继续起飞而无任何危险特征。应由申请人针对全发工作和单发不工作情况选择 V_{MU} 速度。由自由大气数据确定 V_{MU},应是可接受的,只要这些数据经地面起飞试验验证。

注:在有些情况下,地面起飞试验可能涉及某些以速度 V_{MU} 进行起飞。

(e) 抬前轮速度 V_R,以校准空速表示,应由申请人按本条(1)~(4)规定的条件进行选择。

(1) V_R 速度不得小于:

(i) V_1 速度;

(ii) 等于 $105\%V_{MC}$ 的速度;

(iii) 按 4T.116 节(e)所确定的,到达距起飞表面 35 ft 高度前可使飞机达到 V_2 的那个速度;

(iv) 如果飞机以最大实际可行速率抬前轮,可导致如下离地速度 V_{LOF}(见本条(f))的那个速度:对于全发工作情况,则不小于 $110\%V_{MU}$;对于单发不工作情况,则不小于 $105\%V_{MU}$。

（2）对于给定的任何一组条件（重量、形态、温度等），在表明符合单发不工作和全发工作起飞规定时，应使用按本条规定而获得的单一 V_R 值。

（3）应表明，采用比按本条（1）和（2）制订的 V_R 小 5 kn 的抬前轮速度所确定的单发不工作起飞距离，不得大于采用所制订的 V_R 而确定的相应的单发不工作起飞距离。起飞距离的确定应符合 4T. 117(a)(1) 的规定。

（4）应演示验证，申请人根据飞机使用而制订的起飞程序在服役中出现的合理预期变化（见 4T. 111(c)）（例如飞机过度抬前轮、失配平状态），不应导致不安全的飞行特性，或使按 4T. 117(a) 制订的预定程序起飞距离值有明显增大。

（f）离地速度 V_{LOF}，以校准空速表示，应是飞机首次腾空时的速度。

4T. 115　加速-停止距离

（a）加速-停止距离应是下列距离之总和：

（1）飞机从起飞起点加速到 V_1 速度所需的距离。

（2）假定临界发动机在 V_1 速度下失效，飞机从 V_1 速度对应的点到完全刹停所需的距离。

（b）除机轮刹车外，或作为机轮刹车的替代，在确定加速-停止距离时，使用其他制动装置应是可接受的，只要业已证明这些制动装置是安全可靠的，且可预期其施加方式取得的效果与服役中的一致，并且不要求使用特别的技能来操纵飞机。

（c）在确定加速-停止距离的全过程中，起落架一直处于放下位置。

（d）如果加速-停止距离预期包括安全道，而其表面特性与平整硬质道面跑道有很大不同，则起飞数据应包括针对加速-停止止距离的使用修正系数，以计及安全道的特定表面特性以及这些特性在申请人制订的使用范围内随季节气候条件（例如温度、雨、雪、冰等）的变化。

4T. 116　起飞航迹

应将起飞航迹视为，从起飞起始点延伸至起飞时达到距起飞表面 1 500 ft 高度的那个点，或延伸至起飞时完成从起飞形态过渡到航路形态，且速度达到在表明对 4T. 120(c) 要求符合性时所用速度的那个点，以其中高度较大的那个点为准。在确定起飞航迹时，本条(a)～(i) 的条件应适用。

（a）起飞航迹必须基于按 4T. 111(c) 要求而规定的程序。

（b）应使飞机在地面加速到 V_1，应使临界发动机在此点不工作，并应在剩余的起飞过程中保持不工作。达到 V_1 速度之后，应使飞机加速至 V_2 速度，在此期间，以不低于抬前轮速度 V_R 的某个速度开始抬前轮离地，应是容许的。

（c）飞机腾空以前，不得开始收起落架。

（d）起飞航迹空中段上所有点的斜率都应为正。

（e）在到达距起飞表面 35 ft 高度以前，飞机应达到 V_2 速度，并且应以尽可能接近但不小于 V_2 的某个速度继续起飞，直至达到距起飞表面 400 ft 高度。

（f）除了起落架收上和螺旋桨顺桨外，在达到距起飞表面 400 ft 高度之前，不应改变飞机形态。

(g) 从飞机首次达到距起飞表面 400 ft 高度的那个点开始,在沿起飞航迹的所有点上,可用爬升梯度,对于双发飞机不得小于 1.2%;对于 4 发飞机不得小于 1.7%。

(h) 应连续演示验证起飞,或作为一种替代,将各段综合成完整的起飞航迹,由此确定起飞航迹。

(i) 如果采用分段法确定起飞航迹,则本条(1)~(4)的规定亦即适用。

(1) 必须明确定义分段起飞航迹的每一段,并且应与飞机形态、功率和(或)推力以及速度的明显变化相关联。

(2) 每一分段航段范围内,应使飞机重量、形态以及功率和(或)推力保持不变,并且应与具体航段内经常出现的最严重情况相对应。

(3) 分段的起飞航迹应基于无地面效应时的飞机性能。

(4) 应连续演示验证起飞,直至飞机性能脱离地面效应影响并且飞机速度达到稳定的那个点,由此校核分段的起飞航迹数据,以确保相对于连续的航迹而言,分段的航迹是偏保守的。

注:当飞机所达到的距地面的高度等于翼展高度时,通常认为飞机已脱离地面效应的影响。

4T. 117 起飞距离和起飞滑跑距离

(a) 起飞距离。起飞距离应是按本条(1)和(2)确定的距离中的较大者。

(1) 起飞距离应是沿着由 4T. 116 确定的起飞航迹,从起飞起点开始到获得距起飞表面 35 ft 高度的那个点飞机所经过的水平距离。

(2) 当由程序确定的起飞航迹应与按 4T. 116 确定的相一致,沿起飞航迹以全发工作,从起飞起点开始到获得距起飞表面 35 ft 高度的那个点飞机所经过的水平距离的 115%。

(b) 起飞滑跑距离。如果起飞距离中意欲包括净空道(本条例第 5 项),则应确定起飞滑跑距离,并且应是按本条(1)和(2)确定的距离中之较大者。

(1) 沿着由 4T. 116 确定的起飞航迹,从起飞开始那一点到达到 V_{LOF} 的那一点与达到距起飞表面 35 ft 高度的那一点之间中点的水平距离。

(2) 当程序确定的起飞航迹与按 4T. 116 确定的相一致时,等于以全发工作,沿起飞航迹,从起飞开始哪一点至达到 V_{LOF} 速度的那一点与达到距起飞表面 35 ft 高度的那个点之间中点的水平距离乘以 115%的距离。

4T. 117a 起飞飞行航迹

(a) 应将起飞航迹视为,从按 4T. 117(a)确定的起飞距离其终端上方距起飞表面 35 ft 高度的那个点开始。

(b) 应按如此方式来确定净起飞飞行航迹数据,即它们代表按 4T. 116 和本条(a)确定的飞机实际起飞飞行航迹在每一点上减去等于 0.8%爬升梯度(对于双发飞机)和 1.0％(对于 4 发飞机)。采用规定的爬升梯度的减少量作为沿实际起飞飞行航迹平飞加速段的飞机加速度的同等减少量,应是可接受的。

4T.118　爬升;总则

应按申请人为飞机所制定的使用限制范围内的每一重量、高度和外界大气温度,表明符合 4T.119 和 4T.120 的爬升要求,飞机重心应处于与相应形态相对应的最不利位置。

4T.119　全发工作着陆爬升

在着陆形态下,稳定的爬升梯度不应小于 3.2％,同时:

(a) 在功率和(或)推力操纵器件从最小飞行慢车位置开始向起飞位置移动后 8s,所有的发动机都以可用的功率和(或)推力运行。

(b) 爬升速度不超过 $1.3V_s$。

4T.120　单发不工作爬升

(a) 起飞;起落架放下。按 4T.116 但无地面效应,在飞机达到 V_{LOF} 速度那个点与起落架完全收起的那个点之间的航段上,在现时最临界的起飞形态下,飞机的稳定爬升梯度,对双发飞机应为正值,对 4 发飞机应不小于 0.5％,同时:

(1) 按 4T.116 的规定,在飞机起落架开始收起的时刻,临界发动机不工作,其余发动机以现有可用的起飞功率和(或)推力运行,除非尔后在达到起落架完全收起的那个点以前,沿飞行航迹,存在更临界的发动机运行状态。

(2) 重量等于按 4T.116 在飞机开始收起落架时刻的现有飞机重量。

(3) 速度等于 V_{LOF} 速度。

(b) 起飞;起落架收上。按 4T.116 的规定但无地面效应,在飞行航迹起落架完全收起那个点的现有的起飞形态下,稳定爬升梯度,对于双发飞机应不小于 2.4％,对于 4 发飞机应不小于 3.0％,同时:

(1) 按 4T.116 的规定,在飞机起落架完全收起的时刻,临界发动机不工作,其余发动机以现有可用的起飞功率和(或)推力运行,除非尔后在达到距起飞表面 400ft 高度的那个点以前,沿飞行航迹,存在更临界的发动机运行状态。

(2) 重量等于按 4T.116 在起落架完全收起时刻的现有飞机重量。

(3) 速度等于 V_2 速度。

(c) 起飞最后阶段。在航路形态下,在按 4T.116 节确定的起飞航迹终端,稳定爬升梯度,对于双发飞机,不得小于 1.2％,对于 4 发飞机,则不得小于 1.7％,同时:

(1) 临界发动机不工作,其余发动机以可用的最大连续功率和(或)推力运行。

(2) 按 4T.116 节的规定,重量等于在起飞航迹终端现有的重量。

(3) 速度等于不小于 $1.25V_s$ 速度。

(d) 进近。在与正常全发工作程序相关的进近形态下,使得与这一形态相应的 V_s 不超过相应于相关着陆形态的 V_s 乘以 110％,稳定爬升梯度,对双发飞机,应不小于 2.1％,对 4 发飞机,则应不小于 2.7％,同时:

（1）临界发动机不工作，其余发动机以可用的起飞功率和（或）推力运行。

（2）重量等于最大着陆重量。

（3）由申请人制订与正常着陆程序相关的爬升速度，但不得超过 $1.5V_S$（参见 4T.111(c)）。

4T.121　航路飞行航迹

飞机处于航路形态下，应按申请人为飞机制订的限制范围内的所有重量、高度和外界大气温度，确定本节(a)和(b)规定的飞行航迹。

（a）单发不工作。应以这样的方式确定单发不工作净飞行航迹数据：它们代表飞机实际爬升性能减去 1.1％爬升梯度（对于双发飞机），或减去 1.6％爬升梯度（对于 4 发飞机）。将飞机重量沿飞行航迹的变化纳入这些数据中，以便计及在运行发动机累积消耗的燃油和滑油，这是可接受的。

（b）两台发动机不工作。对 4 发飞机，应以这样的方式确定两台发动机不工作净飞行航迹数据：它们代表飞机实际爬升性能减去等于 0.5％爬升梯度。将飞机重量沿飞行航迹的变化纳入这些数据中，以便计及在运行发动机累积消耗的燃油和滑油，这是可接受的。

（c）条件。在确定本条(a)和(b)所规定的飞行航迹时，本条(1)～(4)所规定的条件应适用。

（1）飞机重心应处于最不利位置。

（2）临界发动机应不工作，其余发动机以可用的最大连续功率和（或）推力运行。

（3）控制发动机冷却空气源的装置，应处于热天条件下提供足够冷却的位置。

（4）速度应由申请人选定。

4T.122　着陆距离

着陆距离应是飞机从距着陆表面 50 ft 高度的那个点到着陆和完全停住（对水上飞机或浮筒式飞机，速度约为 3 kn）所需的水平距离。应按照申请人为飞机制订的使用限制范围内的所有重量、高度和风况，在标准温度下确定着陆距离。本条(a)～(g)的条件应适用。

（a）飞机应处于着陆形态。在着陆过程中，飞机形态、功率和（或）推力以及速度的改变，应符合申请人为服役中飞机运行而制订的程序。这些程序应符合 4T.111(c)的规定。

（b）在着陆之前，飞机应以不小于 $1.3V_S$ 的校准空速稳定下滑进近至 50 ft 高度。

（c）着陆距离应以平整、干态和硬质道面跑道为基准，并应按不需要依赖驾驶员的特殊技能和机敏，就可使性能重复再现的方式来确定。对水上飞机或浮筒式飞机，着陆表面应是平静水面，而对于滑橇式飞机，着陆表面应是平整的干雪表面。着陆过程中，飞机不应出现过大的垂直加速度，不应有弹跳、拿大顶、地面打转、纵向跳跃或水面打转的趋势。

(d) 对于沿着陆航迹不大于 50% 名义分量的逆风和沿着陆航迹不小于 150% 名义分量的顺风,着陆距离数据应包括使用修正系数。

(e) 在着陆过程中,机轮刹车系统的工作压力不得超过经刹车制造商所批准的那些压力,不得采用会使刹车和轮胎产生过度磨损的方式来使用机轮刹车。

(f) 在确定着陆距离时,除了机轮刹车外,或作为机轮刹车的替代,使用其他制动装置应是可接受的,只要业已证明这些制动装置是安全可靠的,且可预期其施加方式取得的效果与服役中的一致,并且不要求驾驶员使用超常的技能来操纵飞机。

(g) 倘若某种装置(例如螺旋桨)的特性取决于任一台发动机的工作,当进行发动机不工作着陆时,此特性会显著增大着陆距离,则应按临界发动机不工作情况确定着陆距离,除非局方认为采用补偿装置能使着陆距离不大于全发工作时所达到的着陆距离。

4T.123 限制和信息

(a) 限制。应按本条(1)~(4)的规定,制订有关飞机使用的性能限制(也请参见 4T.743)。

(1) 起飞重量。应制订最大起飞重量,表明在此重量下飞机符合本条例一般适用要求,并针对飞机使用限制范围内的高度和环境温度(见本条(4))表明符合 4T.120(a),(b)和(c)所规定的起飞爬升要求。

(2) 着陆重量。应制订最大着陆重量,表明在此重量下符合本条例一般适用要求,以及针对飞机使用限制范围内的高度和环境温度(见本条(4))表明符合 4T.119 和 4T.120 所规定的着陆和起飞爬升要求。

(3) 加速-停止距离,起飞距离和起飞滑跑距离。应制订起飞所要求的最小距离,表明采用此距离能符合本条例一般适用要求,并且针对飞机使用限制范围内的重量、高度、温度、风分量和跑道坡度(见本条(4))表明符合 4T.115 和 4T.117(a)的要求,如果起飞距离预期包含净空道,则还应符合 4T.117(b)的要求。

(4) 使用限制。申请人应按照在表明符合本条例要求时所需要的所有可变因数(重量、高度和温度等)制订飞机使用限制(见 4T.113(a)(1)和(b),4T.115(d),4T.118,4T.121 和 4T.122)。

(b) 信息。应列出有关飞机运行的性能信息,表明符合本条例通常适用条款的要求,并且针对飞机使用限制范围内的重量、高度、温度、风分量和跑道坡度(当这些可能适用时)(见本节(a)(4))表明符合 4T.117a(b),4T.121 和 4T.122 的要求。此外,应该对本节(a)(1)和(a)(2)制订的最大起飞重量和最大着陆重量之间的重量值范围,通过外插确定本条(1)~(3)所规定的性能信息并予以列出(也参见 4T.743)。

(1) 着陆形态下的爬升(见 4T.119);

(2) 进近形态下的爬升(见 4T.120(d));

(3) 着陆距离(见 4T.122)。

飞机飞行手册

4T.743 性能限制、信息和其他数据

（a）限制。应按照 4T.123(a) 的要求给出飞机性能限制。

（b）信息。4T.123(b) 中针对施行本条例的使用规则而规定的性能信息，应连同对确定这些数据时所用条件、空速等的说明一起予以给出。

（c）程序。应给出按 4T.111(c) 所制订的程序，达到使这些程序与按本条(a)和(b)建立的"限制"和"信息"相关联的程度。应以指导材料形式将这些程序纳入标题为"限制"或"信息"（按适用而选定）小节。

（d）其他。对于飞机重要的或非常规的飞行特性或地面操纵特性，应给予说明。

3. 分别替代 CAR 40，41 和 42 的 40.70～40.78，41.27～41.36(d) 和 42.70～42.83，以下条款应适用：

运行规章

40T.80 运输类飞机使用限制

（a）在使用已按本条例性能要求经历合格审定的任何运输类客机时，应符合 40T.80～40T.84 各项条款，除非特别情况下的特殊环境使得刻本遵守这些要求对安全性而言已不必要，局方据此特别授权对这些要求的偏离。

（b）在确定对 40T.81～40T.84 各条款的符合性时，应使用 AFM 内的性能数据。凡条件与特定试验时所用条件有差异之处，应通过对具体变量变化带来的影响作经批准的插值或计算来确定符合性，只要这些插值或计算给出的结果，在精确性方面与直接试验的结果充分等效。

40T.81 飞机的合格证限制

（a）飞机起飞重量不得超出 AFM 中针对机场标高和起飞时刻现有的外界大气温度而规定的起飞重量（参见 4T.123(a)(1) 和 4T.743(a)）。

（b）考虑了飞抵终点机场和备降机场时燃油和滑油的正常消耗后，到达时的飞机重量仍将超过 AFM 按所涉及的每一机场标高和着陆时刻所预期的环境温度而规定的着陆重量，则飞机不得以这样的起飞重量起飞（参见 4T.123(a)(2) 和 4T.743(a)）。

（c）飞机起飞重量不得超过 AFM 所示的与最小起飞距离相对应的重量。起飞距离应与机场标高、待使用的跑道、有效跑道坡度和起飞当时的实际外界大气温度和风分量相对应（参见 4T.123 节(a)(3) 和 4T.743 节(a)）。

（1）如果有安全道，则加速-停止距离不得大于跑道长度加上安全道长度。

（2）如果有净空道，起飞距离不得大于跑道长度加上净空道长度，但是净空道长度不得大于跑道长度 1/2。

(3) 起飞滑跑距离不得大于跑道长度。

(d) 飞机不得在 AFM 规定的使用限制以外运行(4T. 123(a)(4)和 4T. 743(a))。

40T. 82　起飞越障飞行高度的限制

凡飞机重量超过 AFM 所示的与避开所有障碍物的净起飞航迹相对应的重量，则飞机不得以此重量起飞,其与障碍物净空距离的确定方法如下:垂直方向至少为 35 ft,或者在机场边界范围内水平方向至少为 200 ft,超出机场边界后水平方向至少为 300 ft。为了至少以规定距离避开障碍物,在确定净起飞航迹容许的偏离时,应假定按 AFM 净起飞航迹数据所示在达到 50 ft 高度以前飞机不带坡度,其后最大坡度角不得超过 15°。所考虑的净起飞航迹应与机场标高、有效的跑道坡度和起飞时刻现有外界大气温度和风分量相对应(参见 4T. 123(b)和 4T. 743(b))。

40T. 83　航路限制

所有飞机应按本条(a)的规定运行。此外,假设所有发动机都以巡航功率运行,如果预期航路上任何一点沿航路至符合 40T. 84(b)规定完成着陆的机场的距离超过 90 min(航程),则不准飞机沿此预期航路飞行,除非表明符合本条(b)的规定。

(a) 单发不工作。按 AFM 所示的单发不工作航路净飞行航迹数据,飞机不得超出下述规定重量起飞:在此规定重量下能够使沿航路的所有点都符合本条(1)或(2)的要求。发动机失效后,在假定要作着陆的机场上空 1500 ft 处,净飞行航迹的斜率为正。所使用的净飞行航迹应针对沿航路预期的外界大气温度(参见 4T. 123(b)和 4T. 743(b))。

(1) 沿航路在预期航迹任一侧 5 mi(4. 34 n mile)范围内在所有地形或障碍物以上至少 1000 ft 的高度上,净飞行航迹的坡度应为正值。

(2) 净飞行航迹应如此规定,即可使飞机由巡航高度持续飞行至可按 40T. 84(b)规定完成着陆的机场,净飞行航迹与所有地形或障碍物的垂直方向净空间距为:沿航路在预期航迹任一侧 5 mi(4. 34 n mile)范围内,至少为 2000 ft。本条(i)～(vi)的规定应适用。

(i) 应假定发动机在沿航路的最关键点上失效。

(ii) 除了局方可批准在确认存在足够的使用安全性的不同基础上而制订某一程序之外,应假定飞机在发动机于距临界障碍物的距离不近于最靠近的经批准无线电导航台的某个点上失效之后飞越此临界障碍物。

(iii) 应采用某种经批准的方法,以计及将会对飞行航迹造成不利影响的风况。

(iv) 如果局方认定营运人具有一份合适的训练大纲,为飞行机组提供了正确的操作说明,并且为确保安全程序而采取了其他所有预防措施,则应准许空中放油。

(v) 应在遣派放行单上规定备降机场,并且该机场应满足所规定的最低气象条件要求。

(vi) 应在 AFM 所示的净飞行航迹数据内计及假设发动机失效后的燃油和滑油消耗量。

(b) 两台发动机不工作。按 AFM 所示的两台发动机不工作航路净飞行航迹数据,飞机不得超过下述规定重量起飞:在此规定重量下将能够使飞机从假定两台发动机同时失效的那个点持续飞行至符合 40T.84(b)规定能够完成着陆的机场,沿航路在预期航迹任一侧 5 mi(4.34 n mile)范围内,净飞行航迹距离所有地形或障碍物的垂直净空高度至少为 2000 ft。所考虑的净飞行航迹应针对沿航路预期的外界大气温度。本条(1)～(5)规定应适用(参见 4T.123(b)和 4T.743(b))。

(1) 应假定两台发动机在沿航路的最关键点上失效。

(2) 两台发动机失效后,在假定要进行着陆的机场上空 1500 ft 处,净飞行航迹的斜率为正。

(3) 如果局方认定营运人具有一份合适的训练大纲,为飞行机组提供了正确的操作说明,并且为确保安全程序而采取了其他所有预防措施,则应准许空中放油。

(4) 应考虑在假定两台发动机失效那点的飞机重量不小于包括足够燃油的那个重量,这些燃油量应能使飞机飞向机场,并到达在机场着陆区域正上方至少 1500 ft 的高度,然后以巡航功率和(或)推力飞行 15 min。

(5) 应在 AFM 所示的净飞行航迹数据内,计及假设发动机失效后的燃油和滑油消耗量。

40T.84　着陆限制

(a) 终点机场。按照 AFM 针对预定终点机场标高和在着陆时刻预期的风况而示出的着陆距离,飞机不得超出下述规定重量起飞:在此规定重量下能使飞机从越障飞行高度平面与跑道相交点的正上方 50 ft 的那点,完成在预定终点机场 60% 有效跑道长度范围内着陆。应假定飞机重量是扣除飞抵预定终点机场所预期消耗的燃油和滑油量后的重量。应表明对本条(1)和(2)规定条件的符合性(参见 4T.123(b)和 4T.743(b))。

(1) 应假定飞机在无风条件下在最有利跑道上按最有利的方向着陆。

(2) 在考虑可能的风速和风向并计及飞机地面操纵特性和其他情况(即着陆辅助设备和地形等)之后,应假定飞机在最合适的跑道上着陆。如果未表明完全符合本款的规定,只要指定一个符合本条(b)要求的备降机场,飞机仍可起飞。

(b) 备降机场。除非飞机能够在到达备降机场时刻所预期的飞机重量下符合本条(a)的规定,假如飞机能够在跑道有效长度的 70% 范围内完成着陆,否则不得在放飞单上指定这样的机场作为备降机场。

4. 替代民航条例 43 部 43.11 节,下列条款适用:

43T.11　运输类飞机重量限制

在确定符合下列条款时,AFM 内的性能数据必须是适用的。

(a) 凡重量超过 AFM 针对机场标高和起飞时刻现有外界大气温度而规定的起飞重量,飞机不得起飞(见 4T.123(a)(1)和 4T.743(a))。

(b) 扣除飞抵终点机场以及飞抵备降机场时燃油和滑油正常消耗量之后,抵达时的飞机重量仍超过 AFM 针对所涉及的每一机场的标高和着陆时刻预期的外界大气温度而规定的着陆重量,飞机不得以此重量起飞(见 4T.123(a)(2)和 4T.743(a))。

(c)飞机不得以超过下述规定重量进行起飞:在此重量下飞机能够按 AFM 程序规定的最小起飞距离起飞,并能表明对下面(1)~(3)要求的符合性。这些距离应与机场标高、待使用的跑道、有效跑道坡度和起飞当时的实际外界大气温度和风分量相对应(4T.123(a)(3)和 4T.743(a))。

(1)如果有安全道,则加速-停止距离不得大于跑道长度加上安全道长度。

(2)如果有净空道,起飞距离不得大于跑道长度加上净空道长度,但是净空道长度不得大于跑道长度 1/2。

(3)起飞滑跑距离不得大于跑道长度。

(d)飞机不得在 AFM 规定的使用限制以外运行(见 4T.123(a)(2)和 4T.743(a))。

5.下列定义应适用:

(a)净空道。净空道系指机场跑道的延伸区域,宽度不小于 500 ft,中心线与跑道中心线延长线相重合,且由机场当局管辖。净空道以净空道面来表示,是从跑道端头开始,以不超过 1.25%斜率向上延伸的面,不得有障碍物或任何地表部分凸出此面,但跑道入口灯可凸出,前提是这些灯凸出跑道端头的高度不大于 26in,并分装于跑道每一侧。

注:就制订起飞距离和起飞滑跑距离而言,按本条例 4T.117 的规定,将净空道面视为起飞表面。

(b)安全道。安全道系指跑道向外延伸的区域,宽度不小于跑道宽度,其中线与跑道中心线相重合,由机场当局指定在中断起飞过程中用于飞机减速。认为安全道应具有如下作用:在中断起飞过程中必须能支持飞机,不致造成飞机结构损坏(亦可参见本条例 4T.115(d))。

附录5 FAA 操纵品质评级方法（HQRM）

1. 说明

对于装有电子飞行控制系统（EFCS）的飞机,由于这些系统使用控制律重新定义或增强飞机的固有操稳特性,25 部中许多关于稳定性和操纵性的条款变得不充分或不合适。因此,形成操纵品质评级方法（HQRM）,提供一种系统性分析方法,以确定合适的飞机最低操稳品质要求,其中计及 EFCS 的特点、特征和限制。HQRM 定义最低可接受的操纵品质作为如下参数的函数:大气条件,飞行包线条件,驾驶员任务和待评定的具体失效状态概率。在 HQRM 中所使用的驾驶员等级水平也可用于评定飞行品质,证明符合现有 25 部中必须表明飞机能够持续安全飞行和着陆的要求。除非在专用条件方面另有规定,HQRM 不能替代或超控 §25.1301和§25.1309 中有关系统和设备的任何要求,或§25.671 和§25.672 中关于操纵系统的要求。

2. 程序

HQRM 是以驾驶任务为导向评定飞机操纵品质的方法。

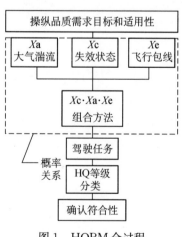

图 1 HQRM 全过程

a. HQRM 利用事件概率与安全性影响机理的关系,建立最小可接受操稳品质与处于飞机飞行包线中某一特定位置的概率（使用 Xe 表示）、遭遇某个大气湍流等级的概率（使用 Xa 表示）,以及某一特定飞行操纵失效状态的概率（使用 Xc 表示）的关系。执行 HQRM 的全过程如图 1 所示。

b. 对于执行某种特定飞行状态下一项规定驾驶任务的操纵品质,通常用如下 3 个等级之一予以表示:满意的（SAT）,足够的（ADQ）和可操纵的（CON）。下面的图 2 给出关于这些操纵品质等级的说明,同时给出等效的库伯-哈珀（Copper-Harper）和 MIL 等级,以供比较。在通盘考虑待评定的失效状态概率（X_c），在飞行包线某一特定区域的概率（X_e）和大气湍流等级的概率（X_a）之后，可将操纵品质评级用于确定某一特定试验条件下飞机操纵品质是否是可接受的。

FAA 操纵品质评级	FAA 定义	比较		
		CHR*	MIL 标准	
			等级	品质
满意的（SAT）	以例行的驾驶员体力和注意力，满足全部执行准则	1～3	1	满意的
足够的（ADQ）	足以维持继续安全飞行和着陆；满足全部的或规定的降低后性能，但需要驾驶员付出更多体力和注意力	4～6	2	可接受的
可操纵的（CON）	不足以维持继续安全飞行和着陆，但可操纵以恢复为安全飞行状态、安全飞行包线和（或）重新调整形态，使得操纵品质至少是足够的	7～8	3	可操纵的

* 库珀-哈珀等级

图 2　操纵品质评级

　　c. 在执行典型的静态和动态操纵任务时，应利用 HQRM 来评定飞机的操纵品质。图 3 给出关于这些任务的一份清单的示例。应为每一确认的任务定义任务执行准则。从试验执行角度出发，定义试验任务及准则（可包含失效状态、飞行包线区域和（或）大气条件），飞行任务完成后，针对所飞行的每一任务，确定等级（按图 2 所示的 HQRM 评级标准）。如果需要，可将"库珀-哈珀操纵品质评级标准"与图 2 一起使用，以确定某一给定任务的 HQRM 等级。

A. 配平和无值守运行

飞机处于或偏离初始"配平"或非加速状态的特性。

● 对脉冲输入（3 轴方向）的动态和稳态飞行航迹的响应。
● 对大气湍流的动态和稳态飞行轨迹的响应。
● 螺旋稳定性（例如在 40°坡度角时松杆）。

B. 大幅度机动

　　通常，这些是开环机动，在这类机动中，驾驶员试图对飞机航迹、速度或高度做明显改变，为的是评定飞机在正常运行使用中超出预期的这些条件后的安全能力。这些机动可在正常飞行包线和过渡飞行包线之外开始。其中的大多数机动是适航稳定性和操纵试验的典型。

俯仰—纵向　　　　　　● 绕紧转弯或对称拉起—推杆
　　　　　　　　　　　● 以固定 g 或按迎角或过载限制器进行减速转弯
　　　　　　　　　　　● 失速或迎角限制器进近
　　　　　　　　　　　● 推—拉杆偏离配平速度

（续图）

横滚	● 迅速从一侧向另一侧横滚
偏航	● 突然改变航向 ● 定航向侧滑
运行	● 俯仰和（或）横滚颠倾改出 ● 紧急下降 ● 爬升或俯冲转弯 ● 起飞或着陆风切变规避机动 ● 起飞或着陆风切变规避机动——由低速起复飞/施加功率或推力 ● 在接地时或拉平高度上阻止高下沉率 ● 空中避撞横滚和（或）拉起 ● 欠速或大侧风下的起飞和着陆拉平

C. 飞行航迹的精确闭环规则

通常，这些是严格限制的，由驾驶员在例行商业飞行中完成的闭环任务。这些操纵任务几乎仅在正常飞行包线范围内，或肯定不会超出 NFE 边界太远。

● ILS 和精确接地，各种大气扰动和初始偏离。
● 编队飞行（按机动跟踪的模拟器）。
● 在各种大气扰动和驾驶舱显示状况下，对下述飞行过程进行速度/高度/航向跟踪：

—起飞
—爬升
—巡航
—下降
—等待
—改变形态/改变功率
—上述各种飞行状态之间的过渡

图 3　用于评定飞机操纵品质的任务样本

d. 图 4 给出指导材料，用于确定与包线的特定区域（X_e）、某一特定的大气湍流等级（X_a）和特定的飞行操纵失效状态（X_c）有关的事件概率。其还说明应如何按照与大气条件的相互关系来修订飞行包线概率（X_e）。

A. 飞行包线（X_e）		
		事件概率（在飞行包线边界）
正常飞行包线	通常与例行运行和/或规定状态有关，不管是所有发动机工作或一台发动机不工作	10^0
使用飞行包线	通常与警告开始有关：超出正常飞行包线	10^{-3}
限制飞行包线	通常与飞机设计极限值或 EFCS 保护极限值有关	10^{-5}

（续图）

有关确定哪个飞行包线适用的更多细节,参见本图和图 5 和 6

为了确定某个给定的飞行状态在哪个飞行包线内,可能必须同时考虑若干个相关的飞行参数。对于较大影响的飞行参数,诸如迎角（AOA）、速度和垂直于飞行航迹的载荷系数（N_z）,可由至少一个参数值来确定某个状态处于哪个飞行包线内。由于飞行包线涉及参数范围（例如襟翼收上,LFE 内 N_z 可能是 1.6～2.5）,上面 OFE 和 LFE 的目标概率可能略有变化,取决于预期的飞机特性和给定的任务

B.　大气湍流等级（X_a）

		事件概率（在极限边界）
轻度	瞬时引起高度和（或）姿态（俯仰、横滚、偏航）发生轻微、不规律变化的扰动。侧风不大于 10 kn	10^0
中度	与轻度湍流类似的湍流,但是较为强烈。高度和（或）姿态发生变化。通常引起指示空速的变化。侧风可达 25 kn	10^{-3}
重度	引起高度和（或）姿态发生大而突然偏离的湍流。通常引起指示空速大的变化。侧风显著地超过演示验证安全起飞和着陆时所要求的最低侧风	10^{-5}

C.　飞行操纵系统失效状况

	事件概率（在飞行包线边界）
正常工作	10^0
可能的失效	$10^0 \sim 10^{-5}$
不可能的失效	$10^{-5} \sim 10^{-9}$

D.　按与大气条件的相互关系修改飞行包线概率

单独考虑时,上述事件概率值适用。由于飞机设计,或预定使用,或预期使用存在明显关联时,在 HQRM 范围内解决这一问题的方法是对飞行包线概率值进行修订。例如,严重的风切变事件可导致 10^0 的飞行包线概率,而不是上面所示的关于 OFE 或 LFE 的 10^{-3} 或 10^{-5} 概率,因为用于风切变规避的使用程序在风切变时会拉向迎角限制值。同样,飞机可能会由于突风而经受超速,从 V_{MO} 巡航进入 OFE,在这种情况下,经修订的飞行包线概率将是 10^0,而不是 10^{-3}。这一概率调整概念也将适用 EFCS 失效情况,例如,丧失警告或遇到飞机稳定性降低,可促使超出正常飞行包线（NFE）或 OFE 的偏离,在这种情况下,可适当地增大包线的概率

图 4　事件概率指导材料

e. 3 种不同的飞行包线（或飞机的飞行包线区域）,称为正常、使用和限制包线,已定义为不同的飞行参数的函数。这些飞行包线按照襟翼收上和放下形态,分别示于图 5 和图 6。

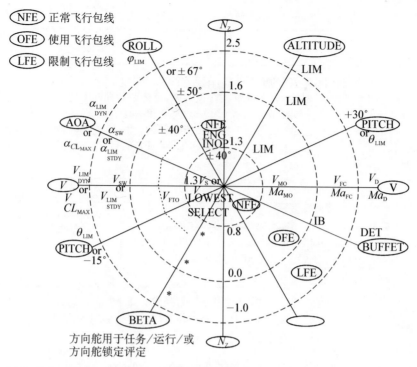

图中：AOA—迎角　ROLL—横滚　ALTITIUDE—姿态　PITCH—俯仰　ENG INOP—发动机不工作
LOWEST SELECT—最低选择　BUFFET—抖振　BETA—β　DET—探测

图 5　襟翼收上飞行包线

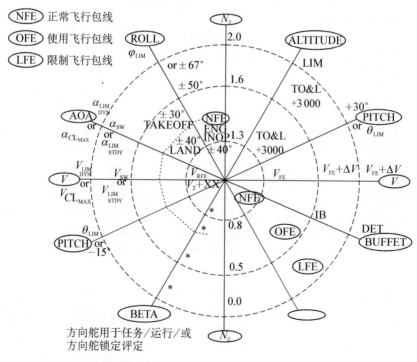

图中：AOA—迎角　ROLL—横滚　ALTITIUDE—姿态　PITCH—俯仰　ENG INOP—发动机不工作
LOWEST SELECT—最低选择　BUFFET—抖振　BETA—β　DET—探测

图 6　襟翼放下飞行包线

　　f. 图 7 给出了组合各种飞行状态参数概率用于确定这些参数每一组合下的最低可接受操纵品质等级的方法。在图 8 中以简图形式示出了这一方法。

A. 分析失效并确定飞行操纵系统失效概率(X_c)
　　—预测的失效率—检查失效依存性
　　—按 MEL,设备不工作遣派
　　—服役难点记录(持续适航性)
B. 按飞行状态确定包线概率(X_e)和大气湍流概率(X_a)
C. 如果与大气条件存在依存性,修改包线概率(见 D 中的图 4)。
D. 重复过程,以确认 $X_c \cdot X_a \cdot X_e \Rightarrow \geqslant 10^{-9}$ 的所有情况
E. 确定"飞行状态"($X_c \cdot X_e$)
　　—可能的飞行状态:　　　　　$10^{-5} \leqslant (X_c \cdot X_e) < 0$
　　—不大可能的飞行状态:　　　$10^{-9} \leqslant (X_c \cdot X_e) < 10^{-5}$

图 7　组合值

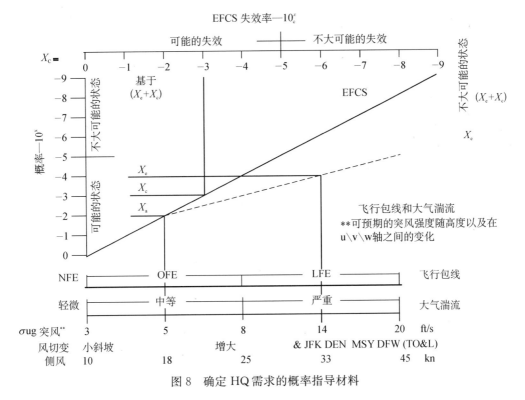

图 8　确定 HQ 需求的概率指导材料

　　g. 图 9 给出了针对某一给定飞行条件下的最低可接受 FAA 操纵品质评级,飞行条件是按飞行包线状态、大气湍流等级、有关待评定的失效状态出现概率的组合而定义的。图 9 并不为了表示每个大气湍流等级和每一包线的组合都必须经过测试。它简单地表示了在特定的环境下,特定的包线区域和特定的系统失效状态下进行的操纵品质任务的最低可接受的操纵品质等级。

飞行状态 ($X_c \cdot X_e$)	大气湍流(X_a)								
	轻　度			中　度			重　度		
	飞行包线(X_e)								
	NFE	OFE	LFE	NFE	OFE	LFE	NFE	OFE	LFE
可能的状态	S	S	A	A	C	C	C	C	C
不可能的状态	A	A	C	C	C		C		

图中:S—满意的　A—足够的　C—可操纵的　NEF—正常飞行包线
OEF—使用飞行包线　LEF—极限飞行包线

图 9　最低操纵品质需求

附录6 空中最小操纵速度值修正为标准状态值

下面的分析给出了 3 种方法,将飞行试验获取的空中最小操纵速度值修正为标准状态值。无论是喷气式飞机或是螺旋桨飞机,这些方法仅适用于受方向舵偏度限制的 V_{MCA}。应计及向工作发动机一侧横向倾斜的影响,并且此方法既适用于定距螺旋桨也适用于恒速螺旋桨,包括风车状态阻力的影响。关于受方向舵脚蹬力限制的 V_{MCA},参见附录 7。

理论基础

给出匀速直线飞行的静态横向-航向运动方程:

$$\sum F_y = 0 \qquad C_{y_\beta}\beta + C_{y_{\delta a}}\delta_a + C_{y_{\delta r}}\delta_r = C_L \sin\varphi \tag{1}$$

$$\sum M_x = 0 \qquad C_{l_\beta}\beta + C_{l_{\delta a}}\delta_a + C_{l_{\delta r}}\delta_r = 0 \tag{2}$$

$$\sum M_z = 0 \qquad C_{n_\beta}\beta + C_{n_{\delta a}}\delta_a + C_{n_{\delta r}}\delta_r = C_{na} \tag{3}$$

式中:

$$C_L = \frac{295W}{V_e^2 S}$$

$$C_{na} = \frac{295F_{na}l_e}{V_e^2 Sb}$$

其中:

W——重量,lb;

V_e——当量空速,kn;

S——机翼面积,ft;

F_{na}——不对称净推力,lbf,

发动机不工作时: $F_{na} = F_n + D_w$,

发动机处于慢车状态时：$F_{na} = (F_n + F_i)$；

F_n——工作发动机的净推力，lbf；

F_i——发动机处于慢车状态的净推力，lbf；

D_w——风车状态阻力，lbf；

l_e——从飞机的中心线到发动机推力线的距离，ft；

b——翼展，ft。

等 C_n 法

对于方向舵达到全偏度的情况，δ_r 是常量，并且可将方程组分解为恒等式，其表明 C_{na} 是 $C_L \sin\varphi$ 的线性函数：

$$C_{na} = A C_L \sin\varphi + B \tag{4}$$

如果假设试验日和标准大气条件下的 V_{MCA} 发生在同一迎角和坡度角，不对称偏航力矩系数将是常数，能使用下述关系式将 V_{MCA} 修正为标准状态值：

$$V_{MCA_s} = V_{MCA_t} \sqrt{\frac{F_{na_s}}{F_{na_t}}} \quad \text{对于涡轮喷气飞机}$$

$$V_{MCA_s} = V_{MCA_t} \left[\frac{THP_s \sqrt{\sigma_s}}{THP_t \sqrt{\sigma_t}} \right]^{\frac{1}{3}} \quad \text{对于螺旋桨飞机}$$

式中：

THP_s——AFM 规定的最大制动/轴马力乘以标准大气条件下的螺旋桨效率；

THP_t——达到 V_{MCA} 时试验日制动/轴马力乘以试验日螺旋桨效率；

σ_s——标准状态下的大气密度比；

σ_t——试验状态下的大气密度比。

不考虑发动机风车状态轴马力，因为现行 25 部中有关螺旋桨飞机的起飞要求，导致螺旋桨风车状态的性能损失甚大，以至于迄今为止按 25 部合格审定的所有涡轮螺旋桨飞机都已安装了自动顺桨系统。

由于净推力和轴马力都随速度而变化，使用这些方程将要求迭代解。因为等 C_n 方法未考虑由于坡度角、重量、侧滑角或不利的偏航等的变化对 V_{MCA} 的影响，因此，将其使用限于对不对称净推力（或功率）作 5% 或小于 5% 的修正。

对于超过 5% 的修正，应使用式（4）所示的关系式，并且应获得足够的飞行试验数据，以便定义 C_{na} 和 $C_L \sin\varphi$ 之间的相互关系。

图 解 法

理论上,通过改变将提供有代表性的变量集合的不对称功率或推力、空速、重量和坡度角的任一组合,可以获得这些数据。但是,由于大多数飞机 V_{MCA} 和失速速度几乎同时出现,因此,对于大多数变量有一些严格限制。通常,最大不对称功率或推力的任何减小,将导致 V_{MCA} 减小到小于失速速度,而重量的任何增加将引起失速速度增大超过 V_{MCA} ,因此,可以合理地变化的参数只有坡度角。

为使失速速度和最小操纵速度之间的间距最大化, V_{MCA} 试验通常是在尽可能小的重量和最大允许不对称功率或推力(如果发动机制造商同意,甚至可以使用短时间过调)条件下进行。在典型的试验高度(2 000～3 000 ft)和原型机总重下,由于失速抖振,通常仍不可能用5°全坡度来确定 V_{MCA} 。

为了获得对于外推到5°坡度角极限和最大不对称推力所必需的数据,需要用3种坡度角进行试验,以确定 C_{na} 与 $C_L\sin\varphi$ 的关系。应通过下面的方法得到这些数据:使临界发动机(通常为左发)停车,将工作发动机设到最大允许功率或推力,在保持恒定航向的同时缓慢减速,直至达到方向舵全偏度。很容易建立第一个数据点,机翼处于水平,并产生远高于失速抖振速度的速度。以大约 2°～3°坡度角(用可指示偏航的偏航飘带或测试用的侧滑风标进行试飞),在零侧滑下,达到第二个数据点,并将提供一个仍高于抖振速度的中等速度。以能够使用而不出现过分抖振的同样坡度角飞过第三个数据点(超过最小失速警速度将是不可接受的)。如果有必要,还可以向不工作发动机一侧倾斜 2°～3°,获得一个附加数据点。

如要使用这种方法,有必要用仪器来确定净推力和(或)轴马力,并需要经精确校准的空速系统,以及发动机和(或)螺旋桨风车阻力图表、螺旋桨效率图表,而坡度角的测量能力至少为 0.1°。

对于典型的喷气式公务机和大型喷气式运输机,下面两条曲线示出使用这种方法获得的数据:

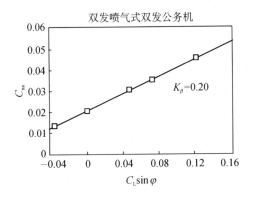

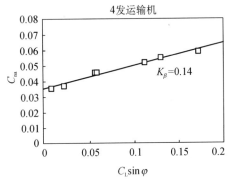

这些曲线表示由于方向舵偏转(在此情况下为全偏度)和侧滑(由坡度角所致)的组合而使机体产生偏航力矩的能力。为了确定 V_{MCA} 的极限状态,必须知道所施加的偏航力矩(由于发动机停车力矩引起)是什么,并且需要以同一种形式将所施加的力矩画在同一曲线图。挑选一个有待使用的总重来计算 C_L 就有可能做到这一点,并且由于标准坡度角将是 5°,$C_L \sin \varphi$ 中仅剩的变量就是 V_e。通过可用的 F_n 与 V_e 的关系,选择合适的 F_n 值,则可绘出代表所施加偏航力矩的 C_{na} 与 $C_L \sin \varphi$ 的关系曲线。如果所挑选的重量代表某一标准最小重量,并且可由净功率或推力代表 AFM 中规定的最大允许功率或推力,则机体曲线和发动机曲线的交点将是所希望的标准大气条件下的值,可将其用于计算 V_{MCA}。

作为例子,下面的净推力值加上风车状态阻力值取之于某发动机公司的典型喷气发动机规范。这些数据代表最大推力发动机,并针对冲压阻力、最小的附件引气和电气负载作了修正。$C_L \sin \varphi$ 值基于 9 000 lb 总重。

V_e	F_{na}	C_{na}	$C_L \sin \varphi$
70	2 846	0.079	0.204
90	2 798	0.047	0.123
110	2 764	0.031	0.082
130	2 737	0.022	0.059
150	2 710	0.016	0.044

把机体的和发动机的偏航力矩曲线画在同一张图上,如下图所示。

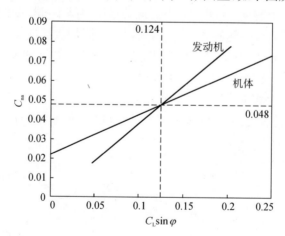

机体与发动机曲线的交点值如下:

$$C_{na} = 0.048 \quad C_L \sin \varphi = 0.124$$

由于发动机 C_n 曲线基于 $W = 9000\,\text{lb}$,可由如下公式确定标准大气条件下的 V_{MCA} 值:

$$C_L \sin \varphi = 0.124 = \frac{295W}{V_e^2 S}$$

$$V_e^2 = \frac{0.1108 \times 9\,000}{0.124}$$

$$V_{\text{MCA}} = 89.7 KEAS$$

如果机体数据从飞行试验获得,则不存在假设和简化,并且源自这一方法的 V_{MCA} 值,包含坡度角、侧滑、不利的偏航和迎角等引起的所有影响。此外,由于 C_{na} 的标准大气条件下的值总是小于试验值,因此不需要外推,而且对于可使用的标准大气条件下的功率或推力值,不存在约束。

<h2 align="center">方　程　法</h2>

只要已知 C_{na} 与 $C_L \sin\varphi$ 关系曲线的斜率(源自风洞试验或分析估算),或只要愿意使用"缺省"(保守)值,无需使用这一图解法,也可将 V_{MCA} 的单个试验日值修正为标准大气条件下的值(使用一切合适的变量)。若功率或推力外推使用的斜率值并未基于飞行试验,则应将其限于试验日功率或推力的10%。下面的分析示出此单点修正方程的导出。

如果将试验日发动机 C_{na} 曲线添加到先前的曲线图上,能够看出在多大范围、沿什么方向,进行了从试验日到标准大气条件下的修正。假定 V_{MCA} 的单值是在 $3\,000$ ft 高度,$9\,000$ lb 重量下确定的,可使用与绘制标准大气条件下的曲线相同的方法,绘出试验日发动机 C_{na} 曲线,但用发动机规范中的数值代替 $3\,000$ ft 高度的推力值。

V_e	F_{na}	C_{na}	$C_L \sin\varphi$
70	2634	0.073	0.204
90	2589	0.043	0.123
110	2554	0.029	0.082
130	2528	0.02	0.059
150	2510	0.015	0.044

下面的 C_{na} 与 $C_L \sin\varphi$ 的关系曲线示出机体曲线、标准日发动机曲线和试验日发动机曲线。

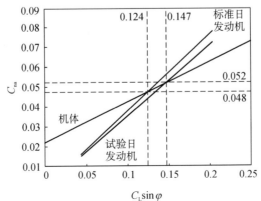

由机体和发动机曲线的交点,可得出:

$C_{nt}=0.052$　　　　　　　　$C_{ns}=0.048$

$C_L \sin \varphi_t = 0.147$　　　　$C_L \sin \varphi_s = 0.124$

$V_{MCA_t}=82.4$ KEAS　　　$V_{MCA_s}=89.7$ KEAS

这是近似 8% 的推力修正。如果业已使用等 C_n 法,将采用 0.052 试验值,相应的 V_{MCA} 将是 85.7 KEAS,在非保守方向有 4 kn 误差(5%)。

注意,从试验日到标准大气条件下的修正是沿着 C_n 与 $C_L \sin \varphi$ 的关系曲线,这是一条直线,机体曲线的斜率以 K_β 表示,标准大气条件下的推力线与机体曲线交点为 C_{ns} 和 $C_L \sin \varphi_s$,试验日推力线与机体曲线交点为 C_{nt} 和 $C_L \sin \varphi_t$,则可以推导出下面的方程:

已知以点和斜率的形式来表示直线的公式为

$$Y_2 - Y_1 = m(X_2 - X_1)$$

比照此公式,则有

$$C_{ns} - C_{nt} = K_\beta (C_L \sin \varphi_s - C_L \sin \varphi_t)$$

$$C_{ns} - K_\beta C_L \sin \varphi_s = C_{nt} - K_\beta C_L \sin \varphi_t$$

$$\frac{F_{na_s} l_e}{q_s Sb} - K_\beta \frac{W_s \sin \varphi_s}{q_s S} = \frac{F_{na_t} l_e}{q_t Sb} - K_\beta \frac{W_t \sin \varphi_t}{q_t S} \quad ①$$

代入 $q = \dfrac{V_e^2}{295}$,然后统乘以 $\dfrac{V_{e_s}^2 S}{295}$,得到

$$F_{na_s} \frac{l_e}{b} - K_\beta W_s \sin \varphi_s = \frac{V_{e_s}^2}{V_{e_t}^2} \left[F_{na_t} \frac{l_e}{b} - K_\beta W_t \sin \varphi_t \right]$$

最终,得

$$V_{MCA_s} = V_{MCA_t} \left[\frac{F_{na_s} \left(\frac{l_e}{b} \right) - K_\beta W_s \sin \varphi_s}{F_{na_t} \left(\frac{l_e}{b} \right) - K_\beta W_t \sin \varphi_t} \right]^{\frac{1}{2}} \quad \text{对于涡轮喷气式飞机}$$

$$V_{MCA_s} = V_{MCA_t} \left[\frac{326 \cdot \dfrac{SHP_s \eta_s \sqrt{\sigma_s}}{V_{MCA_s}} \dfrac{l_e}{b} - K_\beta W_s \sin \varphi_s}{326 \cdot \dfrac{SHP_t \eta_t \sqrt{\sigma_t}}{V_{MCA_t}} \dfrac{l_e}{b} - K_\beta W_t \sin \varphi_t} \right]^{\frac{1}{2}} \quad \text{对于涡轮螺旋桨飞机}$$

在横向方程的简化形式中,K_β 为 C_{n_β}/C_{y_β},它是航向静裕度。K_β 值通常在 0.14~

---

① 此公式等号右侧漏遗一个减号。——译注

0.19 之间变化,依据待试验飞机的横向和航向特性而定。当使用图解法时,如果 K_β 由飞行试验确定,则对 V_{MCA} 的功率或推力修正,基于对飞行试验确定的机体能力进行内插,并且对修正到 V_{MCA} 的功率或推力没有量的限制。如果飞行试验数据不可供使用,可将略偏保守的"缺省"值 0.2 用于 K_β。但是,在这种情况下,将任何功率或推力外推限于试验日功率或推力的 10%。为确保对坡度角和重量的修正不会造成标准大气条件下的 V_{MCA} 值等于或小于失速速度,无论用图解法或者用方程法所进行的修正,都不应导致基于 $C_L \sin \varphi_s$ 的 V_{MCA} 大于 $C_{Lmax} \sin 5°$。

附录7　受方向舵脚蹬力限制的空中最小操纵速度

下面的分析介绍了一种处理受方向舵脚蹬力限制的空中最小操纵速度的方法。这种方法适用于喷气式飞机或螺旋桨飞机。向工作发动机一侧倾斜的影响已予以考虑,并且对于定距螺旋桨和恒速螺旋桨,包括风车状态阻力的影响,都可使用这种方法。有关受方向舵偏度限制的 V_{MCA} ,见附录6。

已知直线匀速飞行的静态横向和航向运动方程:

$$\sum F_y = 0 \qquad C_{y_\beta}\beta + C_{y_{\delta a}}\delta_a + C_{y_{\delta r}}\delta_r = C_L \sin\varphi \tag{1}$$

$$\sum M_x = 0 \qquad C_{l_\beta}\beta + C_{l_{\delta a}}\delta_a C_{l_{\delta r}}\delta_r = 0 \tag{2}$$

$$\sum M_z = 0 \qquad C_{n_\beta}\beta + C_{n_{\delta a}}\delta_a C_{n_{\delta r}}\delta_r = C_{n_a} \tag{3}$$

对于一个可逆操作系统,方向舵力与舵偏角的关系是:

$$F_R = G_R q S_R C_R C_{h_{\delta R}} \delta_R$$

和

$$\delta_R = k_R \frac{F_R}{V_e^2}$$

将 δ_R 代入方程(1)~(3),然后求解,得到如下恒等式:

$$F_R = AF_{na} - BW\sin\varphi$$

式中消除了所有的空速项,表明发动机停车时直线飞行所需的方向舵力不是空速的函数,仅是不对称功率或推力、重量和坡度角的函数。如果不对称功率或推力不随空速而变化,采用相同的方向舵力,以任一空速稳定飞行都应是可能的。速度越高,需要的方向舵偏度越小(与 V_e^2 成反比),但是需要相同的力(与 V_e^2 成正比)。当飞行试验过程中确定了某个受力所限的 V_{MCA} 时,方向舵随空速的变化仅由净功率或推力随速度的变化所引起,如果达到某个空速(即功率或推力等级)并且在此空速下方向舵力为 150 lbf,则无法将这一受力所限的 V_{MCA} 修正到任何其他功率或推力水平。因此,如果 V_{MCA} 是受方向舵脚蹬力所限,应将所有飞行状态下的起飞功率或推力限于不对称功率或推力的试验值。

在某些情况下,有可能在试验高度上无需达到脚蹬力限制值就达到方向舵全偏,但在标准状态下具有较高的功率或推力,力的限制值将存在。为了防止遗漏这种交叉影响,凡试验日方向舵脚蹬力大于 25 部限制值的 90%(即在 25 - 42 号修正案之后为 135 lbf,在 25 - 42 号修正案之前为 162 lbf),应进行如下分析。

1. 在任何合适的空速(通常,最小起飞襟翼下为 $1.13V_{\text{SR}}$)下,使临界发动机停车并使其处于风车状态(如果需要自动顺桨,则螺旋桨顺桨),使在运行的发动机以最大可用功率/推力运行,同时保持恒定航向,以大约 $2°\sim3°$ 的增量改变坡度角,从 $10°$ 变化到 $5°$ 以下,按每一稳定的坡度角,记录方向舵脚蹬力。

2. 按每个试验点,绘制方向舵脚蹬力与 $W\sin\varphi$ 的变化曲线。

3. 计算 $W_{\text{s}}\sin\varphi$,其中 W_{s} 或是平均试验重量,或是 AFM 规定的最小重量,并将标准大气条件下的方向舵脚蹬力($F_{R_{\text{s}}}$)定义为这一 $W\sin\varphi$ 值和上面第 2 步所得曲线的交点。例如:

$$F_{\text{na}_{\text{t}}} = 2\,600\,\text{lbf} \qquad V = 1.13V_{\text{SR}} \qquad W_{\text{s}} = 9\,000\,\text{lb}$$

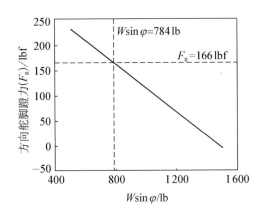

4. 由下面关系式确定最大允许不对称推力:

$$F_{\text{na}_{\text{max}}} = F_{\text{na}_{\text{t}}} \left(\frac{150}{F_{R_{\text{s}}}}\right)^{*}$$

$*$(25 - 42 号修正案之前为 $\left(\dfrac{180}{F_{R_{\text{s}}}}\right)$)

假设 180 lbf 力限制值:$F_{\text{na}_{\text{max}}} = 2\,600 \times \dfrac{180}{166} = 2\,820\,\text{lbf}$

5. 绘制 AFM 规定的最大推力与空速的关系曲线,并确定这个曲线与 $F_{\text{na}_{\text{max}}}$ 交点处的 V_{MCA}。

如果受力所限的 V_{MCA} 值大到足以对起飞速度规定程序产生不利影响,可通过减小起飞功率或推力使 V_{MCA} 减小到一个可接受的值。例如,如果在某架采用 25 - 42 号修正案的飞机上标准大气条件下的方向舵力($F_{R_{\text{s}}}$)是 140 lbf,最大允许不对称起飞推力将是

$$F_{na_{max}} = 2\,600 \times \frac{150}{140} = 2\,686\,\text{lbf}$$

使用像前面一样的最大可用不对称推力值与空速的关系曲线：

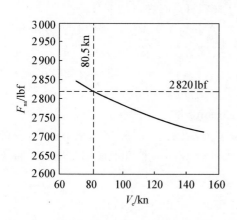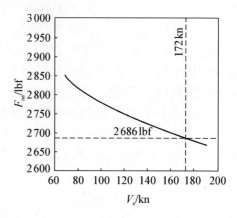

因为推力直减率随空速的变化很小，这些状态下的受力所限的 V_{MCA} 将是 172 kn，这显然是不可接受的。为了减小此值返回到 80 kn（或任何其他速度），应使起飞推力减小到在所希望的 V_{MCA}（在这个例子中为 80 kn）下将提供最大不对称推力值 $F_{na_{max}}$ 的那一水平。需要减小的推力量值可由下面曲线予以确定：

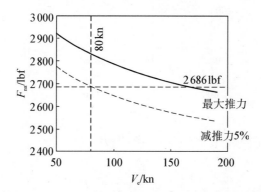

对于给定的重量和坡度角，仅由不对称推力确定方向舵脚蹬力。因此，应将起飞推力限制为所引起的脚蹬力不大于 150 lbf（在 25 - 42 号修正案之前为 180 lbf）的某个值。

大飞机出版工程
书　　目

一期书目（已出版）

《超声速飞机空气动力学和飞行力学》（俄译中）

《大型客机计算流体力学应用与发展》

《民用飞机总体设计》

《飞机飞行手册》（英译中）

《运输类飞机的空气动力设计》（英译中）

《雅克-42M 和雅克-242 飞机草图设计》（俄译中）

《飞机气动弹性力学及载荷导论》（英译中）

《飞机推进》（英译中）

《飞机燃油系统》（英译中）

《全球航空业》（英译中）

《航空发展的历程与真相》（英译中）

二期书目（已出版）

《大型客机设计制造与使用经济性研究》

《飞机电气和电子系统——原理、维护和使用》（英译中）

《民用飞机航空电子系统》

《非线性有限元及其在飞机结构设计中的应用》

《民用飞机复合材料结构设计与验证》

《飞机复合材料结构设计与分析》（英译中）

《飞机复合材料结构强度分析》

《复合材料飞机结构强度设计与验证概论》

《复合材料连接》

《飞机结构设计与强度计算》

《飞机材料与结构的疲劳与断裂》（英文版）

三期书目

《适航理念与原则》

《适航性:航空器合格审定导论》（译著）

《民用飞机系统安全性设计与评估技术概论》

《民用航空器噪声合格审定概论》

《机载软件研制流程最佳实践》

《民用飞机金属结构耐久性与损伤容限设计》

《机载软件适航标准 DO－178B/C 研究》

《运输类飞机合格审定飞行试验指南》(编译)

《民用飞机复合材料结构适航验证概论》

《民用运输类飞机驾驶舱人为因素设计》

四期书目

《航空燃气涡轮发动机工作原理及性能》

《航空发动机结构》

《航空发动机结构强度设计》

《风扇压气机气动弹性力学》(英文版)

《燃气轮机涡轮内部复杂流动机理及设计技术》

《先进燃气轮机燃烧室设计研发》

《燃气涡轮发动机的传热和空气系统》

《航空发动机适航性设计技术导论》

《航空发动机控制》

《气动声学基础及其在航空推进系统中的应用》(英文版)

《叶轮机内部流动试验和测量技术》

《航空涡轮风扇发动机试验技术与方法》

《航空轴流风扇压气机气动设计》

《燃气涡轮发动机性能》(译著)

其他书目

《民用飞机环境监视系统》

《民用飞机飞行管理系统》

《飞机内部舒适性设计》(译著)

《航空航天导论》

《航空计算工程》

《涡动力学》(英文版)

《尾涡流控制》(英文版)

《动态系统可靠性分析:高效概率法及航空航天应用》(英文版)

《国际航空法导论》(译著)